U0272380

献给我的父亲顾春兰（1916-2012）母亲徐月香（1920-2015）

中国农业科学技术出版社

**图书在版编目（CIP）数据**

维生素传 / 顾君华著 . —北京：中国农业科学技术出版社，2018. 12
ISBN 978-7-5116-3780-2

Ⅰ. ①维… Ⅱ. ①顾… Ⅲ. ①维生素－基本知识 Ⅳ. ① Q568

中国版本图书馆 CIP 数据核字（2018）第 253272 号

**责任编辑** 李冠桥 闫庆健
**责任校对** 贾海霞

**出 版 者** 中国农业科学技术出版社
北京市中关村南大街12号 邮编：100081
**电　　话** （010）82109705（编辑室）（010）82109702（发行部）
（010）82109709（读者服务部）
**传　　真** （010）82106625
**网　　址** http: // www.castp.cn
**经 销 者** 全国各地新华书店
**印 刷 者** 北京科信印刷有限公司
**开　　本** 787mm×1 092mm 1/16
**印　　张** 27.75
**字　　数** 515千字
**版　　次** 2019年1月第1版 2019年1月第1次印刷
**定　　价** 298.00元

# 前　言

维生素伟大宝库的非凡之处在于挖掘利用维生素营养价值和对缺乏症的研究，探索维生素在饲料畜牧领域的广泛应用。论从史出，从缺乏症到治疗，维生素生理功能等基础性研究永无止境，有着很多意想不到的发现和匪夷所思的结果。为适应维生素事业发展进程，需要对维生素的认识找一个全景性的话题，传播30年来维生素新知识和未来发展趋势。本书总结脂溶性、水溶性和类维生素的概述、历史与发现、理化性质、产品质量标准与生产工艺、生理功能、人和养殖动物缺乏症、维生素食物来源和在饲料畜牧业的应用。哪些食物含什么种类维生素？如何选择与摄取维生素？本书为获取相关知识的人而写，为了解维生素营养与健康关系的人而写；为饲料畜牧行业的专业人士而写。

维生素应用领域饲料畜牧业约占80%，除极少数品种外，全球80%维生素被养殖动物吃掉了，因此，维生素饲料添加剂在养殖业中的应用是一个绕不过去的话题。人选择食物就是选择维生素，选择余地很宽泛。动物摄取维生素没有选择，在饲料中已经添加了维生素，动物吃食的每一粒饲料都含维生素。因此，动物吃得吃，不吃也得吃，其目的在于动物尽快出栏上市。

感谢下列各位专家、同事和朋友一如既往的关注与鼓励。

美国辉宝有限公司（Phibro Animal Health Corporation）副总经理、技术总监陈燕军教授、北京华思联认证中心高级评审员张一平、中国农业科学院北京畜牧兽医研究所副研究员饶正华、国家饲料质量监督检验中心（北京）副研究员李兰、北京博农利生物科技有限公司董事长陆世焯、陕西秦云农产品检验检测有限公司董事长雷浩、光大畜牧（北京）有限公司董事长王俐斌和总经理孙艳杰、赛恩斯（北京）仪器有限总经理刘斌、农业农村部饲料质检中心（西安）主任李胜、中国农业大学动物科技学院博士生导师张丽英教授、上海市兽药饲料监察所副所长王蓓、大北农集团饲料产业总经理应广飞、大北农养猪科技平台技术总监俞云涛、山东丰沃新农农牧科技有限公司董事长张帆。

特别感谢北京博农利生物科技有限公司技术研发中心总经理冯自科博士，十多年来他专注于饲料原料价值评估，在维生素原料营养应用领域为本书很多章节增添了新内容。感谢著名的动物营养及维生素学领域专家，荷兰泰高中国动物营养技术总监张若寒博士。本书很多理念遵循并得益于他厚重的学术观点。

物换星移，时过迁境。维生素科技日新月异。本书相关考证、疏漏、谬误之处难免，敬祈广大读者不吝赐教，以利遵循更正，敬请明鉴。

顾君华

2018年11月

# 目 录

# 第一章

# 维生素概论

## 第一节　维生素概述

### 一、寻根维生素

中国人称维生素为“维他命”，意思是没它就没命，维生素是生命的源泉。英文Vitamin中的“Vita”意指“生命的”，“amine”是指“胺”，英文解释为“生命胺”。维生素一词的前缀“Vita”由28岁的美籍波兰裔生物化学家卡西米尔·冯克（Kazimierz.Funk）博士1912年命名。几个世纪以来，人们对维生素的认识从一种表面的缺乏症现象到充分利用，最经典的范例源于与膳食相关的坏血病、脚气病和佝偻病3种疾病以及与之相应的维生素C、维生素$B_1$和维生素D，这些物质不同于已知的碳水化合物、脂肪、蛋白质和无机盐，其重要性可见一斑。

维生素是人和养殖动物为维持正常的生理功能而必须从食物或饲料中获得的一类微量有机物质，在生长、代谢、发育过程中发挥着重要的作用。这类物质在体内既不是构成身体组织的原料，也不是能量的来源，维生素不参与构成人体和动物细胞，而是一类调节物质，是保持人体和养殖动物健康成长重要的活性物质，在物质代谢过程中起着不可替代的作用。人体如同一座极为复杂的化工厂，不断地进行着各种与酶的催化作用有密切关系的生化反应。酶要产生活性，必须有辅酶参加。已知许多维生素是酶的辅酶或者是辅酶的组成分子。因此，维生素是维持和调节机体正常代谢的重要物质。可以认为，最好的维生素是以“生物活性物质”的形式存在于人体组织中。

维生素在体内含量极少，又不可或缺。多数维生素在机体内不能合成或合成量不足，不能满足机体需要，由食物或饲料通过外源添加获取。人和养殖动物对维生素需要量很少，日需要量或添加量以克（g）、毫克（mg）、微克（μg）计。因此学界反复表述某维生素是“必需的”（Essential）的意指必不可少。养殖动物离不开碳水化合物、蛋白质和脂肪三大类物质，维生素在饲料原料中占比极少，但不能缺少，起着四两拨千斤的作用。养殖动物缺乏维生素对其的损伤可能非常巨大，现代饲料行业早已把维生素、氨基酸、矿物质作为最主要的添加剂应用到畜牧业，因此，现代养殖动物不会产生缺乏症。与养殖动物不同，人都可能存在维生素缺乏症，一旦缺乏就会引起相应病症，对生长与健康不利，主要表现在：一是单一的食物可能供应不足，摄入不足、储存不当、烹饪破坏等，如叶酸受热损失而丧失作用；二是吸收利用降低，消化系统疾病或摄入脂肪量过少从而影响脂溶性维生素的吸收；三是特殊时期特殊需要，妊娠和哺乳期妇女、儿童、特殊工种、特殊环境下的人群维生素需要量相对增高；四是生病或恢复时期使用抗生素会导致维生素的需要量增加。

检索维生素发展史有一个表述很令人回味，史书或文献记载从来都说某个年代某维生素被某一个人“发现”而从不说“发明”。从发现一个病症状现象开始寻找缘由，探索解决办法，包括类维生素物质在内，每一种维生素的发现几乎都经历了漫长的过程。每一个故事都有着现代人无法体会的，解密过程的艰辛与他们耐人寻味的坚持。每一种维生素的故事起源与非凡的发现都不属于某一个国家，神奇的“小东西”发展进程中都应该归功于伟大的“发现”和这项发现的先驱者。在当时通信条件非常低下，沟通不畅、信息分散的时代，几个国家，多个领域的科学家独自开展研究都源于人的好奇与用心，一波又一波先贤们最初各自的发现是模糊的、表观的、猜测的、朦胧的。从发现一个奇特的缺乏症现象开始，从采集自然界动植物某个物质入手，解码这种物质治疗的有效性，再合成提取，建立结构，成品结晶，命名等过程中经历数十年甚至上百年，有的经历了跨世纪的等待才公诸于世。这些疑问被一一解密得益于他们的坚持，以及后人在前人工作的基础上前赴后继潜行研究。我们现在习惯用现代高精尖设备来分析某一种物质的结构、图谱、DNA片段的碱基序列等，我们却无法想象百年前的科学技术手段是如何做到的，我们应该对无数维生素发现与研究的先驱者表示尊重。

## 二、问鼎与展望

历史上，缺乏维生素是引发疾病、不健康和死亡的主要原因。糙皮病、坏血病和脚气病曾毁灭过整个船队、整支军队和一个部落，士兵们没有倒在敌人的刀枪棍棒下，却死于维生素缺乏症。在人类历史的某个阶段，维生素甚至改变了历史发展的方式与进程。18世纪，人们开始认识到膳食因素缺乏因子与疾病存在因果关系。但是，直到20世纪初期，科学家采用生物学方法并取得满意的结果时，这些观察报告的意义才被充分理解与认可。当时生物学方法基础是大白鼠、小白鼠、豚鼠和鸡为实验动物，给它们饲喂纯蛋白质（如酪蛋白或白蛋白）、纯脂肪（如猪油）和纯碳水化合物（如糊精）的食物加上矿物质，以便测定食物价值时进行补充化学分析。这些由蛋白质、碳水化合物、脂肪和矿物质纯营养物质构成，很大程度上排除了某些不曾被辨别的关键因素。所有的研究人员都得到一个共同的结果，这些提纯食物饲喂动物不仅不能使得动物茁壮成长，如果延长实验时间，动物就不能生存。初始阶段，许多研究人员认为这种失败是因为食物不可口且又单调造成的，后来才认识到这些提纯的食物缺乏微量的、科学上尚未知其特性的某些核心要素，该要素对于有效利用食物的主要成分和维持健康及生命是必需的。这些研究伴随着维生素的发现、合成，推进维生素商品化生产取得了突飞猛进的发展，展示了维生素时代与现代营养学技术的到来。

其实早期维生素实验者饶有兴趣的发现都不太完美。这些研究手段都源于动物实验结果，以及那些为人类健康“死得其所”的实验动物。正是那些不太完美的早期科学实验延续了今日维生素营养和应用新纪元。莎士比亚戏剧《暴风雨》有句经典台词：“凡是过去，皆为序章”（What’s past is prologue）。如何去勾勒生命胺的每一步进程？怎样来评价数百年上千年来维生素每一次伟大发现的非凡之处？这些发现又是如何被后人延续和利用的？为什么每一种维生素“个性独特”很难替代？为什么缺乏症往往不是单一的？它们之间协同关系？这里不存在丰腴或贫瘠。翻开每一个维生素品种的“履历与背景”，人们无不赞叹它悠久的历史，独特的功效，首先要归结于伟大的发现。

在维生素家族中，脂溶性、水溶性、B族维生素相互交汇融合，它们既像兄弟手足，它们又像工匠手下的作品，共同展示维生素之间精准的榫卯结构和独特的协同功效，很多维生素必需协同才能发挥效能，这些功效很值得我们好好继承发扬和深挖利用。

没有维生素，人类健康和现代动物饲料营养学、临床治疗都不能立足。对维生素的价值利用研究绝非渐行渐远，可挖掘的东西远远没有结束。维生素作为人类和动物营养学圣地，归功于几代人长期科学实验数据积淀和文献记载，很多发现既在意料之外，又在情理之中。在传承的过程中科学家确立了各种维生素的化学结构、分子式、分子量、生理功能、化学性状，维生素造福于现代人和动物的营养新需要还在进行中。

无止境的发现是推进今天社会进步的开始，继续启程是成就明天的序章。维生素宝库的核心是对维生素生理功能等基础性研究的探索。这项工作是无止境的，也是迷人的。对于挖掘利用维生素价值，研究维生素在人类健康意义重大。人们所料未及的是，维生素强大的生理功能在养殖动物应用领域有很多意想不到和匪夷所思的结果。

进入2018年，人们对维生素的认识与应用面临“提质升级”的历史阶段，如何认知维生素，充分利用好维生素的营养功能，为中国人强健身体服务，为饲料畜牧养殖业服务，需要多一点了解维生素，有些认知空白亟待补充完善。如今，典型的维生素缺乏病已不多见，“快节奏、快生活、高效率”导致维生素摄入不足或缺乏依然存在“隐性饥饿”，维生素摄入不足或缺乏的认识与慢性病高发而广受关注。现在每年有大量研究结果问世，期待更多的维生素科研成果服务中国人（主要维生素汇总表见附录4）。

## 三、维生素在饲料畜牧业的应用

维生素产品在饲料畜牧、医药化妆品和食品饮料3个领域应用广泛，在对接三大应用方面，根据后加工工艺分为不同产品剂型。在全球维生素应用构成中，80%维生素作为饲料添加剂用于饲料畜牧行业，即80%的维生素被养殖动物吃掉了（含氯化胆碱）。其余12%用于医药化妆品，8%用于食品饮料。除了维生素$B_{12}$、维生素$B_1$、维生素C、肌醇等少数品种外，大部分维生素品种在饲料畜牧中的应用所占比例超过70%，这个用量非常惊人。在饲料配比中维生素是不可或缺的也是最昂贵的重要原料。

动物营养界对维生素用量按照养猪动物需求逐级加大分为以下5个层次：基础添

加量/无临床缺乏症→生产需要量/维持正常生长性能→最大酶活动和免疫反应→最大生长和生产性能→特殊或功能性需要。从饲料维生素产业链传递关系及附加值看，经历了石油/玉米→初加工产品→中间体→维生素饲料添加剂→多维预混料→复合预混料→浓配料→养殖场，这个过程牵引维生素附加值递增。维生素上游涉及医药化工，下游衔接饲料养殖业，在配合饲料中维生素添加比例为0.05%～0.08%，占产品成本的比重为2%～5%（价格随行就市，比例有变化），维生素处于价值链传递上游端。饲料畜牧添加维生素来满足养殖动物生长需要，使得饲料生产效率大大提升，动物养殖成本大幅下降，实现维生素价值最大化，很少有人知道在丰富的肉禽蛋奶背后维生素的支撑作用。新形势下饲料畜牧业集中度提升，维生素刚性需求不仅会增长，使用比重还会加大，动物生长性能需要一定水涨船高，维生素在饲料畜牧业的发展空间会更加广阔。

## 第二节　维生素的定义

美国营养界对维生素的定义是：维生素是一种或多种动物的健康、生长、繁殖和生活必需的有机物质。在食物中虽然含量少，但必须有这些物质，因为它们既不能在身体内合成，又不能在体内充分储存。每种维生素履行着特殊的功能，同时一种维生素不能代替或起到另一种维生素的作用。通常，人体是不能合成维生素的，起码不能合成足量的维生素来满足人体的需要。然而，维生素D例外。当人体暴露在紫外线下时，这种维生素会由它的前体合成，这种前体存在于皮下。动物所需要的维生素，但也有一些由动物自身消化系统生长的微生物供给，如在牛、绵羊、山羊，动物的瘤胃，或马、兔子的大肠中。

### 一、五个关键词

要想成为维生素家庭，应符合维生素的经典定义，即“一种少量存在于食物中，维持生命所必需的有机物，缺少这种物质时会发生特定的疾病”的基本要求。学界对维生素的定义“描述意思不同内容相似”。其五要素关键词为“必需、缺乏、代谢、少量、敏感”，通常包含下列内容。

（1）必需。维生素是人和动物营养、生长所必需的有机化合物，对机体的新陈代谢、生长、发育、繁育、健康有极重要作用。

（2）缺乏。长期缺乏某种维生素会引起生理机能障碍而发生某种疾病。在食物和饲料中虽然含量很低，却是必不可少的核心微量物质。它们在体内不能合成，也不能在体内充分储存。

（3）代谢。维生素参与人体代谢必不可少的有机化合物，与酶的催化作用有密切关系，已知许多维生素是酶的辅酶或者是辅酶的组成分子。维生素不是构成机体组织和细胞的组成成分，它也不会产生能量，它的作用主要是参与机体代谢，是维持和调节机体正常代谢的重要物质。

（4）添加。人体和养殖动物不能合成维生素或合成量不足，一般在食物和饲料中添加取得。

（5）敏感。维生素对环境敏感，高温、高湿、日光，与金属结合容易失去功效，或效价降低。

## 二、四大特点

（1）外源性。人体自身不能合成维生素。但维生素D是个例外，人体晒太阳可以少量合成维生素D。由于较重要，仍被作为必需维生素，通过食物和饲料补充。

（2）微量性。作为“必需”的日粮成分，需要量却很少，作用发挥巨大。通常以毫克（mg）、微克（μg）计。它与常量概念不同，常量营养素至少是它们的1000倍。

（3）调节性。维生素能够调节人体新陈代谢或能量转变。

（4）特异性。每一种维生素分别承担各自特殊的功能，互不替代，但具有协同作用。缺乏某种维生素，人和动物将呈现特有的病态。

根据这四个特点，人体一共需要13种维生素，也就是通常所说的13种必需维生素。

人体不能合成维生素，起码不能合成足量的维生素来满足健康需要。维生素是合成或降低过程的调节者，其本身不是身体的结构物质。维生素是有机化合物，与微量元素铁、锰、锌、碘无机物不同，尽管后者也是必需的营养素，无机物营养素添加量要远远超过维生素。

维生素D例外，当人体暴露在紫外光下时，维生素D会由它的皮下前体完成合成作用。这就是人们需要户外活动晒太阳，享受日光浴的基本保健道理。另一个例外是绵阳、山羊、牛等瘤胃动物通过消化系统过程中的微生物供给，以及马、兔子等通过大肠供给很少部分维生素D。

### 三、养殖动物维生素需求

我国维生素研究与应用专家，著名动物营养学者张若寒博士概括认为，植物和微生物可以自身合成维生素，但人类和大部分动物无法自身合成维生素，需要通过外添加补充获取。张若寒博士认为饲料中添加剂维生素具有以下4方面特点：

维持动物健康、生长、繁育和生产所必需的有机微量养分；

在通常情况下，动物自身不能合成或合成量不能满足正常生长需要；

必须通过日粮提供；

迄今尚未发现维生素替代品。

在氨基酸、维生素和矿物质三大饲料添加剂中，维生素饲料添加剂的重要性不可替代。它是动物机体正常生长、繁殖、生产及维持自身健康所需的微量有机物质，也是维持正常代谢机能所必需的一类低分子有机化合物，是动物重要的营养素之一。维生素饲料添加剂对于提高动物抗病或应激能力、促进健康生长以及改善畜产品的产量和质量作用巨大。维生素在动物体内主要起催化作用，促进一些营养素的合成与降解，从而调节和控制机体代谢。维生素的需要量虽然不多，但是动物机体缺乏时，动物的生长发育以及繁殖机能就会受到影响，严重时可出现特殊的疾病。动物本身不能合成或者合成数量不能满足自身需要，必须从饲料中添加或饮水中补充。

## 第三节 维生素的历史与发现

论从史出。透过每一种维生素被发现的历史过程，探索、挖掘、借鉴维生素可利用的应用价值。本书检索300年间全球约150位专家学者发现和探索维生素研究的历程（见附录2维生素历史与发现参考年表）。其中20世纪30年代是维生素研究的黄金时代，据不完全统计，从1927年至1960年维生素研究领域19位科学家分享14项诺贝尔奖（见附录1维生素研究获得诺贝尔奖的科学家）。

直至20世纪初期，如果膳食中含有蛋白质、脂肪、碳水化合物、矿物质和水的食物，这种食物就被人们认为是全价膳食。然而几个世纪以来，这些缺乏症疾病一直被认为是由于病原体引起消化道中的有毒物质或细菌作怪，不认为是食物中维生素营养缺乏症。人们开始怀疑人的食物营养和动物生长可能需要某些极微量的物质。最后还是由生物学方法解开这个神秘的故事，采用实验动物进行控制性饲养实验。

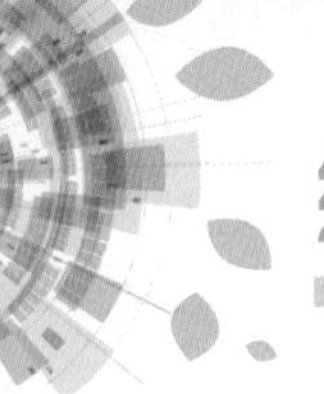



## 一、古代维生素历史与发现

维生素起源记载可追溯到公元前3500年。当时古埃及人发现夜盲症可以被一些食物治愈，也就是现在的维生素A（视黄醇）。虽然他们并不清楚食物中什么物质具有治疗作用，但这是人类对维生素最朦胧的初级认识阶段。在维生素的故事里，最著名的当数抗坏血酸了，即维生素C的发现。早先航海食品没有冷链技术，罐头食品还未被开发，远洋食物没有水果蔬菜，既不可口又单调的咸肉、脱水饼干等是水手患坏血病的主要原因，当时维生素C严重缺乏症仅限于人类。几个世纪以来坏血病曾是一度严重威胁人类健康的一种疾病，很多人出现牙龈出血牙齿松动，临床特异性反应很多，很难诊断。在海员、海军、探险家等远航海员中尤为严重，成为“水手恐惧的梦魇”，人们陷入被称为“夺命”坏血病的恐怖之中，谈坏血病色变，令人毛骨悚然，曾有整条船员水手被“一锅端”的记录。在发现与治疗过程中，维生素C经历的年代最长，记载最全面，付出的代价超过所有的维生素。

通过大量反复的实验发现某一种食物对某一些疾病的治疗是有帮助的。被人们称为医药之父的古希腊人希波克拉底（Hippocrates，公元前460—前370年），在耶稣诞生前400年就提倡食用动物肝脏具有治疗夜盲症的功效，他认为某一种食物对某些疾病有预防治疗作用。很久前，人们还不知道佝偻病的起因，就用鱼肝油治疗预防这种疾病。没人知道维生素A和维生素D分别针对两种不同的缺乏症。

我国是最早发现维生素具有治疗功效的国家之一。公元前2600年中国人就知道影响神经系统的脚气病。发现脚气病常常在以水稻为主食的我国南方地区和东南亚流行，与稻米脱壳农业生产方式有关。一些达官贵人发现精制稻米口感更好，却因为失去了可贵的B族维生素而导致脚气病。中国人食用动物内脏的历史悠久，唐朝《千金方》记载食用动物肝治疗眼病和预防夜盲症的记载，最早开辟了食用富含维生素A的动物肝脏混合物作为预防夜盲症的食疗增补剂的先河，用富含维生素A的混合物作为夜盲症的药物。唐代名医孙思邈（581—682年）所著《千金方》中专门介绍用赤小豆、乌豆、大豆等治疗脚气病，而长期进食糙米即可预防该疾病。唐代医药学家孙思邈（581—682年）曾经指出，用动物肝脏防治夜盲症，用谷皮汤熬粥防治脚气病。我国中医古籍有维生素缺乏的记载，宋代《圣济总录》（1111—1117年）将夜盲定义为“昼而明视，暮不睹物，名为雀目”，而治疗所用的《防风煮肝散方》处方中食用羊肝为主药。晋朝在岭南、江南地区出现一种当时称之为“脚弱”的疾病，至唐代蔓延至北方并定名为“脚气”。我国《神农本草经》最早记载了苦杏仁，20世纪初期苦杏仁苷从杏核中被提取出来。

## 二、近几个世纪维生素历史与发现

1747年，英国海军军医詹姆斯·林德（James Lind）研究索尔兹伯（Salisbury）船上12名水手患坏血病的病例，他发现柠檬汁治疗坏血病效果明显，英国海军部下令海军官兵每人每天必须饮用3/5盎司柠檬汁，由此英国海军坏血病病例大幅下降，战斗力倍增。但当时并不知道柠檬汁中含有大量的维生素C，也不知道维生素C对坏血病的抵抗作用。

1844—1846年，葛布利（N.T.Gobley）从蛋黄中分离出一种卵磷脂（Lecithin），给大白鼠喂高脂肪饲料很见效。拜耶（Baeyer）和伍尔茨（Wurtz）确定了胆碱的化学结构并首次合成了胆碱。

1849年，德国化学家斯特雷克（Strecker）从猪胆汁中分离一种化合物，1862年他命名其为“胆碱”。但在以后相当长的时期内胆碱的研究并不受重视，有的阶段很多研究几乎“断片”了。谁能预料150多年后的今天，全球饲料添加剂氯化胆碱用量极大，几乎所有饲料产品都添加氯化胆碱，到2020年全球氯化胆碱产量将达到74万～80万t。

1873年，伦特（V.Lent）是第一位判断饮食类型与脚气病起因有关的人。当减少荷兰海军士兵饮食中稻米的定量时，几乎能够彻底地根除脚气病，其他人随之把脚气病与稻米联系起来研究。

1881年，Dorpat大学邦奇（Von Bunge）的学生尼古拉斯·卢宁（Nicholas Lunin）认为牛奶中含有少量对生命必需的未知物。

1882年，日本海军医务总监医学博士高木兼宽（Kanehiro Takaki）报告说，发现在船员的米饭中添加蔬菜、鱼和肉，并用大麦代替白米饭可治愈或可大大减少脚气病。一开始他把治愈这种症状解释为膳食中蛋白质含量增加的结果，后来证明有误。他虽然当时没有正确认识脚气病是维生素缺乏病，而认为是食物中蛋白质不足，后来他已知道脚气病是由于饮食不完全所致。

1897年，荷兰医生克里斯蒂安·伊克曼（Christiaan Eijkman）发现脚气病。他在爪哇巡医时发现脚气病是长期吃精白米饭的结果。当时伊克曼被派到东印度群岛一个监狱医院，他观察狱中犯人的脚气病并用鸡做实验以寻找答案。为了节约钱，他把病人吃剩下的食物，主要是精白大米饭喂鸡，鸡出乎意料地发生了一种严重的神经疾病并引起麻痹症。冷漠无情的监狱医院院长不允许用剩饭喂鸡，伊克曼医生不得不买未经碾磨的稻谷去喂他的实验用鸡，这些病鸡采食了稻谷后居然好转了。他随即开始了一系列实验，并得出这种病是由于缺乏某一种营养而引起的结论，这是第一个最清晰的引入缺乏症概念的医生。随后他又开展实验重复印证，他给鸡、鸽子和鸭喂精白米后观察到了以前发生过的那种麻痹症，给动物饲喂未经碾磨过的稻谷时又恢复正常。这些重复实验引导伊克曼注意到鸡采食精米引起的这种疾病类似于人的脚气病。他推论大米含有太多的淀粉，毒害神经细胞，并预估谷物外层被碾磨除去的外层可能是一种解毒剂。他与霍普金斯爵士获得1929年诺贝尔生理学医学奖。

另一荷兰内科医生G.格里恩斯（G.Grijns）博士继续了伊克曼的工作，但是他对伊克曼的研究结果有不同的解释。1901年他给出结论说，鸡的上述疾病和人的脚气病是由于膳食中缺乏或缺少一种必需的营养物质。从那时起，许多国家的化学家们试图浓缩大米中治疗脚气病的这种物质，以便得到纯品。他们之中有当时在伦敦Lister研究所工作的卡西米尔·冯克（Kazimierz.Funk）博士，他在1912年创造了"维生素"这个术语并把它应用于抗脚气病的物质。

1901年，G.格里恩斯报道稻米外层物质的水和乙醇提取物含有一种未知的物质，可预防人的脚气病和家禽多发性神经炎。

1905年，另一个荷兰人佩克尔·哈林（Pekel haring）在荷兰乌得勒支大学（Utrecht University）完成一项动物实验，用含有酪蛋白、鸡蛋白、米粉、猪油外加食盐的混合物饲喂老鼠仅存活4周，在此基础上添加牛奶，老鼠生长非常健康，存活期大大增加。

1906年，剑桥大学霍普金斯（F.G.Hopkins）爵士是当时营养研究最活跃，最先进的思想家。他在荷兰人佩克尔·哈林工作的基础上通过进一步实验表明，饲喂老鼠含纯蛋白、碳水化合物、脂肪和全部已知必需矿物质的食物后，老鼠抵抗力依然很差，生命期短，生病并导致死亡。当日增补1/3汤勺牛奶到老鼠的日粮中，老鼠竟然存活了。因此霍普金斯爵士认为膳食中添加乳品和干菜的乙醇提取物能使得动物存活，并保持成长。乳品和干菜的乙醇提取物有效组分不是灰分等无机物，而是溶于乙醇的有机物。霍普金斯爵士把该物质称为"附加食品要素"，后被确认为维生素物质，1929年霍普金斯爵士获得诺贝尔生理学医学奖。

1907年，挪威奥斯陆的霍尔斯特（Holst）和佛罗利克（Frolich）用谷物饲喂豚鼠做实验，取得了与人类相同坏血病的比对结果。

同年，威斯康星大学的E.V.麦科勒姆（E.V.McCollum）虽然知道仅给动物饲喂蛋白质、脂肪、碳水化合物和矿物质的纯日粮食物不能让动物存活太久，不足以存活下来的原因是这些日粮混合物缺乏某种有机物质，导致动物采食量下降，或拒绝摄取足够量食物。麦科勒姆试图添加糖等各种调味品来改善动物的采食量，结果动物依然死了。这个失败的实验让麦科勒姆意外地发现一个因子，这个因子就是人们熟知的维生素A。

1909—1911年，康涅狄格试验站的奥斯本（Osborne）和门德尔（Mendel）的实验认为，添加牛奶的日粮混合物能够使得小白鼠存活并能很好的成长，这些食物中灰分无机物都是无效的，其核心物质是乳品。这些牛奶粉中不含脂肪和蛋白质（类似乳清），他们开始用纯食物进行研究，纯食物中的基本组成成分是酪蛋白、淀粉、糖和猪油，通过大量的反复试验，他们发现某些食物对某些疾病的治疗有帮助，虽然采用完全不同混合物的纯食物。1913年威斯康星大学的E.V.麦科勒姆和戴维斯（Davis），与康涅狄格试验站的奥斯本和门德尔分别发现维生素A。

1913—1917年，奥斯本和门德尔最早的维生素的实验研究结果发现大白鼠在饮食中缺乏B族维生素，大白鼠毛皮粗糙、不平整、蓬乱，而且呈放射状。实验组下的同一大白鼠在饮食中添加维生素，毛皮出现了显著变化。当初没有食物营养缺乏症一说，又过了很久才发现了维生素所具有的特殊功能。奥斯本和门德尔证实了高脂肪的食物中存在着必需的营养物质。麦科勒姆和戴维斯发现在乳脂和鸡蛋黄中有这种物质，这种物质存在于鱼肝油中。这些研究者确信只有一种因素，他们称作脂溶性维生素A，需要补充到纯膳食中。

在发现脂溶性维生素A两年以后的1913年，认识到这种物质有两种因子而不是一种，在纯食物中缺乏时会影响人的正常生长，其中一种溶解在脂肪中，而另一种溶解在水里。这一发现在营养学研究者中引起了极大的兴趣，能识别几种脂溶性和水溶性因素的研究异常活跃。再过几年，实验室合成各种维生素的方法也发展起来了。今天大多数维生素的纯结晶物质形式都是在那个时期开始的。1931年，瑞士研究员P.卡勒（P.Karrer）从鱼肝油中分离活性物质并测量了维生素A的化学式，首先建立了维生素A的化学结构。当年与核黄素的研究工作一起，他获得了诺贝尔化学奖。1947年瑞士人完成维生素A的化学合成。

在维生素历史与发现的历程中，卡西米尔·冯克对维生素研究领域与维生素命名留下重要的一笔，从而载入维生素史册。美籍波兰裔生物化学家卡西米尔·冯克（Casimir. Funk）博士。1884年2月23日生于波兰华沙；1967年11月20日卒于纽约州的奥尔巴尼。1904年在瑞士伯尔尼大学获得博士学位，先后在巴黎、柏林和伦敦工作，1905年赴美国并于1920年入美国籍。1923年回波兰接受华沙国家卫生学研究院院长的职位。1912年，28岁的冯克博士在伦敦工作时创建了“维生素”这个词。冯克最伟大贡献在于综合了以往大量的试验，发表了维生素理论，他认定自然界食物中有四种物质可以防治夜盲症、脚气病、坏血病和佝偻病。他与从前的其他人一样，假设脚气病、坏血病、糙皮病和可能的佝偻病是由于食物中缺乏“特殊的物质”而引起的，这些物质是天然的有机物。推测起来，所提到的维生素事实上是维持生命所必需的，在化学上是天然的胺（含氨）。该命名引起人们广泛的赞赏并保留下来，尽管事实上化学上的假定后来被证明是错误的，1920年“Vitamine”最后的“e”被省略，英文正式冠名Vitamin，维生素这个词就此诞生。冯克的理论权威性和被广泛认同的意义在于他集中阐述食物中四种维生素：维生素A、维生素B、维生素C、维生素D可分别对应防治夜盲症、脚气病、坏血病和佝偻病，这些物质被冯克称为“维持生命的胺素（Vitamine）”，拉丁文中的vita意思是“生命”的意思。冯克以为这些物质都含有氮或胺基，所以加上胺素（amine）的后缀。后来发现有些物质并不含氮，所以改称为Vitamin。后来发现依英文大写字母顺序一直排到了维生素K，B族维生素里面又发现有许多不同成分，就有了维生素$B_1$、维生素$B_2$、维生素$B_3$、维生素$B_6$及维生素$B_{12}$等名称。中文称维生素或维他命最早分别称为维生素甲、维生素乙、维生素丙和维生素丁，现在不再使用。1922年，冯克出版了著名的世界上首部《Vitamins》专著作。冯克由此成为维生素研究史学中重要人物被记载下来。同年冯克博士经过千百次试验，终于从米糠中提取出一种能够治疗脚气病的白色物质。这种物质被冯克称为“维持生命的营养素”，也称维生素。

1912年以后维生素真正被人认知源于冯克研究工作和他的著作。被发现或接触到维生素的任何提纯形式又晚了很多年，此前人们只知道这种神奇神秘诡异的“小东西”具有强大的威力与神奇的疗效。实际上，大多数有关人类食品和动物饲料中维生素含量的基本科研数据源于小白鼠、家禽等动物试验对象，主要通过测定它促进动物生长或治愈某种疾病取得的结果。几个世纪以来，一代又一代科学家从实验动物的基础研究上取得大量数据，去发现和总结维生素损失对人的伤害，如何补充可缓解或消除缺乏症状。

1916年，威斯康星大学的麦科勒姆博士把这种可以治愈脚气病的浓缩物称为“水溶性B族维生素”，它区别于胡萝卜和牛奶乳脂中发现的抗夜盲症因子（维生素A）。当时麦科勒姆以为抗脚气病的物质只是一种单一的影响因子。

1926年，詹森（B.C.P.Jansen）和W.P.多纳特（W.P.Donath），在荷兰分离出一

种抗脚气病的维生素。1936年，美国人R.威廉斯（R.Williams）测定出它的结构并把它合成出来。

1928年，美籍匈牙利生化学家艾伯特森特·乔吉伊（Albert Szent-Gyorgyi）在英国化学家FG霍普金斯（Frederick Gowland Hopkins）的实验室中成功地从牛的副肾腺分离提取1克纯维生素C，他也因为维生素C和人体内氧化反应的研究获得1937年的诺贝尔生理学医学奖。同年他发表论文，确定维生素C的化学分子式是$C_6H_8O_6$，并称之为己糖醛酸（Hexuronic acid）。1929年他到美国明尼苏达罗切斯特（Rochester，Minnesota）的Mayo医院做研究，附近的屠宰场免费供给他大量的牛副肾，他从中分离出25克维生素C。他将一半提炼出纯维生素C送给英国糖类化学家沃尔特H.霍沃斯（Walter H. Haworth）进行分析工作。因当时技术尚不成熟，英国人没有能确定维生素C的结构。在1929年的工作基础上，霍沃斯继续研究终于分离维生素C并确立了化学结构，他用不同方法制造出维生素C成品也获得1937年诺贝尔化学奖。1937年两项诺贝尔奖都来自维生素技术新发现。他们决定将维生素C命名为抗坏血酸（Ascorbic Acid），由此开创了维生素研发新纪元。他们获得诺贝尔奖还与辣椒中提取分离维生素C有关。1930年，乔吉伊回到匈牙利，发现匈牙利的辣椒中含有大量的维生素C，他成功地从中分离出1kg纯己糖醛酸（Hexuronicacid），并再送一批给H.霍沃斯继续分析。1932年美国匹兹堡大学的化学家查尔斯葛兰·金（Charles Glen King）和沃夫（W.A.Waugh）从乔吉伊的学生Joe Svirbely知道他鉴定己糖醛酸就是维生素C，就抢先在《Nature》杂志上发表这个结果，然而1937年诺贝尔生理学医学奖依然颁发给乔吉伊，因为他对维生素C和人体内氧化反应的研究。H.霍沃斯确定了维生素C正确化学结构，并且用不同的方法制造出维生素C，而获得了1937年的诺贝尔化学奖。乔吉伊和H.霍沃斯最后决定将维他命C命名为抗坏血酸。他们俩的维生素C功绩也被镌刻在维生素研究史册上。

1933年瑞士化学家塔杜斯莱斯坦（Tadeus Reichstein）发明了维生素C的工业生产法。此法是先将葡萄糖还原成为山梨醇，经过细菌发酵成为山梨糖，山梨糖加丙酮制成二丙酮山梨糖（Di-acetone sorbose），然后再用氯及氢氧化钠氧化成为二丙酮古洛酸（Di-acetone-ketogulonicacid，DAKS）。DAKS溶解在混合的有机溶液中，经过酸的催化剂重组成为维生素C。1934年瑞士罗氏公司（Roche）购得该技术专利权，这项专利技术为罗氏独占维生素C市场达半个多世纪。2003年，罗氏将维生素业务整体出让给帝斯曼（DSM），这是后话。

## 三、维生素科学家

几个世纪以来，数以百计的科学家为维生素做出了不朽功绩。他们前赴后继，破解了一个又一个难题，他们的很多研究记录与出版物保存在档案馆和图书馆里。在维生素研究领域绕不开几位杰出的中外学者。美籍波兰裔生物化学家卡西米尔·冯克（Kazimierz.Funk）博士，他综合了以往的试验结果，发表了维生素的理论，在伦敦工作期间创建了“维生素”这个词。1922年，冯克博士出版了著名的“Vitamins”著作一书，这是世界上第一部维生素专著。我国老一辈知名的营养科学家侯祥川教授（1899—1982年）对我国维生素缺乏病的分布、病因、临床表现、防治措施等进行了系统深入的研究，他最早编著了我国唯一的《营养缺乏症纲要及图谱》，供营养教学广为应用至今；王成发教授（1906—1994年）为我国我军营养学科带头人，在维生素缺乏症早期诊断与预防措施业绩突出，他建立的几种主要维生素营养状况的评价指标和标准。他编著《营养调查手册》《1959年食物成分表》《应用营养学》流传至今。美国学者艾尔·敏德尔（Earl Mindell）博士的《维生素圣典》《营养补充品圣典》和《抗衰老圣典》系列三部曲中文译作，对传播维生素知识，传播维生素知识发挥了很好的作用（附录1维生素研究获得诺贝尔奖的科学家，附录2维生素历史与发现参考年表）。

## 四、发现、分离与合成年表

如今，已知的维生素有14种，公认常用的13种，另外至少有十几种有争议的类维生素物质或维生素化合物。对这些类维生素物质开展各种实验，从结果看起来不全是确定无疑的必需物质。然而，类维生素并非是强弩之末，一些继任研究者认为，类维生素物质中很可能还有尚未发现的维生素物质和与其相似的活性。

为什么用提纯食物配料组成的饮食不能长期维持试验动物的生命？带着这个问题，1849—1955年人们发现/分离16种维生素，结果合成13种。各种维生素的发现/分离/结构及合成年表见表1-1。这些维生素由大量实验数据结果支持，被科学界认定“必需”的维生素一定与缺乏症相关，但可能还有尚未发现的维生素。

表1-1　各种维生素的发现/分离/结构及合成年表

| 提出年代 | 维生素 | 分离 | 结构鉴定 | 成功合成 |
|---|---|---|---|---|
| 1846 | 胆碱 | 1849 | 1867 | 1940 |
| 1879 | 维生素$B_2$（核黄素） | 1932 | 1933 | 1935 |

（续表）

| 提出年代 | 维生素 | 分离 | 结构鉴定 | 成功合成 |
| --- | --- | --- | --- | --- |
| 1906 | 硫胺素$B_1$（硫胺素） | 1926 | 1932 | 1933 |
| 1907 | 维生素C（抗坏血酸） | 1926 | 1932 | 1933 |
| 1915 | 维生素A | 1937 | 1942 | 1947 |
| 1919 | 维生素D | 1932 | 1932（$D_2$） | 1932 |
| | | | 1936（$D_3$） | 1936 |
| 1919 | 泛酸（吡哆醇） | 1939 | 1939 | 1946 |
| 1922 | 维生素E | 1936 | 1938 | 1938 |
| 1929 | 维生素K | 1939 | 1939 | 1940 |
| 1926 | 烟酸（尼克酸） | 1937 | 1937 | 1971 |
| 1926 | 生物素（维生素H） | 1939 | 1942 | 1943 |
| 1926 | 维生素$B_{12}$ | 1948 | 1955 | 1970 |
| 1931 | 维生素$B_6$（吡哆醇） | 1938 | 1939 | 1940 |
| 1931 | 叶酸（叶精）（叶酸盐） | 1939 | 1943 | 1945 |
| 1933 | 维生素$B_1$ | 1933 | 1934 | 1935 |
| 1934 | 维生素$B_6$ | 1936 | 1938 | 1939 |

## 第四节　维生素命名与分类

本章第二节提到的28岁美籍波兰裔生物化学家卡西米尔·冯克（Kazimierz. Funk）博士综合众多实验结果，在伦敦首次认为食物中缺乏“天然的有机物质”，并发表维生素理论并命名为“Vitamines”，出版了维生素专著。推测维生素是生命必需的，在化学上是天然的胺类（含氮，有的不含氮），该命名引起人们广泛的赞誉和认可被保留下来。后来麦科勒姆、奥斯本和门德尔3人独自研究结果分别证明，乳脂和鸡蛋黄、鱼肝油存在维生素A，应增补到纯膳食中。

在发现脂溶性维生素两年后的1913年，学界认识到这种物质存在两种因素而不是一种，在纯食物中缺乏会影响生长，一种溶于脂肪，另一种溶于水。这一重要分类发现引起世界营养学界极大重视，争相识别维生素的研究和检测方法也发展起来了。不管微生物发酵，还是化学合成，今天大多数纯维生素晶体，都是维生素先人科技成果的延续。神秘的“小东西”蕴藏的不可替代的功能，解开“小东西”之谜才认识到维生素的实际存在。然而，要拿到真正的维生素产品，造福于人类并非易事，比想象中又晚了好多年。有关人类医药、食品和动物饲料维生素添加剂知识，通过功效、治愈某些疾病数据得到的，对于维生素饲料添加剂则通过动物促进生长、提高免疫力和生长效果比对数据获得的。

## 一、维生素命名原则

维生素最早命名在1913年。E.V.麦科勒姆（E.V.McCollum）和戴维斯（Davis）最早提出维生素分为两大类。按照其溶解性特性，维生素在脂肪或水中的溶解性分类，主要分为脂溶性A维生素和水溶性B维生素两大类，以及尚有争议的类维生素或称之为维生素化合物一直沿用至今。

脂溶性维生素（Lipid soluble vitamin）是指不溶于水而溶于脂肪及有机溶剂的维生素，包括维生素A（视黄醇retinol）、维生素D（钙化醇calciferol）、维生素E（生育酚tocopherol）、维生素K（凝血维生素）。此类维生素要经过脂肪的溶解，才会有效地被人体吸收，其中胡萝卜富含维生素A。脂溶性维生素由长碳氢链或稠环组成的聚戊二烯化合物。维生素A、维生素D、维生素E和维生素K它们都含有环结构和长脂肪族烃链，这四种维生素尽管每一种都至少有一个极性基团，但都高度疏水的。脂溶性维生素易溶于非极性有机溶剂，而不易溶于水，经胆汁乳化在小肠吸收，由淋巴循环系统进入到体内各器官，体内可储存大量脂溶性维生素，主要贮存于肝脏部位，因此摄入过量会引起中毒。某些脂溶性维生素是辅酶的前体，而且不用进行化学修饰就可被生物体利用。

水溶性维生素（Water soluble vitamin）是能在水中溶解的一组维生素，常是辅酶或辅基的组成部分，只溶解在水中被人体吸收，主要包括维生素$B_1$，维生素$B_2$和维生素C等一类能溶于水的有机营养分子。其中包括在酶的催化中起着重要作用的B族维生素以及抗坏血酸（维生素C）等。水溶性维生素易溶于水而不易溶于非极性有机溶剂，不需消化，直接从肠道吸收后，通过循环到机体需要的组织中，多余的部分大多由尿排出，在体内储存甚少。因此水溶性维生素必须每天由饮食提供，养殖动物通过饲料添加获取。简单和复杂的器官都需要水溶性维生素，当出现缺乏症状时生长缓慢，累积缺乏症状时发展迅速。水溶性维生素包括复合维生素B，其中有：维生素$B_1$（硫胺素thiamine）、维生素$B_2$（核黄素riboflavin）、尼克酸（维生素PP及烟酸和烟酰胺nicotinic acid and nicotinamide）、维生素$B_6$（吡哆醇pyndoxine及其醛、胺衍生物）、泛酸（pantothenic acid）（饲料上使用D-泛酸钙）、维生素$B_{12}$

（钴胺素cobalamin）、叶酸（folic acid）、生物素（biotin）、维生素C（抗坏血酸ascorbic acid）、硫辛酸（lipoic acid）等。

1920年科学家在确定所有维生素化学成分之前，按照发现它们的顺序，或按照营养作用的第一个字母排序，如维生素A、维生素D、维生素E，水溶性维生素$B_1$、维生素$B_2$和维生素C。但维生素K有点特别，按照西方发现者优先的原则，维生素K是由荷兰科学家在把它的抗出血功能用荷兰文称之为“凝血因子（Koagalation Faktor）”命名的，翻译成英文它具有凝血因子（Coagulation factor）称维生素K为“抗凝血维生素”。

20世纪30年代维生素成分检测分析技术有了突破，渐渐弄清楚了B族维生素实际上是集中维生素的混合物，且溶于水，全部含有氮。在逐渐弄清B族维生素混合物后，提出了复合维生素B族。这个称呼一直用来描述除了维生素C以外等9种水溶性维生素的集体。所有复合维生素B都溶于水，大量存在于肝脏中。他们给出了维生素成分分类，脂溶性和水溶性维生素的化学成分区分在于脂溶性维生素只含有碳、氢、氧，而水溶性维生素不仅含有上述三个成分还含有氮。

随着维生素化学结构研究进一步深入，维生素化学名称命名水到渠成。1920年英国科学家J.C.德拉蒙德（J.C.Drummond）建议由简单的ABCD字母顺序替代讨厌的“脂溶性A和水溶性B”。后来一些字母被省略了，又有一些字母被保留了，还有一些字母和名称两者都保留沿用了。目前关于维生素命名依然未取得一致，主要趋向化学结构命名。特别是在描述复合B的成员时，则采用最常用的名称。

现今已知的维生素家族分为三大类14个成员（表1-2，也有认为13个成员），脂溶性维生素A、维生素D、维生素E、维生素K四种被称为A族维生素，B族维生素或水溶性维生素$B_1$、维生素$B_2$、维生素$B_3$、维生素$B_4$、维生素$B_5$、维生素$B_6$、维生素$B_7$、维生素$B_9$、维生素$B_{12}$、维生素C 10种，以及类维生素物质或维生素化合物。

表1-2　主要维生素种类和应用领域

| 分类 | 名称 | 主要代表 | 商品形式 | 应用领域 |
|---|---|---|---|---|
| 脂溶性维生素A | 维生素A | A醇 视黄醇 A醛 抗干眼醛 3-脱氢$A_2$醇 | 维生素A乙酸酯/棕榈酸酯 | 饲料 医药 |
| | | 维生素A原 β和γ胡萝卜素 | β-胡萝卜素 | 饲料 食品 |
| | 维生素D | $D_2$麦角钙化醇 $D_3$胆钙化醇 | 维生素$D_2$ $D_3$ | 饲料 医药 |

（续表）

| 分类 | 名称 | 主要代表 | 商品形式 | 应用领域 |
| --- | --- | --- | --- | --- |
| 脂溶性维生素A | 维生素E | α-生育酚 β-生育酚 | d-α-生育酚<br>dl-α-生育酚<br>d-α-生育酚乙酸酯<br>dl-α-生育酚乙酸酯 | 饲料 医药 |
| | 维生素K | $K_1$植物甲萘醌$K_2$ | 维生素$K_1$<br>维生素$K_3$（甲萘醌） | 饲料 医药 |
| 水溶性维生素B | 维生素$B_1$ | 硫胺素 | 硫胺素盐酸盐<br>硫胺素硝酸盐<br>硫胺素焦磷酸盐 | 饲料 医药 |
| | 维生素$B_2$ | 核黄素 | 核黄素<br>磷酸核黄素钠 | 饲料 医药 |
| | 维生素$B_3$ | 烟酸 维生素PP 尼古丁酸 | 烟酸 烟酰胺 | 饲料 医药 |
| | 维生素$B_4$ | 胆碱 | 胆碱 氯化胆碱 | 饲料 |
| | 维生素$B_5$ | 泛酸 | 泛酸钙/钠/醇 | 饲料 医药 |
| | 维生素$B_6$ | 吡哆醇 吡哆醛 吡哆胺 | 吡哆醇盐酸盐 | 饲料 医药 |
| | 维生素$B_7$ | 生物素 维生素H 辅酶R | d-生物素 | 饲料 医药 |
| | 维生素$B_9$ | 叶酸 维生素M 蝶酰谷氨酸 | 叶酸 | 饲料 医药 |
| | 维生素$B_{12}$ | 钴胺素 氰钴胺 辅酶$B_{12}$ | 氰钴胺 | 饲料 医药 |
| | 维生素C | 抗坏血酸 脱氢抗坏血酸 | 抗坏血酸<br>抗坏血酸钠<br>抗坏血酸钙 | 饲料 食品 医药 |
| 类维生素化合物 | 肌醇 | 环己六醇 生物活性Ⅰ | 肌醇 | 医药 保健 |
| | 维生素$B_{13}$ | 乳清酸 | 乳清酸 | 医药 |
| | 维生素P | 生物类黄酮 硫辛酸 芦丁 | 生物类黄酮 | 医药 |
| | 维生素$B_T$ | 维生素$B_T$ | 肉碱（肉毒碱） | 饲料 医药 |
| | 维生素$B_{15}$ | 潘氨酸 | 潘氨酸 | — |
| | 辅酶Q | 泛醌 | 辅酶Q | — |
| | 维生素$B_{17}$ | 苦杏仁苷 氮川酶 扁桃苷 | — | — |
| | | 对氨基苯甲酸 | — | — |
| | | 维生素F | — | — |
| | | 维生素L | — | — |

注1：人工合成的维生素$K_3$和维生素$K_4$是水溶性的；

注2：其中饲料占使用量80%以上

顾名思义，脂溶性维生素溶于脂类，水溶性维生素溶于水。维生素营养的许多现象与溶解性有关，人们用溶解性差异来划分维生素。有学者强烈建议维生素C虽然也溶于水性，它是唯一不属于B族的成员，需要单独把维生素C划分出来。但是大众早已习惯把维生素C归入水溶性维生素了。维生素A、B族命名没有争议已经很完美，而类维生素（维生素化合物）则不同了。

## 二、脂溶性和水溶性维生素

脂溶性维生素和水溶性维生素许多现象与溶解性有关，并非所有维生素溶解在脂肪或溶解在水中。因此，营养学家和消费者都应懂得关于维生素的溶解性差异，在实践中利用这种差异非常重要。以溶解性为基础，主要的维生素分类归纳如表1-3。

表1-3　主要的维生素分类

| 脂溶性维生素 | 水溶性维生素 |
|---|---|
| 维生素A | 硫胺素（维生素$B_1$） |
| 维生素D | 核黄素（维生素$B_2$） |
| 维生素E | 维生素$B_6$（吡哆醇、吡哆醛、吡哆胺） |
| 维生素K | 维生素$B_{12}$（钴胺素） |
| | 生物素/胆碱/叶酸（叶精）/烟酸尼（烟酰胺、尼克酸）/泛酸（D-泛酸钙） |
| | *维生素C（抗坏血酸，脱氢抗坏血酸） |

*应注意到，维生素C是水溶性维生素组里唯一不是B族中的成员，两类维生素应从化学和生物学两个方面区别它们

化学成分脂溶性维生素只含有碳、氢、氧，而水溶性B族维生素不仅含这3种成分，而且含氮。从化学上区分最可靠。

（1）区别。维生素有化学合成、微生物发酵和酶解3种生产工艺，自然界维生素主要来源于植物组织，除维生素C和维生素D外，只有当人和动物摄取了含有维生素食材或含有合成它们的微生物和饲料时，它们才能在动物组织中出现，因此大多数维生素都是外源性的，不是体内固有的。脂溶性维生素以维生素原（或前维生素）的形式存在于植物组织中，维生素原也能够在动物体内转变为维生素。但是，众所周知的是任何水溶性维生素都没有前维生素。但是，B族维生素广泛普遍分布在活组织中，而脂溶性维生素在一些活组织里是完全没有的。

（2）吸收。在脂肪存在的情况下，脂溶性维生素被肠道吸收。任何增加脂肪吸收的因素，例如小微粒的大小和胆汁的存在，也将有助于脂溶性维生素的吸收。一般说来，水溶性维生素的吸收作用是比较简单，因为肠道不断吸收水随之进入血流。

（3）贮存。脂溶性维生素大量贮存在体内，而水溶性维生素则不是。在贮存脂肪的地方就能够贮存任何一种脂溶性维生素，吸收得越多，贮存的也越多。相比之下，水溶性维生素不能大量贮存，而且，每天大量的水携带水溶性维生素离开身体，从而减少了供应。因此，每天的饮食中都应该补充水溶性维生素。因为所有的活细胞含有全部B族维生素，并且因为身体保存的营养物在供应不足时，只是在必不可少的反应中利用它们。所以，随着膳食中的B族维生素进入体内，缺乏症不会立刻显现。

（4）排泄。脂溶性维生素通过胆汁从粪便排出，水溶性维生素虽然在粪便中也有少量排出，但主要随尿液和汗水排出。这种排泄途径上的区别反映在溶解性上的不同。

（5）生理作用。为了调节结构单元上的代谢需要脂溶性维生素，每种维生素显出一种或多种特定的作用。集中而言，水溶性B族维生素主要与能量传递有关。

（6）缺乏症状。膳食和饲料中缺乏一种或多种维生素可能导致人和养殖动物生长或繁殖的衰退和/或特有的紊乱，称为缺乏症。在严重的情况下，会出现死亡［（2）~（6）相关内容见维生素各章节］。

脂溶性维生素缺乏症有时与维生素的功能有关。例如，钙的代谢需要维生素D，缺乏后会引起骨骼变形。B族维生素缺乏症很少是单独的，可能缺乏多种或几种，在多数情况下，很难显示出与功能之间的关系。多数B族维生素缺乏症会引起皮炎、头发粗糙和生长受阻。缺乏某些维生素会产生毛发的色素改变或损失，缺乏另一些维生素会引起贫血。值得注意的是，并不是所有的养殖动物都患同样的营养缺乏症，如提供的膳食和饲料中不含维生素C，人、猴和豚鼠就会引起坏血病。反之，家禽、反刍动物和大白鼠在它们的体内可以通过细菌产生少量的维生素不足以满足它们生长需要，所以它们依然依赖饲料中添加维生素。

一种维生素供应不足可能比膳食供应不足产生的后果更严重。然而，这样的维生素缺乏比起全世界普遍存在的饥饿要少些，因为饥饿始终遍及世界上大部分贫困地区，只有当接近数百万人快要死的时候才称为饥荒。

（7）毒性（过量）。过量脂溶性维生素A和维生素D会引起严重的后果，而水溶性维生素相对毒性要小很多。

## 三、维生素的性质和形式

在药物、强化食品和养殖动物饲料中应用维生素初期阶段，通常使用富含维生素的天然物质如酵母，小麦胚芽等，或用这些产品的浓缩物或提取物来满足工业加工维生素的严格要求。但是这类物质的维生素含量低且变异大，来源匮乏，对产品的特殊性质和贮存稳定性存在不良影响，保存维生素形态在许多应用方面不适合，天然物质要成为商品维生素产品很难。

有机化学新技术的发展使得大多数维生素以工业化规模生产成为可能。在养殖动物和药物中现存的合成维生素产品与相应的天然维生素的生物学活性完全相同，在应用领域，高纯度维生素工业化生产满足了市场需求。但是还有一个难解的问题，大多数维生素都是不稳定的，只有打通"稳定维生素"这个瓶颈，维生素才能在运用领域得到推广和广泛应用。"稳定"包括某些纯维生素的一些其他性质，溶解度、物理状态、浓度等限制它们应用的因素，以及储存时间、环境、温度、避光都影响维生素的效价。《饲料质量安全管理规范》（农业部令第1号）规定维生素应在25℃下热敏库存放。适用于大多数不同目的维生素产品可用下列方法制备。

合成稳定的衍生物；

加稳定剂（抗氧化剂）；

用适当的填充剂使其标准化；

适宜载体的包膜技术等。

所有制造商经常同时采用上述四种维生素制剂技术方法或采用其中一种或多种。制备方法的选择决定于所要求的物理性状与生物活性间与维生素的使用有关的最重要的性质和常见的商品形式。其核心技术为水溶性维生素转化为脂溶性的衍生物，脂溶性维生素转化为水溶性的衍生物或能在水中分散的制剂。这些相互转化的技术难题在近30～40年已经得到解决，例如饲料添加剂维生素$D_3$微粒（水分散型）。

1. 脂溶性维生素（Lipid soluble vitamin）

脂溶性维生素由长的碳氢链或稠环组成的聚戊二烯化合物。包括维生素A、维生素D、维生素E和维生素K，它们都含有环结构和长的、脂肪族烃链，这四种维生素尽管每一种都至少有一个极性基团，但都高度疏水。某些脂溶性维生素是辅酶的前体，而且不用进行化学修饰就可被生物体利用。这类维生素能被动物贮存。

（1）维生素A。它对氧化极为敏感，空气氧化破坏作用受光线（特别是紫外线）、金属盐类、过氧化物和热催化而加速，尤其在潮湿环境，强光照下维生素A效价迅速下降。它的颗粒（图1-1）微细也容易受破坏。在维生素A的主要形式中，维生素A醇不稳定，要求工业化生产较稳定的酯类乙酸酯和棕榈酸酯类溶于植物油中可提高其稳定性。进一步提高稳定性还可加入抗氧化剂。后者也常与增效剂和络合剂相结合使用。这种形式的维生素A可直接用于油脂中。油状维生素A不适于在动物饲料中使用，它不能均匀分散地被饲料原料吸附。为此，发展了干粉状微粒，把维生素A油附着于载体物质中。稳定维生素A最重要的载体是明胶+改性淀粉，维生素A在其中分散为极微小的油滴，以保证迅速吸收粉剂的粒度（颗粒直径）在150~500μm，维生素A的效价约为每克50万IU，以保证在配合饲料和类似物料中分布均匀。

图1-1　显微镜下维生素A乙酸酯微粒结晶

粒度与效价之间须有一个折中解决办法。较大的颗粒相对表面积较小，从而较为稳定，但在配合饲料中分布较不均匀。较小的颗粒相对表面积较大，稳定性较差。故效价高的粉剂不易分布均匀，而效价低则生产成本较高。除干粉形式外，还发展出液状能与水相混的制剂，使用适宜的乳化剂可制成水乳液，适用于制备医用溶液和糖浆，兽用注射剂和强化饮料。

（2）维生素D。胆钙化醇又称为维生素$D_3$或胆钙化固醇，是维生素D的一种，胆固醇脱氢后生成的7-脱氢胆固醇经紫外线照射即可形成胆钙化醇，也就是说胆钙化醇的维生素D原是7-脱氢胆固醇，被称为“阳光维生素”。维生素D（$D_2$和$D_3$）对氧化剂，光和酸敏感。由于对维生素D的稳定性和应用的考虑与维生素A极为相似，所有商品形式也相仿油液、粉剂和水乳液。它是维生素家族中唯一通过阳光照射产生维生素的物质。

（3）维生素E。又称生育酚、抗不育维生素。含有一个6-羟色环和一个16烷侧链，共有8种色环的不同取代基，维生素E有8种形式，即α、β、γ、δ生育酚，α、β、γ、δ三烯生育酚，8种生育酚和生育三烯醇统称为维生素E，都具有维生素E活性，其中α-生育酚的活性最高。它是一种有效的抗氧化剂，对维生素A具有保护作用。参与脂肪的代谢，维持内分泌的正常机能，使性细胞正常发育，提高繁殖性能。由于未酯化的生育酚很快被空气氧化变黑色，维生素E主要采用的形式是较稳定的α-生育酚乙酸酯。在有水分存在时，α-生育酚乙酸酯能被酸/或碱溶液水解。故维生素E要加工成较稳定的形式需有吸附物才能成为粒状制剂和水乳液制剂。

图1-2　显微镜下维生素E（D-α-生育酚乙酸酯）结晶

（4）维生素K。被称为抗出血维生素。它是维持血液正常凝固所必需的物质。天然维生素K有维生素$K_1$、维生素$K_2$两种，都由2-甲基-1，4-萘醌和萜类侧链构成，人工合成的维生素$K_3$无侧链。维生素$K_1$主要存在于青绿植物中，维生素$K_2$主在存在于微生物体内，人工合成的维生素K，即甲萘醌也就是称为维生素$K_3$（亚硫酸氢钠甲萘醌），甲萘醌大量的在饲料中使用。维生素$K_1$能被空气中的氧缓慢的氧化，能被光和碱迅速分解破坏，对热较稳定。

2.水溶性维生素（Water soluble vitamins）

水溶性维生素的历史是随着古老的脚气病的研究而开始的。许多生理学和病理学专家认为应激（stress）状态影响水溶性维生素的需要。生长、妊娠和哺乳期间比维持成人生命健康期间需要的维生素要多得多。由于提高代谢而引起的疾病和吸收不良，在利用能力差或排泄增加的情况下也会增加需要量。当养殖动物在使用抗生素时，需要在饲料中添加水溶性维生素消除或减轻抗生素残留的影响。叶酸与维生素$B_2$的作用有密切关系，现在治疗各种形式的贫血病时常常联合使用。大剂量服用水溶性维生素可出现烦躁、疲倦、食欲减退等，偶见皮肤潮红、瘙痒，尿液呈黄色。提纯的水溶性维生素通常都是稳定的。然而在水溶液中，它们对一些因素较敏感。

（1）维生素$B_1$（硫胺素）。盐酸硫胺素是维生素$B_1$最重要的商品形式，在避光避潮条件下较稳定。在水溶液中维生素$B_1$的稳定性高度依赖于溶液pH值。在pH值为3时稳定性最高，pH值为4.5时仍良好。但在中性或碱性溶液中，尤其是在有氧化剂或还原剂时，或受热时维生素$B_1$不稳定，并转化为无活性的化合物，金属离子能催化破坏这个过程。在有维生素$B_2$存在时，维生素$B_1$在水溶液中被氧化为硫色素。增加维生素$B_2$的浓度和有氧存在时，可使这个过程加速。湿度对干燥制剂的稳定性十分重要。当条件易于发生水解和氧化分解时，最好使用较不敏感的硝酸硫胺素而不用盐酸盐。硝酸硫胺素也制成包膜形式提高其稳定性，并减少其气味（图1-3）。

图1-3　显微镜下维生素$B_1$（盐酸硫胺素）结晶

（2）维生素$B_2$（核黄素）。对强还原剂、碱和光不稳定。微溶于水，为增加其溶解度，可使用助溶剂，如烟酰胺或水杨酸。溶液的最佳稳定性在pH值为3.5～4.0。在水溶液中，核黄素成为氧化剂作用于维生素$B_1$、维生素C和叶酸。它还在“光诱”引起的叶酸与维生素C的氧化作用中作为光敏剂和受氢体。核黄素还具有令人不快的、经久的苦味，但有包膜形式的干粉剂苦味较小。核黄素-5’-磷酸的钠盐在水中溶解度较高，其稳定性与核黄素相仿。但它与金属离子反应，特别是与钙离子反应，形成不溶盐类。加入螯合剂可防止这个反应。

（3）维生素$B_6$（吡哆醇）。常用商品形式盐酸吡哆醇对热和氧稳定。在中性和碱性溶液中，遇光降解，在酸性溶液中降解较少。在pH值为3.0 ~ 5.0时最稳定。为特殊用途也可使用包膜盐酸吡哆醇。

（4）维生素$B_{12}$（钴胺素）。维生素$B_{12}$最突出的特征是它不同于其他任何维生素，自然界中的维生素$B_{12}$都是微生物合成的，高等动植物不能产生维生素$B_{12}$，植物性食物中基本上没有维生素$B_{12}$。纯结晶维生素$B_{12}$（钴胺素）在干燥状态和在中性至弱酸性溶液中对空气较稳定（图1-4），在pH值为4.5 ~ 5.0时最稳定。维生素$B_{12}$仅在高温时才被破坏。在有维生素$B_1$，特别是有烟酰胺时破坏作用增加。在溶液中，维生素$B_{12}$也对光敏感，尤其是紫外光下。

（5）维生素C（抗坏血酸）。维生素C及其氧化产物（如脱氢抗坏血酸）在铜、锰、钼酸盐或氟化物离子作用下，以及碱或还原剂时能降解维生素$B_{12}$。然而，维生素$B_2$、维生素$B_6$和泛醇能与维生素$B_{12}$共同存在。含有0.05%~1.0%维生素$B_{12}$粉剂（以甘露醇或磷酸氢钙为基质），离子交换的稳定制剂和以明胶为基质的制剂普遍在市场上流通。常用发酵浓缩物作为饲料添加剂维生素$B_{12}$产品，饲料添加剂维生素$B_{12}$含量规格1%。

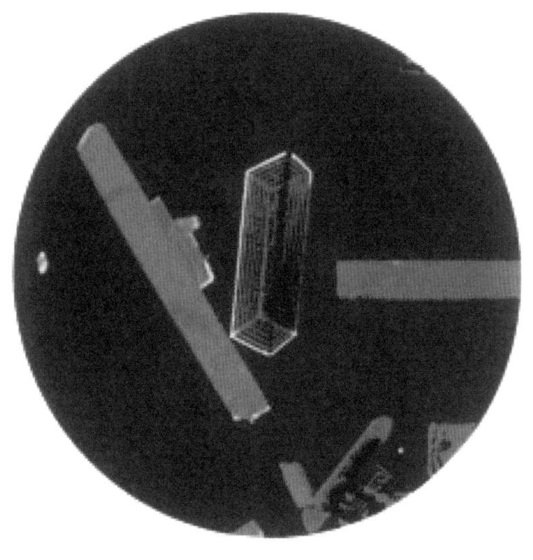

图1-4　显微镜下维生素$B_{12}$（氰钴胺）结晶

（6）生物素。生物素是一种水溶性含硫维生素。干燥结晶状态的生物素对氧、光和热稳定。紫外光或强氧化剂能破坏生物素。在强酸或强碱溶液中，它的生物活性迅速下降。饲料添加剂生物素标定含量为2%。

（7）叶酸。纯结晶的叶酸对空气和热稳定，但能被光，特别是紫外光降解。它在中性至弱碱性介质中最稳定。它能被酸、强碱、金属盐，以及氧化剂和还原剂破坏。维生素$B_1$对叶酸稍有破坏性，维生素$B_2$对叶酸有显著的破坏性。但是，泛醇、烟酰胺和维生素$B_6$可与叶酸共同存在。

（8）烟酸/烟酰胺。烟酸和烟酰胺具有相同的维生素活性，游离的烟酸在体内能转化为烟酰胺。烟酰胺在纯的无水形式以及在水溶液中均对空气、光和热稳定。紫外光缓慢地破坏烟酰胺。强酸，强碱和一些金属离子可减低其生物活性。烟酰胺也有包膜形式制剂或饲料添加剂。使用饲料添加剂烟酰胺比烟酸更直接，避免游离的烟酸进入动物体内再去转换成烟酰胺。

（9）泛酸。泛酸有3种形式，右旋泛酸钙、右旋泛酸钠、右旋泛醇。D-泛酸对许多因素十分敏感，故商业上生产其钙盐和钠盐。若能保持干燥，后者十分稳定。泛酸盐的水溶液在pH值为5.0～7.0时相当稳定。它们对热敏感，容易水解，特别是在有酸或碱存在时。为了用于液体制品，开发了D-泛醇（相应于D-泛酸的醇），它的水溶液在pH值为4.0～7.0时显著地较稳定，并可加热消毒。饲料上使用D-泛酸钙。

（10）维生素C（抗坏血酸）。结晶维生素C（抗坏血酸）在无水状态下对空气较稳定。然而其钠盐贮存时容易变黄，抗坏血酸的水溶液对氧化剂敏感。在有碱和微量的金属离子（尤其是铜）时，分解加速。为了尽量减少氧化作用，在pH值为6以下时在溶液中加入金属铜络合剂。在多种维生素溶液和糖浆中当水的含量增高时，抗坏血酸的稳定性降低。维生素$B_2$吸收蓝色光，在有空气存在情况下，能催化抗坏血酸的光氧化作用。维生素C和维生素$B_2$的破坏作用是彼此相互的。维生素C对叶酸和维生素$B_2$也有破坏作用。有必要时也可使用抗坏血酸钠盐和钙盐的包膜产品。

由于维生素对热、对氧、对水分、对光较为敏感，这些因素对其效价与稳定性存在较大的关联，稳定性越差的维生素在运输、加工、贮存、配料、产品物流配送过程中损失越大，在设计饲料配方时应考虑更高的增量保险因数，特别复合预混料中添加氯化胆碱的产品时应给予更高增量保险。见表1-4维生素效价与稳定性表。

表1-4 维生素敏感/稳定程度

| 敏感/稳定程度 | | 维生素品种 |
|---|---|---|
| 对热 | 极为敏感 | 维生素A、叶酸 |
| | 较为敏感 | 维生素D、维生素$K_3$、维生素$B_1$、维生素$B_{12}$、维生素C、泛酸、生物素 |
| | 不敏感 | 维生素E、维生素$B_2$、维生素$B_6$、烟酸 |
| 对氧 | 极为敏感 | 维生素A、维生素$D_3$、维生素C |
| | 较为敏感 | 维生素E、维生素$K_3$、维生素$B_1$、维生素$B_{12}$ |
| | 不敏感 | 维生素$B_2$、维生素$B_6$、泛酸、烟酸、生物素、叶酸 |
| 对水分 | 极为敏感 | 维生素K3、泛酸 |
| | 较为敏感 | 维生素A、维生素$D_3$、维生素$B_1$、维生素$B_2$、维生素$B_6$、维生素$B_{12}$、维生素C、叶酸 |
| | 不敏感 | 维生素E、烟酸、生物素 |
| 对光 | 很敏感 | 维生素A、叶酸 |
| | 较为敏感 | 维生素$D_3$、维生素E、维生素$B_2$、维生素$B_6$、维生素$B_{12}$、维生素C |
| | 不敏感 | 维生素$K_3$、维生素$B_1$、泛酸、烟酸、生物素 |
| 高稳定性 | | 氯化胆碱、维生素$B_{12}$、维生素$B_2$、烟酸、泛酸、维生素E、生物素 |
| 中等稳定性 | | 硝酸硫胺素、叶酸、维生素$B_6$ |
| 低稳定性 | | 盐酸硫胺素、维生素A、维生素$D_3$ |
| 极低稳定性 | | 维生素$K_3$、维生素C |

3.复合维生素B族（Compound vitamin B）

复合维生素B族与B族维生素有区别，但是它们的界线并不清晰，很多品种有交叉或叠加。

复合维生素B族的生理功能：①复合维生素B组成。除了维生素C以外，所有水溶性维生素都可以一起归入复合维生素B族，它们有下列维生素组成：维生素$B_1$（硫胺素）、维生素$B_2$（核黄素）、维生素$B_3$（泛酸）、生物素、维生素$B_6$（吡哆醇、吡哆醛、吡哆胺）、维生素$B_{12}$（钴胺素）、胆碱、叶酸（叶精）、烟酸（烟酰胺、尼克酸）。②用于减轻疲劳，预防因饮食不平衡所引起的维生素缺乏，长时间体育运动或训练时预防维生素“流失”，减缓或消除恶心、呕吐、骨骼疼痛。③缺乏复合维生素B族是世界范围内经常出现的营养不良形式中的一种。因为发现维生素B通常出现于同一食物中，所以通常缺乏几种因子，而不是某一种。④绝大部分以辅酶或辅基的形式参加酶系统活动，不易引起中毒或缺乏症，缺乏症的出现和消除都较快。它们大多数参与体内糖、蛋白和脂肪分解的辅酶分子的一部分，许多作用相互关联。水溶性的特色使得它们不会在体内大量贮存，所以每天都必须给以补充。某些器官，特别是肝，比其他器官含有较高浓度的这类维生素，从体内通过肾的途径排出。⑤参与机体新陈代谢过程，为体内多种代谢环节所必需的辅酶和提供组织呼吸的重要辅酶原料。烟酰胺为辅酶Ⅰ及Ⅱ的组成部分，参与生物氧化，起传递氢的作用。其中维生素$B_6$在体内与ATP生成具有生理活性的物质，为多种酶的辅基，参与氨基酸及脂肪的代谢。泛酸钙为辅酶A前体，参与糖、脂肪、蛋白质代谢，在代谢中起传递酰基作用。⑥协同机体各种酶功能。协助碳水化合物和脂肪释放能量、分解氨基酸及输送含有营养素的氧及能量到整个机体。烟酰胺吸收后，分布于各组织，肝内代谢，经肾排泄，少量原形从尿中排除。泛酸钙吸收后分布于各组织，在体内不被代谢，70%以原形随尿排除，30%随粪便排出。与脂溶性维生素不同，人和动物体内每天有大量的水通过，从而从体内带走很多水溶性维生素，因而可能耗尽供给的维生素，必须根据每天膳食或饲料中供给这些维生素。⑦都具有水溶性特质，其应用范围主要由其生理功能决定。它们汇集在一起发挥协同作用。例如，维生素C除了治疗原因需要量增加（因发烧、感染、体力消耗过度等使代谢作用增加）而引起的维生素缺乏症外，最重要的应用是支持性治疗和预防感染。维生素C还用于对抗工业污染和药物的有毒作用，以及外伤愈合不良和齿龈出血。⑧维生素$B_1$缺乏引起严重的功能紊乱，尤其是中枢神经系统和心脏。因此，其适应症首先是神经炎，神经痛和心脏功能障碍，如酒精中毒等。⑨维生素$B_6$特别适用于治疗神经和神经肌肉障碍。例如，帕金森氏病或由于严重动脉钙化引起的持续震颤性麻痹。维生素$B_6$易适用于呕吐和眩晕的情况，如妊娠呕吐和麻醉后呕吐。泛酸用于治疗各种炎症、功能紊乱以及皮肤和黏膜的疾病。肠道肌肉弛缓，尤其是在手术后，也可用泛酸辅助治疗。⑩医用复合维生素B为复方制剂，用于营养不良、厌食、脚气病、脂溢性皮炎、痤疮，孕妇、哺乳妇女和发热而引起的复合维生素B缺乏的各种疾病的辅助治疗，复合维生素B有片剂和注射剂。

B族维生素的生理功能。①B族维生素的历史记载起始于脚气病的研究。最初发现复合维生素B来证实提纯分离发现B族维生素是几种物质的复合物，只是性质和在食物中的分布类似，且多数为辅酶。②1919—1922年，随着B族维生素研究不断地进行，发现B族维生素不是一种单独的物质，它实际上包含了几种因子，统称为维生素B，并且把每一种因子分别命名了。一些成员以归类称呼在下方写上数字，如维生素$B_1$、维生素$B_2$等来区分彼此不是同一种物质。另外一些维生素是以熟知的化学名字称呼。有一些用数字和化学命名两者称呼。③这些维生素在化学结构和独特功能两个方面不同，然而，也有相似之处，它们都是水溶性的。在肝和酵母中含量丰富，并经常一起存在于同样的食物中，分别含有碳、氢、氧和胺，一些维生素在它们的分子中含有矿物元素（硫胺素和核黄素都含有硫，维生素$B_{12}$含钴和磷酸）。许多维生素是与分解体内碳水化合物、蛋白质和脂肪有关的辅酶分子的一部分。许多作用相互联系，它们不能大量地贮藏在体内，而且必须每天提供。某些器官，特别是肝脏，比其他组织含维生素的浓度高。它们通过肾脏从体内排出。④维生素$B_2$、烟酰胺和生物素以及天然维生素B复合体，和其他B族维生素一起，广泛地应用于多种维生素制剂中。⑤B族维生素非常值得注意的特点是它们通过消化道中的微生物的发酵作用自己能部分合成，特别是牛和羊反刍动物以及食草的马、兔非反刍动物。兔子这种动物非常罕见的每天吃自己的粪便（食粪性），其实兔子这种怪异的行为是有其需求的，在它的大肠和盲肠中通过微生物发酵合成的这类维生素进行再循环再利用，这是它们惯常的做法。反刍动物和食草的非反刍动物，人、猪和家禽只有一个胃，也没有像马和兔那样的大盲肠，它们不能合成足够量的大部分B族维生素。因此，人和其他单胃动物，假如要防止B族维生素缺乏，应在饮食中定期供给足够量的B族维生素。因为B族维生素通常在相同食物中发现，所以通常观察到的是缺乏几种连带因子，而不是缺乏单个因子。它们平起平坐，迥然相异，同时又组合发挥生理功能，关系平等。⑥许多生理学和病理学的应激影响对B族维生素的需要。特别在生长期和在妊娠期及哺乳期比一般成人维持健康的需要量要大。还可能由于提高代谢作用的疾病以及吸收不好、不适当的利用或排泄增加等情况而增加其需要量。在一些情况下，使用抗生素可能导致缺乏维生素，而在另一些情况下，抗生素也会减少维生素的需要量。

## 四、类维生素物质

类维生素物质（Vitaminlike substances）或类维生素化合物尽管不被认为是真正的维生素，但在它们的活性非常类似维生素，因而有时把它们列入复合维生素B族这一类中。

（1）争论焦点。①有学者认为类维生素物质不是真正意义上的维生素，其生理功能在缺乏症方面上有“破绽”，不如维生素完美。②与维生素生理功能相比，类维生素物质在“必需、缺乏、代谢、少量、敏感”几个构成要素方面存在缺陷，在“必需的”（Essential）关键词面前显得不够硬气。③这些未经认可的化合物被称为“未查明生长因子”，这些“未查明生长因子”的化学性质尚待确证，它们有可能对人的某一种少见的临床症状有效，具有促进养殖动物生长能力，但只是一种“民间偏方”。它们存在于酒糟、鱼汁、草汁、乳清和蛋黄中，可能具有彼此增效作用的已知必需营养因子混合物的一种物质。④对类维生素物质的界定也存有争议。

（2）需要进一步证明。类维生素物质要想堂堂正正地进入维生素家族需要科学研究证明，不能回避争议的事实有：①每一种类维生素物质的营养状况和生物学作用需要进一步研究证实。②类维生素物质应该具备多少维生素属性。③应对每种类维生素物质进行历史溯源、需要资料考证和进一步研究。其营养和生物学证据不够详实，包括历史研究数据累积不充分、生理与临床等方面有待进一步证实。④类维生素只是在生物活性上与B族维生素相似，学界有争论。⑤时间保证。从科学证据到人们接受某种类维生素、要了解必需营养和（或者）医药临床治疗之间的关系，通常需要相当长的时间，且这个过程必不可少，否则难以确认。⑥国际层面争议。除了肌醇外，其他6种也被列入维生素大家庭成员在国际上也存在不同声音，类维生素物质的维生素特性有待进一步研究。例如，俄罗斯人最先发现潘氨酸（维生素$B_{15}$），并对其进行了广泛的临床应用研究，俄国人对维生素$B_{15}$情有独钟，对其效果抱着很大的希望和期待，认为它是一种具有重要生理作用的必需食物成分，它的保健产品可降低运动员的乳酸积聚，从而减轻肌肉疲劳和提高运动耐力。但美国人认为潘氨酸并不具有这种作用，它的生理功能究竟是什么都说不清。美国食品药物管理局（FDA）把维生素$B_{15}$逐出维生素商品市场大门，后来FDA又把潘氨酸归入食品添加剂类名录，此举证明潘氨酸无毒。如今美国是全球最大的潘氨酸药品供应商之一。再例如维生素P（芦丁，芸香甙，紫槲皮甙）可用作食用抗氧化剂和营养增强剂等。芦丁有维生素P作用和抗炎作用，并发现它们存在于芸香叶、烟叶、枣、杏、橙皮、番茄、荞麦花等中。⑦类维生素品种。通常被公认为类维生素的肌醇（Inositol）和胆碱（Choline）两个品种已经归到水溶性维生素门类下。这些维生素被科学界公认为都是“必需的（Essential）”。另外，至少有9种类维生素物质不完全被认为是“必需的”，还有不被发现的类维生素物质正在探索中。类维生素物质所列如下：生物类黄酮、肉毒碱（维生素Br）、辅酶Q（泛醌）、肌醇、苦杏仁苷（维生素$B_{17}$、扁核苷、氮川酶）、硫辛酸、潘氨酸（维生素$B_{15}$）、对氨基苯甲酸（PABA）、维生素$B_{13}$（乳清酸）。

还有一种与维生素结构相似并具有某些生物活性的物质是同效维生素（Vitamers），尽管其活性低于真的维生素，但它可以减轻某些维生素缺乏症。另一种维生素拮抗剂（Vitamin Antagonist）也与维生素结构相似，可替代维生素被人体吸收，但不起维生素生理作用。有关维生素功能、缺乏症和毒性（过量）、食物来源、注释等信息见附录4维生素汇总表。

# 第五节　维生素共性特征

## 一、共性特征

维生素又名维他命，是维持人体生命活动必需的一类有机物质，也是保持人体健康的重要活性物质。维生素在体内的含量甚微，但在人体生长、代谢、发育过程中却发挥着重要的作用。各种维生素的化学结构以及性质虽然不同，但有以下4个共性特征。

一是维生素均以维生素原（维生素前体）的形式存在于食物中。

二是维生素不是构成机体组织和细胞的组成成分，它不产生能量，主要作用是参与机体代谢的调节。

三是大多数的维生素，机体不能合成或合成量不足，不能满足机体的需要，必须经常通过食物和饲料来获得。

四是人体和动物对维生素的需要量很小，日需要量通常以毫克（mg）或微克（μg）计，一旦缺乏就会引发相应的维生素缺乏症，对人体健康造成损害，对养殖动物的生长非常不利。

## 二、作用机理

维生素与碳水化合物、脂肪和蛋白质三大物质不同，在天然食物中仅占极少比例，但又为人体所必需。维生素大多不能在体内合成，必须从食物中摄取，维生素本身不提供热能。有些维生素如维生素$B_6$、维生素K等能由动物肠道内的细菌合成，合成量可满足或部分满足动物的需要。动物细胞可将色氨酸转变成烟酸，但生成量不敷需要。除灵长类（包括人类）及豚鼠以外，其他动物都可以自身合成少量维生素。植物和多数微生物都能自己合成维生素，不必由外界供给。许多维生素是辅基或辅酶的组成部分。

维生素是20世纪最伟大的发现之一。1897年爪哇发现人只吃精磨的白米即可患脚气病，未经碾磨的糙米能治疗这种病，并发现可治脚气病的物质能用水或酒精提取，当时称这种物质为“水溶性B族”。1906年证明食物中含有除蛋白质、脂类、碳水化合物、无机盐和水以外的“辅助因素”，其量很小，但为动物生长所必需。

1911年研究对抗脚气病的物质是胺类（一类含氮的化合物），它是维持生命所必需的。以后陆续发现许多维生素种类，它们的化学性质不同，生理功能各不相同。最初发现的B族维生素，后来被证实提纯分离发现它们是几种物质的复合物，只是性质和在食物中的分布类似，且多数为辅酶。

有的维生素供给量需彼此平衡，如维生素$B_1$、维生素$B_2$和维生素PP，否则可影响生理作用。维生素B复合物包括泛酸、烟酸、生物素、叶酸、维生素$B_1$（硫胺素）、维生素$B_2$（核黄素）、维生素$B_6$（吡哆醇）和维生素$B_{12}$（氰钴胺）。有人也将胆碱、肌醇、对氨基苯酸、肉毒碱、硫辛酸包括在维生素B复合物内。维生素的概述及分类维生素是人体代谢中必不可少的有机化合物。

动物体是一座极为复杂的工厂，不断地进行着各种生化反应，这些反应与酶的催化作用有密切关系。酶类产生活性必须有辅酶参与，否则生化反应不能生成。已知许多维生素是酶的辅酶或者是辅酶的组成分子。因此，维生素是维持和调节机体正常代谢的重要物质。维生素是以“生物活性物质”的形式存在于动物体组织中。食物中维生素的含量较少，动物体的需要量也不多，但却是绝不可少的物质。膳食和缺乏维生素，就会引起人体代谢紊乱，以致发生维生素缺乏症。缺乏维生素A会出现夜盲症、干眼病和皮肤干燥；缺乏维生素D可患佝偻病；缺乏维生素$B_1$可得脚气病；缺乏维生素$B_2$可患唇炎、口角炎、舌炎和阴囊炎；缺乏维生素PP可患癞皮病；缺乏维生素$B_{12}$可患恶性贫血；缺乏维生素C可患坏血病。养殖动物饲料中缺乏维生素会对动物生长产生重大影响。

目前所知的维生素家族成员中，有些物质在化学结构上类似于某种维生素，经过简单的代谢反应即可转变成维生素，此类物质称为维生素原，例如β-胡萝卜素能转变为维生素A；7-脱氢胆固醇可转变为维生素$D_3$；但要经许多复杂代谢反应才能成为尼克酸的色氨酸则不能称为维生素原。水溶性维生素在肠道被吸收后，通过循环到机体需要的组织中，多余的部分大多由尿排出，在体内储存甚少。脂溶性维生素大部分由胆盐帮助吸收，循淋巴系统到体内各器官。体内可储存大量脂溶性维生素。维生素A和维生素D主要储存于肝脏，维生素E主要存于体内脂肪组织，维生素K储存较少。水溶性维生素易溶于水而不易溶于非极性有机溶剂，吸收后体内贮存很少，过量的多从尿中排出。脂溶性维生素易溶于非极性有机溶剂，而不易溶于水，可随脂肪为人体吸收并在体内储积，排泄率不高。它们的作用机理如下。

（1）吸收。只有在脂肪存在下，脂溶性维生素被肠道吸收。任何增加脂肪吸收的因素包括微粒的大小和胆汁的存在，在这种情况下可增加脂溶性维生素吸收。水溶性维生素的吸收过程相对简单，肠道不断吸收水随之进入血液流。

（2）贮存。脂溶性维生素大量贮存在体内，在贮存脂肪的地方就能贮存任何一种脂溶性维生素，吸收越多贮存越多。而水溶性维生素则不能在体内大量贮存，每天大量水携带水溶性维生素离开身体被排出。因此需要每天在膳食中补充水溶性维生素。所有的活细胞含有B族维生素，当体内保存的营养素供给不足时，体内会“开启利用”反应机制给予补充。随着膳食中的维生素进入体内，缺乏症不会立刻出现。

（3）排泄。脂溶性维生素通过胆汁从粪便排出，水溶性维生素虽然也从粪便中少量排出，主要随尿液排出，少量随汗液排出。这些排泄途径解释了它们溶解性的不同。

（4）生理作用。为了调节单元结构上的代谢需要脂溶性维生素，每一种维生素都有各自一种或多种特定的功能。概括来说，水溶性B族维生素主要与能量传递有关。

（5）缺乏症。人和养殖动物都可能出现维生素缺乏症。饮食和养殖动物缺乏一种或多种维生素可能导致生长受阻，食欲或采食量下降，繁殖衰退和特有的紊乱，严重时出现死亡。脂溶性维生素缺乏症与维生素功能相关，缺乏维生素D会导致骨骼变形，钙代谢过程需要维生素D的协同参与。B族维生素缺乏症单独缺少某一种单体维生素的情况很少发生，在多数情况下，很难显示与功能性缺乏有关，可能缺乏的不是一种而是多种。缺乏B族维生素会引起皮炎、头发粗糙、贫血等。一种维生素供给不足比食物供给不足产生的后果更严重。

（6）毒性（过量）。通常水溶性维生素毒性相对要小些，过量的脂溶性维生素A、维生素D会引起较大的毒性。维生素A和维生素D长期过量补充会引起一系列的不良反应。儿童维生素A慢性中毒远比急性中毒多见。

（7）增补。维生素增补是指富含一种或多种维生素人工合成或天然的维生素食物来源。它是人和养殖动物生长、发育、生殖和健康所必需又少量的一些复杂有机化合物。具体在某一个生长阶段，某一种情况下需要增补。

我国居民膳食摄入参考量为1岁以内婴儿维生素A日摄入量约1300U，1～3岁1700U。婴幼儿摄入1.2万～60万U的维生素A就会发生慢性中毒。国内报道的维生素D中毒的最小剂量为日2400U，最大剂量为日30万U，连服30天发生中毒。医生推荐给宝宝服用的维生素AD制剂通常是OTC药品，其配方是按照《中华人民共和国药典》标准设计的，主要用于预防维生素D缺乏性佝偻病和维生素A缺乏症。我国婴幼儿配方奶粉已经增补维生素，慎重额外增补。

（8）稳定性。大多数维生素品种很“娇气”，它既要避光避湿，对温度也有保存要求。所有维生素饲料添加剂在热敏库中25℃下储存。表1-5和表1-6为保存期2年温度对维生素效价的影响和金属离子对3种维生素的影响。

表1-5 温度对维生素效价的影响

| 维生素 | 5℃ | 室温 | 35℃ |
|---|---|---|---|
| 维生素A | 100 | 94 | 58 |
| 维生素$D_3$ | 99 | 100 | 66 |
| 维生素E | 98 | 93 | 87 |
| 维生素$B_1$（硫胺素） | 98 | 97 | 80 |
| 维生素$B_2$（核黄素） | 100 | 100 | 100 |
| 吡哆醇（盐酸盐） | 92 | 92 | 82 |
| 尼克酸 | 99 | 99 | 99 |
| 泛酸 | 98 | 93 | 32 |
| 叶酸 | 95 | 93 | 90 |
| 维生素$B_{12}$ | 100 | 93 | 43 |

表1-6 温度与矿物质对3种维生素产生的叠加影响

| 保存温度℃ | 维生素A | | 维生素$B_2$（核黄素） | | 尼克酸 | |
|---|---|---|---|---|---|---|
| | +M | -M | +M | -M | +M | -M |
| 43 | 70 | 64 | 76 | 58 | 18 | 9 |
| 25 | 56 | 57 | 54 | 50 | 9 | 4 |
| 1 | 47 | 50 | 43 | 50 | 13 | 0 |

注：+M为含矿物质；-M为不含矿物质，以含量100%计

## 三、含维生素的主要食物来源

维生素主要来源植物组织，除了维生素C和维生素D外，只有当人和动物食用或采食含有维生素的食物或饲料或含有合成维生素的微生物时，它们才能在人和动物组织中出现。脂溶性维生素以维生素原（或前维生素）形式存在于植物组织中，维生素原能在动物体内转变为维生素A。目前已知任何水溶性维生素没有前维生素，但是B族维生素普遍分布在活动组织中，而脂溶性维生素在这些活动中完全没有。以下食物中含有维生素也许对我们有帮助。

1849年，德国化学家斯特雷克（Strecker）从猪胆中分离出一种化合物，1862年他给该化合物命名为胆碱。蛋类、啤酒酵母、动物肝脏、乳制品、大豆含有胆碱。

1850年，葛布利（N.T.Gobley）发现水溶性维生素$B_9$（水溶性叶酸），也被称为蝶酰谷氨酸、蝶酸麸胺酸、维生素M或叶精。蔬菜叶、肝脏含有维生素$B_9$。

1912年，卡西米尔·冯克（Kazimierz.Funk）博士在发现维生素A（视黄醇类）并不是单一的化合物，而是一系列视黄醇的衍生物（视黄醇也被译作维生素A醇、松香油）抗干眼病维生素。鱼肝油、动物肝脏、绿色蔬菜含有维生素A。

1922年，爱德华·梅兰比（Edward Mellanby）发现脂溶性维生素D，包括麦角钙化醇（维生素$D_2$，钙化醇或钙化醇）和钙化醇（维生素$D_3$）。主要有维生素$D_2$和维生素$D_3$两种形式。也是唯一一种人体可以少量合成的维生素。鱼肝油、蛋黄、乳制品、酵母含有维生素D。

1922年，赫伯特伊万斯（Herbert Evans）及凯瑟琳毕晓普（Katherine Bishop）发现脂溶性维生素E，他们发现α、β、γ、δ4种生育酚结构。鸡蛋、肝脏、鱼类、植物油含有维生素E。

1926年，D. T.史密斯（D. T. Smith）和E. G.亨德里克（E. G. Hendrick）在发现维生素$B_2$（核黄素）在动物体内代谢过程以硫胺焦磷酸盐（TPP）形式存在。酵母、谷物、肝脏、大豆、肉类含有维生素$B_2$。

1926年，哈佛医学院的迈诺思（Minot）和墨菲（Mupphy）报道水溶性维生素$B_{12}$（氰钴胺、钴胺素、辅酶$B_{12}$）治疗恶性肿瘤，患者摄取生肝脏可使得红血细胞恢复正常水平，固这项重大发现还与惠普尔分享诺贝尔奖。肝脏、鱼肉、肉类、蛋类含有维生素$B_{12}$。

1929年，亨利克·达姆（Henrik Dam）发现脂溶性维生素K（萘醌类，是系列萘醌的衍生物的统称）。主要有天然的来自植物中的维生素$K_1$、来自动物的维生素$K_2$以及人工合成的维生素$K_3$和维生素$K_4$。又被称为凝血维生素。菠菜、苜蓿、白菜、肝脏含有维生素K。

1933年，罗杰·威廉姆斯（Roger Williams）发现水溶性维生素$B_5$（泛酸，也被称为维生素P、维生素PP、烟酸）。尼古丁酸、酵母、谷物、肝脏、米糠含有维生素$B_5$。

1933年，瑞士科学家里克斯特（Reichstem）合成维生素C（抗坏血酸）。新鲜蔬菜、水果含有大量维生素C。

1934年，保罗·乔吉（Paul Gyorgy）发现水溶性维生素$B_6$（吡哆醇类）。酵母、谷物、肝脏、蔬菜含有维生素$B_6$。

1937年，康拉德·埃尔维杰姆（Conrad Elvehjem）发现水溶性维生素$B_3$（烟酸）。酵母、肝脏、蔬菜、蛋类含有维生素$B_3$。

1943年，哈里斯（Harris）合成生物素，也被称为水溶性维生素H或辅酶R。酵母、肝脏、谷物含有生物素。

1945年伍德（Woolley）在威斯康星大学发现肌醇（环己六醇）。肝脏、蛋黄、水溶性心脏、肉类含有肌醇。

1948年，卡尔·福克斯（Karl Folkers）和亚历山大·托德（Alexander Todd）发现维生素$B_7$（吡哆醇、吡哆醛及吡哆胺）。酵母、谷物、肝脏、蛋类、乳制品含有维生素$B_7$。

有关维生素功能、缺乏症和毒性（过量）、食物来源、注释等内容见附录4维生素汇总表。

## 第六节　维生素需要量和缺乏症及其应用

美国营养界公认："从生命力到维生素，从纤维素到食物，从营养不良到矿物质，都涉及食物营养的健康关系"（Everything about food and nutrition and their relationship to health-from vitality to vitamins, from fiber to foods, from malnutrition to minerals）。该至理名言提示人们生命力与维生素源于健康人的一日三餐。从维生素营养角度看，人和动物有许多相似之处，健康人外表热情焕发、感觉敏锐、充满活力与食物中的维生素息息相关，养殖动物也一样。

### 一、满足维生素需要

现在养殖动物维生素需要量技术已经很成熟，中国任何一家饲料企业的技术人员依赖配方软件娴熟的测算出不同动物不同生长阶段增重、育肥、产蛋、产奶维生素需要量。根据饲料原料季节、饲料原料价格和营养物的变化，还能计算出动物阶段性特定条件下维生素需要量的升高或降低，这期间需要量可能是双倍或多倍数的关系。这方面中国与西方发达国家的饲料配方技术非常接近。

人类对维生素的需要量不如动物来得那么直接明了，我们仅能够测定防止维生素严重缺乏症所需的最低供给量。婴幼儿、老年人和妊娠期妇女等特护人群的维生素需要量肯定要超过成人。常年夜晚工作人群和井下矿工应补充维生素D并及时晒太阳。每一个体生活在变化不定的影响和环境中，代谢速度必须适应当下维生素的需求，需要量也在一定限度内随之发生变化，需要给出近似估算需要量值。

除了蛋白质、脂肪、碳水化合物和水以外，正常的生理功能维持健康活力还需要各种调节剂，被称为“生命必需的维生素”参与复杂的代谢过程。没有维生素，生命活动不能顺利进行。在维生素历史长河中，每一种维生素的发现、分离、合成走过漫长困难的历程。通过计算的人和养殖动物的维生素需要量科学实验数据，通常由官方机构或委员会给出“推荐摄取量（Recommended Dietary Allowances，RDA）”。例如，美国食品与药物管理局（FDA）、英国医学会、德国营养学会、瑞士联邦内务部和中国营养学会等。RDA在营养学上是一个参考标准，如果人体长期摄入某种营养素不足，就会发生缺乏症的危险。当摄入量达到某一数值时，就不会发生缺乏症，该数值称为RDA值。RDA是一个全球公认的指南性质的参考值，保障居民既不患营养缺乏病又不患营养过剩病。

现代食品工业根据RDA数值组织食品生产，饲料工业已经有很成熟的配方技术设计饲料生产。全世界食品标签都标注各种营养素的保证含量，瑞士等西方国家按照食品类型规定强化食品中的维生素含量。其目的在于以下。

（1）补偿损失（再维生素化）。补偿加工损失，恢复原来天然维生素应有的含量。欧洲国家面粉中补偿维生素受法律管制，维生素添加量见表1-7。

表1-7　面粉中维生素添加量

| 面粉中水溶性维生素添加 | 维生素$B_1$ | 维生素$B_2$ | 维生素$B_6$ | 烟酸 |
|---|---|---|---|---|
| 全麦粉（mg/100g） | 0.5 | 0.15 | 0.45 | 5.0 |
| 70%出粉率精粉（mg/100g） | 0.1 | 0.05 | 0.08 | 1.2 |

大部分B族维生素存在于谷物色泽较深的外表皮中，精加工除去大量的表皮，低的出粉率意味着失去维生素，精白粉已不再是主要维生素的来源了。在欧美国家约有4.5亿人食用强化面包，以补充出粉率损失的维生素。

氢化油产生大量反式脂肪酸，增加患心血管疾病、糖尿病等风险。今天越来越多中国消费者依然选择被叫作氢化油的植物黄油“植脂末”精白粉含有反式脂肪酸容易消化的甜味面包。发达国家消费观念倡导天然、原始、健康，很多消费者选择改食用全麦制品。“雾都伦敦”难见阳光，英国规定面粉中强化添加维生素D。一些国家规定面粉中维生素添加量见表1-8。

表1-8　一些国家规定面粉中维生素添加量

| 面粉中维生素添加量mg/kg | 维生素$B_1$ | 维生素$B_2$ | 烟酸 |
| --- | --- | --- | --- |
| 美国 | 6.4 | 4.0 | 52.9 |
| 英国 | 2.4 | — | 15.0 |
| 瑞士标准粉 | 2.81 | 1.70 | 33.67 |
| 瑞士精白粉 | 4.18 | 2.53 | 50.0 |
| 丹麦 | 5.0 | 5.0 | — |
| 秘鲁 | 4.0 | 4.0 | 30.0 |

稻米中维生素含量甚少，一些以水稻为主食的东南亚国家在稻米制品中添加维生素。很多人拒绝乳脂肪选择脱脂奶，天然存在的牛奶中维生素A、维生素D经脱脂后，维生素A、维生素D几乎完全被除去了。在欧美发达国家要求生产商在脱脂奶中补充添加维生素A、维生素D。

（2）标准化。气候、季节、产地、土壤、植物种植区划和其他自然因素对水果蔬菜中维生素的含量影响很大，不同产区、季节、土壤肥力下的水果蔬菜中维生素含量差异可能是成倍的。应补偿天然食物中的维生素数据变异情况，给出标准化修正值。一些国家强制规定某些食品中维生素标准，无论季节和来源如何存在差异，维生素含量必须足够且符合标准。事实上，生产商通常调节果汁中维生素C配方，在检测已知含量的基础上足额添加维生素C以满足标准的规定值。

中国强化面粉专业化还需细化，低面筋高面筋的制品用途差别很大。发达国家专供面包店的进口高筋面粉标签强化营养数据标识都很完备，而中国的消费者很少或几乎不查看食品标签，果汁标签的维生素营养素成分表标注也不全面。在这方面外国人却很在意，这体现了国民整体科学素养水平。

（3）强化。牛奶和奶制品中维生素含量随季节性也有些变化。夏季放牧季节牛奶中维生素A含量高于冬季，奶业发达国家在冬季几个月给奶牛饲喂精料补充料，增强牛奶中维生素含量并超过原来天然水平，达到强化补充维生素A的目的。通常青牧草和干牧草的质量也影响牛奶中的维生素。

（4）维生素化。在理想的食品载体中加入一种特殊维生素，该载体在天然情况下不含有该种类维生素，以人造黄油解释维生素化最贴切。植物油制造的人造黄油本是一种代用食品，基本上不具有天然维生素A活性。然而，人造黄油被用来代替富含维生素A的真黄油供食用，于是人造黄油成了脂溶性维生素A理想的载体，同为脂类物质同相似，选择人造黄油可保证维生素A活性物质通过载体提供给消费者。这个措施有别于“补偿和强化”。人造黄油中维生素A和维生素D添加量有官方规定和非官方的民间资源一说，随着不饱和脂肪酸含量高的特殊人造黄油在市场上热销，摄入量随之增高，维生素E需要量升高，营养价值高的人造黄油中添加维生素E成为必然。

发展中国家和不发达国家的贫困地区是实施营养维生素化措施的主要地区，为了应对食物相对短缺和人口增多的压力，人们寻找新的食物来源。从一些廉价的当地可获得的原料进行工业化生产，开发含有大量生理价值高的食品。这类食品大多维生素含量不足或含有不完全的维生素，需要另辟蹊径，通过其他途径取得营养素，这类食物对于满足贫困地区的人们维生素需要量可能是最直接的、最无奈的选择。

## 二、维生素饲料添加剂刚性需求

（1）占比超80%。饲料畜牧业对维生素的消费量远超过人用维生素。根据世界养殖业有关维生素应用数据统计，全球维生素下游的动物饲料应用量占80%以上，其中猪饲料同维生素占据一半以上（图1-5），国家统计局公布2017年全国生猪出栏6.88亿头，新增0.5%，意味着中国人均年消费半头猪。

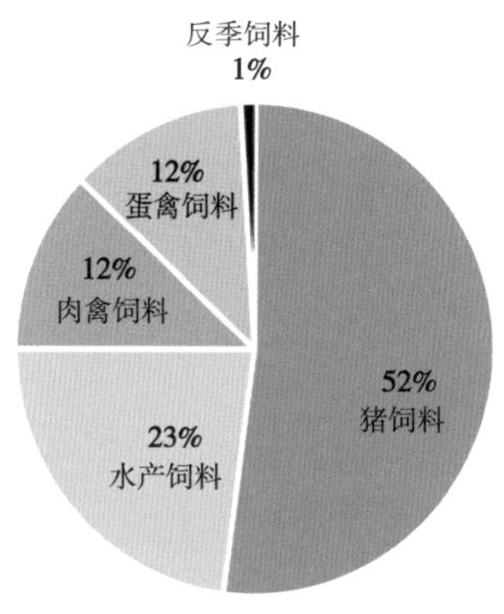


图1-5　我国各种饲料占比

养殖业的饲料需求推动维生素添加剂刚性增长是不可逆的。3方面需求助推饲料维生素使用量：①国民需求。我国城乡居民对优质肉禽蛋奶需求不断提升。②饲料需求。到2017年我国饲料产量约为2.2亿t，全球第一，养殖业集中趋势倒逼饲料工业化生产上新台阶。到2020年饲料维生素需要量至少32万t，其中氯化胆碱26万t。③加工需求。饲料维生素添加量空间很大。农业部2625号公告规定饲料中的维生素推荐量和最高限量，只有9种（饲料着色剂除外）规定了最高限量。

（2）维生素饲料添加剂商品形式和规格。在饲料产业链中，维生素饲料添加剂处于上游。为了规范维生素添加行为，农业部发布《饲料添加剂安全使用规范》（农业部公告第2625号），2625号划分了33种维生素饲料添加剂的通用名称、英文名称、化学式或描述、来源、含量规格、适用动物、推荐添加量和最高限量（附录3 农业部公告第2625号）。

常见维生素饲料添加剂主要商品形式和规格见表1-9、表1-10。

表1-9　常见维生素饲料添加剂主要商品形式

| 维生素 | 主要代表 | 主要商品形式 |
| --- | --- | --- |
| 维生素A | 维生素A醇（视黄醇、抗干眼醇）、维生素A醛（视黄醛）、维生素$A_2$醇（3-脱氢视黄醇） | 维生素A乙酸酯、维生素A棕榈酸酯 |
| 维生素A原 | β-胡萝卜素、γ-胡萝卜素 | β-胡萝卜素 |
| 维生素D | 维生素$D_2$（麦角钙化甾醇）、维生素$D_3$（胆钙化甾醇） | 维生素$D_2$、维生素$D_3$微粒（水分散型） |
| 维生素E | α-生育酚、β-生育酚 | d-α-生育酚、dl-α-生育酚、d-α-生育酚乙酸酯、dl-α-生育酚乙酸酯 |
| 维生素K | 维生素$K_1$（叶绿醌、植物甲萘醌）、维生素$K_2$ | 维生素$K_1$、维生素$K_3$（甲萘醌、2-甲基-1，4萘醌） |
| 维生素C | L-抗坏血酸 | L-抗坏血酸、L-抗坏血酸-2-磷酸酯、L-抗坏血酸钠、L-抗坏血酸钙 |
| 维生素$B_1$ | 硫胺素（抗神经炎素） | 硫胺素盐酸盐、硫胺素单硝酸盐、辅羧酶（硫胺素焦磷酸盐） |
| 维生素$B_2$ | 核黄素 | 核黄素、磷酸核黄素钠 |
| 维生素$B_6$ | 吡哆醇（抗皮肤炎素） | 吡哆醇盐酸盐、吡哆醛-5’-单磷酸酯（辅脱羧酶） |
| 维生素$B_{12}$ | 氰钴胺 | 氰钴胺、羟基钴胺（水合钴胺） |
| 烟酸（维生素PP） | 烟酸、烟酰胺 | 烟酸、烟酰胺 |
| 泛酸 | 泛酸 | D-泛酸钙、D-泛酸钠、D-泛酸 |
| 生物素（维生素H） | d-生物素 | d-生物素 |
| 叶酸（维生素Bc） | 叶酸（碟酰谷氨酸叶酸结合物） | 叶酸 |

表1-10　维生素饲料添加剂含量规格

| 维生素品种 | 维生素饲料添加剂规格/含量标识范围 |
|---|---|
| 维生素A | 50万IU/g、100万IU/g |
| 维生素$AD_3$微粒 | 维生素A为原油（含量不确定）/维生素$D_3$含量130万IU/g |
| 维生素$D_3$ | 50万IU/g、维生素$D_3$微粒（水分散型）45万～60万IU/g、25-羟基维生素$D_3$（25-羟基钙化醇）含量1.25%， |
| 维生素E | 50% |
| 维生素$K_3$ | 以甲萘醌含量计：51%，47% |
| 维生素C、L-抗坏血酸-2-磷酸酯 | 35%，99%：99.0%～101.0%（也有其他规格） |
| 维生素$B_1$ | 97%，99%：98.0%～101.0% |
| 维生素$B_2$ | 96%，98% |
| 维生素$B_6$ | 100%，98.0%～101.0% |
| 维生素$_{12}$ | 99%，90%～130% |
| 烟酸/烟酰胺 | 99% |
| D-泛酸钙 | 98.0%～101.0%，Ca干基：8.2%～8.6%，N含量：5.7%～6.0% |
| 生物素 | 2% |
| 叶酸 | 100%，95.0%～102% |
| 氯化胆碱 | 固体50%，液体70%，有的含量不确定 |

（3）应用量大幅提升。2017年的维生素市场延续了2016年的火爆，中国全年维生素产量29万t，占全球产量70.9%，同比持平，维生素饲料添加剂产品价格轮番上涨。对于饲料消费下游产业链来说，目前配合饲料占比优势明显，畜禽散养户退出，国内知名饲料企业抢占养猪业，规模化养殖相对稳定，饲料消耗量恢复性增长，预计2018年饲料产量的增长幅度在3%～5%，维生素饲料添加剂使用量稳步上升。近几年乳猪料、教槽料、母猪料销量快速增长，推升饲料中维生素A、维生素$B_1$、维生素$B_6$、生物素等添加量大幅提升。

从维生素饲料添加剂市场使用量看，维生素C占33%、维生素E占29%、烟酰胺占11%、维生素A和D-泛酸钙分别占6%和5%，其他品种各占1%～3%不等（市场规模见图1-6，该使用量未计算氯化胆碱）。

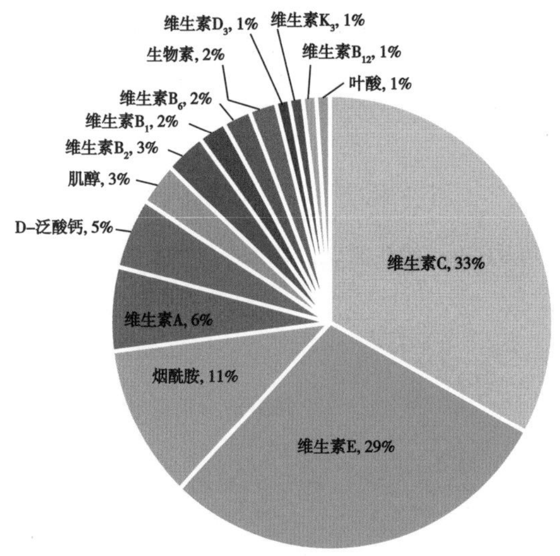


图1–6　维生素饲料添加剂市场规模

（4）饲用维生素不可或缺。维生素饲料添加剂是养殖动物正常生长、繁殖、生产及维持自身健康所需的微量有机物质，是维持动物正常代谢机能所必需的一类低分子有机化合物。作为核心物质，维生素添加剂提高动物抗病或应激能力、促进生长以及改善畜产品的产量和质量。维生素在动物体内发挥催化作用，促进营养素的合成与降解，调节动物代谢。养殖动物机体缺乏时，动物的生长发育以及繁殖机能就会受到影响，严重时可出现特殊的疾病。

没有维生素饲料添加剂现代饲料畜牧业不能突飞猛进。饲料中添加维生素是为了满足养殖动物生长需要而设计的，在中国几乎所有饲料产品都添加维生素。与碳水化合物、脂肪和蛋白质三大物质不同，在天然植物饲料原料中维生素含量有限。因此，为维持动物正常生理功能，在动物饲料中必须使用维生素添加剂。饲料企业根据不同动物、不同生长阶段和特殊阶段，如怀孕、哺乳等的营养需求，将多种维生素混合后制成多维预混料，与其他氨基酸和矿物质预混料制成复合预混料，再与蛋白饲料、能量饲料原料和混合制成可供动物直接采食的配合饲料。

（5）饲料中维生素分析难点。饲料中维生素的分析技术难度可能超过食品，饲料原料来源广泛，饲料组分杂、多、微量，影响因素干扰检测。饲料中维生素成分不仅包括人工添加的维生素添加剂，还包括饲料原料中天然存在的维生素，以及添加的氨基酸、矿物质、药物和非营养性添加剂等多种干扰因素。维生素分析涉及的种类主要包括全部脂溶性维生素和水溶性维生素，这些维生素添加量很低意味着检测难度大。尽管分析检测十分复杂，但检测手段已今非昔比，饲料检测机构大量使用气相色谱（GC）、液相色谱（HPLC）、等离子质谱（ICP-MS）、气质联用（GC-MS）、气/质-质（GC/MS-MS）、液质（LC-MS）、液/质-质（LC/MS-MS）等具有强大的分析功能多级四极杆质谱仪，可以实现所有的MS/MS扫描功能，包括子离子扫描、母离子扫描、中性丢失扫描等。仪器分析的精确度和灵敏度非常高，检测方法最低检出限达毫克/千克（mg/kg）、微克/千克（μg/kg）、纳克/千克（ng/kg）、皮克/千克（pg/kg）。好马配好鞍，价值不菲的先进检测设备还依赖配套设备，如氮吹仪、真空浓缩（回转泵、涡旋泵）。预处理技术往往比上机检测更难，科学的有针对性的预处理包括液—液提取、液—固提取、分离富集、净化、化学衍生化和提取浓缩等。饲料和饲料添加剂预混料中脂溶性维生素测定预处理过程还需经过酶解或皂化、浓缩等环节，水溶性维生素相对简单，可直接提取净化测定或经酶解提取净化后测定。饲料中维生素的分析是饲料分析领域的难点如下：①破膜。为提高维生素添加剂的稳定性和流散性，对一些包膜维生素A、维生素$D_3$、维生素E、维生素C，要求预处理过程能有效打开包膜，否则会导致检测结果偏低或未检出。②同类维生素检测方法不同。同一种维生素可能对应着不同结构的化合物，如维生素C为一种结构，L-抗坏血酸和L-抗坏血酸-2磷酸酯是另一种结构。维生素C化学结构不稳定，易于被氧化，所以将抗坏血酸进行酯化，变为其磷酸酯。如果是L-抗坏血酸-2-磷酸酯，在预处理时必须进行水解，否则无法直接测定维生素。③稳定性因素。饲料中B族维生素的含量非常低且本身不太稳定，大多数以结合态存在，因此在分析时预处理过程很容易使B族维生素破坏，导致结果偏差很大。④避光。多数维生素本身不稳定见光容易发生降解，被空气氧化等均会影响结果，因此维生素检测都需避光。⑤新产品解决方案。随着维生素产品研发力度的加大，不断有新产品被开发出来，如萘醌类化合物等需要经过酶解等才能分离被分别测定（部分维生素饲料添加剂显微镜下晶体照片见附录5）。

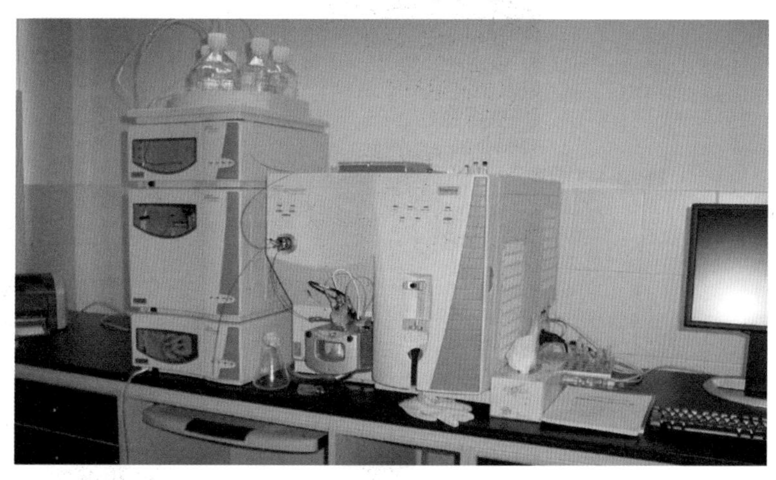

图1-7　液质（Lc-Ms）

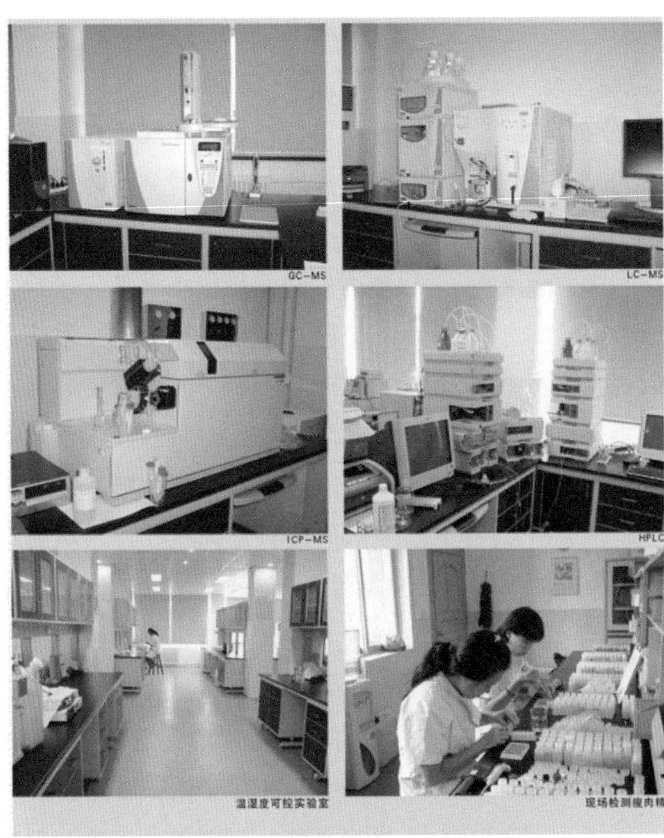


图1-8　饲料检测设备与实验室

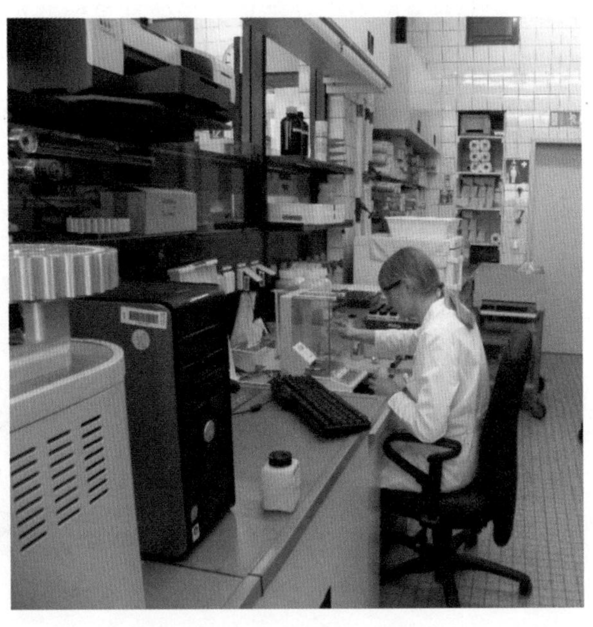

图1-9　维生素检测前处理

## 三、维生素缺乏症

第二次世界大战前，维生素缺乏症在欧洲仍甚常见，今日已十分少见。但在非洲贫困地区等欠发达国家，维生素缺乏症依然普遍。维生素缺乏与需要量是对立与统一的辩证法，“缺乏与补充”的解决办法在哪里？

（1）维生素相互依存关系。在维生素发展初期，研究者认为各种维生素是一种保护性物质，能预防某些特殊疾病，缺乏一种维生素能引起某种疾病，但是单一的维生素缺乏比较少见，通常由几种维生素彼此相互依存促进健康，而不是缺乏某单个维生素，是某一个族或多个维生素。

每一种维生素在代谢中的功能十分独特，在缺乏的时候，某些器官的一个或多个确定的生化反应遭受破坏，代谢障碍临床表现为明显的“缺乏”。疲劳、感到筋疲力尽、失眠、易怒、感染、抵抗力下降。这些迹象和疾病不一定表现为维生素缺乏，应由医生诊断。养殖动物维生素缺乏症应由兽医或饲料行业专业人员诊断。当经临床检查几种代谢反应均需要该种维生素时，应及时补充营养素或活性物质，否则症状会加剧。

（2）维生素缺乏症识别难。维生素缺乏症临床诊断比较难，但特异性明显。还有些缺乏症的非特异性不明显，通常非特异性由多种维生素不足而不是一种，如皮肤变化、活力降低、免疫力下降、抗感染能力减退等。维生素缺乏很难识别的关键“多与少”天平在哪里？有人提出最简单的做法是观察体重，在浴室“净重”状态下记录体重变化与饭量即与维生素对应起来。维生素需要量因人而异，因年龄、工作类别、活动量和一般身体条件而异。

与动物生长时构成的身体物质和贮存物质的营养素不同，维生素在体内起催化作用，促进主要营养素的合成与分解，从而控制代谢。这方面研究成果很活跃，研究表明，B族维生素的维生素$B_1$、维生素$B_2$、维生素$B_6$、维生素$B_{12}$、烟酸、泛酸、叶酸参与生物素的代谢并参与某些酶的组成，这些酶是碳水化合物、脂类和蛋白质代谢所不可缺少的，代谢过程中维生素并不作为结构物质。从中也说明了与常量营养素相比较，何以维生素需要量少，不可或缺的道理一定存在。

还有些难以发现潜伏的维生素不足。在正常状态下，这些潜伏表明很深不易发现，当遭遇突然的逆境、恶劣环境、惊恐等可立即诱发出缺乏症。这方面养殖动物表现更加具体，例如，鞭炮礼花噪声、开采矿石爆破声、飞机起降轰鸣声、特种车辆警报鸣笛声等都会导致母猪流产，产蛋鸡高峰期产蛋率下降，在运输过程中动物应激反应等。

现代人都知道干眼病、角膜软化症与维生素A，佝偻病与维生素D、脚气病与维生素$B_1$、糙皮病与维生素pp烟酸、坏血病与维生素C有关。这些基本常识被人们熟知是非常可贵的。

（3）人最缺乏五种维生素。人最容易缺乏维生素A、维生素D、维生素$B_1$、维生素$B_2$、维生素C五种重要的维生素。

第一种维生素A被称为“明眸皓齿的美丽维生素。”这是因为它的主要作用是保持皮肤、毛发、骨骼、黏膜的健康生长，增强视力和生殖机能。维生素A只存在于动物性食物中，植物性食物中没有维生素A，只有维生素A的前体物质能够在人体内变成维生素A的胡萝卜素。

第二种维生素D缺乏症通常发生在出生后2个月到1周岁的婴儿、孕妇和哺乳期妇女人群中。儿童一旦缺乏维生素D很容易得佝偻病。补充维生素D的最简单方法就是晒太阳，因为人的皮肤中有一种物质叫作“7-去氢胆固醇”，它在紫外线的照射下能够转变为维生素D，并且被人体所利用。当然，适量服用一些鱼肝油、蛋黄、肝脏也是非常有好处的。

第三种维生素$B_1$在带有胚芽和糠皮的粮食制品中含量最高，全麦面包好于精白面包。现在的面食都经过了精制加工，大部分维生素$B_1$就在加工中损失掉了。西方发达国家食品货架上，掺麸皮的面包价格更高。有营养学家说；“从前穷人家的食物中富含维生素$B_1$，现在生活条件好了，营养水平反而下降了。”

第四种维生素$B_2$的主要来源是动物肝脏，以及鸡蛋、牛奶、肉类、鱼类、绿色蔬菜、豆类等。在我国膳食结构中的维生素$B_2$含量较少，只能达到标准的一半，尤其是在蔬菜淡季情况比较严重，维生素$B_2$缺乏症比较普遍。

第五种维生素C是形成细胞间质构成的主要原料，它的主要作用是把细胞连在一起，保持牙齿、血管、骨骼、肌肉的正常生理功能，促进伤口愈合，增强对疾病的不敏感力。维生素C最常见的缺乏症是牙龈出血、皮下点状出血。

（4）人和养殖动物摄取维生素的差别。①食品四要素。美国人把食物分为四种类型，也被称之为食品“四要素”，即谷物（Cereals）、水果与蔬菜（Fruits and Vegetables）、肉蛋及制品（Meat and Egg its products）、乳及乳制品（Milk and its products）。除了坚果外，几乎所有维生素都主要来自上述四类食物。这里的“谷物”包括麦类、稻谷等粮食作物，“肉”包含猪、牛、羊、禽、鱼肉等养殖动物。在上述四组基础食物上，选择天然的膳食就可得到足够的维生素，如果都吃到吃全了，可基本满足维生素需要量，不会达到毒性水平。恰恰难以做到的人们很难遵循“足够的、适当的和不断增补”的基本原则。常常以工作学习繁忙为由，缺乏或忽略良好饮食的基本要素与构成，故意少给或不给自己应摄取的营养素，忽略或藐视这种规律会给自己造成某种维生素损失。②动物“通吃”。在饲料工业化之前，早先养殖动物从天然的饲料中得到的维生素比人多，动物消费精制食物比人少，它们吃食整谷粒而不是面粉，整谷粒包含外皮和胚芽粉含B族维生素，人食用精制面粉已不含外皮，胚芽已被破坏，维生素损失就大。③人和养殖动物摄取维生素的区别在哪儿？人和猪都是单胃动物，代谢吸收过程极为相似，但补充取得维生素的过程差别很大。现代化饲料工业时代，在饲料配方设计方面已经考虑到养殖动物各种营养素全面需求不缺乏维生素，所有养殖动物根据生长需要在饲料中都添加不同剂量的维生素，已经做到精细化分类添加，精确到克/千克计。④动物饲料产品精细分类。每一种动物系列饲料细化为20～30个品种或更多，如猪饲料系列的仔猪断奶后的教糟料、保育料、仔猪料、中猪料和大猪料，母猪料、公猪料等；禽料系列饲料的肉禽和蛋禽以及它们的品种和长阶段；反刍饲料的肉牛、肉羊、奶牛系列饲料分为干奶期和泌乳期；水产饲料分为海水和淡水鱼料以及含蛙类饲料等，动物品种细化名目繁多；特种饲料包括皮毛动物的貉、狐狸等，猫粮、狗粮等宠物饲料也添加不同剂量维生素。按照动物生长阶段添加维生素，每一种饲料对应动物各自的生长阶段，每一粒饲料含有均衡的维生素，换言之，动物吃得吃，不吃也得吃，养殖动物没有选择，其目的在于动物尽快出栏上市。⑤人的选择性余地。而人就不同了，人的选择食物就是选择维生素，选择余地很宽泛。不同区域南北方习俗差异、宗教、性别、年龄等因素，各自用不同的方式摄取维生素，除了一日三餐满足基本要求外，人选择性的取得食物还讲究食物营养和色香味形。不管走到哪里，为什么人们总是忘不了“妈妈的味道，家乡的味道”，由此可见儿时的食物对一个人一辈子选择食物起着重大影响。人从食物的营养素中摄取单一的维生素，每种食物的营养素不尽相同，人需要尽可多的摄取不同食物中的多种维生素，既要吃得不发胖，还要求吃的杂，吃得少，吃的全面，满足健康需要。坊间有一种说法，包括油盐酱醋，葱姜蒜花椒大料调料、瓜果梨桃，零食，把烧饼的芝麻计算在内，人日需要30～50种食物。人们应该知道哪种食物多含什么维生素。

（5）影响维生素摄取的因素。“早餐吃什么？午餐吃什么？晚餐吃什么？明天吃什么？”怎样留住丈夫的胃和孩子的好胃口一直困扰着每一个家庭主妇，她们经常发出“不知道吃什么了”的焦虑。主妇们有没有想过如何从食物中搭配营养，摄取更多的维生素，吃得更健康呢？

①种类影响。动植物的种类与部位的维生素含量大不相同，例如猪肉的硫胺素比牛肉高，植物的叶、块根、块茎、籽粒，动物器官与肌肉中维生素含量也不同，每一种食物中的维生素各不相同，因此，“杂吃”是最好的选择。②加工与烹饪损失。许多维生素存在于天然食物中，在贮存、加工、烹饪、阳光、氧化、加热、冷冻、霉菌生长的食物摆在上餐桌前，由于维生素稳定性差，多种维生素的营养价值在摆上餐桌前已经降低或被破坏了。现今的食物食用方式远不如古代人们那么简单直接，他们在野外简单加热，热灼，食用整个的，未经深加工的天然食物。越是精制的食物，维生素损失越大。在人成长的某个阶段，婴幼儿成长、病人提供足量的维生素至关重要。经过工业化加工和保鲜的食物维生素损失很大。例如，磨麦和制粉过程维生素损失50%～87%，其中一半为泛酸，72%的维生素$B_6$，86%的α-生育酚和2/3的叶酸。罐头和冷冻食品中的维生素$B_6$和泛酸损失巨大，见表1-11。

表1-11 罐头和冷冻食品维生素$B_6$和泛酸损失 （%）

| 食物＼类别 | 罐头 | | 冷冻 | |
|---|---|---|---|---|
| | 维生素$B_6$ | 泛酸 | 维生素$B_6$ | 泛酸 |
| 鱼和海产品 | 48.9 | 19.9 | 17.3 | 20.8 |
| 肉和家禽 | 42.6 | 26.2 | — | 70.2 |
| 块根蔬菜 | 63.1 | 46.1 | — | 36.8 |
| 豆科蔬菜 | 77.4 | 77.8 | 55.6 | 57.1 |
| 绿叶蔬菜 | 57.1 | 56.4 | 35.7 | 48.2 |
| 水果/果汁 | 37.6 | 50.5 | 15.4 | 7.2 |

在工业化加工过程中，因为脂溶性维生素不溶于水，一般的烹饪方法不会轻易损失维生素A、维生素D、维生素E、维生素K。水溶性维生素则不同，复合维生素B、维生素C很容易溶于烹饪的水中，一部分维生素因加热遭到破坏。最好烹饪到半生或恰恰“断生”，尽可能少加水。③反季节蔬菜。反季节是指春秋类蔬菜延后下一个季节提前或延后生产的品种。它们不是大田生产，主要是通过大棚日照采光设施，采取防寒保温措施，提高室温等手段改变植物生长环境，即便在冬季人们也能吃到夏季时令蔬菜，不分季节保证蔬菜全年有效供应。按照国家质量标准栽培的反季节水果蔬菜，技术上能够得到保证，新鲜的反季节水果蔬菜品质与同类时令农产品没什么区别，维生素营养含量与当季的同品种没有差别。④贮存损失与周全食

谱。避免一个阶段或季节某些食物的出现频率和食用配给分量，应多选择时令季水果蔬菜。任何食物或动物饲料，储存期越长维生素含量存在下降趋势。蔬菜水果随着贮存期枯萎程度加重，维生素含量下降。⑤不好的饮食习惯。无法估算有多少人在必需维生素摄取方面亏待了自己，主要表现为：早餐不吃，午餐“凑合”，晚餐大吃；“边走边吃”，夜宵“啤酒+撸串”，边刷屏边吃，或随便抓一口吃。双休日睡懒觉，三顿改二顿。上班族以快餐，外卖为主要进食方式。老年人选择怎么吃以孩子孙子回不回家定食谱，自己常常随便吃一口。回避牛奶和乳制品，有些人不喜欢蔬菜，生熟都不吃。挑食与偏见，不吃某一种食物，如三明治代替凉拌菜，饮料代替牛奶，甜面包代替鸡蛋和混合谷物粥。上年纪人牙口或胃口不好，不能吃到足够恰当的食物。⑥消耗与补充。几种维生素不能在体内积累与贮存较长的时间。随着生活节奏、劳动强度、时间长等被耗尽，必须从食物中不断供给使之恢复或更新补充。减少热量意味着减少维生素。中国进入新时代，智能化、机械化替代体力劳动，使得人的热量消耗减少，关联的维生素摄入量也减少了。⑦特殊时期。妊娠期、哺乳期、生长期、疾病及疾病体力恢复期、服用抗生素、过度体力透支消耗时需要更多的维生素，这些特殊的关键时期必须增加维生素摄入量，人在服药期间药效学性质的使用剂量超常，维生素需要量也应增加。0～1周岁或更长时间的婴儿，以及妊娠和哺乳期妇女都应增加足量的维生素。地下矿井采矿、城市夜晚保洁和长期夜班人员需要补充维生素D还要多晒太阳。⑧情绪异常阶段。情绪急剧变化、心态反应过度、家庭和人际关系紧张、抑郁症、心烦意乱等导致不能摄取足量的食物或忽视吃饭，以及不好的饮食习惯，严重的厌食症，此时需要采用治疗性质的维生素增补计划。除了按医嘱补充维生素外，针对性食补来校正维生素不足。⑨应激期间。感染期、慢性病、手术后、过量饮酒、抽烟、服用避孕药、限制某一类食物、紧张的工作环境等人的应激期间有规律使用与维生素功能相抵触的药物等。在这些应激期间需要增补更多的维生素摄入量，应遵医嘱调整食物类型或品种来弥补摄取维生素。⑩年轻一代。80后、90后的青年人基本不进厨房，晚婚晚育、不婚不育“丁克”趋势已经显现。国家放开二胎，生育率并没有上升，以快乐单身自居，他们抱怨“没兴趣为自己烹饪食物”。标榜“白加黑，5加2”加班“拼搏精神”，这种生活态度使得很多年轻人陷入不好的饮食习惯的旋涡中。补充维生素就是购买一份“饮食保险”，每天应从食物中获取多种足量的维生素。

（6）养殖动物增补维生素。养殖动物高产阶段维生素需要量比平时高出很多倍。例如，产蛋鸡高峰期的饲料中维生素增补可能是平时的1～2倍，养殖场通过饮水增补维生素，避免应激，增强动物的抵抗力和免疫力。在养殖动物运输过程因为路上剧烈颠簸、拥挤、暴晒、暴雨侵袭、被驱赶、惊吓等会出现应激反应，在转运前补充维生素饮水缓解应激反应。

## 四、影响维生素利用的因素

维生素缺乏症通常是由于饮食中营养不足所致，然而，还不能忽略维生素利用的有效性。由于拮抗性与抗维生素、前维生素、抗维生素物质、疾病与寄生虫、使用抗生素、在内脏中的合成、有效性以及营养物间的相互作用等非常多的因素都可能影响维生素的有效利用。

影响维生素利用的因素通常采用分析化学、微生物法和物理分析等。但是这些方法最后都需要人体或动物实验来验证缺乏程度，要取得翔实的分析数据费用不菲。

（1）欧美的判断方法。在欧美要想分析影响人的维生素利用的因素手续非常繁杂。选择设计的专门生物分析实验费用昂贵且难于控制，该需要保护被试者的健康权利，以及解释测试结果时避免精神紧张。通常选择双盲样法，一种选用某种糖类含一种无活性的物质作为安慰剂，被试者不知道内含物是“空白盲样药丸”，另一种药丸是“真的”。双方签署协议，如果是未成年人，还需得到监护人的书面同意，无论自愿者或领取报酬的自愿者都要签订协议，且内容极为详尽。这些签了协议并领取报酬的被试者，调查者，给膳食补充维生素的人按照时间、地点、人群、年龄、性别、体重、宗教习俗分类分组服用药丸。另一种则服用含维生素营养的药物。通过两组实验来采集数据进行检测。被试者，调查者的样品到检测实验室编制代号，检测人员不知道各种测试物来源和成分，按照营养学研究标准的操作程序，直至试验结束后才被告知。上述这类实验在欧美已经形成制度。

（2）有效性。食物中不是所有的维生素都可以吸收的形式存在。有效性应考虑3方面因素。①许多谷物中的烟酸是与蛋白质结合的形式不能通过肠壁吸收，除非用一种碱处理食物，才能使复合体释放出维生素。②如果脂肪的消化减少，脂溶性维生素的吸收自然会减少。③维生素$B_{12}$需要一种胃里产生的因子才能被吸收。

（3）抗维生素（维生素拮抗物或假维生素）。除了维生素供给不足引起维生素缺乏症外，缺乏状态也偶然出现于维生素功能受到扰乱和抑制，发生这种情况，被称为抗维生素和维生素拮抗物。维生素拮抗物也存在蕨类植物、多种食用植物和蔬菜中。例如，苜蓿含有一种或多种物质，能显著降低苜蓿中维生素E的利用效果，增加粪中的排出量。蚕豆中存在维生素E拮抗物。亚麻籽中含有Linatin，已经证明它是维生素$B_6$的拮抗物。

（4）抗维生素。这类物质存在于某些天然食物中，虽然这类物质与维生素有关，但它是没有类似维生素功能的一种复合物。正因如此，如果人体不能区分是抗维生素还是真维生素或把它们结合成必不可少的体成分，那么就会引起维生素缺乏。这些物质随天然食物、原料或作为药物添加剂到达消化道，直接阻止维生素吸收或妨碍其特定的生化作用。例如，在生的和干燥的鸡蛋清中的抗生素蛋白，它们与生物素在胃肠道中结合成复合物，像一道屏障阻止维生素吸收。

生的淡水鱼某些细菌含有硫胺素酶，可破坏维生素$B_1$，通过加热分解抗生素蛋白和硫胺素酶。典型的具有说服力的抗维生素作用机理有待深入研究，但它一定和维生素与抗维生素的化学结构相似的物质，使得抗维生素能在维生素作用点位取代或阻止维生素吸收与代谢。该解释来源参照药物的拮抗作用。

（5）前维生素。必须考虑某些存在于食物中的非维生素物质能在体内转化为维生素。熟知的前维生素有4种。①β-胡萝卜素，这种物质在肠壁转化为维生素A。②皮肤中的7-脱氢胆固醇，这种物质通过紫外光（太阳光）辐射转化为维生素$D_3$。③植物的麦角固醇，在紫外光下可转化为维生素$D_2$。④色氨酸能转化为烟酸，这种转化效率极低，60mg色氨酸产生1mg烟酸，因此不能利用色氨酸作为前维生素。

（6）内脏的合成。虽然一些细菌能合成维生素，但另一些细菌与宿主争夺从食物中摄取的维生素，并保留它们直到随粪便排出。生理学告诉我们，人的小肠通常是无菌的，大肠携带大量的病原菌，通常从大肠只吸收水和盐。因此，在肠道中细菌合成健康人体可利用的大多数维生素的量是不可能的。当大肠失调时，尤其是腹泻时，小肠里很可能含有大量的细菌，这可能会减少而不是增加可利用的维生素的量。

（7）营养物的相互作用。几种维生素与其他的营养物联系紧密。例如，若饮食富含碳水化合物或酒精，代谢就需要更多的硫胺素。若食入大量的多不饱和脂肪酸，则需要更多的维生素E。还有另几种类似的相互作用，某一种维生素在饮食方面的营养价值来说会与化学分析的维生素含量大不相同。应选择膳食中含有维生素并具有平衡良好的所有营养的混合物，而不是单一的。维生素是通过食用广泛多样的传统食品提供的，这些食品有肉、牛奶、鸡蛋、水果（包括柑橘水果）、蔬菜（包括青菜）、整粒谷物食品、面包，以及黄油或增补人造黄油。

（8）营养素同步维持维生素水平。在日粮中营养成分越高，维生素需要量越高。对于含维生素$B_6$的脂类主要作用于蛋白质代谢，当蛋白质供给量上升时，维生素$B_6$也要随之增加。同样，大量的碳水化合物供给会增加维生素$B_1$的需要量。当不饱和脂肪酸供给增加时应同步增加维生素E。这是由于维生素E保护脂肪酸不被氧化时，它本身失活了。同步增加维生素需要量的物质还有磺胺药和球虫药抗生素。长期大剂量使用药物破坏肠道菌群区系的平衡，减少寄主微生物、动物所需维生素的来源。

（9）疾病、寄生虫等不利因素。当疾病到来时身体机体防御机构会立即动员起来，开始动用贮备物质，此时酶系统的活动会异常活跃，每一个代谢活动的升高都不可避免使得多种同化和异常作用的酶消耗增加。这不仅在疾病发生时如此，当参加剧烈体育活动、高强度劳动时也是如此。传染病菌和寄生虫本身也需要维生素，与寄主微生物争夺维生素。肠道寄生虫侵害黏膜，影响维生素吸收。病毒和细菌在动物体内产生毒素，分解和排泄毒素需要较多的酶的作用，此刻补充维生素在所难免。

（10）饲料维生素利用。不论医药化妆品级、食品级还是饲料维生素添加剂，价格都很昂贵，精准添加，选择性添加，利用好维生素特性就是降低成本，避免相互相克。例如，植物性食物中的β-胡萝卜素和维生素$B_2$相互利用很差。这些维生素与植物细胞枝叶部分紧密结合，胃液中的酶类不能把它们完全释放出来，很多因素都影响维生素的利用率。本着“略多勿少”的原则去满足维生素需要量。与其他活性物质不同，维生素A、维生素E、维生素K、B族维生素可大量服用基本没有不良反应，通常超量上限是指100倍以上。而维生素D则不能超量服用。再有水平的技术人员凭借“经验”很难判断养殖动物缺乏症，更不容易判断动物利用维生素好不好。多大程度能检测到缺乏症，检测技术手段，被试者的选择和组成等设计方案挑战最终结果科学性。化学法、微生物等分析技术手段都是一笔不菲的开支。

## 五、维生素应用

（1）维生素饲料添加剂应用。2017年中国维生素产量29万t（含氯化胆碱），比2010年的23万t增长了6万t，维生素下游的动物饲料应用量占80%以上，即29万t中的23.2万t被下游饲料企业消耗了，再下游进了养殖动物嘴里，这个数量非常惊人。到2020年，维生素饲料添加剂用量将达到32万t（其中氯化胆碱约26万t）。为了规范维生素饲料添加剂使用量，2013年12月农业部修订《饲料添加剂品种目录》（第2045号）规定养殖动物可使用37种维生素类和饲料添加剂。包括维生素A、维生素A乙酸酯、维生素A棕榈酸酯、β-胡萝卜素、盐酸硫胺（维生素$B_1$）、硝酸硫胺（维生素$B_1$）、核黄素（维生素$B_2$）、盐酸吡哆醇（维生素$B_6$）、氰钴胺（维生素$B_{12}$）、

L-抗坏血酸（维生素C）、L-抗坏血酸钙、L-抗坏血酸钠、L-抗坏血酸-2-磷酸酯、L-抗坏血酸-6-棕榈酸酯、维生素$D_2$、维生素$D_3$、天然维生素E、dl-α-生育酚、dl-α-生育酚乙酸酯、亚硫酸氢钠甲萘醌（维生素$K_3$）、二甲基嘧啶醇亚硫酸甲萘醌、亚硫酸烟酰胺甲萘醌、烟酸、烟酰胺、D-泛醇、D-泛酸钙、DL-泛酸钙、叶酸、D-生物素、氯化胆碱、肌醇、L-肉碱、L-肉碱盐酸盐、甜菜碱、甜菜碱盐酸盐、25-羟基胆钙化醇（25-羟基维生素$D_3$）、L-肉碱酒石酸盐。

《饲料添加剂品种目录》规定养殖动物饲料抗氧化剂品种为：乙氧基喹啉、丁基羟基茴香醚（BHA）、二丁基羟基甲苯（BHT）、没食子酸丙酯、特丁基对苯二酚（TBHQ）、茶多酚、维生素E、L-抗坏血酸-6-棕榈酸酯以及迷迭香提取物（宠物）。上述这些品种都经过农业部严格审定，保护饲料中的营养素，延长保质期，对养殖动物无害，如最常见的饲料抗氧化剂乙氧基喹啉（EQ）。维生素本身也需要添加抗氧化剂以保持其货架期，上述这些品种可能作为抗氧化剂（如维生素E、L-抗坏血酸）以及作为保护维生素的抗氧化剂的辅料进入维生素成品中。2017年12月农业部公告第2625号修订了《饲料添加剂安全使用规范》，规定每种维生素的使用动物和推荐添加量、最高限量（见附录3农业部公告第2625号）。

（2）食品和饲料的稳定化与维生素。现在的工业化食品和饲料中添加抗氧化剂已经常态化了。为确保食品和饲料产品稳定，免受氧化物破坏的物质称为抗氧化剂。例如，BHA、BHT与食品/饲料不参与生理反应。①维生素C、维生素E作为抗氧化剂是由它的溶解性决定其应用范围。水溶性维生素E和维生素C分别对应稳定脂肪类食品和饮料。啤酒和葡萄酒加工业用维生素C作为抗氧化剂可降解酒中二氧化硫。从成本考虑，饲料抗氧化剂通常使用乙氧基喹啉（EQ）协同添加极少量的BHA、BHT。②大豆油、花生油、葵花籽油等植物油比猪油等动物油稳定，这表明自然界自生自长的植物显示固有的强大的稳定自己的产物，其奥秘在于植物油含有丰富的维生素E活性物质（生育酚类）。如果需要油脂稳定性进一步提高，可根据其天然抗氧化物含量，酌量添加维生素E或溶于脂肪的抗坏血酸棕榈酸酯。抗坏血酸棕榈酸酯及其同系物可增强生育酚的抗氧化作用。③从田间采收、工厂生产、物流配送、商品货架到餐桌，食品产业链条过程决定着食品的质量，这期间抗氧化剂起着稳定食品的作用，以确保食品保质期内不变质。这些过程食物受不同程度光照、空气和热的影响，特别是空气中氧的侵袭使食物的外观、味道发生了令人不快的变化，以及维生素损失。以果汁为例，氧化导致汁液色泽和味道变化，脂类食品氧化降解使得脂肪酸酸败。它们在氧被破坏之前先与添加的抗氧化剂中的氧结合，来阻止或延缓食品氧化变质，提高食品稳定性和延长货架期，保护食品中的油脂不变质、外观不褪色、质地良好，也可维持维生素活性，在保质期内食品的感官质量和营养价值符合标准规定。

（3）面包烘焙改良剂。在面包糕点生产中，低含量面筋的面粉需添加非生理作用的溴酸钾和过硫酸铵作为“烘焙改良剂”，我国已经叫停强化面粉的化学改良剂溴酸钾、过硫酸铵。在这种情况下维生素C代替溴酸钾、过硫酸铵，作为改良剂的作用凸显，但当它添加到面团后，成为一种活跃的氧化剂，它的作用是：①改善面团的物理特性，增强韧性降低黏性，烘烤后面包体积增大，使面包瓤稍显白。②氧化加速面团熟化，大大缩短主面团发酵时间，而在面包坯的最后醒发中，控制面团的起发。③发酵时间较长时，可阻碍酵素作用，使面团具有较好的物理特性，面包坯具有良好的外观和气能力。④校正面包表皮色泽，避免着色较深。

（4）肉品腌制。中国淮河以南地区有加入酒和盐来腌制柔和肉制品的习俗。这些盐类改进有稳定的风味、色泽和具有很长的贮存期，在这个过程中硝酸盐或亚硝酸盐还原产生一氧化氮（NO）与肌肉中的色素起作用，形成较稳定的红色亚硝基肌红蛋白。作为还原剂抗坏血酸钠或抗坏血酸能够加速腌制过程，并产生均匀的色泽。使用抗坏血酸钠可减少亚硝酸的用量，抗坏血酸钠盐保护肉质不受氧化，保护肉的色泽一致、保存时间长久。

（5）着色剂。自从有食品就有食品着色。全世界消费者惯于某些着色的食品，儿童食品对儿童进食具有“诱导”作用，不着色的食品购买力平平。天然的着色剂当属类胡萝卜素，如番茄、胡萝卜、柑橘，以及紫色甘蓝、绿花菜、萝卜、黑大米、紫米等赤黄绿青蓝紫尽显华丽的斑斓色泽。①农业部公告2526号规定饲料着色剂有6种，分别是β-胡萝卜素、辣椒红、β-阿朴-8’-胡萝卜素醛、β-阿朴-8’-胡萝卜素酸乙酯、β，β-胡萝卜素-4.4-二酮（斑蝥黄）和天然叶黄素（源自万寿菊），除了β-胡萝卜素外，其余5种都规定了最高限量（见附录3农业部公告第2625号）。②类胡萝卜素具有维生素A原特性，在动物体内存在维生素A活性，除了着色外还有生理价值。肉鸡饲料添加β-胡萝卜素着色剂可增进鸡皮下脂肪着色，使得珠三角食客对白切鸡更有食欲，水产虾饲料添加斑蝥红、虾青素，使得虾在加温环节瞬间呈现诱人的红色。③合成的类胡萝卜素包括β-胡萝卜素、β-脱辅基-8’-胡萝卜素醛（$C_{30}$）、斑蝥黄质和β-脱辅基-8’-胡萝卜酸乙酯。类胡萝卜素溶于脂肪，适合人造黄油和干酪着色。民间很多习俗把自然界水果蔬菜汁液经水提取成悬浮液去着色食物。例如绿色的菜汁、黑色的墨鱼汁、黄色的胡萝卜汁的饺子等。中国云贵少数民族地区坊间向来就有取野生植物汁液染色大米的风俗。柠檬水、糖浆、蔬菜汁和果汁、布丁粉、酱料等能使水溶液着色的物质都是无害的。

（6）均衡营养与摄取维生素。人的维生素从哪来来，又如何取得呢？为吃而来，从食物中摄取维生素。就人的基本需要而言，解决吃是首要的需求，没有比享受食物更重要的了。在没有配方奶粉之前，婴儿以及其他新生哺乳动物的摄食行为，生下来就知道吮乳，否则就不能存活。

全球有1/4的穷人可能饿着肚子睡觉。当问到何时进行恰当的饮食时，希腊哲学家提奥其尼斯（Diogenes）回答说：“If a rich man，when you will；If a poor man，when you can。”这句话可直译为“富人想吃啥有啥，穷人有啥吃啥”。富人想吃啥有啥，吃得更好营养均衡吗？“好”的背后是讲究均衡全面营养。中国人无论在因饥荒而使食物匮乏时期，还是在食物充足的当今，为什么有钱的富人、没钱的穷人都存在营养不良问题？富人营养不良源于可选择的食物太多，选择面太大而没得选择。穷人也没得选择源于无奈。富人营养不良比比皆是，他们忽略了一些不起眼的食物富含维生素营养，也归于他们“太忙”。

“营养不良就是饥饿”。今天新时代的中国人依然有很多人“营养饥饿”，成功人士与打工者都同样“维生素饥饿”。越来越多农民离开土地进城务工，寻求新的商机，他们离开熟悉的本土食物和田园生活去应付城市快节奏，一日三顿成了他们必须面对的问题，便有了互联网+吃。充斥大街小巷穿梭商务楼的外卖骑手风驰电掣地把一份份油腻腻的快餐送到每一个角落，外卖骑手后座简陋的保温箱内食物正在改变80后、90后的营养生态，像一片顶在头上不健康的阴霾，淋漓尽致演绎着“快生活”的无奈而不是乐趣。“快”的背后丧失了大量营养素中的维生素。

原始人都懂得，在狩猎收获不好的时节为保证食物供给唾手可得，促使他们在住处附近下种，贮存块根块茎类和谷物供冬季使用，并豢驯养动物。原始人进化的一个重要过程教会现代人懂得如何采食得到均衡营养素，包含均衡维生素营养。这一点应值得人们深思。

中国人倡导食物养生。但是很少有人关心从田间到餐桌哪个环节丢失了哪些营养素？哪些维生素在哪些食物里面，如何摄取？把食物中的维生素作为保健课题，除了“遵医嘱”外，还应了解维生素的生化与生理之间关联需求，要懂得“知”与“行”的桥梁在哪里？均衡食物可有效地解决维生素摄取问题。选择“吃杂食、吃新鲜”最好。3种特护人群即婴幼儿、老年人和妊娠期妇女需要额外增补维生素。

（7）美国的相关法律。1994年10月，美国总统克林顿签署《膳食补充剂健康教育法》（Dietary Supplement Health and Education Act，DSHEA）规定民众有权利贩卖和选用各种营养添加剂，政府不得禁止或干涉。此法案的起因是美国的医药集团及美国食品药物管理局游说国会，促请通过法令将维生素等营养剂划归为需要医师处方的药品。一旦维生素成为处方药，民众不准随意购买，药厂就可以提高价格，增加利润。但是消息传出后举国哗然，国会为民意所驱，反而无异议通过DSHEA法案，保障民众服用营养剂的权利。

## 第七节　维生素营养与养殖动物

### 一、中国商品猪繁育与维生素饲料添加剂

维生素与养猪关联性很大，猪消耗维生素比重最大，占52%以上，也与猪的品种有关。严格地说现在中国商品猪“懂英语但不讲汉语”，因为中国本地土猪血统非常罕见。进口种猪曾祖带、祖代，商品代源于“美系、欧系（英法及北欧）”的杜洛克、长白、大白的二元或三元杂交猪品种。杜洛克猪（Duroc）原产于美国东北部，用来作为终端父本。大白猪（York-white）原产于英国北部约克郡及邻近地区，与本地猪杂交优势明显。长白猪（Landrace）原产于丹麦，是世界上分布最广的瘦肉型猪。

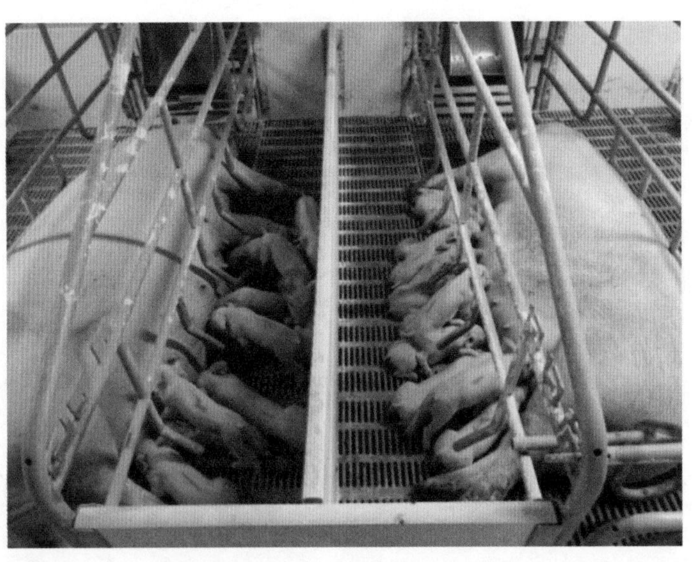

图1-10　母猪产床与哺乳期仔猪

三元杂交猪是用三个猪种按杂交组合试验得出的组合顺序分别进行杂交后所产生的杂交育肥猪。三元杂交猪生长速度快、日增重高、抗病力高、生活力强、饲料转化率好（即耗料少、长肉多）、瘦肉率高来体现价值。三元猪又分为内三元猪、外三元猪，三元杂交猪是指用第三品种的公猪与二元杂交所选留的一代杂交母猪交配，得到的二代杂种猪。如杜洛克公猪为父本，长白公猪和大白母猪杂交选留的杂交母猪为母本进行交配，得到的杜长大二代杂种猪就是三元猪。在外三元组合中，杜洛克公猪×长大杂交母猪→杜长大外三元猪；杜洛克公猪×大长杂交母猪→杜大长外三元猪两组为当代世界养猪业中最为优良的杂交组合。其后代抗逆性强，具有十分明显的杂种优势。

追求畜禽的快速生长和更高的饲料转化率是养殖业不懈追求的目标，因为它和利润有关。为了实现这个目标，在畜禽育种过程中，育种专家一贯把体重高、生长快、抗应激能力强、料肉比（饲料转换率高）优势明显等要素作为育种筛选的首要目标，没有考虑动物本身的遗传特点和优势。内外三元猪生产性能体现了强大的价值收益，非常出色的饲料确保生猪5个半月到半年出栏，肉鸡仅需40天左右出栏。维生素在饲料中添加量很少，作为核心料其价格最高，维生素占饲料成本的2%～3%。为缩短动物饲养周期尽快出栏，取得良好的经济效益目的，包括生猪、蛋禽、肉禽、水产、反刍动物饲养需要全程饲喂添加维生素添加剂的饲料，小猪断奶后的教槽保育仔猪阶段饲料中维生素添加量更多，猪饲料中使用维生素饲料添加剂占维生素的五成以上，如果在生猪生长过程中没有维生素，饲养效果与养殖生产效率将大打折扣。从另一种角度看，维生素节约了大量的能量饲料。

图1-11　花白猪优良品种

## 二、难寻返璞归真的好味道

人们都说现在烹饪出来的肉类不好吃，难寻儿时的味道？问题出在哪儿？这与动物育种、生长速度和使用商品饲料有关，全世界都是如此，这与养殖动物添加维生素没有太大关系。适口性的问题又在哪儿？

（1）动物育种。近几年来的研究试验已经证明动物免疫系统的发育复杂程度和动物的生长速度呈反比例的关系，即一个健全的、活跃的免疫系统制约着动物体重的增加。我们一代又一代选育长得既快又大动物的同时，意味着我们接纳了免疫水平低下的品种。蛋白质水平加快动物生产，动物食品味道下降了，这是鱼和熊掌不可兼得的无奈。

（2）快字背后的付出代价。全世界都如此，中国也不例外，食品动物生产力大幅提升就一个“快”字，这是儿时的好味道荡然无存，难寻肉食品本色味道的根本原因是“有得有失”的必然结果。“快”字的背后丢失了许多难以找回返璞归真的好味道，例如，食品动物的风味等。值得指出的是，中国市场流通的动物食品各项营养素齐全，质量有保证。例如散养的土鸡蛋与规模化生产的鸡蛋在营养素方面没有区别，在质地、蛋黄色泽、黏稠度与风味性指标在味觉上有差别。

（3）养殖动物依赖商品饲料。动物养殖生态圈的关键在于集约化生产。养殖动物依赖商品饲料就是依赖包括维生素在内均衡的营养素，商品饲料依赖维生素的连带关系牢不可破。动物的维生素需要量取决于野生动物、散养动物和圈养动物3种生态活动圈方式。①野生动物在领地的范围内自由采食，其高明之处在于它知道自己缺什么，会自己寻找，不需要外界增补维生素。②散养动物在有限制有范围的区域采食，采食范围被限定，需要部分补充维生素。③圈养动物依靠人工饲喂获取饲料，全部需要补充维生素。目前市场上丰富的肉禽蛋奶食品动物农产品与维生素饲料添加剂约占全部维生素产量80%存在关联。

在畜牧业规模化养殖以前，主要靠农场可利用的青草、甘草、秸秆、植物块根块茎、粮食加工副产品和残羹剩饭。这些饲料在新鲜状态时可满足畜禽对主要营养素的需求，即蛋白质、脂肪、碳水化合物，已知这类日粮缺少维生素和矿物质、微量元素等营养素，猪的生长期也需要一年以上。这些饲料贮存过程存在大量营养素损失，春冬季常常患有维生素缺乏症，导致产量下降，繁殖率低，生产弱仔，发病率高，以及不知原因的死亡等。畜牧业规模化养殖的核心是圈养，畜禽已经不能从青草中获取足够数量的胡萝卜素、维生素C和类维生素等营养素，必须由日粮增补。

表1-12为干草储存阶段胡萝卜素损失情况给我们联想，蔬菜水果的果实、叶、块根、块茎等可食用部分越新鲜越好。

表1-12　不同干草储存期胡萝卜素损失情况

| | 胡萝卜素mg/kg | 含量（%） |
|---|---|---|
| 新割的青草 | 213 | 100 |
| 新鲜干草 | 29 | 14 |
| 储存13周的干草 | 14 | 7 |
| 储存20周的干草 | 10 | 5 |
| 储存28周的干草 | 4 | 2 |

## 三、维生素饲料添加剂对规模化养殖的贡献

现如今难寻土猪、走地鸡、野生鱼踪影。天上飞的、地上养的、水里游的，海水、淡水、猪，家禽、反刍等几乎所有养殖动物和宠物（猫粮、狗粮）以及皮毛等经济动物都离不开饲料，也就离不开饲料中的维生素。维生素的功劳在于：

（1）提高饲料转换率。每单位食品动物产品每产出1kg肉、奶、蛋品所消耗的饲料显著下降。营养素周期增加推进产量增加，使得营养素周转周期加快，维生素供给使得养殖成本下降，节省大量粮食。

（2）动物状态机敏。动物采食量上升，生长速度快，互不撕咬，神态机敏，毛发正常。

（3）消除应激。由于动物圈养饲养密度大，造成动物争食、鸡啄肛啄羽，抢占地盘等。饲料中添加维生素有助于动物消除紧张因素，还能消除与改善大群畜禽运输过程中的应激反应。

（4）确保动物健康。提高动物抵抗力，大量补充维生素A、维生素K、B族维生素可消除动物感染和寄生虫病的袭击。

（5）提高繁殖率。专用母猪料对母猪的PSY（Pigs Weaned per Sow per Year，即每头母猪每年提供的断奶仔猪数）效果明显。要知道，母猪的产仔数是养猪业第一生产效率指标。

（6）对抗药物。现代养殖技术中饲料中添加药物饲料添加剂，动物生病兽医开具处方兽药已成为常规预防措施。然而，这些处方药物本身存在不利因素，需要增加维生素来抵抗遭受疾病或寄生虫病侵害。有些治疗用药物对B族维生素有拮抗作

用，需通过饲料或饮水额外增补维生素。

（7）提高免疫力。维生素具有促进免疫力，减少动物少用药，避免再感染的危险。

## 四、政府监管

作为主管部门，农业农村部从1986年以来这些年下发/修订各种部门规章/规范性文件和国家强制性标准/国家推荐性标准/行业标准，截至2017年11月，有关部门公布各类饲料标准565多项（表1-13）。

表1-13　饲料行业标准

| 序号 | 标准门类 | 项数 | 解释 |
|---|---|---|---|
| 1 | 基础规范 | 17 | 标签术语GB 18823指南 |
| 2 | 安全限量 | 5 | 卫生标准 |
| 3 | 检测方法 | 267 | 各类检测方法 |
| 4 | 评价方法 | 20 | 安全 有效 技术规范 |
| 5 | 原料标准 | 58 | 部分饲料原料 |
| 6 | 添加剂 | 116 | 维生素 矿物质 氨基酸<br>有机无机酸 螯合物 |
| 7 | 其他饲料产品 | 56 | 各类饲料产品标准 |
| 8 | 相关标准 | 26 | 实验动物 进出口 |
| 合计 | | 565 | |

尽管维生素饲料添加剂作为“必需营养素”添加使用，但绝对不能随意的、扩大化的无序添加。为规范饲料添加剂使用行为，根据《饲料和饲料添加剂管理条例》，农业部废止《饲料添加剂安全使用规范》（公告第1224号），2017年12月农业部发布公告第2625号《饲料添加剂安全使用规范》（2017年修订版）。任何在中国境内市场流通的饲料商品（含进口产品）的维生素组分都应遵行2625号规定。

（1）推荐添加量和最高限量的区别。农业部《饲料添加剂安全作用规范》（以下简称“规范”）第2625号维生素添加规定如下。各级饲料管理部门不得核发含量规格低于本《规范》或者生产工艺与本《规范》不一致的饲料添加剂生产许可证明文件。

使用饲料添加剂产品时，应严格遵守“最高限量”规定，不得超量使用；在实现满足动物营养需要、改善饲料品质等预期目标的前提下，应采取积极措施减少饲料添加剂的用量；添加剂预混合饲料、浓缩饲料、精料补充饲料产品中的“推荐添加量”“最高限量”按其在配合饲料或全混合日粮中的使用比例折算。

2625号公告中给出了维生素的“推荐添加量”和“最高限量”两项规定，其中给出了维生素A乙酸酯、维生素A棕榈酸酯；维生素$D_2$、维生素D3、25-羟基胆钙化醇（25-羟基维生素$D_3$）；二甲基嘧啶醇亚硫酸甲萘醌（MNB）；L-肉碱、L-肉碱盐酸盐、L-肉碱酒石酸盐；部分化学制备或提取的与β-胡萝卜素饲料着色剂类的最高限量。其余为推荐添加量。包括进口产品在内，我国所有的饲料产品必须按照《饲料标签》（GB 10648—2013）国家强制标准执行，包括多维预混料、复合预混料的标签上，都给出各种维生素产品成分分析保证值。要求与饲料标签一致。

（2）公告第2625号规定具体内容。公告第2625号增加了维生素、非蛋白氮、抗氧化剂等6类50个饲料添加剂品种的安全使用规定。公布了“推荐添加量和最高限量”，最高限量就是底线值。对维生素添加最高限量如下。

维生素A乙酸酯（IU/kg）（单独或同时使用）：仔猪1600、育肥猪6500、怀孕母猪12000、泌乳母猪7000、犊牛25000、育肥和泌乳牛10000、干奶牛20000、14日龄以前的蛋鸡和肉鸡10000、28日龄以前的肉用火鸡20000、28日以后的肉用火鸡10000。

维生素$D_2$、维生素$D_3$（IU/kg）（油剂、粉剂）：仔猪代乳料10000、其他猪和家禽料5000、犊牛代乳料10000、其他牛、羊、马4000、鱼类3000、其他动物2000。维生素$D_2$、维生素$D_3$不得同时使用。

25-羟基维生素$D_3$（25-羟基胆钙化醇）（μg/kg）：猪50、肉鸡火鸡100、其他家禽80。25-羟基维生素$D_3$不得与维生素$D_2$同时使用，可以与维生素$D_3$同时使用，但两种物质在配合饲料中的总量不得超过仔猪代乳料250、其他猪125、家禽125。同时使用时，按1μg/kg维生素$D_3$=40IU维生素$D_3$的比例换算维生素$D_3$的使用量。

L-肉碱与L-肉碱盐酸盐（mg/kg）：猪1000、家禽200、鱼类2500。单独或同时添加使用以L-肉碱计。

L-肉碱酒石酸盐（mg/kg）：犬660、成年猫（繁殖期除外）880，以L-肉碱计。

除了上述维生素品种外，农业部公告第2625号对其他维生素品种没有最高限量，只有推荐添加量。

2017年6月7日，欧盟发布（EU）2017/962法规，暂停在所有动物饲料添加剂中使用饲料抗氧化剂乙氧基喹啉。欧盟法规要求对于脂溶性维生素A、维生素D、维生素E、维生素K及胡萝卜素等产品或含有乙氧基喹啉组分的预混料、配合料产品，在2018年9月30日之后也不能使用（见附录3农业部公告2625号）。

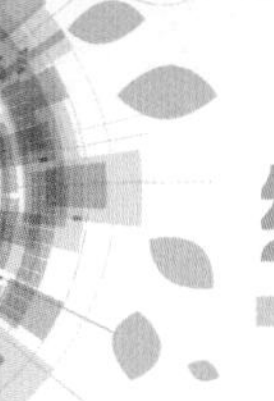



## 第八节　维生素与养殖业

全球80%的维生素作为饲料添加剂用于饲料畜牧行业，也就是说80%的维生素被动物吃掉了（含氯化胆碱）？用量之大、用途之广、品种之多、维生素与养殖业关系之紧密的事实令人难以置信。

维生素饲料添是现代养殖业的物质基础和技术支撑，是补充养殖动物、保证动物食品质量安全的必要措施，也是国际普遍推广的技术手段，我国与欧美养殖业大国的饲养技术、饲料使用、动物品种、繁育周期和进出口贸易准则一致。传统单一的添加剂只能解决养殖动物“吃饱”问题，维生素、氨基酸、矿物质解决养殖动物“吃好”问题，添加维生素对动物无害。

维生素在养殖业应用是从饲料生产环节添加的，也有从动物饮水过程补充的。核心要素在于除了极小部分反刍动物外，动物自身合成或合成量不能满足成长需要，必须通过日粮提供，维生素是动物营养、成长所必不可少的，少量的有机化合物对于机体代谢、生长、发育、繁殖、健康有着极其重要的作用。

饲料中多添加维生素能加快养殖动物出栏的说法是不可取的，饲料生产环节维生素既不能少添加也不允许多添加，其添加量受农业部公告第2625号《饲料添加剂安全使用规范》（2017年修订版）限制。且所有饲料产品必须张贴饲料标签，供经销商、养殖户和饲料畜牧管理部门监督检查。

没有维生素饲料添加剂就没有高速发展的中国饲料工业和养殖业。业内人士常说的“四条腿的，两条腿的，天上飞的，水里游的”都离不开饲料，更离不开作为核心要素的维生素。没有维生素，中国城乡市场商品货架上充足的肉禽蛋奶供给不会成为现实。中国食品动物短缺这一页得以翻过去，维生素饲料添加剂功不可没。

### 一、饲料维生素产业应用链条

维生素涉及的品种等级与用途众多，根据不同品种等级后加工工艺不同区分产品剂型。其精制程度顺序为医药及化妆品级/食品级/饲料级。在上述品种等级中，其化学结构、使用功能一致，差别在于精制程度。从产业链上看，维生素上游产品关联医药化工，下游产品衔接饲料畜牧养殖业。维生素在饲料中的用量远超过医药、化妆品和食品。维生素在配合饲料中添加比例为0.05%～0.08%，占产品成本的比重为2%～5%，处于产品应用价值链大头。

2017年中国饲料产量接近2.2亿t，全球第一，预计2018年饲料增长高于往年。中国饲料加工技术非常成熟，为了满足畜禽、水产、反刍及其不同生长阶段日粮中维生素需要，通常在添加剂预混饲料阶段就配制了精准的维生素含量，把多样化的饲料组分加到动物日粮中，所有养殖动物不缺维生素。源于化工合成、微生物发酵、酶解等生产工艺所有的饲料级维生素添加剂必须遵循国家标准，必须列出重金属等卫生指标。

## 二、维生素应用领域占比

早在2006年欧盟全面禁止药物饲料添加剂，2018年农业农村部部署2020年药物饲料添加剂全部退出，实现养殖环节减抗，生产环节禁抗，消除人兽共用药物的耐药性顽症。一个多世纪以来，全世界50%的抗生素用于畜牧业生产，即全球一半抗生素被养殖动物吃掉了。全球维生素应用构成中，80%维生素作为饲料级添加剂用于饲料畜牧行业。预计到2020年，全球维生素饲料添加剂需要量达95万t，其中74万t是氯化胆碱，约占78%。维生素应用领域比例估算，饲料应用维生素的霸主地位非常稳固。但对于不同维生素而言，应用结构略有差异，除了维生素C、肌醇和维生素$B_1$使用量少于饲料外，其他维生素都大幅超过医药化妆品和食品饮料。见表1-14和图1-12全球维生素应用结构（含氯化胆碱）。

表1-14 全球维生素应用结构（含氯化胆碱）（2010年）

| 维生素品种 | 规格 | 应用结构占比（%） | | |
|---|---|---|---|---|
| | | 饲料 | 医药化妆品 | 食品饮料 |
| 维生素A | 50万IU/g | 85 | 9 | 6 |
| 维生素$D_3$ | 50万IU/g | 92 | 5 | 3 |
| 维生素E | 50% | 68 | 28 | 4 |
| 维生素$K_3$ | 96% | 76 | 17 | 6 |
| 维生素$B_1$ | 99% | 40 | 50 | 10 |
| 维生素$B_2$ | 80% | 71 | 21 | 8 |
| 维生素$B_6$ | 98% | 72 | 18 | 10 |
| 维生素$B_{12}$ | 1% | 52 | 46 | 2 |
| 维生素C | 97% | 10 | 43 | 47 |
| 泛酸钙 | / | 70 | 21 | 9 |

（续表）

| 维生素品种 | 规格 | 应用结构占比（%） | | |
|---|---|---|---|---|
| | | 饲料 | 医药化妆品 | 食品饮料 |
| 烟酰胺 | 99% | 69 | 20 | 11 |
| 生物素 | 2% | 82 | 13 | 5 |
| 叶酸 | 98% | 76 | 11 | 13 |
| 胆碱 | 50% | 100 | / | / |
| 肌醇 | 99% | 25 | 45 | 30 |
| 合计（%） | | 80 | 12 | 8 |

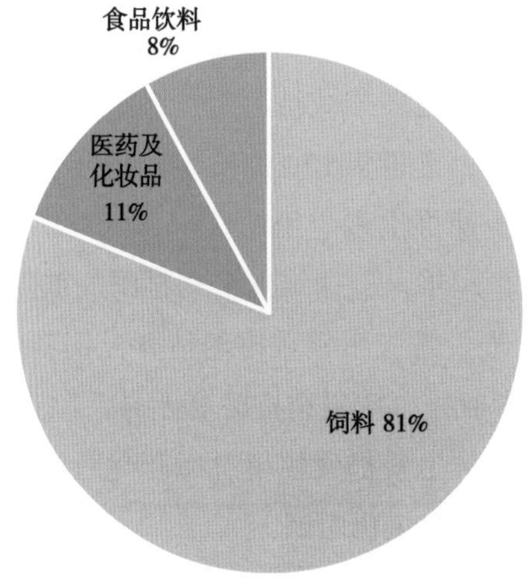


图1-12 全球维生素应用结构（含氯化胆碱）

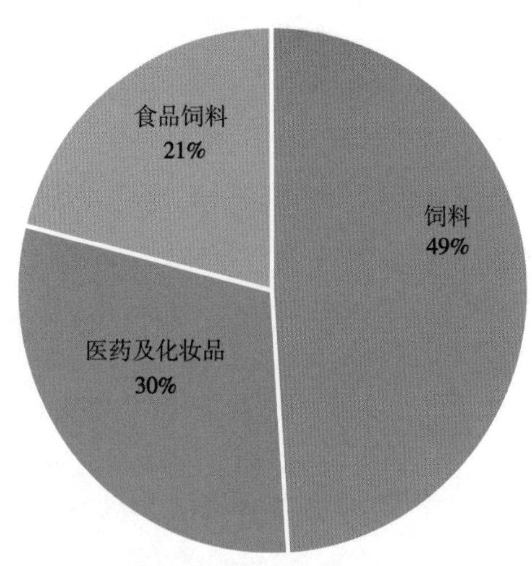


图1-13 全球维生素应用结构（不含氯化胆碱）

在维生素家族中饲料级氯化胆碱的用量最大，且全部用于饲料行业。如果不包括氯化胆碱，全球维生素一半以上用于饲料添加剂。全球饲料级维生素年均递增1.8%。

## 三、维生素饲料添加剂的核心地位

从饲料分类品种看，分为多维添加剂预混料、矿物质添加剂预混料，在多维、多矿、部分氨基酸按比例混合制成复合预混料。生产过程为：多维预混料+多矿预混料+部分氨基酸=复合预混料+蛋白饲料=浓缩饲料+能量饲料=配合饲料。饲料制造过程中作为“核心料”的维生素昂贵占制造成本比重很大。因此，维生素在饲料行业中地位显赫，是不可或缺的重要原料。三大核心饲料原料维生素、氨基酸、矿物质饲料添加剂，在饲料产业发展过程中维生素是饲料、畜牧、水产养殖的基础支撑和战略保障，关系行业增长效率。维生素在推进饲料产品质量优先，促进饲料转换率，降低饲料成本，减少粮食消耗，保障动物食品安全发挥了重要作用。常见维生素饲料添加剂主要商品形式和规格见表1-9、表1-10。

## 四、养殖动物拉动维生素饲料添加剂产品应用

中国维生素产业创新之路和中国维生素的话语权在哪里?

改革开放以来，中国维生素研发异军突起，1978年成为中国维生素产业成长史的重要拐点。1983年邓小平提出“全国都要搞饲料加工，要搞几百个现代化的饲料加工工厂。饲料要作为一个工业来办，这是个很大的行业。”1984年国务院批复国家计委《1984—2000年全国饲料工业发展纲要（试行草案）》，饲料行业纳入国民经济发展计划。全民办饲料顶峰期，20世纪90年代后几年，饲料企业急速猛增，且没有赔钱的。门槛起点低，职业素质差，小厂遍布，铁锹当作混合机。

2005年全国饲料企业数猛增到1.5万多家。到2015年峰回路转，全国约有500万养猪户退出，其中主要是小规模散养户。同年饲料厂家同比下降。2012年、2013年饲料企业数量分别为10858家、10113家，2016年又降至7000家左右。畜牧业生产在平稳中调整，在调整中优化。禽养殖集中度超过56%，32家百万t饲料企业产量占比达到全国一半以上，转变方式调结构取得积极进展，加快推动饲料产业提质增效。企业数下降了，但是饲料企业整合度大幅上升，预测维生素饲料添加剂需求同比将上升1.8%。

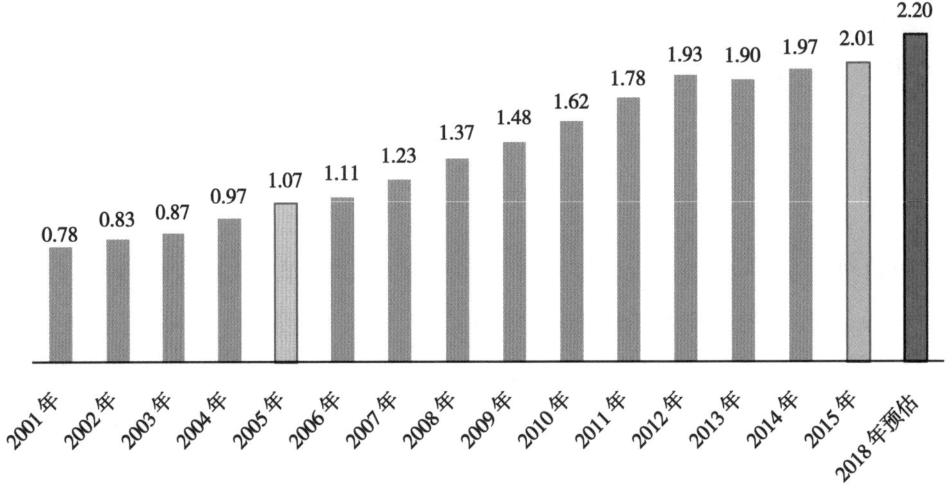


图1-14　2001—2018年全国饲料产量

## 五、维生素产业化之路的竞争与整合

从行业应用层面看，维生素最先源于医药，后来大量使用却是饲料畜牧行业，后者占比远远高于前者。由于维生素化学或微生物制造密不可分，通常把维生素产业归于化学原料药行业下游产业为畜牧业。

20世纪30年代维生素工业化技术发展迅猛。1933年，美国默沙东公司（Merck & Co.，Ltd）的德国分公司最先实现维生素C工业化制造。

1934年罗氏公司购买瑞士化学家塔杜斯莱斯坦（Tadeus Reichstein）发明了维生素C工业制造法专利，将葡萄糖还原为山梨酸，再经进一步反应生成维生素C，当时只生产了50kg，售价高达7500美元/kg。整个生产制造方法被瑞士罗氏公司（F.Hoffmann-La Roche，Ltd，2003年罗氏将维生素板块出让给荷兰帝斯曼公司，DBM）购得，成为半个多世纪来维生素C的主要生产工艺技术持有者，维持统治全球维生素产业帝国将半个多世纪。

罗氏公司通过大量购买专利技术，迅速成为维生素领域引领者。早在1938年罗氏公司掌控化学合成维生素A、维生素D、维生素E、维生素K、维生素$B_1$、维生素$B_2$、维生素$B_5$、维生素$B_6$、维生素C和生物素生产技术，保持市场垄断王国地位。

20世纪50年代维生素技术高速发展。罗氏和默沙东公司在稳固统治维生素市场的基础上，不断加大研发投入，改进工艺降低生产成本，实现了维生素A、维生素$D_3$、维生素$K_3$、维生素$B_5$、维生素$B_6$、维生素$B_{12}$、生物素、叶酸产品商业化规模生产。

曾几何时，日本维生素产业一度显赫，日本人看中维生素丰厚的利润。此时第二次世界大战战败国的日本在废墟焦土上规划医药工业修复计划，一眼看中了维生素产业。利用1939年组建的日本武田制药（Takeda Pharmaceutical Co.，Ltd，后来维生素板块被巴斯夫收购，BASF）老底子生产维生素C。到1990年武田制药的维生素$B_1$、维生素C和叶酸品种一跃排位世界第二，维生素$B_2$、维生素$B_6$世界第三。

1951年日本第二大维生素公司日本卫材株式会社（Eisai Co.，Ltd）生产医药级维生素E。到1967年Eisai打破罗氏医药和饲料维生素E长达28年的统治，产品出口欧洲打到罗氏家门口。1958年日本阿尔卑斯山制药（Alps Pharmaceutical Industry Co.，Ltd）涉足维生素$B_5$业务。1959年日本第一制药（Daiichi Sankyo Co.，Ltd）也生产维生素$B_5$产品。1960年日本味之素（Sumitomo Co.，Ltd）生物素实现商业化生产。

1970年德国巴斯夫（BASF Co.，Ltd）仰仗其原料优势，大举进入维生素A扩大化生产中，挑战罗氏公司长达20年垄断地位。两家寡头竞争医药维生素A、维生素E市场，约占世界市场的75%，联手分享全球维生素丰厚的利润。

2001年，巴斯夫收购日本武田制药，扩充B族维生素生产线。同年日本卫材株式会社退出维生素业务。同年，安万特（罗纳普朗克前身）剥离维生素业务，组建法国安迪苏（Adisseo）。

2003年，罗氏将维生素业务整体出让给荷兰帝斯曼（DSM）。

2005年，美国默沙东公司在相继退出维生素$B_2$、维生素$B_6$、生物素后，也退出维生素OTC业务，

2006年，中国蓝星集团收购安迪苏。

2007年，荷兰泰高国际收购巴斯夫全球8个国家维生素预混料产业。

中国养殖动物饲料中添加维生素源于20世纪80年代，瑞士罗氏公司和德国BASF公司最先把维生素饲料添加剂产品引进中国。罗氏看中全球饲料畜牧对维生素的庞大需求，开始着力转向维生素饲料添加剂产业。1984年罗氏在北京华都建立中国首家多维工厂，1987年组建上海新扬多维工厂，1988年与中牧集团北京华罗饲料添加剂厂合作建厂（2006年迁至北京通州马驹桥）。为了解决维生素检测技术短板，罗氏公司与国家饲料质量监督检验中心（北京）合作，共同多次举办农业部系统维生素检测技术培训班。维生素单体检测和饲料中维生素检测国家/行业标准都是在那个年代起步的。

1999年法国罗纳普朗克（Rhone-Poulenc）与德国赫斯特（Hoechst）合并组建法国安迪苏（Adisseo）。2000年中国蓝星集团收购安迪苏，中国维生素A、维生素

D、维生素E、维生素$B_{12}$占据市场一席之地，标志着全球第三大维生素供应商华丽转身变为“中国”企业。这是我国基础化工行业第一例海外并购，虽然蓝星集团收购安迪苏谋不在维生素而在蛋氨酸，但其背后的意义是中国企业真正参与了全球并购，也标志着中国开始承接全球维生素产业转移的主要角色。

改革开放初期，随着我国饲料工业迅猛发展，极大地刺激饲料维生素添加剂需求。罗氏、巴斯夫、罗纳普朗克、武田、味之素、第一制药，安迪苏和龙沙等国际知名企业仰仗工艺技术先进、市场份额大、资金实力强劲等优势，进口维生素饲料添加剂产品一度挤破中国市场。同比现在的价格，当时的维生素售价令人咋舌，维生素同系物饲料着色剂佳丽红、佳丽黄、虾青素、斑蝥黄、斑蝥红等产品的高价格匪夷所思，它们狠狠地赚了一桶又一桶金。

对于维生素准入门槛，最重要的是技术、资本和政策。从技术角度看，维生素处于产业链的上游前端，无论是化学合成法还是发酵法，以及少部分酶解转化法生产维生素，菌种和关键工艺技术始终是摆在潜在进入者面前一道无法逾越的鸿沟，技术能力无法回避，也是维生素生产企业的制胜法宝。还需要庞大资金和政策支持。

维生素A、维生素E等合成路线长，反应步骤多的品种打通工艺路线耗时长，工艺难度大、投入最多，并且涉及多种中间体。这类中间体通常是不在市场上公开销售的，多为自用或买断供应的形式。而对于发酵类产种改良提高发酵单位及提炼收率、扩大菌种对原料的适应性等则成为核心关键技术，维生素生产模式见表1-15，维生素生产工艺关键技术见表1-16。

表1-15　维生素生产模式

| 维生素 | 化学合成 | 全发酵 | 半发酵 | 酶解转化 |
| --- | --- | --- | --- | --- |
| 维生素A | √ | | | |
| 维生素$D_3$ | √ | | | |
| 维生素E | √ | | | |
| 维生素$K_3$ | √ | | | |
| 维生素$B_1$ | √ | | | |
| 维生素$B_2$ | | √ | √ | |
| 维生素$B_6$ | √ | | | |
| 维生素$B_{12}$ | | √ | | |
| 维生素C | | √ | | |

（续表）

| 维生素 | 化学合成 | 全发酵 | 半发酵 | 酶解转化 |
|---|---|---|---|---|
| 泛酸钙 | √ | | | √ |
| 生物素 | √ | | | |
| 烟酰胺 | | | | √ |
| 叶酸 | √ | | | |

表1–16　维生素生产工艺关键技术

| 维生素 | 关键环节 | 备注 |
|---|---|---|
| 维生素A | 柠檬醛，工艺路线长 | 合成路线最长的维生素之一，柠檬醛合成b-紫罗兰酮 |
| 维生素$D_3$ | 7-去氢胆固醇，光转化技术 | / |
| 维生素E | 异植物醇和三甲基氢醌，高真空精馏 | 三甲基氢醌由三甲酚生产 |
| 维生素$K_3$ | 配套产品生产及催化技术 | 2-甲基萘醌方法，β-甲基萘和六价重铬酸钠为原料的联产工艺 |
| 维生素$B_1$ | 丙烯腈等 | / |
| 维生素$B_2$ | 菌种 | 两种生产方法，全发酵法和半发酵法 |
| 维生素$B_6$ | 5-乙氧基-4-甲基噁唑 | “双烯加成”噁唑路线，中国技术领先 |
| 维生素$B_{12}$ | 菌种 | 厌氧发酵被淘汰，现采用好氧发酵法 |
| 维生素C | 2-酮基-L-古龙酸 | 山梨醇为起始原料生成重要中间体古龙酸钠 |
| 泛酸钙 | 丙烯腈，菌种、酶法拆分 | 世界领先技术 |
| 生物素 | 手性不对称合成技术 | 反应步骤多，反应时间长，收率低 |
| 烟酰胺 | 3-甲基吡啶、3-氰基吡啶技术 | 三甲基吡啶来源，新工艺技术 |
| 叶酸 | 2、4、5-三氨基-6-羟基嘧啶硫酸盐等 | / |

注：表1–15、表1–16摘自博亚和讯

## 六、中国维生素产业的崛起

与芯片制造业一样，对国外依存程度很高，芯片一直是制约我国科技进步的绊脚石，很难取得夺话语权和定价权。中国维生素产业卧薪尝胆，经过长时间积累，渐渐地形成自主知识产权的专利、技术、人才能力优势，最终攻破合成、微生物发酵和酶解工艺技术。经过几轮冲锋，守阵地、再冲锋，取得全球维生素第一供应商，重新洗牌中国稳固占领维生素产业新高地。

1984年上海医药工业研究院成功研发噁唑法合成维生素$B_6$，使得中国维生素$B_6$生产迈入国际先进行列；湖北广济药业引进国外维生素$B_2$生产线，发酵单位大幅提升，实现工业化规模生产；浙江新昌打破国外垄断，三甲酚上线，结束我国维生素E依赖进口的历史；1999年浙江新和成自主创新维生素A生产线，年产能1000吨；随后中国科学院理化研究所攻克维生素D生产新工艺，产品成本比国外低15%～20%；2001年浙江新昌再次攻克维生素生产最难的生物素（维生素H），填补国家空白；2002年江南大学成果研发D-泛酸钙，大大提高泛D-酸钙的生产效率。到20世纪90年代中期，我国维生素$B_1$、维生素$B_2$生产技术取得历史性突破。20世纪90年代末到21世纪，中国企业自主研发芳樟醇、异植物醇、三甲酚、三甲基氢醌、柠檬醛、β-紫罗兰酮等维生素A、维生素E中间体合成技术。2000年后，中国维生素$D_3$、维生素H、维生素$B_2$、维生素C处于全球领先地位，打破外国维生素市场分配一统天下格局，维生素价格话语权被中国人夺得。浙江新昌制药、新和成、浙江兄弟、鑫富药业、中国DSM及东北制药、华北制药已经占据饲料维生素市场桥头。大北农、泰高、华罗的下游多维预混料和复合预混料产品的市场认可度逐步显现。

2006年中国维生素总产量15万t，占全球份额的46%；2015年中国维生素总产量26万t，占全球份额上升至70%。从2001年到2005年，中国维生素5年里累计出口量47万t（不包括氯化胆碱），出口值30亿美元；2006—2010年，中国维生素累计出口量75万t，出口值达到84亿美元，分别比上一个5年增长61%和180%；2011—2015年，中国维生素累计出口量102万t，增长36%，出口值97亿美元，增长16%。中国维生素80%以上出口。除了烟酰胺，其他13种维生素产品中国产能占全球40%以上，部分产品产能占全球80%～90%。作为最后一个大部分产能没有转移到中国来的烟酰胺产品市场布局变革始于2011年，国内众多厂家上马烟酰胺项目。2011年浙江兄弟科技、崴尼达的烟酸投产，2017年中国烟酰胺年产能达到8.5万～9万t，占全球产能的比例由2006年的10%提高至60%。2005年9月浙江鑫富药业收购湖州狮王精细化工股权，鑫富药业一跃成为全球D-泛酸钙生产领域的龙头企业，整合后的D-泛酸钙产品表现不俗，在资本市场也掀起一片惊呼声，鑫富药业被誉为第一牛股。伴随维生素产业整合落户中国的基本完成，维生素回归其应有的本来价值尚未完成。近10年间，维生素价格时而平稳时而癫狂，癫狂多平稳少，2017—2018年维生素价格经历了过山车般的疯狂，维生素产业重返盈利时代。在饲料应用领域，维生素需求不仅是刚性增长，其中猪料使用占据多半壁江山，水产料添加维生素需求超过蛋禽肉禽。叠加增长后劲不减的另一个势头是散户退出，饲料寡头抢占养猪业，国家环保政策与生猪饲养畜牧业集约化需要，维生素在饲料畜牧的发展空间将更广阔。

不管行业内如何变化，不可动摇的是当今世界维生素市场“中国人”盛行，中国成为全球世界维生素生产中心，具备走向国际市场能力，已经成为全球最大的医药食品饲料维生素供应商和使用市场，没有之一。

## 七、维生素价格战与知识产权争议

工艺技术和菌种是维生素生产企业制胜法宝。核心技术难点如维生素$B_2$、维生素$B_{12}$和泛酸钙的菌种；维生素A的最长最复杂的合成线路；维生素$D_3$的光转化技术；维生素$K_3$的催化技术；生物素的手性不对称合成技术，以及烟酰胺的三甲基吡啶新工艺等。

维生素C因生产工艺复杂，生产成本居高不下，长久以来国际维生素C市场被瑞士罗氏公司，日本武田制药等几家巨头垄断并控制价格。当年瑞士罗氏凭借维生素A技术优势垄断全球市场20年，也把持了关键技术20年。

20世纪80年代中国科学家自主知识产权研发"两步发酵法"，使得维生素生产成本大幅下降，市场竞争力迅速逆转，中国从维生素进口国转化为出口国。据统计目前中国维生素C占世界总产量的90%以上。在美国，维生素C是食品，化妆品、动物饲料，包括可口可乐在内的罐头饮料、软饮料、果汁等众多产品的基本原料，尤其是可口可乐等知名品牌旗下的产品配方中不可或缺的主要成分。

2007—2010年间，维生素竞争暗流涌动，也是中国维生素走向国际市场的关键转折年。维生素出口贸易必须面对进口所在国相关政策法规的约束。在中国企业维生素C产品未进入国际市场前，瑞士罗氏和日本武田制药公司因联合价格垄断曾被美国法院处罚不仅付出巨额赔偿，公司相关负责人涉及刑事责任还被判刑。

2006年3月23日，印度对原产于瑞士和中国的维生素A棕榈酸酯开展反倾销调查。2005年1月26日美国两家公司对中国四家维生素巨头等6家生产维生素C生产企业提起反垄断诉讼，指控中国维生素C生产商和出口商涉嫌共谋操控对美出口的维生素C价格违反美国联邦法律《谢尔曼法》的垄断协议。这是当年中国外贸出口领域遭遇的第一起反垄断案，对手是美国人。中国企业反驳称，本案应按照中国法律规定对产品的生产成本和价格开展协调。2013年，纽约东区联邦法院虽然收到中国政府支持本国企业的法律陈述书，但依然判决中国企业行为构成垄断，判决中国企业赔偿美国公司1.47亿美元，中国企业提起上诉。中国企业一审败诉，二审胜诉的关键在于2016年美国联邦第二巡回上诉法院依据中国商务部一份法律意见书，推翻纽约东区联邦法院判决，将此案提交联邦最高法院审理。二审胜诉根据美国"国际礼让原则"，即一个国家司法管辖机关不能对另一个主权国家的政府行使管辖权，该原则解释为美国法院在特定的案件审理中应适用外国的法律或限制国内司法管辖权的适用。问题是美国“国际礼让原则”中的“礼让”对本国法律给予多大程度的尊重和被采纳，以及中国官方提交的文件给予多大程度的尊重和被采纳。

经历一审二审，美方以“价格操控”上诉到美国最高法院对簿公堂，中美两国贸易摩擦涉及维生素C案件官司一拖再拖，经历13年直至2018年4月24日美国最高法院开庭，中美维生素C争端再次引发全球围观。2018年4月开始，美国总统特朗普对中国挥舞关税大棒，在这个背景下，争端升级不可避免，一旦败诉，中国企业损失难以估算。美国是个判例国家，翻盘几乎不可能。

## 八、生猪等动物限养禁养政策与环保税

（1）养猪向东北、西北转移。国家养殖业布局转移，环保和技术因素驱动养殖业区域布局开始新一轮调整，“生猪北上西进，蛋鸡南下”趋势明显。国家限养禁养政策会对维生素应用会产生负面影响吗？

为确保肉禽蛋奶产量、提升生产效率、优化产业格局、强化疫病防控，让草地以养生息、粪便集中处理须符合环保等要求，2015年农业部公布《关于促进南方水网地区生猪养殖布局调整优化的指导意见》（农牧发〔2015〕11号）包括京、沪、浙、苏、粤、徽、赣、鲁、豫、湘、鄂等核心地区限养目标，让养猪和环境资源相适应。指导意见要求改善与保护环境相适应，规定养殖规模500头以上/年出栏≥70%，粪便处理配套设施≥85%，粪便综合利用≥75%。珠三角、长三角养猪没有空间，生猪饲养超出土地承载能力，长江中游水网生猪养殖量接近土地承载能力，丹江口库区总体平衡。农业部提出养猪重点发展区、约束发展区、潜力发展区和适度发展区，规模化养猪向东三省、内蒙古自治区（以下简称内蒙古）、西北和云贵省份转移，将呈现“生猪北上西进，蛋鸡南下”的产业格局。规模化生产及经营趋势明显，集中度提高。2017年，年饲料产量100万t以上企业35家，占全国产量60%。由此推算出大型知名企业是维生素应用大户。

根据农业部统计，2017年中国商品饲料产量2.2亿t，预计2018年增长水平高于往年，其中猪料占55%以上，世界第一，猪料添加维生素比禽类、反刍、水产饲料要多。2017年全国饲料生产企业7000多家。饲料约占养殖成本的70%，畜牧业规模化程度越高，对饲料的依赖越强，饲料厂就是养殖动物的食堂，维生素的用量将稳固上升，因为动物饲料生产与动物养殖都不分季节的。

生猪饲养向东北、西北转移，变过去动物自由放养改为圈养，动物必须进圈进

笼饲养吃饲料，野外自由采食将逐步减少，动物吃食饲料就包含消耗维生素。商品饲料能够更好地节约维生素资源，提升维生素使用效率。我国饲用维生素产能充足，不会影响影响动物食品供给。

（2）环保税。根据《中华人民共和国环境保护税法》规定，第二条，在中华人民共和国领域和中华人民共和国管辖的其他海域，直接向环境排放应税污染物的企业事业单位和其他生产经营者为环境保护税的纳税人，应当依照本法规定缴纳环境保护税。规模化养殖的企业或组织如果直接向环境中排放了规定范围内的污染物也是要缴纳环保税的。2018年4月1日起国家开征环保税，该税种以猪为例，按照500头饲养规模，每年每头猪48.9元新税种计算，500头猪年新增24450元环保税支出。由于产业化集中度上升，饲料总体产量小幅上升，作为刚性需求，环保压力对维生素饲料添加剂应用不会产生大的影响。归根结底，很难动摇中国人对肉禽蛋奶的刚性需求。

# 第二章

# 维生素A

## 第一节　概　述

如果把维生素品种按等级单个排列，不夸张地说，在维生素家族里维生素A（Vitamin A）的地位最高。在维生素命名环节，先期一些科学家按照英语字母排序"A"是首位的意思，维生素A地位显赫和重要性源于它的缺乏症。理论上讲维生素A可能有16个异构体，从结构式看，常见的有6个，具有实用价值的却只有2个，即活性最高的全反式维生素A和13-顺式异构体，它的相对活性达75%，天然的维生素A制剂通常只有13-顺式异构体的1/3，而合成的制剂中的含量要低很多。维生素A的功能是通过不同的分子形式实现的，如对于视觉起作用的视黄醛，对生殖过程起作用的视黄醇，而视黄酸或一种代谢产物则对其他功能具有重要作用。维生素A的生理功能非常重要，具有保护视觉、维持骨骼和牙齿发育、维护皮膜组织、促进生长与生殖、营养增补剂、辅酶和激素作用。人与养殖动物都需要维生素A。

维生素A也称为视黄醇、抗干眼醇，确切地说它是醇，但在自然界中主要以脂肪酸的形式存在。在各种哺乳动物、鸟类、鱼类中存在维生素A的动物代谢产物，植物不含维生素A。已知植物中维生素A的对应物是胡萝卜素，胡萝卜素是维生素A的前体，因为动物体能把胡萝卜素转化成维生素A，所以胡萝卜素被称为前维生素A。天然的含量最高的维生素A为鳖鱼、鲨鱼、金枪鱼，哺乳动物的肝脏、肉类、蛋黄、奶和奶制品，这些食物是人类摄取维生素A的主要来源。

## 一、历史与发现

中国是记载维生素A治疗眼症最早的国家。很久以前就有中国人食用糙米治疗夜盲症的记载，唐朝名医孙思邈在《千金要方》中记载动物肝脏可治疗夜盲症。《内经》曰："瞳子黑眼法于阴，白睛赤脉法于阳，阴阳合转而晴明。今阴弱而不能配阳，复兼气化不利，久则使双目渐失肝血肾精之充养而失明。故法拟补肝肾，益精血，通气化为主，佐以明目养肝清肝之品，且郁多憔悴，故宜辅以舒肝解郁之药。"足见古方配伍之法记载维生素A治疗眼疾的历史。被人们称为医药之父的古希腊人希波克拉底（Hippocrates）认为，各种动物肝脏是维生素A的最良好来源，可治疗夜盲症。但直到20世纪实验证明维生素A是一种单独的营养物质。

1913年，美国威士康星大学的E.V.麦科勒姆（E.V.McCollum）和戴维斯（Davis）与康涅狄格试验站的奥斯本（Osborne）和门德尔（Mendel）分别发现维生素A。研究小组各自的研究表明维生素A是脂肪食品中的膳食要素，他们还发现乳脂、蛋黄和鱼肝油含维生素A。研究人员认为这种物质对辅助纯食物摄入很必要，称之为脂溶性A。他们经典的症状叙述："在不合理饲养的动物中以传染性眼病表现出的营养缺乏症"。1915年，他们提出缺乏脂溶性维生素A可导致夜盲症。

1919年，美国威士康星大学的斯廷博克（Steenbock）及其同事注意到存在于甘薯、胡萝卜和玉米中一种能维持正常生长和繁殖的未知物质，后来证明是胡萝卜素。1920年，英国科学家德拉蒙德（Drummond）建议把这种物质称为维生素A原。

1930年，英格兰的穆尔（Moore）证明前维生素就是β-胡萝卜素，胡萝卜素是维生素A的前体。

1931年，瑞士研究员P.卡勒（P.Karrer）从鱼肝油中分离活性物质并测量了维生素A的化学式，首先建立了维生素A的化学结构。与当年核黄素的研究工作一起他获得了诺贝尔化学奖。然而，1937年以前P.卡勒还不能把从鱼肝油得到的维生素A制成晶体形式，直到1947年以前还不能合成。

1938年，奥地利籍的德国化学家理查德·库恩（Richard. Kuhn）从事类胡萝卜素以及维生素类的研究获得诺贝尔化学奖。

1967年，哈佛大学的乔治格瓦尔德（Geovge Wald）博士从事维生素A的视觉作

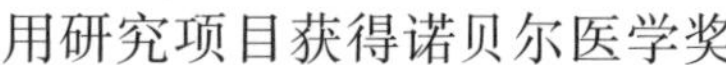

用研究项目获得诺贝尔医学奖。

## 二、理化性质

（1）结构式。

（2）化学。维生素A（Vitamin A）也称为视黄醇（retinol），（其醛衍生物视黄醛）或抗干眼病因子。化学名称为全反式3，7-二甲基-9-（2，6，6-三甲基环已-1-烯基-1-）-2，4，6，8壬四烯-1-醇，具有脂环的不饱和一元醇。视黄醇是最初的维生素A形态，只存在于动物性食物中；另一种是胡萝卜素（carotene），在体内转变为维生素A的预成物质（provitamin A，前维生素A），可从植物性及动物性食物中摄取。含动物性食物来源的维生素$A_1$、维生素$A_2$两种，是一类具有视黄醇生物活性的物质。维生素$A_1$多存于哺乳动物及咸水鱼的肝脏中，维生素$A_2$常存于淡水鱼的肝脏中。由于维生素$A_2$的活性比较低，所以通常所说的维生素A意指维生素$A_1$。如果认为只有一种化学成分具维生素A活性，维生素A可能是一个令人误解的术语了。实际上，现存的各种形式的维生素A其活性等级各不相同。

海洋鱼类的油与脂肪、肝、乳脂和蛋黄中的视黄醇（以前称维生素A）是一种脂（棕榈酸视黄酯），其生物活性是以醇、醛、酸的形式存在。醇为最常见的形式，通常称为视黄醇、视黄醛、视黄酸。维生素A的普通术语包括视黄醇和脱氢视黄醇两种。脱氢视黄醇是维生素$A_2$，它不同于视黄醇的是有一个额外双键，生理活性仅为40%。只在淡水鱼和食用鱼类的鸟类中含维生素$A_2$。维生素$A_1$多存于哺乳动物及咸水鱼的肝脏中，维生素$A_2$常存于淡水鱼的肝脏中。由于维生素$A_2$的活性比较低，所以通常所说的维生素A是指维生素$A_1$。

除了维生素A形式外，胡萝卜素是水果和蔬菜中与其关联度最大的化合物。胡萝卜素也称前维生素A，因为在体内可转化成维生素A，或维生素A前体。植物中至少有10种具有不同效力的类胡萝卜素可转化成维生素A。其中α-胡萝卜素、β-胡萝卜素、γ-胡萝卜素、隐黄质（玉米中主要的胡萝类）四种因具有前维生素A活性而显得特别重要。四种中β-胡萝卜素活性最高（见本章第四节胡萝卜素结构图），它约占人体营养中维生素A需要量的2/3。

（3）代谢。食物以维生素A、维生素A酯和胡萝卜素的形式供给维生素A，几乎都在胃中吸收维生素A。在小肠中维生素A和β-胡萝卜素与胆汁盐和脂肪消化产物一起被乳化再被肠黏膜吸收。此时，多数β-胡萝卜素转化成维生素A（视黄醇）。不同的动物和个体如何利用类胡萝卜素大不相同。吸收受一系列因素的影响，包括小肠胆汁，食用脂肪和抗氧化剂。胆汁辅助乳化，必须同时吸收脂肪。而α-生育酚和卵磷脂一类抗氧化剂降低了胡萝卜素的氧化。摄入又多又好的蛋白质可增进胡萝卜素转化成维生素A，这在蛋白质质量数量不足的发展中国家具有现实意义。

肠道矿物油不利于维生素A吸收。矿物油溶解胡萝卜素和维生素A但不被吸收，胡萝卜素和维生素A通过排泄而损失了。所以矿物油万不可当作普通脂肪代用品用于食品制作。例如，当矿物油作为一种色拉调味品使用时，矿物油成了一种轻泻药，不主张进餐时摄入矿物油。值得一提的是肠道寄生虫不利维生素A和胡萝卜的吸收，也不利于胡萝卜素转化成维生素A，这在热带地区是一个重要因素，因为那里肠寄生虫传染是常有的事。

维生素A酯协同视黄醇-结合蛋白质的形式在血液中流动，而胡萝卜素与酯类-结合蛋白质连接。肝脏贮存大量的维生素A，而肺肾器官贮存脂肪则很少。肝脏中维生素A以游离形式输入血液，并输送到体内各种组织。人体维生素A的贮藏量随年岁递增，当然也要看膳食的质量和吸收的量。估计一般成人肝脏贮存的维生素A可满足4～12个月的需要。婴儿和儿童没有这样的贮存能力，因此他们对缺乏症特别敏感。维生素A不溶于水，因此不会从尿液中排出，粪便中常常发现大量未被吸收的胡萝卜素。

（4）性质。维生素A（视黄醇）是一种几乎无色或淡黄色的脂溶性物质，不溶于水，因此蒸煮提取时也不损失。虽然维生素A的酯类是一种相对稳定的化合物，但在空气中和日光下其醇、醛、酸3种形式可通过氧气化而迅速破坏，分析化学科技人员都知道维生素A检测应避光下进行。由于维生素A以稳定的酯类形式存在于多数食物中，一般的制作方法不破坏太多的维生素A活性。然而，脂肪经氧化而变质后维生素A即遭破坏。人们一般把它贮藏在冰箱里，加入维生素E之类的抗氧剂，保护脂肪和油免遭破坏。

为了避免饲料添加剂维生素A乙酸酯和维生素A棕榈酸酯微粒分解，在贮存方面应避强日光紫外线和氧，在配料环节应避免过早与七合水硫酸亚铁（$FeSO_4 \cdot 7H_2O$）

接触，过早或长时间与氯化胆碱混合可使维生素A乙酸酯的活性严重损失，湿度和温度较高时，稀有金属盐类可使分解速度加快，效价降低。商品饲料添加剂维生素A酯微粒对含量损失减少，产品的效价活性的稳定性有了很大提高，但是，它仍然是最易受到损害的添加剂之一。饲料添加剂维生素A应在热敏库中25℃下储存。

（5）理化性质（表2-1）。

表2-1　理化性质

| | 乙酸酯 | 棕榈酸酯 |
|---|---|---|
| | R=$COOH_3$ | R=CO（$CH_2$）$_{14}CH_3$ |
| 分子式 | $C_{22}H_{32}O_2$ | $C_{36}H_{60}O_2$ |
| 分子量 | 328.5 | 524.9 |
| 熔点（℃） | 57~60 | 28~29 |
| 性状 | 棕色至鲜黄色结晶粉末 | 黄色油状或结晶团块状 |
| 溶解度 | 不溶于水和甘油，微溶于乙醇，易溶于乙醚、三氯甲烷、丙酮和油脂 | |
| 稳定性 | 遇光、氧气、酸迅速分解，在空气中易氧化，可被脂肪氧化酶分解，加热或由重金属离子存在下可促进氧化成环氧化物，进一步氧化生成醛或酸。应在密闭不透光容器储存，最好充氮气 | |

（6）分析和度量制。维生素A的分析主要有两种方法，即生物法和化学法。生物法根据发育中的大白鼠或鸡缺乏维生素A的一种生物学反应，测定包括前维生素A在内的总维生素A。鉴于生物分析的难度及时间因素，一般采用化学分析。饲料添加剂维生素A乙酸酯微粒和饲料中维生素A乙酸酯的检测，以及食品HPLC检测方法已经非常成熟。

迄今为止，维生素A的计量单位有3种。膳食中维生素A需要量用国际单位（International Units，IU）或美国药典（United States Pharmocopea，USP），两者专门名词一致，还有RE单位（Retinol Equivalents）。以实验用大白鼠为研究对象，一个国际单位的维生素A等于0.344μg结晶视黄醇乙酸盐（等于0.300μg视黄醇，0.60μg β-胡萝卜素）。以大白鼠实验为依据的标准表明约50%β-胡萝卜素转化成维生素A。而人体利用β-胡萝卜素和大白鼠不同，由于β-胡萝卜素在人体肠内极少被吸收和其他因素，用国际单位表示食物与膳食中维生素A的活性时曾使用了各种参数。

为了用公制单位表示人体维生素A需要量，国际机构现已推荐1μg生物当量的视黄醇为标准。1967年联合国粮农组织（FAO），世界卫生组织（WHO）建议维生素A需要量用视黄醇当量表示并废除国际单位（IU）。FAO建议采用“视黄醇当量”

（RE）。美国食品与营养委员会、国家科学院、全国科学研究委员会，和加拿大亦采用此术语。用RE度量计算胡萝卜素的吸收量也刚好是其转化为维生素A的程量，因此，它比国际单位（IU）精确，但是中国一直沿用国际单位。

根据国际单位专业术语解释，按视黄醇计β-胡萝卜素（按单位质量计）活性为1/2，其他前维生素A活性为1/4。在肠道内视黄醇全部被吸收，而摄入的前维生素A类胡萝卜素吸收1/3，所吸收的类胡萝卜素中只有1/2β-胡萝卜素和其他前维生素A类胡萝卜素转化为视黄醇。按照视黄醇计，β-胡萝卜素只有它的1/6活性，其他胡萝卜素只有1/2活性。

（7）毒性（过量）。超量或过度地摄入维生素A可导致严重的健康损害，亦称维生素A过多症。但大量摄入胡萝卜素对健康无害，因为胡萝卜不会快速地转化成维生素A而产生毒性。过量胡萝卜素只使皮肤变黄，摄入减少时随即消失。维生素A中毒症状是：食欲不振、头痛、视线模糊、易激动、掉头发、皮肤干燥和剥落（发痒）、骨骼增生、昏昏欲睡、腹泻、恶心、肝脾肿大。维生素A过多症的阳性症状通常从空腹血样中测定血浆和血清浓度。数值必须不得高于100μg/100mL，大于这个数值表明中毒，正常数值为20～60μg/100mL。

延续一个周期接受日剂量超过5万IU维生素A的成人可发生慢性中毒，即维生素A过多症。儿童用小剂量也将患此症，12周内的婴儿日接受1.85万IU维生素A也伴有中毒症状，日大剂量达2万～5万IU的成人会发生急性毒性，婴儿日剂量7.5万～30万IU产生急性中毒。维生素C可解除维生素A毒性的影响。停止过度摄入维生素A即可又快又彻底地康复，有时中毒症72小时内消失。成人服用剂量超过5万IU维生素A，儿童超过1.85万IU时，应遵医嘱。

## 三、产品标准与生产工艺

见表2-2至表2-5。

表2-2 食品添加剂维生素A（GB 14750—2010）

| 项目 | | 指标 |
|---|---|---|
| 维生素A（$C_{22}H_{32}O_2$）标示量，w（%） | | 97.0～103.0 |
| 酸值（以KOH计）（mg/g） | ≤ | 2.0 |
| 过氧化值试验 | | 通过试验 |
| 吸收系数比 | ≥ | 0.85 |
| 铅（Pb）（mg/kg） | ≤ | 2 |
| 砷（As）（mg/kg） | ≤ | 2 |

表2-3　饲料添加剂维生素A乙酸酯微粒（GB/T 7292—1999）

| 项目 | 指标 |
| --- | --- |
| 粒度 | 本品应100%通过0.84mm孔径的网筛（20目） |
| 标示量 | 含维生素A乙酸酯500000IU/g |
| 含量（$C_{22}H_{32}O_2$计，占标示量的百分比）（%） | 90.0~120.0 |
| 干燥失重（%）　≤ | 5.0 |

表2-4　饲料添加剂维生素A棕榈酸酯粉（GB/T 23386—2009）

| 项目 | 指标 |
| --- | --- |
| 维生素A棕榈酸酯含量（以标示量计）（%） | 95.0~115.0 |
| 维生素A醇和维生素A乙酸酯总含量（以标示量计）（%） | ≤1.0 |
| 粒度 | 100%通过孔径为0.84mm的分析筛<br>80%通过孔径为0.425mm的分析筛 |
| 干燥失重（%） | ≤8.0 |
| 重金属含量（以Pb计）（mg/kg） | ≤10 |
| 总砷含量（以As计）（mg/kg） | ≤3 |

表2-5　饲料添加剂维生素$AD_3$微粒（GB/T 9455—2009）

| 项目 | | 指标 |
| --- | --- | --- |
| 含量 | 维生素A乙酸酯（以$C_{22}H_{32}O_2$计） | 标示量的90.0%~120.0% |
| | 维生素$D_3$（以$C_{27}H_{44}O$计） | 标示量的90.0%~120.0% |
| 干燥失重（%） | | ≤8.0 |
| 重金属含量（以Pb计）（mg/kg） | | ≤10 |
| 总砷含量（以As计）（mg/kg） | | ≤3 |
| 粒度 | | 97%以上通过孔径为0.6mm的分析筛 |

饲料添加剂维生素A生产工艺与产品规格[①]。饲料添加剂维生素A包括以下3种规格。①维生素A乙酸酯微粒。加入抗氧化剂和明胶制成灰黄淡褐色微粒，易吸潮，遇

① 生产工艺与产品规格，摘自《饲料添加剂完全手册》李方方主编（以下同）

热和酸性气体或见光或吸潮后易分解。含量规格有30万IU/g、40万IU/g和50万IU/g。②维生素A棕榈酸酯微粒。分为两种生产工艺。一种是微囊技术，在乳化器内加入阿拉伯胶，并加入油液状维生素A酯，经乳化形成微粒。再移至反应罐中，加入明胶水溶液，利用电荷关系，使乳化粒和明胶水之间发生交联作用，被明胶包被微粒，再用淀粉包被，即制成微型胶囊。在制作工艺中还可加入抗氧化剂，避免维生素A氧化。另一种吸附方法是先对油液状维生素A酯乳化，并用抗氧化剂稳定，再以的小麦麸和硅酸盐进行吸附。酯化后维生素A添加剂的制作可采用微型胶囊技术，也可使用吸附方法。③维生素$AD_3$微粒。大多从鱼肝中提取，加入抗氧化剂后制成微囊。含量规格维生素A850IU/g和维生素D65IU/g。医药化妆品级维生素A通常为油胶囊、油溶液、粉剂或微粒。

为了便于混合到饲料中去，维生素A乙酸酯、棕榈酸酯和维生素$AD_3$3种规格都是微粒形式。维生素添加剂的制作工艺比较复杂，生产厂家生产工艺各异，分为微型胶囊技术和吸附方法。维生素A即使酯化后也比较容易被破坏，还需要进一步加工处理。还有的厂家使用双重乳化工艺，并用淀粉包膜，制成细的微粒，便于在水中分散和饲料中混匀，或制成饮水供养殖动物饮用。因工艺条件不同，饲料添加剂维生素A的粒度也有差别。一般在0.177～0.590mm。饮水用的维生素A添加剂粒度更小，最大不得超过0.35mm。

## 第二节 生理功能

维生素A的生理功能非常重要，具有保护视觉、维持骨骼和牙齿发育、维护皮膜组织、促进生长与生殖、抑制肿瘤，生殖健康、营养增补剂、辅酶和激素作用。人与所有其他动物维生素A的基础生理作用是相同或相似的。

维生素A又称视黄醇（其醛的衍生物为视黄醛）或抗干眼病因子，是一个具有脂环的不饱和一元醇，包括动物性食物来源的维生素$A_1$、维生素$A_2$两种，是一类具有视黄醇生物活性的物质。维生素A（全反式视黄醇）在视觉过程中有重要功能。维生素A醇在氧化还原平衡系统中经酶的催化作用被氧化为全反式视黄醛。反式视黄醛形成11-顺式异构体，后者与视蛋白结合形成一种紫红质的色素。视紫红质在低光照强度时是视觉的感光体，当光照在视网膜上，视紫红质为全反式视黄醛和视蛋白（图2-1）。这个分解过程引起离子传递的薄膜电位变化，并导致神经冲动沿着视神经传导，全反式视黄醇又变回11-顺式异构体，后者再与视蛋白结合，再度生成视紫红质，如此往复不断的恢复视网膜的感光性。

图2-1　维生素日视觉反应过程

缺乏维生素A在视觉功能中必然造成视紫红质再生受阻，临床表现为夜盲症，是维生素A缺乏症初期表现。

维生素A还与上皮组织和黏膜的形式及功能有关。缺乏维生素A导致卵巢、阴道、睾丸和角膜上皮质细胞退化与角质化，角膜损伤最直接的是患上干眼病，上皮组织损伤还会降低对细节抵抗的能力。

维生素A对细胞生理分子的功能影响，在身体组织代谢中的作用等还在研究探索中。但是维生素A对亚细胞如细胞器结构，控制细胞代谢的某些酶作用，以及对甾醇类激素的生命合成和相互作用的研究已经有了新突破。在类似胆盐乳化剂的作用下，维生素A的吸收大大增加，食物中维生素A脂在吸收前被胰腺液中的一种水解酶分解，被释放出来的维生素A在肠壁上与长链脂肪酸再度酯化，特别是棕榈酸。

在医学领域，有关维生素A与健康的关系正在深入展开，如膳食维生素A、类胡萝卜素摄入量对预防原发性肝癌有帮助。

## 一、视觉

（1）视紫红质的作用。眼的光感受器是视网膜中的杆状和锥状细胞，这两种细胞都存有感光色素，即感弱光的视紫红质和感强光的视紫蓝质。视紫红质与视紫蓝质都是由视蛋白与视黄醛所构成。视紫红质经光照射后，11-顺视黄醛异构成反视黄醛，并与视蛋白分离而失色，此过程称为“漂白”。若进入暗处，则因对弱光敏感的视紫红质消失，故不能见物体。

（2）视紫红质与维生素A。分离后的视黄醛被还原为全反式视黄醛，进一步转变为全反式视黄酯（或异构为顺式）并储存于色素上皮中。由视网膜中的视黄酯水解酶将视黄酯转变成反式视黄醇，经氧化和异构化，形成11-顺视黄醛。再与蛋白重新结合为视紫红质，恢复对弱光的敏感性，能在一定照度的暗处看见物体。这个过程可以解释为当人进入暗处需要等片刻或瞬间才能看见物体此过程称"暗适应"（Dark adaptation），类似驾驶员白天驾车进入黑暗隧道一瞬间看不到前方物体。由肝脏释放的视黄醇与视黄醇结合蛋白（RBP）结合，在血浆中再与前白蛋白结合，运送至视网膜，参与视网膜的光化学反应。当维生素A充足时，视紫红质的再生迅速而完全，故暗适应恢复时间短；当维生素A不足，视紫红质再生缓慢而不完全，故暗适应恢复时间延长，严重时可产生夜盲症（Night blindness）。

（3）"暗适应"作用。在解释维生素A的代谢及其暗光中的视觉作用前，必须懂得维生素A最常见的是暗光下能保持一般视力即"暗适应"作用，它与预防夜盲症有关，否则，当黑夜来临，没有光亮，人的眼睛就瞎了。眼睛视网膜（眼睛后面的光敏感内层很像摄影机胶片），含有两种光接收器，暗光下视觉的视网膜杆，亮光和色觉下的视觉锥体。"视网膜杆"与"锥体"以其细胞形状取名。视紫红质是含维生素A的视网膜杆的视色素，视紫蓝质是含维生素A的视觉锥体的主要视色素。所有视色素都由同种维生素部分（视黄醇）和不同的蛋白质构成。视紫红质的蛋白质称视蛋白。当光射到普通视网膜时，称之为视紫红质的视色素被脱色成另一种称为脱氢视黄醛（视黄质）的视色素。通过这一变化过程物象经神经转递到大脑。黑暗中视紫红质复原，但反应中消耗部分维生素A，应从膳食或人体贮藏维生素A的地方经血液获取补充，否则将削弱视网膜杆的视觉，眼睛调整从亮到暗的应变能力降低，即人们常说的夜盲症。视网膜杆和锥体并不如维生素A变量那么敏感。因此，在初始阶段，亮光的视觉和色觉还不受维生素A缺乏症的影响。视觉重要的循环过程如下所述（图2-2）。

（4）夜盲症。人体维生素A缺乏症最初症状是夜盲症。开始表现为对暗适应缓慢，随之很快全夜盲了。人在暗光下用"暗适应试验"测量眼睛接受视觉活性的能力，同时还意味着检查维生素A的状况。然而，在诊断一种缺乏症时，夜盲症和暗适应试验并非总是可靠的，最好的办法是用已知的标准作为比较，测量血清维生素A和胡萝卜素的值。每100mL血清层中含10～190μg维生素A，或含20～30μg胡萝卜素被认为是低含量的。

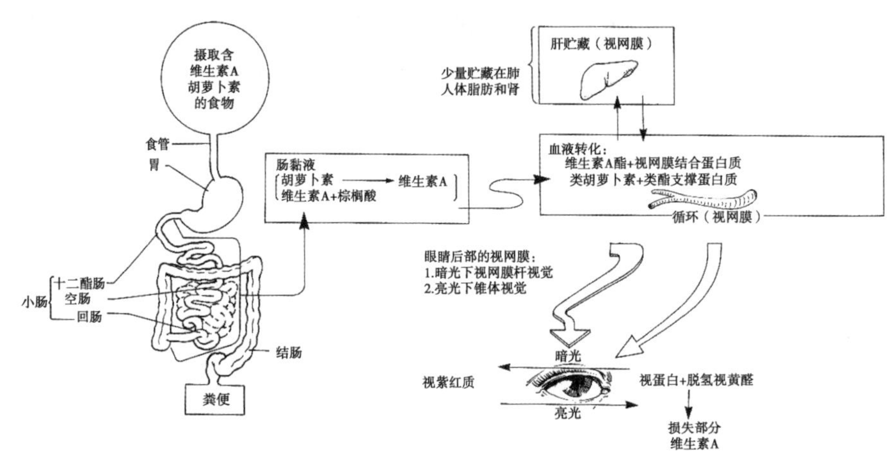


图2-2　维生素A的代谢及其在暗光中的视觉作用

夜盲症结合膳食治疗已有很长的历史了。在耀眼的阳光下，纽芬兰渔民行进船上作业，眼睛通常暴露于闪闪发光的水面。如果谁在夜晚什么也看不见，只要他吃鱼肝或海鸥肝，次日夜晚这个渔民的视力即可恢复正常。注射维生素A后半小时左右可治疗夜盲症。值得注意的是视觉过程影响视黄醇和视黄质，而视黄酸不具有视觉功能，假如喂养实验动物的维生素A只是视黄酸的形式，仍然会导致夜盲症。极度缺乏维生素A才可能导致夜盲症。

## 二、干眼病

另一种维生素A缺乏症已经非常少见，可使视力衰退的干眼病。干眼症临床表现是指任何原因造成的泪液质量异常或动力学异常，泪膜稳定性下降，伴有眼部不适和/或眼表组织病变，又称“角结膜干燥症”。常见症状包括眼睛干涩、易疲倦、眼痒、结膜（眼睛护膜）外部干燥、角膜发炎，眼睛溃烂、有异物感、痛灼热感、分泌物黏稠、怕风畏光、对外界刺激很敏感、基本泪液不足，反而刺激反射性泪液分泌，而造成常常流泪不止。较严重者眼睛红肿、充血、角质化、角膜上皮破皮而有丝状物黏附，这种损伤日久则可造成角结膜病变影响视力。世界各地缺乏症流行的地方，干眼病是一种极常见的婴儿症病和儿童营养不良症，包括维生素A良好来源的膳食在内，都可预防这种症病。

## 三、儿童生长与生殖

维生素A缺乏症患者以婴幼儿为主，并以蛋白质—能量营养不良为主要特征。维生素A对视网膜功能起着重要的作用，对上皮组织、骨生长、生殖和胚胎发育是必需的。它还对各种细胞膜具有稳定的作用，对膜的通透性起调节作用。维生素A有助于人体细胞增殖和生长，是人体生长要素，维生素A是儿童生长和胎儿正常发育的要素。以前曾按生长比测量食物效能测定维生素A在食物中的量，这种方法已经不再使用。

维生素A有助于细胞增殖与生长。动物缺乏维生素A时，明显出现生长停滞，可能与动物采食量降低及蛋白利用率下降有关。维生素A缺乏时，影响雄性动物精索上皮产生精母细胞，雌性阴道上皮周期变化，也影响胎盘上皮，使胚胎形成受阻。维生素A缺乏还引起诸如催化黄体酮前体形成所需要的酶的活性降低，使肾上腺、生殖腺及胎盘中类固醇的产生减少，可能是影响生殖功能的原因。

## 四、骨骼与牙齿发育

（1）骨骼发育。骨骼发育离不开维生素A。维生素A促进蛋白质的生物合成和骨细胞的分化。当缺乏时，成骨细胞与破骨细胞间平衡被打破，或由于成骨活动增强而使骨质过度增殖，或使已形成的骨质不吸收。孕妇缺乏维生素A时会直接影响胎儿发育，甚至发生死胎。如果摄入不足，在软组织成形前骨骼将首先停止发育。脑和脊骨索带组织生长过快而阻碍了颅骨和脊骨柱的发育，可能发生脑损伤和神经损伤，导致麻痹和各种其他神经病症，同时视神经过的骨道就会引起“眼盲”。值得一提的是维生素A缺乏引起的神经组织退化不会引起骨骼畸形。

（2）牙齿发育。维生素A为牙齿发育所必需，可以帮助牙齿再生。与上皮类似，缺乏维生素A影响牙齿的珐琅质细胞，不形成均匀的牙齿珐琅的保护层，而将出现裂纹和凹陷，牙齿日趋溃烂。缺乏维生素A也可使生成牙质的成牙质细胞萎缩。

## 五、维护皮膜组织健康

皮膜组织划分为两类：一类是覆盖人体外部表面，起防御保护作用的皮肤皮膜；另一类是管系内膜组织即分泌器官的黏膜。缺乏维生素A，导致皮膜细胞干燥而扁平，并逐步硬化成鳞状脱落。这种过程称为角质化。表现为表皮粗糙干燥，鳞状，鼻、咽喉和其他气道，胃肠和泌尿生殖器内膜出现角质化。这些组织无论哪里发生病变，都削弱了预防细菌侵袭的天然结构而且组织很易感染，维生素A缺乏症状通常出现在易受感染的部位。维生素A也是胃壁和肠壁的内膜、性腺、子宫内膜、膀胱膜和尿道膜的健全所必需的。肾结石与尿道角质化有关。

## 六、参与糖蛋白的合成

维生素A对于上皮组织的正常形成、发育与维持十分重要。当维生素A不足或缺乏时，可导致糖蛋白合成中间体的异常，低分子量的多糖脂类堆积，引起上皮基底层增生变厚，细胞分裂加快、张力原纤维合成增多，表面层发生细胞变扁、不规则、干燥等变化。鼻、咽、喉和其他呼吸道、胃肠和泌尿生殖系内膜角质化，削弱了防止细菌侵袭的天然屏障而易于感染。儿童极易合并发生呼吸道感染及腹泻。有的肾结石也与泌尿道角质化有关。过量摄入维生素A对上皮感染的抵抗力并不随剂量而增高。尽管充足的维生素A有助于保持皮膜组织健康。但过度摄入维生素A对皮膜预防感染不具有增加抵抗力的作用。免疫球蛋白是一种糖蛋白，所以维生素A能促进该蛋白的合成，对于机体免疫功能有重要影响，缺乏时，细胞免疫力下降。

## 七、预防癌症

这个议题有待医学考证也是有争议的。有研究认为，确保人体免遭某种类型的癌症，尤其是皮膜组织（皮肤，以及口腔、内通道、中空器官的各类内膜）癌症，维生素A或视黄醇或胡萝卜素起着重要的营养作用。在日常膳食中获取充足的维生素A是一种重要的抗癌方法，但无需大剂量的维生素A。临床试验证明维生素A酸（视黄酸）类物质有延缓或阻止癌前病变，防止化学致癌剂的作用，特别是对于上皮组织肿瘤临床上作为辅助治疗剂已取得较好效果。

## 八、生殖

在多数动物中，如食物或饲料中缺乏维生素A，其生殖能力明显降低。雄性大白鼠会停止产生精子，雌性大白鼠的发情周期可能出现异常，胎儿消溶（自吸收）或先天畸形。在兔子中，生殖力降低，怀仔时流产次数增多。当给母鸡饲喂一种缺乏维生素A的定量饲料，孵化率明显下降。孕妇膳食缺乏维生素A，前3个月可能会流产。视黄酸常常用来研究维生素A缺乏症在生殖方面的影响，这是因为除生殖和视觉外，在其他生理作用方面，它可被视黄醇和视黄醛（维生素A醛的形式）任意替代。

## 九、其他作用

有研究表明维生素A缺乏症可降低甲状腺素形成的比率，增加人的甲状腺肿发病率。维生素A缺乏症还影响蛋白质合成。动物试验表明，维生素A参与胆固醇的皮质脂酮合成，降低人体合成糖原的能力。还有人提出维生素A辅酶和激素作用的新作用。一是辅酶的作用，例如糖蛋白合成中媒介物的形式；二是类固醇激素与细胞核的作用，导致组织分化。

综上，维生素A具有预防夜盲症，视力衰退，预防夜盲症和视力减退，治疗各种眼疾；调节表皮及角质层新陈代谢，保护表皮及其黏膜不受细菌侵害，抗衰老健康皮肤，预防皮肤癌，保持组织或器官表层的健康，减少皮脂溢出而使皮肤有弹性，同时淡化斑点，柔润肌肤；促进骨骼发育，帮助牙齿生长与再生，强壮骨骼。

## 第三节　人和养殖动物缺乏症

### 一、人的缺乏症

至今维生素A缺乏症依然遍及大多数贫困国家，儿童患者的严重程度要超过其他任何一种维生素缺乏症。人缺乏维生素A最直接的结果是夜盲症。严重时角膜混浊和脓肿、皮肤干燥、皮肤和毛囊角化过度、头发没有光泽、食欲减退、容易受细菌感染和寄生虫侵袭、抗应激能力降低。更严重的维生素A缺乏导致贫血。

膳食中维生素A或前维生素A不足，或吸收不良都可能引起维生素A缺乏。同时，膳食中维生素A活性不充足导致夜盲症，皮肤干燥症、干眼病、阻碍发育、骨骼发育缓慢、牙齿不健全、蟾皮症、皮肤粗糙、干燥、呈鳞状、窦病、喉痛、耳朵、嘴、涎腺脓肿、腹泻加剧和肾结石与膀胱结石。

维生素缺乏症已引起人们高度重视，其地位不同于其他任何一种维生素。常见的缺乏症如下。

（1）夜盲症、皮肤干燥症、干眼病。维生素A缺乏症早期症状为在暗光下看不清物体，即夜盲症。夜间行车，遇到迎面行驶车辆射出的光，使人很难看清路面，遇上眼睛反应慢的人那就危险了。另一个常见的症状是眼球结膜的干眼病（发干），由此可能起皱纹，色素沉着，碎屑集聚，失去透明。首先发现儿童干眼病的法国医生比托（Bitot），发现眼球结膜呈泡状，出现银灰色的斑点，这常常是由于缺乏维生素A引起的。成年人出现这种症状可能还有其他原因。

久患极度维生素A缺乏症可导致干眼病，其特征分以下阶段出现。①角膜（眼睛表面外部的透明膜）发干，发炎，浮肿；②眼睛变浊，感染，导致溃烂；③角膜软化，角质化，若不及时治疗常常恶化导致永久性夜育。在印度，中东，东南亚、非洲和南美部分地区婴儿和儿童中最常见的干眼病源是营养不良。除中国外估计全世界每年约有8万儿童因缺乏维生素A而夜盲，其中一半死亡。

（2）骨骼发育缓慢。幼年动物丧失维生素A，骨骼伸长不足，坚实的骨骼必不可少的重新组合作用停止活动，至使骨骼变形。头盖骨和脊骨的发育缓慢，使不断发育的神经组织有时挤满颅骨和脊骨，机械压损伤神经组织而麻痹、变性。

（3）牙齿不健全。假如一个小孩在他牙齿发育的时候只摄入极少量的维生素A，会使牙齿珐琅质形态细胞变态和凹陷。凹陷的地方可能使牙缝聚藏食物淤积而发酵，腐蚀牙齿珐琅质并导致溃烂。

（4）皮肤。皮肤粗糙、干燥、呈鳞状；窦病、喉痛、耳朵、嘴、涎腺脓肿，腹泻加剧及肾结石和膀胱结石。维生素A缺乏可损伤上皮组织遍及全身，导致一种特殊种类称为角质化的角状变性。在表皮外层形成上皮细胞构成皮肤外层，口腔、消化道、呼吸道和泌尿生殖道的黏膜，它们变得既硬又干，失去滋润和柔软性。其结果导致：①特别是臂、腿、肩、下腹部皮肤粗糙、干燥、呈鳞状，该症状称为滤泡酮过多和蟾皮病，看起来像“鸡皮疙瘩”；②细菌易侵入黏膜，导致窦病、喉痛、耳朵、口腔、涎腺脓肿。还有无感觉的其他病症，如因上皮的损伤而引起的腹泻和形成肾结石与膀胱结石。

（5）维生素A的日推荐量。人的预防缺乏症的最低维持量为每千克体重20～30IU/kg/d，最佳保证需要量是此数量的2～3倍，成人通常为日5000IU。全国科学研究委员会（NRC）的食品与营养委员会（FNB）推荐维生素A日需要量如表2-6。

表2-6　维生素A日推荐量

| 组别 | 年龄（岁） | 体重（kg） | 身高（cm） | 日推荐量 | |
|---|---|---|---|---|---|
| | | | | IU | RE |
| 婴儿 | 0～0.5 | 5 | 60 | 1400 | 420 |
| | 0.5～1.0 | 9 | 71 | 200 | 400 |
| 儿童 | 1～3 | 13 | 90 | 2000 | 400 |
| | 4～8 | 20 | 112 | 2500 | 500 |
| | 7～10 | 28 | 132 | 3500 | 700 |
| 男性 | 11～14 | 45 | 157 | 5000 | 1000 |
| | 15～18 | 66 | 176 | 5000 | 1000 |
| | 19～22 | 70 | 177 | 5000 | 1000 |
| | 23～50 | 70 | 178 | 5000 | 1000 |
| | 51以上 | 70 | 178 | 5000 | 1000 |

（续表）

| 组别 | 年龄（岁） | 体重（kg） | 身高（cm） | 日推荐量 | |
|---|---|---|---|---|---|
| | | | | IU | RE |
| 女性 | 11～14 | 46 | 157 | 4000 | 800 |
| | 15～18 | 55 | 163 | 4000 | 800 |
| | 19～22 | 55 | 163 | 4000 | 800 |
| | 23～50 | 55 | 163 | 4000 | 800 |
| | 51以上 | 55 | 163 | 4000 | 800 |
| 妊娠期 | | | | 5000 | 1000 |
| 哺乳期 | | | | 6000 | 1000 |

估计维生素A需要量以两种研究类型为依据：①全世界不同人群的营养状态；②人和其他动物耗尽实验的控制实现数据。但上表的FNB-NRC推荐量大大超过估计需要量，因为动物研究表明，发育阶段摄取有限，贮藏维生素A极少。测量人体肝贮备维生素A表明，被研究的人中20%～30%贮量都低

（6）婴儿与儿童。从新生儿出生至6个月的婴儿日需要量取决于母乳中平均视黄醇含量，每100mL母乳中约含49μg视黄醇。一个婴儿每消耗850mL母乳可获得约420μg视黄醇。6个月至1岁之间的婴儿除喂奶之外，喂给了半固体食物，日需要量可减少到400视黄醇当量（按300视黄醇当量或按β-胡萝卜素计为100视黄醇当量计）。

儿童和青春期青少年实际需要量的资料不多，对婴儿和成年人FNB-NRC推荐的日需要量，是根据体重和发育需求推算的。FNB-NRC对成人维生素A的日推荐量为5000IU。因为女性的体格一般小于男性，成年女性维生素A日需要量是按男性的80%计算，即为4000IU（相当于800μg视黄醇）。

（7）妊娠期与哺乳期。为满足胎儿发育需要，妊娠期的日需要量应增加到5000IU。为补偿奶中本身约含的2000IU维生素A。哺乳期日需要量应增加到6000IU。

（8）治疗用途。在治疗夜盲症、干眼病、吸收不良综合征或黄疸梗阻及营养不良造成的Bitot’s斑点或滤泡角质化，视黄醇具有重要的用途。口服20万IU大剂量维生素A，间隔6个月可有效地预防儿童因缺乏维生素A而患夜盲症。

## 二、养殖动物缺乏症

（1）四种主要缺乏症因素。一般诊断养殖动物维生素A缺乏症个体间、品种间差异不明显。有的表象症状突出，有的症状被掩盖，应考虑特殊营养与环境条件因素。养殖动物维生素A缺乏症通常由以下四方面因素。①由于正常视觉损伤引起的；

②维生素A保护上皮组织皮肤，或黏膜变化或功能障碍引起的症状；③骨骼生长引起的；④饲料中维生素A乙酸酯利用率障碍引起养殖动物生长缓慢。

（2）五种缺乏症后果。养殖动物缺乏维生素A时：①出现生长停滞，动物食欲消减，采食量明显降低，饲料转换率低下，体重减轻。动物饲料中不含维生素A，动物体内贮藏的维生素A会耗尽。当其停止生长时，喂给已知维生素A含量的饲料时，在一定时期段内记录动物的增重情况，恢复增长说明饲料含较高的维生素A是有效的。②维生素A缺乏时，影响雄性动物精索上皮产生精母细胞，雌性阴道上皮周期变化，影响胎盘上皮，使胚胎形成受阻。③还引起诸如催化黄体酮前体形成所需要的酶的活性降低，使肾上腺、生殖腺及胎盘中类固醇的产生减少，可能是影响生殖功能的原因之一，但其对生长过程的生理功能并不清楚。④维生素A对动物味觉很重要（特别是猪）。由于哺乳动物外层干燥导致味蕾角质化，采食量消减归咎于感觉器官的味觉不灵。生长过程中只要供给视黄醇和视黄酸，动物的味觉感官即可恢复正常。猪的味蕾很灵敏，有些国家把经过筛选的土猪训练成缉毒动物而不用缉毒犬。⑤生殖失调。猪、牛、羊、家禽、大白鼠、狗、豚鼠及其他所有供研究的营养实验动物都表现妊娠不良、早期发育反常、胎盘受损、生殖失调。严重的缺乏症可引起养殖动物胎仔死亡。

（3）对养殖动物的影响。①视觉损伤与眼睛疾病。与人的维持正常的视觉维生素A是合成视紫红质的原料一样，视紫红质存在于动物视网膜内的杆状细胞中，由视蛋白与视黄醛（维生素A醛）结合而成的一种感光物质。当养殖动物饲料中维生素A不足，血液中维生素A水平过低时，不能合成足够的视紫红质，从而导致眼功能性疾病。图2-3、图2-4健康犊牛眼底视神经与犊牛维生素A缺乏症导致视乳头盆视神经乳头水肿，图2-5反刍日粮中缺乏维生素A引起犊牛眼瞎。

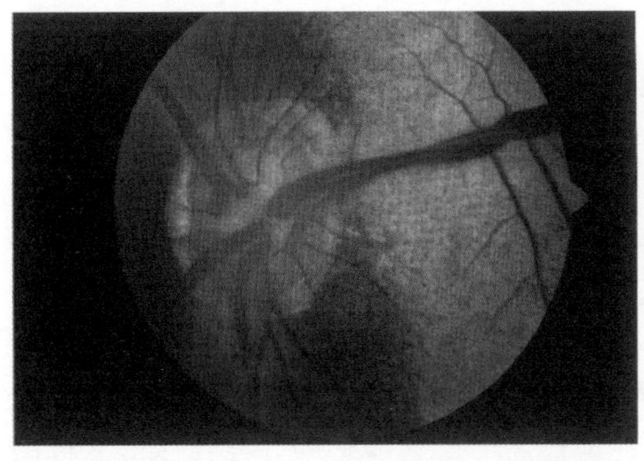

图2-3　健康犊牛眼底视神经进入处即周围组织

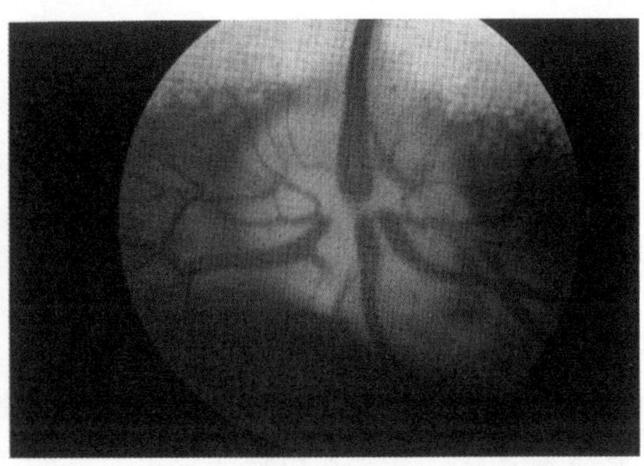

图2-4　犊牛维生素A缺乏症，视乳头盆视神经乳头水肿

图2-5　反刍日粮中缺乏维生素A引起犊牛眼瞎，其特征明显

②保护上皮组织（皮肤和黏膜）。维生素A促进结缔组织中黏多糖的合成，维护黏膜和皮肤的发育与再生、膜结构的完整。当维生素A不足时，黏多糖的合成受阻，引起上皮组织干燥和过度角质化，易被细菌感染而产生一系列的继发病变，对眼、呼吸道、消化道、泌尿及生殖器官的影响力最为明显。见图2-6鸡的维生素A缺乏症，口腔及食管黏膜过度角化。

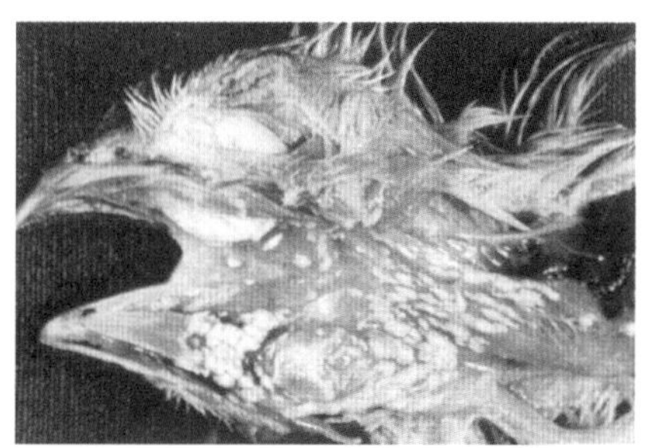

图2-6　鸡的维生素A缺乏症，口腔及食管黏膜过度角化

③促进性激素形成。养殖动物缺乏维生素A时，公畜睾丸及附睾退化，活精子数量减少、受胎率下降。母畜表现为发情不正常，难产、流产及胎盘难下等。新生仔畜体弱，出现怪胎、死胎，死亡率高等。对鸡的孵化、生长、产蛋等均有显著的不良影响。见图2-7母猪饲料中缺乏维生素A导致新生仔猪畸形。

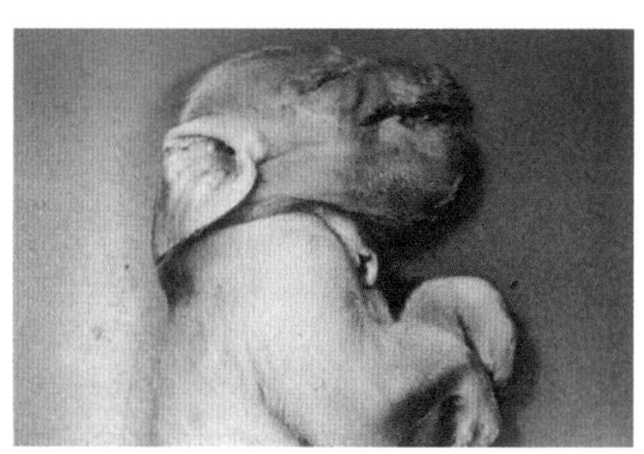

图2-7　母猪饲料中缺乏维生素A导致新生仔猪畸形

④促进畜禽健康。维生素A可调节脂肪、碳水化合物及蛋白质的代谢，增加免疫球蛋白的产生，提高动物机体免疫能力。抵抗传染病、寄生虫病侵袭的能力上升。缺乏维生素A时，畜禽生长发育迟缓，脂肪沉积下降，肌肉萎缩，影响体内蛋白质的合成，体重下降。见图2-8鸡内脏尿酸沉着是典型的维生素A缺乏症状。

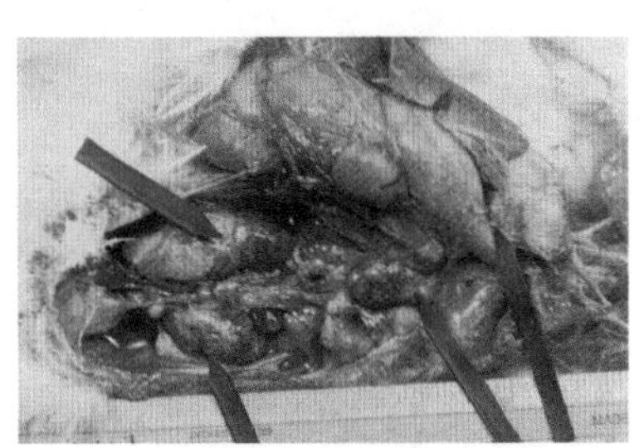

图2-8　鸡内脏尿酸沉着是典型的维生素A缺乏症状，箭头所指可见点状退化灶

⑤维护骨骼和神经的正常生长。维生素A不足时会使骨骼厚度增加，影响骨骼组织的发育。造成骨骼发育不良，压迫中枢神经，脊髓部分堵塞，导致神经损伤，机能障碍。

表2-7　养殖动物维生素A缺乏症

| 器官/系统 | 症状表现 |
| --- | --- |
| 体况 | 所有动物采食量下降，生长阻滞，体重减轻或死亡 |
| 表皮 | 猪、牛、禽类的毛发和羽毛粗糙；马的蹄角干燥；绵羊的产毛下降，质量差；鸡上下喙交错位，合不上 |
| 眼睛 | 牛羊夜盲，视网膜退化；牛马鸡兔的角膜过度角化，流泪；牛猪狗瞎眼 |
| 神经系统 | 牛、猪运动失调；惊厥；牛猪、大鼠轻瘫；鸡的脑部有点状退化区；牛、猪、兔、鸡大鼠神经退化；猪脊髓突出 |
| 骨骼 | 牛鸡狗组织变形，海绵状骨组织形成 |
| 内分泌腺 | 牛的垂体和肾上腺囊肿 |
| 呼吸道 | 鸡的鼻腔黏膜组织变形 |
| 消化道 | 口腔、食管和唾液腺道角质化，易受细菌感染和寄生虫侵袭 |
| 肝脏 | 大鼠的胆管组织变形，星状细胞退化 |
| 泌尿系统 | 牛羊大鼠的尿道结石增加 |
| 生殖系统 | 公畜：牛羊狗的性活力和精子数减弱，异常精子增多，曲精细管发生上皮细胞退化，睾丸及副性腺萎缩<br>母畜：大鼠的阴道，牛的子宫颈和豚鼠的黏膜组织变形和过度角化。牛、猪卵巢萎缩，排卵减少，繁殖力下降，发情周期紊乱。胚胎畸形（无眼睛或眼小、腭裂、双重器官和异常生长，脑积水）。牛、猪、绵羊死胎、早产、死产、弱仔，牛的胎衣不下。哺乳动物泌乳障碍。禽类动物孵化率降低 |

（续表）

| 器官/系统 | 症状表现 |
| --- | --- |
| 其他症状与诊断 | 血浆和肝脏中维生素A含量低，牛的热能力降低，夜盲实验，牛的眼底检查，牛、犊牛脑脊髓液压实验 |

（4）维生素AD共存的协同效力。维生素商品市场有成熟的维生素$AD_3$产品，并有国家产品标准（GB/T 9455—2009维生素$AD_3$微粒）。自然界维生素AD二者共存并互有协同效力。过量维生素A影响D的消化吸收，使得血钙和无机磷水平下降。维生素E可促进维生素A的吸收、利用和在肝脏储存。维生素AD两者合用比单用更能增强养殖动物抵抗感染的能力。

（5）农业部相关添加量规定。维生素A是营养素，但是饲料产品中维生素A的添加量不是无限制的。根据生态、环保、残留和可持续发展要求，2017年12月农业部公告第2625号修订了《饲料添加剂安全使用规范》。对维生素A乙酸酯和棕榈酸酯在配合饲料或全混合日粮中的推荐量和最高限量（以维生素计）给出了规定。最高限量就是底线，超出最高限量被判定为产品不合格，这就意味着在饲料产品中维生素A不能超量添加。这些产品包括猪饲料、牛饲料、肉鸡饲料和火鸡饲料等。维生素A乙酸酯和棕榈酸酯的最高限量为国际单位/千克（IU/kg）：仔猪16000，育肥猪6500，怀孕母猪12000，泌乳母猪7000，犊牛25000，育肥和泌乳牛10000，干奶牛20000，14日龄以前的蛋鸡和肉鸡20000，14日龄以后的蛋鸡和肉鸡10000，28日龄以前的肉用火鸡20000，28日龄以后的火鸡10000（单独或同时使用）（见附录4维生素汇总表，附录3农业部公告第2625号）。

## 第四节 维生素A的来源

### 一、加工损失

收获季节蔬菜类中的胡萝卜素受损往往因为枯萎退化，为保持最高胡萝卜素含量，有条件的应在低温下贮藏蔬菜或快速冷冻。干燥的蛋品，蔬菜或水果类暴露在空气、阳光或高温下可导致维生素A含量大大下降。

虽然维生素A和胡萝卜素不溶于水，在普通烹饪温度下对热稳定，以前认为烹饪和加工过程中的食物除暴露在空气中外，其维生素活性很少损失，然而，蔬菜在烹调和罐装时因胡萝卜素分子的原子重排，实际上胡萝卜素的维生素A含量明显降低。经检测，青菜维生素A含量平均降低15%～20%，黄色菜类降低30%～35%。

维生素A和类胡萝卜素易氧化，在紫外光下迅速破坏，高温高湿都加速氧化。薄层黄油50℃下在空气中暴露6小时其维生素A效力全部丧失。同样时间，无空气时在120℃下则损失很少。贮藏7个月的黄玉米和胡萝卜素损失60%。酸败脂肪中的维生素A和胡萝卜素全部破坏。食物中的无机物如氧化铁、碳硫、碎石灰石、骨粉、锰、碘都有助于破坏维生素A。动物脂肪应保存在阴冷地方，鱼肝油应避光保存在深色瓶中。

## 二、维生素A的来源

维生素A的常见食物来源可分为以下各类（表2-8）。

表2-8　维生素A的常见食物来源

| 来源 | 食物 |
| --- | --- |
| 丰富来源 | 肝和胡萝卜 |
| 良好来源 | 深色青菜，甜菜、散叶甘蓝、羽衣甘监、芥末、菠菜、甘薯、笋瓜、以及黄色水果类，杏、桃；水产品，蟹、比目鱼、牡蛎、鲑鱼、简鱼、鲸鱼肉 |
| 一般来源 | 黄油（咸味适中）、硬皮甜瓜、干酪、奶酪、蛋黄、莴苣、人造黄油、番茄、全奶 |
| 微量来源 | 面包、谷物（黄玉米除外）、鸡肉、农家干酪（非奶酪）、千豆类、瘦肉、马铃薯、脱脂牛乳 |
| 补充来源 | 鳕鱼肝油及其他鱼肝油、合成维生素 |

自然界食物链法则也传递维生素A营养素。大鱼吃较小的鱼或吃甲壳动物，甲壳动物再去采食含有前维生素A的海洋植物，食草动物吃绿色植物并在它们自己体内转化成维生素，食肉动物通过猎杀食草动物获取维生素A。奶牛和母鸡能够有效地把植物性食物中的前维生素A分别转化成牛奶和鸡蛋或其自身组织中的维生素A。但其中的一些前维生素A未被转换，因此乳脂、蛋黄和其他动物产品含有混合维生素A和植物中原有的前体。这种维生素A配比与动物种类、繁殖及饲料有关。动物食品中的维生素A数值大不相同，与动物饲料中维生素A的添加量有关。老龄动物肝和草食动物

肝的维生素A比用干燥脱色饲料喂养的幼龄动物高一些。

膳食中维生素A的一般来源多半是胡萝卜素，胡萝卜素广泛存在于深绿色和黄色植物性食物中。一片叶子绿的色度与胡萝卜素含量直接相关。如甜菜、散叶甘蓝、羽衣甘蓝、芥末叶、菠菜、郡达菜和萝卜叶都含丰富的胡萝卜素。而浅色叶片，如卷心菜和莴苣含量甚微。黄色蔬菜和水果，如胡萝卜、杏、糙皮甜瓜、桃、南瓜、西葫芦、甘薯和黄玉米含丰富的前维生素A类胡萝卜素。

只有动物性食物含丰富的维生素A。鱼肝油是最丰富的天然来源，被列为食品补充剂而不是食品。合成的维生素A当今最有效最廉价的来源是合成形式的维生素A。它和天然形成的同样有效和安全，但必须指出它不含其他营养素（见附录4维生素汇总表）。

## 第五节　胡萝卜素

### 一、概述

160年以前首次分离出胡萝卜素，β-胡萝卜素（β-Carotene）名字来自拉丁文的胡萝卜，胡萝卜素的名称是从胡萝卜派生而来的根茎蔬菜，是中国古代从国外引种而来的一种根茎类植物，古代人给它冠以一个“胡”字而得名胡萝卜素。它是一种黄色的脂溶性物质，胡萝卜给人印象深刻的是其美丽的黄色特征颜色，含有丰富胡萝卜素和多种微量营养素。它的橘红色素后来被化学家分析出来是一种化学物，因此人们就将它命名为胡萝卜素并一直沿用到今天。胡萝卜不仅是营养食品，还具有防癌等功能。开发天然胡萝卜素食品已经成为国际潮流。β-胡萝卜素天然植物提取含量可达50%，合成可达90%以上。

植物来源的β-胡萝卜素及其他胡萝卜素可在人体内合成维生素A，β-胡萝卜素的转换效率最高。机体内β-胡萝卜素-15，15′-双氧酶（双加氧酶）催化下可将β-胡萝卜素转变为两分子的视黄醛（ratinal），视黄醛在视黄醛还原酶的作用下还原为视黄醇。β-胡萝卜素也可以合成虾青素（astaxanthin，一种强抗氧化剂和着色剂），农业部公告2526号把β-胡萝卜素（β-Carotene）归到饲料着色剂门类，学界把胡萝卜素归入维生素A门下是由其化学结构决定的。150年前胡萝卜素就被单独分离出来，它是黄色脂溶性物质，是许多蔬菜及水果中黄色特征颜色的来源，维生素A的最终来源是植物合成的胡萝卜素。

## 二、理化性质

（1）结构式。

β-胡萝卜素

脱辅基胡萝卜素醛，R=CHO；脱辅基胡萝卜素酸酯，R=$COOC_2H_5$

（2）理化性质（表2-9）。

表2-9 理化性质

| | β-胡萝卜素 | 脱辅基胡萝卜素醛 | 脱辅基胡萝卜素酸酯 |
|---|---|---|---|
| 分子式 | $C_{40}H_{56}$ | $C_{30}H_{40}O$ | $C_{32}H_{44}O_2$ |
| 分子量 | 536.9 | 414.6 | 460.7 |
| 熔点℃ | 176～182 | 136～140 | 134～138 |
| 性状 | 红棕至深紫色结晶粉末，略有特异臭味 | 深紫色结晶粉状，略有特异臭味 | 铁锈红结晶粉末，略有特异臭味 |
| 溶解度 | 不溶于水和甘油，难溶于乙醇、脂肪，微溶于乙醚和丙酮 | 不溶于水和甘油，难溶于乙醇、脂肪，微溶于乙醚和丙酮，易溶于氯仿和苯 | |
| 稳定性 | 与维生素A一致 | | |

## 三、产品标准

以下均为着色剂产品质量标准（表2-10至表2-16）。

表2-10 食品安全国家标准食品添加剂β-胡萝卜素（GB 8821—2011）

| 项目 | | 指标 |
|---|---|---|
| β-胡萝卜素量（以干基计）（%） | | 96.0~101.0 |
| 炽灼残渣（%） | ≤ | 0.2 |

（续表）

| 项目 | | 指标 |
|---|---|---|
| 澄清度试验 | | 通过试验 |
| 干燥减量（%） | ≤ | 0.2 |
| 熔点（℃） | | 176~182 |
| 重金属（以Pb计）（mg/kg） | ≤ | 5 |
| 砷（As）（mg/kg） | ≤ | 2 |

表2-11　食品安全国家标准食品添加剂叶黄素（GB 26405—2012）

| 项目 | | 指标 |
|---|---|---|
| 玉米黄质，w（%） | | 96.0~101.0 |
| 干燥减量（%） | ≤ | 1.0 |
| 灰分，w（%） | ≤ | 1.0 |
| 正己烷（mg/kg） | ≤ | 50 |
| 铅（Pb）（mg/kg） | ≤ | 3 |
| 总砷（以As计）（mg/kg） | ≤ | 3 |

表2-12　食品安全国家标准食品添加剂β-胡萝卜素（发酵法）（GB 28310—2012）

| 项目 | | | 指标 |
|---|---|---|---|
| 总β-胡萝卜素含量（以$C_{40}H_{56}$计），w（%） | | ≥ | 96.0 |
| 吸光度比值 | $A_{455}A_{483}$ | | 1.14~1.19 |
| | $A_{455}A_{340}$ | ≤ | 0.75 |
| 炽灼残渣，w（%） | | ≤ | 0.2 |
| 乙醇，w（%） | | ≤ | 0.8（单独或两者之和） |
| 乙酸乙酯，w（%） | | ≤ | |
| 异丙醇，w（%） | | ≤ | 0.1 |
| 乙酸异丁酯，w（%） | | ≤ | 1.0 |
| 铅（Pb）（mg/kg） | | ≤ | 2 |
| 总砷（以As计）（mg/kg） | | ≤ | 3 |

表2-13　食品安全国家标准食品添加剂β-阿朴-8'-胡萝卜素醛（GB 3620—2014）

| 项目 | | 指标 |
|---|---|---|
| 含量（w）（%） | ≥ | 96 |
| 其他着色物质（w）（%） | ≤ | 3 |
| 炽灼残渣（w）（%） | ≤ | 0.1 |
| 铅（Pb）（mg/kg） | ≤ | 2 |

注：商品化的β-阿朴-8'-胡萝卜素醛应以本标准的β-阿朴-8'-胡萝卜素醛为原料，可添加抗氧化剂，乳化剂等辅料，将其配制成悬浮于食品中悬浮液或水溶性粉末

表2-14　食品安全国家标准食品添加剂天然胡萝卜素（GB 31624—2012）

| 项目 | | 指标 |
|---|---|---|
| 胡萝卜素含量（以β-胡萝卜素计，w）（%） | | 符合声称 |
| 残留溶剂（丙酮、正己烷、甲醇、乙醇和异丙醇）（mg/kg） | ≤ | 50（单独或混合） |
| 铅含量（Pb）（mg/kg） | ≤ | 5 |

注：商品化的天然胡萝卜素醛应以本标准的天然胡萝卜为原料，可添加抗氧化剂，乳化剂等辅料，将其配制成悬浮于食品中悬浮液或水溶性粉末

表2-15　饲料添加剂β-胡萝卜素（GB/T 19370—2003）

| 项目 | 指标 |
|---|---|
| β-胡萝卜素含量（以$C_{40}H_{56}$计）（%） | ≥1.0 |
| 铅含量（mg/kg） | ≤10.0 |
| 砷含量（mg/kg） | ≤3.0 |
| 炽灼残渣率（%） | ≤8.0 |
| 干燥失重率（%） | ≤10.0 |
| 粒度 | 全部通过0.85mm孔径标准筛 |

表2-16　饲料添加剂10%β-阿朴-8-胡萝卜素酸乙酯（粉剂）（GB/T 21516—2008）

| 项目 | | | 指标 |
|---|---|---|---|
| β-阿朴-8’-胡萝卜素酸乙酯（以$C_{32}H_{44}O_2$计）的质量分数（%） | | ≥ | 10 |
| 干燥失重的质量分数（%） | | ≤ | 8 |
| 粒度 | 通过孔径为0.84mm的筛网（%） | | 100 |
| | 通过孔径为0.15mm的筛网（%） | | 20 |
| 砷（以As计）的质量分数（%） | | ≤ | 0.0003 |
| 重金属（以Pb计）的质量分数（%） | | ≤ | 0.001 |

## 四、生理功能

（1）胡萝卜素特殊功能。β-胡萝卜素易溶于脂肪，且不易吸收，唯有使用乳化剂才能提高其吸收。①植物来源的β-胡萝卜素及其他胡萝卜素可在人体内合成维生素A，β-胡萝卜素的转换效率最高。在体内，在β-胡萝卜素-15，15′-双氧酶（双加氧酶）催化下，可将β-胡萝卜素转变为两分子的视黄醛（ratinal），视黄醛在视黄醛还原酶的作用下还原为视黄醇。β-胡萝卜素也可以合成虾青素（astaxanthin，一种强抗氧化剂和食品、饲料着色剂）。②β-胡萝卜素在人体内转化为维生素A的比例是

由人体维生素A状态控制的。有点像现在的物流仓储中转库，收放自如。当体内维生素A的量足够满足体内代谢需要时，β-胡萝卜素会在体内储存起来，等到体内的维生素A不够时再释放给体内的代谢所需，并及时地转化成维生素A。③β-胡萝卜素的生理功能大多与维生素A一致，但也小有不同。β-胡萝卜素是维生素A的前体。在肠壁中转换为维生素A有两个途径，一个途径是β-胡萝卜素分子中间端分裂，理论上产生两个维生素A分子，另一个途径是维生素A原从其分子的一端逐步降解，通过β-脱辅基-8’胡萝卜素醛（$C_{30}$）及其相应的酸。这些天然存在的类胡萝卜素中间体，以及β-胡萝卜素转化产生维生素A的过程可以得出第二个途径是成立的。④β-胡萝卜素对牛繁育周期有特殊功效，而维生素A则没有。在黄体形成阶段，牛卵巢含有大量的胡萝卜素，这与β-胡萝卜素与黄体酮的合成有关。经常观察到采食不含β-胡萝卜素日粮的母牛存在所谓的“沉默的发情”，有排卵而没有可观察到发情表现，还存在排卵延迟、卵泡囊肿、黄体生成延迟和减少、血清黄体酮含量下降等。在日粮中添加β-胡萝卜素可以矫正上述情况。

（2）胡萝卜素一般功能。①明目功效。人们说胡萝卜素是“天然眼药水”，帮助保持眼角膜的润滑及透明度。②抗氧化剂。是对抗自由基最有效的抗氧化剂之一，具有强化免疫力作用，降低患口腔癌、乳癌、子宫颈癌、肺癌的概率。③护眼。预防白内障，有助于保护眼睛晶体的纤维部分。④转化成维生素A。帮助保持肌肤与器官内腔黏膜系统正常化；增强生殖系统和泌尿系统机能，提高精子活力，预防前列腺疾病；改善和强化呼吸道系统功能。⑤其他作用。β-胡萝卜素只有在饮食中同时含有维生素C和维生素E等其他的重要抗氧化剂时才能发挥它的抗癌作用。大量吸烟或喝酒者应该小心服用β-胡萝卜素，因为它可能会提高他们患心脏病和癌症的概率。虽然β-胡萝卜素有助于保护皮肤敏感人士防止日光的伤害，但是它没有防晒的效果。

（3）保健作用。在国外，β-胡萝卜素在维生素A、维生素C、维生素E、B族维生素等中知名度最高，几乎无人不晓。外国家庭主妇进入市场买菜首选胡萝卜。中国有胡萝卜替代人参的滋补“气死郎中”民间传说。国内外大量科研资料证实，β-胡萝卜素防治癌症有确切疗效。机体内氧自由基泛滥不但会损害正常细胞，且常引起畸变而形成癌症，β-胡萝卜素恰恰是氧自由基最强的“克星”。科研证实，癌症病人血中β-胡萝卜素远远低于正常人。

（4）抗氧化作用。β-胡萝卜素是一种脂溶性抗氧化剂，具有抗氧化作用机理是机体一种有效的捕获活性氧的抗氧化物质，对于防止脂质过氧化，预防心血管疾病、肿瘤，以及延缓衰老均有重要意义。β-胡萝卜素还能在机体正常新陈代谢中扮演抗氧化剂的抗衰老作用，具有解毒作用，在抗癌、预防心血管疾病、白内障及抗氧化上有功能，防止老化和衰老引起的多种退化性疾病，减缓细胞老化的过程，预防心血管疾病和癌症。1990年范克曼（Facklman）的研究表明，β-胡萝卜素能防治阻塞性动脉粥样硬化、冠心病、中风等多种老年性疾病，他们认为β-胡萝卜素具有阻止低密度脂蛋白（LDL）被氧化形成氧化型LDL的作用，而有毒性的氧化型LDL会导致血管上皮细胞的损伤，从而加速脂质在损伤部位的沉积形成斑块，以至阻塞血管，引发阻塞性动脉粥样硬化等疾病。

（5）区别。β-胡萝卜素和类胡萝卜素两者之间还是有一定的区别的。类胡萝卜素的抗氧化机制主要有淬灭单线态氧、消除自由基、防止LDL氧化。类胡萝卜素是一个大类，是天然色素的总称。而β-胡萝卜素属于类胡萝卜素的一种，对预防癌症、心血管疾病，提高人体免疫力，保护视力有帮助。β-胡萝卜素及其异构体还是饲料着色剂的原料。

（6）作为着色剂（色素）。β-胡萝卜素作为一种食用油溶性色素，其本身的颜色因浓度的差异，可涵盖由红色至黄色的所有色系。其非常适合油性产品及蛋白质性产品的开发，如人造奶油、胶囊、鱼浆炼制品、素食产品、速食面的调色等。而经过微胶囊处理的β-胡萝卜素，可转化为水溶性色素，几乎所有的食品和饲料都可应用。β-胡萝卜素在水产饲料、化妆品等方面有重要用途。

（7）不良反应。人类能耐受很高剂量的β-胡萝卜素无明显的不良反应，动物实验也未发现任何毒副作用。普遍认为β-胡萝卜素无毒，即便大量摄入也不会产生不良反应，没有证据表明β-胡萝卜素转化成维生素A而产生中毒或过多反应。但是过量摄入可出现手、足和皮肤黄染，但细胞膜不出现黄染（这可与黄疸相区别），停用后黄色素会逐渐消退而不会出现其他的不良反应。β-胡萝卜素的其他保健功效和抗肿瘤功能，与某些癌症（如肺癌、胃癌等）的发病呈明显负相关，有预防肿瘤和心血管疾病等健康效益，这些特性是视黄醇所没有的。

虽然动物研究指出β-胡萝卜素对胎儿或婴儿没有毒，但没有相关研究能证实这结论同样适用于人类。β-胡萝卜素补充剂可以进入母乳，但质疑在哺乳期间服用它的安全性。因此，当孕妇或哺乳期的母亲需要服用β-胡萝卜素补充剂时，应该接受医师或医学专家的指导建议。

（8）缺乏症。β-胡萝卜素与维生素A相似。可引起夜盲症、黏膜干燥、干眼症及视力近视等症状；增加癌症、白内障、心血管系统、生殖系统、泌尿系统疾病及呼吸道感染的发生机会，出现过早衰老、失眠、浑身无力和皮炎、皮肤角质化等症状。

## 五、胡萝卜素的来源及计量单位

（1）β-胡萝卜素来源。①养殖动物。牛类专一吸收不含氧的类胡萝卜素类物质而不吸收含氧的叶黄素类物质。这些类胡萝卜素存在于脂肪中并使脂肪显现黄色，因此牛奶、奶油、黄油和奶酪通常会含有较低含量的β-胡萝卜素。牛体内的类胡萝卜素类含量一般随季节而变化，一般在牛可以吃到质量最好的牧草时（如初夏），其体内的胡萝卜素类含量最高。鸡蛋黄的黄色是由类胡萝卜素引起的，其色调和强度由家禽的饲料决定。因此蛋类中也含有一定量的类胡萝卜素。②食物色泽。类胡萝卜素色素呈深红色，其溶液显淡黄或橘黄色。许多水果和蔬菜如杏、桃、胡萝卜，甘薯、西葫芦、南瓜和黄玉米都有这种颜色。凭一般的经验来看，食物的色素越深，前维生素A含量就高一些。绿叶菜，尤其是深绿菜的叶也含丰富的前维生素A。胡萝卜素和类胡萝卜素的溶解度和稳定性与维生素A相似。③色泽与营养。β-胡萝卜素的黄色很深，食品工业和饲料行业广泛用来作为种着色剂。就用途而言，虽然食物中维生素A的潜在价值以其颜色而增加，而β-胡萝卜素外表美艳超出了它本身的营养价值。β-胡萝卜素的含量与水果蔬菜的色泽正相关。β-胡萝卜素最丰富的来源是绿叶和黄色蔬菜和橘色的水果。木鳖果、螺旋藻、枸杞子、西兰花、绿茶、胡萝卜、沙棘果、芒果、番茄等。胡萝卜、菠菜、生菜、马铃薯、番薯、西兰花、哈密瓜和冬瓜含有丰富的β-胡萝卜素。绿色的原因是这些植物组织中的叶绿体含有叶绿素。在叶绿体中的光和系统Ⅰ和Ⅱ的蛋白复合体均含有类胡萝卜素。通常深绿色表示叶绿体多，类胡萝卜素含量亦高。如抱子甘蓝、苋菜、莴苣等绿色蔬菜中类胡萝卜素含量较高。胡萝卜和甘薯根类食物含有大量胡萝卜素，这些色素是在叶绿体中合成与积累的。一些油棕榈树果实可合成并积累α-胡萝卜素和β-胡萝卜素。经压榨这些果实时，胡萝卜素会保留在油质当中。酿酒葡萄中也有较高含量的类胡萝卜素。

（2）胡萝卜素剂量单位。国际理论和应用化学联合会（IUPAC）认为在人的食物中1μg β-胡萝卜素等于1IU维生素A，世界卫生组织（WHO）主张1.8μg β-胡萝卜素等于1IU维生素A。两家权威国际组织分别给出的换算不一致，且差距甚大。在畜禽饲料中两者的关系不稳定，通常添加维生素A，而不是β-胡萝卜素。美国的换算关系为；各种动物β-胡萝卜素转化为维生素A的效应程度各异。习惯用大白鼠转化比例为标准值，1mg β-胡萝卜素等于1667IU的维生素A，1mg胡萝卜素等于556IU的维生素A。人类转化为维生素A仅是大白鼠的1/3效应。

（3）农业部相关添加量规定。2017年12月农业部公告第2625号，修订了《饲料添加剂安全使用规范》，把β-胡萝卜素（β-Corotene）归入饲料着色剂（Coloring agents）（见附录3农业部公告第2625号）。

2018年4月农业农村部发布第21号公告，把β-胡萝卜素（β-Corotene）、虾青素（Astaxanthin）作为宠物饲料添加剂的着色剂门类纳入《饲料添加剂品种目录（2013）》，扩大β-胡萝卜素的应用范围（见附录4维生素汇总表）。

# 第三章

# 维生素D

## 第一节　概　述

维生素D（Vitamin D）作为固醇类衍生物具有抗佝偻病作用，又被称为“抗佝偻病维生素”。佝偻（rickets）是从古英语“wrikken”词衍生过来的，弯曲或扭曲的意思，现在英语字典上已找不到“wrikken”一词。维生素D是一种类固醇激素，它最重要的成员是维生素$D_2$（麦角钙化醇）和维生素$D_3$（胆钙化醇）。维生素D均具有不同的维生素D原经紫外照射后调节钙和磷的代谢作用。人的皮肤在紫外线照射下，维生素D促进钙磷在肠道上吸收，帮助骨骼无机化过程。缺乏维生素D会削弱骨基质的无机化，引起婴幼儿佝偻病和成人软骨病。现在极少见佝偻病，但在一些不发达国家的贫困地区仍很流行。医学上以维生素D多种形式治疗佝偻病，会分别使用维生素$D_2$麦角钙化醇和维生素$D_3$胆钙化醇。这些化合物分别是由紫外线辐射麦角醇和7-脱氢胆醇形成，因此这两种物质被统称为维生素D原。

植物不含维生素D，但维生素D原在动、植物体内都存在。维生素D是一种脂溶性维生素，有五种化合物，对健康关系较密切的是维生素$D_2$和维生素$D_3$。它们有以下3点独特之处：一是它们存在于部分天然食物中少数几种常见的食物中；二是皮肤置于太阳的紫外线（短波高频率的光）下，可在体内合成，因而，它以“阳光维生素”而被众人熟知；三是人体皮下储存有从胆固醇生成的7-脱氢胆固醇，受紫外线的照射后转变为维生素$D_3$，适当的日光浴足以满足人体对维生素D的需要。它是维生素家族中唯一通过阳光照射产生维生素的物质，人自己就可以合成的维生素。

少量的维生素$D_2$存在于鱼肝油中。维生素$D_3$广泛存在于自然界中，鱼肝油和脂肪组织含量较高，鸡蛋、牛奶、黄油、奶油和干酪中含量较少。除了结晶的麦角钙化醇和胆钙化醇外，维生素D的商品形式还有油溶液和稳定的粉剂。饲料行业大量使用维生素添加剂$D_3$。

## 一、历史与发现

维生素D的发现是人们与佝偻症抗争的结果。佝偻病这种营养缺乏症的历史比我们知道如何预防这种病的历史要长得多，英国人对这种残疾疾病感同身受。公元前500年英国人发现了骨骼异常症——佝偻病，1870年伦敦有1/3儿童患有严重的佝偻病，大约在450年前，伦敦人才第一次正确地描述了这种病。雾都伦敦缺少阳光，因此英国人比其他任何人都渴望阳光，他们见面打招呼总是说，“呵呵，今天天气真好，太阳出来了”。文献描述早在17世纪英国工业革命期间，这种病在拥挤的贫民区儿童身上非常普遍，工业烟尘、雾霾和拥挤的高层住宅遮住了阳光，“抬头难见天日”。随着工业城市的兴起，佝偻病也随之扩展。但是谁也没有责怪由于缺少阳光而引起残疾，英国人把它归咎为环境卫生条件差，被普遍认为它是一种“贫穷和黑暗病”。

1824年，人们发现长期被看作一种民间传统药的鱼肝油在治疗佝偻病方面很见效。但是，医学同行对这种药物不屑一顾，因为医生解释不了它的功能。

1890年，经过英国帕尔姆（Palm）医生细心的观察，他说了一句当时影响很大的至理名言：“哪里阳光充裕，哪里佝偻病就少，哪里阳光少，哪里佝偻病就普遍”。

1913年，威斯康星大学E・V・麦科勒姆（McCollum）和戴维斯（Davis）在鱼肝油里发现了一种物质，起名叫“维生素A”，后来英国医生梅兰比（E.Mellanby）爵士用小狗做佝偻病试验，然后再给它喂鱼肝油治疗。他发现喂食鱼肝油的狗不会得佝偻病，于是得出结论维生素A或者其协同因子可以预防佝偻病，梅兰比错误地认为新发现的脂溶性维生素A治愈了佝偻病。

1918年，梅兰比爵士修正了原先的结论，他证实佝偻病是一种营养缺乏症。20世纪20—30年代确认缺乏维生素D是引起佝偻病的原因。

1921年约翰·霍普金斯大学（The Johns Hopkins University）的埃尔默·麦科勒姆（Elmer McCollum）使用破坏掉鱼肝油中维生素A做同样的实验，结果相同，说明抗佝偻病并非维生素A所为。他将其命名为维生素D，排序第四的维生素。但当时人们还不知道，这种东西和其他维生素不同，只要光照充足，人自己就可以生成。

1922年，埃尔默·麦科勒姆发现，氧化、让热气从鱼肝油中通过，鱼肝油中所有的维生素A遭破坏后，它们依然具有预防佝偻病的效力，这证明鱼肝油和某些其他脂肪里存在一种脂溶性维生素，发现者把它称为“存放钙的维生素”。值得注意的是，尽管埃尔默·麦科勒姆发现了维生素D的存在，但直到维生素D这个名字被其他人普遍使用后，他本人才开始醒悟。

1923年，哥伦比亚大学的艾尔弗雷德费边·赫斯（Alfred Fabian Hess）博士大胆的指出：“阳光就是维生素”。人们知道7-脱氢胆固醇经紫外线照射可以形成一种脂溶性维生素就是维生素$D_3$。

1923年，威斯康星大学哈利斯廷博克（Harry Steenbock）博士证明了用紫外线照射食物和其他有机物可以提高其中的维生素D含量，用紫外线照射过兔子的食物可以治疗兔子的佝偻病。就用自己攒下的300美元申请了专利，斯廷博克博士用自己的技术对食品中的维生素D进行强化，到1945年他的专利权到期时，佝偻病已经在美国绝迹了。

1924年，哥伦比亚大学的赫斯博士和威斯康星大学的斯廷博克博士通过各自的研究结果表明，维生素D可由紫外线照射产生。抗佝偻病的活性物质可以通过紫外线在食物和动物内产生。这一过程被后人称为“斯廷博克辐射”。斯廷博克申请并拿到了专利，他后来把专利权转让给威斯康星大学威斯康星男校友研究基金会。此刻阳光如何防止佝偻病的奥秘得到部分解读。后来的研究揭示，它是食物和动物体内的某种甾醇，经辐射后可获得抗佝偻病的活性，在辐射前，这种甾醇不具有防止佝偻病活性。直到20世纪20年代后叶人们简单明了直呼“直接晒太阳维生素自然来”，维生素D的美誉由此被人口口相传。从那以后，维生来D被普遍称为“阳光维生素”。紫外线辐射，喂辐射过的食物或喂鱼肝油可以防治佝偻病。后来发现鱼肝油里的天然维生素D与皮肝经辐射后所产生的维生素D是同一种物质。

1928年，德国哥廷根大学（University Gottingen）杰出化学家，阿道夫·奥托·赖因霍尔德·温道斯（Adolf Otto Reinhold Windaus）教授，他因研究甾醇类的结构及其维生素D的重要的研究成果荣获1928年诺贝尔化学奖。温道斯1903年发表

第一篇题为《胆甾醇》首创性论文，1907年他合成了组胺，指出这是一种具有重要的生理学性质的化合物。他还发现其他许多化合物也具有与胆甾醇相类似的结构特点和性质，他把这类化合物归并成一族定名为甾族化合物。他提出紫外线照射形成维生素$D_3$，为“阳光维生素”提供了理论根据。他是甾族化合物的主要创始人。

1930年，温道斯教授首先确定了维生素D的化学结构，1932年经过紫外线照射麦角固醇而得到的维生素$D_2$的化学特性被确立下来，而维生素$D_3$的化学特性直到1936年才被认定。20世纪30年代，他成功的研究出维生素D的化学结构。

1932年，温道斯和英国的艾斯丘（Askew）从辐射过的麦角醇分离出纯维生素$D_2$（麦角钙化醇）结晶品。

1936年德国的布罗克曼（Brockmanu）教授从金枪鱼的鱼肝油中分离出纯维生素$D_3$（胆钙化醇）结晶品。随后他又成功建立了人工合成维生素D的方法，使得世界各地佝偻病的发病率降低。

1952年哈佛大学的伍德沃德（R.B.Wood ward）完成了维生素D首次合成，1965年他的这项成就和其他研究工作获得诺贝尔化学奖。

1968年，德卢卡（Deluca）教授提取分离25-羟基维生素$D_3$（25-0H-$D_3$）取得成功，它是一种重要的中间代谢产物。1971年，德卢卡教授又提取出了1，25-（OH）$_2$$D_3$，它是生理活性最强的最终代谢产物。随后，人们对活性维生素D给予了越来越多的关注。

## 二、理化性质

（1）结构式。虽然已经公认的约10种带有维生来D活性的甾醇化合物，但根据它们在食物中出现的情况来看，只有两个即麦角钙化醇（维生素$D_2$，钙化醇或钙化醇）和钙化醇（维生素$D_3$）才具有重要的实用性，即维生素D或前体。由于这些物质在化学上紧密相关，通常都叫维生素D，是指具有这种维生素活性的一组物质（见下维生素$D_2$和维生素$D_3$结构式）。

（2）化学。维生素D是环戊烷多氢菲类化合物，由维生素D原（provitamind）经紫外线270～300nm激活形成。动物皮下7-脱氢胆固醇，酵母细胞中的麦角固醇都是维生素D原，经紫外线激活分别转化为维生素$D_3$，维生素$D_2$量少。维生素D的最大吸收峰为265nm，比较稳定，溶解于有机溶剂中，光与酸会促进异构作用，应储存在氮气、避无光与无酸的冷环境中。有机溶剂加抗氧化剂后稳定，水溶液由于有溶解的氧而不稳定。双键系统还原也可损失其生物效用。

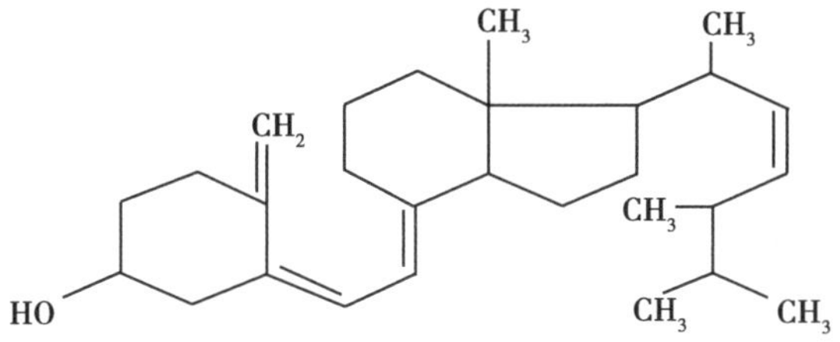

$CH_3$ $CH_3$ $CH_2$ HO $CH_3$ $CH_3$ $CH_3$

维生素$D_2$结构式

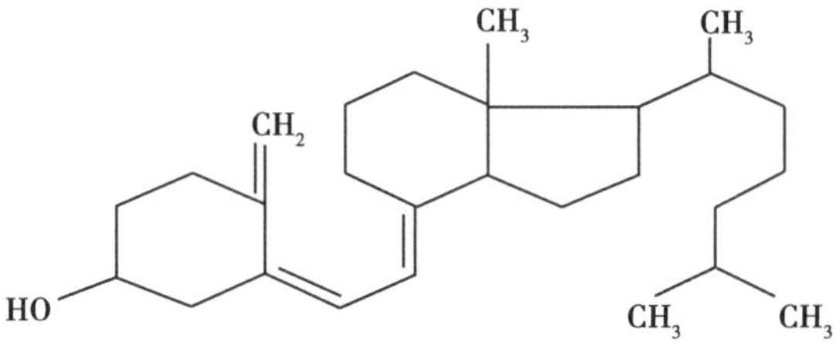

$CH_3$ $CH_3$ $CH_2$ HO $CH_3$ $CH_3$

维生素$D_3$结构式

紫外线辐射这两种前维生素（麦角钙化醇和7-脱氢胆固醇）将会分别产生维生素$D_2$和维生来$D_3$。植物（醇母和真菌）含麦角固醇，而7-脱氢胆固醇则是在鱼肝油里及人体和其他动物的皮肤里发现的，长期晒太阳的人或养殖动物不需吃维生素D制剂。维生素D的两种形式$D_2$和$D_3$对人和其他大多数哺乳动物来说具有同等活性，但鸡、火鸡和其他家禽除外。为了便于畜禽饲料加工便利化，通常不添加其他形式维生素$D_2$，因为饲料中添加维生素$D_3$比用维生素$D_2$更有效。

（3）代谢。维生素D独特之处是人和动物通常从两个方面获得它，即在皮肤内形成和经口获得。维生素D的代谢步骤如下。①维生素D。在皮肤内的形成及其循环运转，供合成、贮藏及由皮肤缓慢而稳定地释放出来进入循环的独特机制。如果把皮肤置于阳光下进行紫外线辐射，许多7-脱氢胆固醇在表皮和真皮里产生光化学反应并形成前维生素D。一旦前维生素$D_3$在皮肤内形成，它将靠温度缓慢地转化为维生素$D_3$，这一过程至少要3天才能完成。然后，维生素D结合蛋白把$D_3$从皮肤输送到循环系统。②吸收。经口摄取的维生素D在胆汁的作用下，与脂肪一起在小肠（空肠和回肠）吸收。前维生素经辐射后在皮肤里形成的维生素D被直接吸收到循环系统。③利用。通过膳食或通过皮肤辐射获得的胆钙化醇被一个特殊的维生素D载体蛋白（一种球蛋白）输送到肝脏，在肝脏转变成25-羟基维生素$D_3$（25-OH-$D_3$）。25-羟基维生素$D_3$由肝输送到肾，转变成1，25-（OH）$_2$-$D_3$，1，25-二羟基维生素$D_3$它在增加钙吸收、骨钙迁移和增加肠的磷吸收方面是维生素D活性最大的形式。这种活性化合物1.25-（OH）$_2$-$D_3$具有某种激素的功能，因为它是体组织（肾）内制造的一种重要物质，由血液输送到靶组织的细胞里。维生素$D_3$的生理活性形式，或是输送到它的各个作用点，或是转变成24，25-二羟维生素$D_3$或1，24，25-二羟维生素$D_3$的代谢物（图3-1）。尽管在二羟基维生素$D_3$方面做了许多维生素D代谢的作用，但是，Deluca在麦角钙化甾醇方面所做的一些研究表明，它的代谢与胆钙化醇类似，它在肝里变成一种相似的活性代谢物25-羟麦角钙化甾醇（25-OH-$D_2$）。④贮存。维生素D主要贮存在脂肪组织和骨骼肌中。在肝、大脑、肺、脾、骨和皮肤里也能发现一些。但是体内贮存的维生素D比体内贮存的维生素A少得多。饲料添加剂维生素D应在热敏库中25℃下储存。⑤排泄。维生素D排泄的主要途径是经胆汁进小肠，由此到粪便。不足4%的摄取量由尿中排出。维生素$D_3$代谢调节如下图示（实线为正反馈调节，虚线为负反馈调节）。

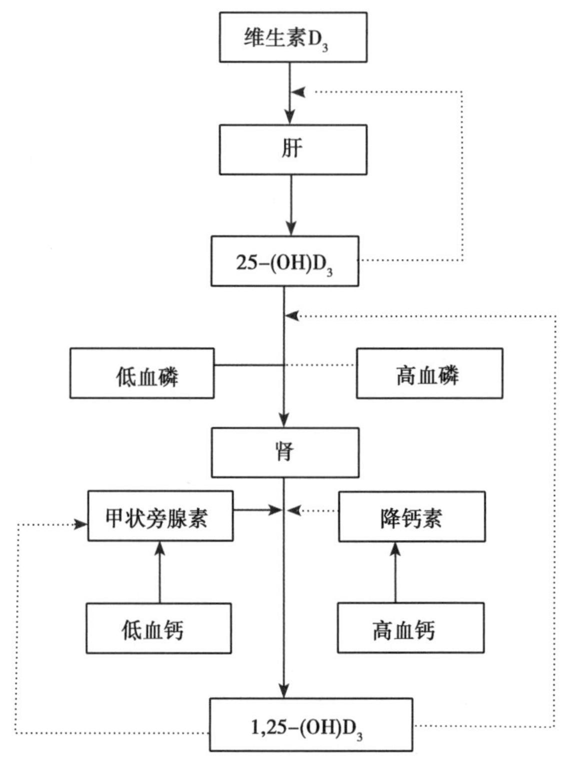


图3-1　维生素$D_3$代谢调节过程

（4）性质。纯维生素D为白色结晶状、无气味的物质，溶于脂肪和有机溶剂（醚、三氯甲烷、丙酮和醇类），不溶于水，能抵抗热、氧化、对碱溶液稳定。尽管紫外线使前体活化，但辐射过多会形成轻微的、没有抗佝偻病活性的毒性化合物。饲料添加剂维生素D应在热敏库中25℃下储存。

（5）理化性质（表3-1）。

表3-1　理化性质

| | 维生素$D_2$ | 维生素$D_3$ |
|---|---|---|
| 分子式 | $C_{28}H_{44}O$ | $C_{27}H_{44}O$ |
| 分子量 | 396.7 | 384.6 |
| 熔点（℃） | 113~118 | 82~88 |
| 旋光度 | $[\alpha]_D^{20}$=+102.5° ～+107.5°<br>纯乙醇中C=4 | $[\alpha]_D^{20}$=+105° ～+112°<br>纯乙醇中C=0.5 |
| 性状 | 白色至浅黄色结晶粉末 | |
| 吸收光谱 | 在乙醇溶液中$D_2$和$D_3$在紫外区265nm吸收最大 | |
| 稳定性 | 维生素$D_2$和$D_3$遇光、氧气、酸迅速分解，应在密闭不透光容器储存，最好充氮气。结晶维生素D对热稳定，在油溶液中易形成异构体 | |

（6）分析和度量制。维生素D的效价用国际单位（IU）表示。一个维生素D国际单位为0.025μg纯结晶活性维生素$D_3$（胆钙化醇）。维生素D的紫外线吸收性质常用来测定纯制品，以排除吸收干扰，但它不能区分维生素$D_2$和维生素$D_3$。

经典的维生素$D_2$和维生素$D_3$与三氯化锑反应呈橘黄色。但颜色反应易受多方面的干扰，它们应限用于高效药物制剂或强化食物。用三氯化锑反应柱和薄层层析提纯步骤组合已得到成功的使用。饲料和食品中维生素D的检测方法非常成熟，通常采用气液色谱（GC/LC）定量分析。生物分析是唯一可用于评价维生素D活性的方法。大白鼠和小鸡经常作为试验动物，大白鼠对维生素$D_2$和维生素$D_3$的反应很相似，雏鸡仅对维生素$D_3$有反应。

医学上根据佝偻病的患病程度，用这些分析来测定维生素D缺乏症的缓解（治疗试验）或发展（预防试验）通常采用生物分析方法。即人们熟知的线性试验，是以桡骨末端纵剖面上的色斑来评价钙化作用。大白鼠试验动物也是如此。但是，如果要确定家禽营养试验样品的维生素D的活性，则一定要用家禽。对新生的、缺少维生素D供应的幼白鼠继续用佝偻病原的饮食，它们在长骨的末端就不会出现钙化作用。如果用一种试验材料喂养这些缺乏维生素D的大白鼠，喂养7～10天才能在长骨末端长出较好的“钙线”（线性试验），所用去的量来测定其作为维生素D源的值。用标准鱼肝油喂另一组类似动物，并把它作为比较的基础。

（7）毒性（过量）。由于维生素D是一种潜在的毒性物质，而且还缺少有关超过推荐的量对身体有益的事例，摄取量应该近似推荐量为妥。只有那些因病而影响维生素D吸收或代谢的患者可以服用超过推荐量的维生素D，即使如此，这种治疗应遵医嘱。①维生素过量造成的主要毒副作用是血钙过多，早期征兆主要包括痢疾或者便秘，头痛，没有食欲，头昏眼花，走路困难，肌肉骨头疼痛，以及心律不齐等。晚期症状包括发痒，肾形矿脉功能下降，骨质疏松症，体重下降，肌肉和软组织石灰化等。②人与人之间对于维生素D的耐受能力差异很大。因此，很难列出标准来说明摄取多少维生素D会中毒。总的来说，维生素D的摄取量每天不能超过400IU。维生素D过量每天高于2000IU毒性因血钙增高而引起会导致血钙过多，超出了钙在肠内的吸收。器软组织钙化、弥漫性骨组织脱钙、厌食、肌无力、关节痛、心律紊乱、头痛、恶心、肾功能损害。轻度中毒症状为食欲减退、过度口渴、恶心、呕吐、烦躁、体弱、便秘（便秘可能与交替性腹泻）、婴儿和儿童生长缓慢、成年人体重下降。慢性血钙过多的原因是钙在软组织（包括心脏、血管肺和肾小管）内不规则的沉积，对肾有特殊的危害。如果继续大剂量地使用维生素D，软组织大面积钙化，也可能致命。③在妊娠期和婴儿初期，过多地摄取维生素D会引起自发性血钙过多或血钙过多综合征。这种现象的特点是心脏主动脉瓣变窄、面部外观独特和智力退化。儿童体重减轻、倦怠、易激动。④维生素D摄取过多主要是由于摄入含大量维生素饮食补充剂。由于把维生素D加入奶里和婴儿食物里，以及晒太阳所产生的维生素D，家长在给孩子们喂维生素D补充剂之前应考虑这些因素。还要告诫成年人不要长期服用大剂量的维生素D和维生素A，除非遵医嘱。即使维生素D稍有过量，这对上了年纪的人来说也是不明智的。同时服用大量的维生素A可减轻潜在的维生素D毒性。

## 三、产品标准与生产工艺

见表3-2，表3-3。

表3-2 食品添加剂维生素$D_2$（GB 14755—2010）

| 项目 | 指标 |
|---|---|
| 维生素$D_2$含量（$C_{28}H_{44}O$）/%（质量分数） | 98.0~103.0 |
| 麦角甾醇含量/%（质量分数） | ≤0.2 |
| 比旋光度$[\alpha]_D^{20}$（°） | +102.0~+107.0 |
| 质量吸收系数α（265nm）[L/（cm·g）] | 46~49 |
| 还原性物质含量（四唑蓝显色试验）（%）（质量分数） | ≤0.002 |
| 砷含量（以As计）（mg/kg） | ≤2 |
| 重金属含量（以Pb计）（mg/kg） | ≤20 |

表3-3 饲料添加剂维生素$D_3$（GB/T 9840—2006）

| 项目 | | 指标 |
|---|---|---|
| 维生素$D_3$含量（以标示量计）（%） | | 90.0~103.0 |
| 颗粒度 | 试验筛ϕ200×50（0.85/0.3） | 100%通过孔径为0.85mm的实验筛 |
| | 试验筛ϕ200×50（0.425/0.28） | 85%通过孔径为0.425mm的实验筛 |
| 干燥失重（%） | | ≤5.0 |

饲料添加剂维生素D生产工艺与产品规格。1999年，我国维生素$D_3$光化学合成技术取得重大突破，进口饲料添加剂维生素$D_3$市场垄断局面被打破，产品价格迅速下降。饲料添加剂维生素D系列包括以下3种规格。①维生素$D_2$和维生素$D_3$粉剂。呈奶油色粉末，含量规格为50万IU/g或20万IU/g。②维生素$D_3$微粒/维生素$D_3$微粒水分散型。是饲料工业中最常见的品种，原料为胆固醇，经酯化、溴化再脱溴和水解即得7-脱氢胆固醇，经紫外线光照射获得维生素$D_3$。含量规格为130万IU/g以上的维生素$D_3$为原料，酯化后，采用BHT和乙氧喹啉抗氧化剂，经明胶和淀粉等辅料处理，喷雾法制成微粒。含量规格为50万IU/g、40万IU/g和30万IU/g。③维生素A/$D_3$微粒。以维生素A乙酸酯原油与含量为130万IU/g以上的维生素$D_3$为原料，采用BHT和乙氧喹啉抗氧化剂，经明胶和淀粉等辅料处理，喷雾法制成微粒。质量单位的维生素A乙酸酯与维生素$D_3$之比为5：1。

维生素$D_3$油。黄色油状液体，含量规格为400万IU/g、500万IU/g，供饲料添加剂维生素$D_3$预混料喷粉用。

## 第二节 生理功能

现在佝偻病病人已十分罕见，人们熟知的晒太阳与促进和维护骨骼保健存在必然关系。其生理功能在于钙磷在骨基质中沉着依赖于充足的维生素D，它促进肠道中钙磷的吸收，还能促进钙磷从肾小管中回流吸收。因此，维生素D非常有助于保持血液中有充足的钙磷，以满足骨质正常的钙化作用。缺乏维生素D导致骨的钙化不良和软骨不能负重，在重荷下容易弯曲。

有些生理功能并非维生素D分子本身固有的作用。维生素D在体内转化为具有活性才具备生理功能。具有维生素D活性功能的主要是1，25-二羟基维生素$D_3$，它从维生素$D_3$（胆骨化醇）经过两个酶促羟化阶段而形成的。1，25-二羟基维生素$D_3$首先在肝脏中形成，然后在肾中转化为1，25-二羟化合物，在体内检出其他胆钙化醇的羟化衍生物形式的物质。图3-2是体内胆钙化醇的代谢。

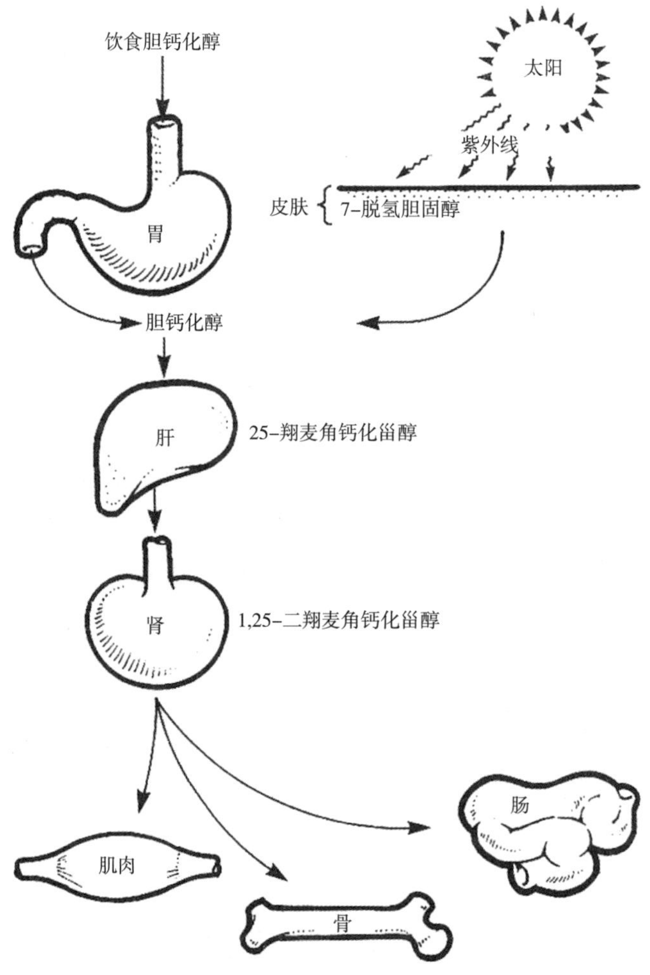


图3-2 体内胆钙化醇的代谢

有关维生素D与健康的关系在医学领域取得非凡的成果，如维生素D水平与儿童特应性皮炎的相关分析研究，脐血维生素D结合蛋白预测早产儿早发型败血症价值的研究等。

## 一、钙吸收与钙和磷代谢

（1）维持血清钙磷浓度的稳定。当血钙浓度低时，诱导甲状旁腺素分泌，将其释放至肾及骨细胞。在肾中甲状旁腺素（parthormone，pth）除刺激1位羧化酶与抑制24位羧基化酶外，促使磷随尿中排出体外，钙在肾小管中再吸收。在骨中甲状旁腺素与1，25-二羟基维生素$D_3$协同作用，把钙从骨中动员出来，在小肠中1，25-二羟基维生素$D_3$促进钙的吸收。这3条途径使得血钙恢复到正常水平，又反馈控制甲状旁腺素的分泌及1，25-二羟基维生素$D_3$的合成。在血钙高时刺激甲状腺C细胞，产生降钙素，阻止钙从骨中动员出来，促使钙磷从尿液中排出体外。小肠吸收磷为主动吸收时需要能量，钠、葡萄糖、1，25-二羟基维生素$D_3$及血清磷低时（8mg/%以下），刺激1，25-二羟基维生素$D_3$的合成，促进小肠对钙、磷的吸收。由于甲状旁腺素不参加反应，所以钙从尿中排出，而磷不会排出，从而使血钙略有上升，而磷上升较多，保持血磷恢复正常值。

（2）维生素D促进钙吸收。①已经清楚确认维生素D促进钙在小肠的吸收。缺少维生素D会使大量的钙从粪便中排出。钙吸收主要与钙和磷有关。矿物质的吸收以及它们在骨组织内的沉积与维生素D与钙和磷代谢的关系的文献报告很多，维生素D通过代谢所起的各种生理作用方面还有许多研究空白。②维持磷酸盐水平。磷酸盐水平适量的维生素D能提高体内磷酸盐水平，因为一是通过肠壁促进磷的吸收，不依赖钙的吸收。二是促进磷酸盐在肾小管的再吸收。如果得不到充足的维生素D，磷酸盐在尿中排泄增加，血液中含量下降。因此保持血液中良好的磷酸盐水平与维持钙磷间良好平衡是骨钙化过程和防止手足搐搦所必需的。

（3）怀孕期与哺乳期。维生素D促进怀孕及哺乳期妇女输送钙到子体1位羧基化酶，除受血清中钙磷浓度及膳食中钙磷供给量的影响外，还受激素的影响。停经后妇女的1，25-二羟基维生素$D_3$浓度减低，易有骨质软化等症状。在怀孕期间1，25-二羟基维生素$D_3$血浆浓度上升，哺乳期继续上升，直到断乳后母体逐渐恢复到正常水平。1，24，25二羟基维生素$D_3$之水平与之相反，怀孕期下降，断乳后恢复到正常。胎盘也有1位羧基化酶，在怀孕期间有的动物也能合成1，25-二羟基维生素$D_3$。乳腺也是1，25-二羟基维生素$D_3$的靶组织，对乳中钙的水平有直接关系。怀孕及哺乳期间母亲可从自身的骨中将钙输出以维持胎儿婴儿正常生长，维生素D供应充足者，在断乳后又可重新获得钙，维生素D缺乏者，这种恢复能力则较差。

（4）骨骼和牙齿。①软骨病。骨骼和牙齿的代谢与生长及正常的无机化需要维生素D。儿童缺少维生素D或少晒太阳会导致骨骼虚弱和骨骼末端的软组织（软骨）过度生长出现关节增大、弓形腿、膝内翻、串珠状肋骨和颅骨畸形。成年人缺少维生素D会导致软骨病，软骨病使骨干发生一些变化，骨结构软化。在生殖和哺乳期，供给足够的维生素D也很重要，过度缺乏会导致新生儿骨骼先天畸形，并伤害母体的骨骼。②珐琅质和牙质发育。由于缺少维生素D，差不多全部钙磷构成的珐琅质和牙质发育不良。因此，患佝偻病的儿童和养殖动物的牙齿稀疏，珐琅质钙化差，有凹陷的裂缝，特别易患龋齿。通过维生素D的作用可刺激贮存在骨骼中钙和磷的再吸收。这样，维生素D有助于保持这两种矿物质的血液水平。③矿物质沉积。骨的矿物化作用机理尚不清楚，补充骨的矿物化作用的机理也未查清，补充1，25-二羟基维生素$D_3$给缺乏维生素D的人体和养殖动物，都不能有助于骨中矿物质的沉积。养殖动物体内虽然分离出许多维生素D代谢产物，但迄今尚未找出对骨的矿物化有明显作用的物质。现阶段只了解到维生素D促进钙磷的吸收，可把钙磷从骨中动员出来，使血浆钙磷水平达到正常值，促使骨的矿物化并不断更新。但无论怎么给缺乏维生素D的人体和养殖动物补充维生素D，都不能有助于骨中矿物质的沉积。动物体内虽然分离出许多维生素D代谢产物，但迄今尚未找出对骨的矿物化有明显的帮助。

### 二、柠檬酸的代谢

柠檬酸是一种重要的有机酸，有许多代谢功能，包括矿物质在骨组织内的迁移作用和钙在血液里的移动。维生素D缺乏症使血液中的柠檬酸水平同时下降。人们认为对柠檬酸代谢方面的影响是因为维生素D的缺少或存在而引起矿物质代谢的一些变化造成的，而不是维生素D对柠檬酸的形成起直接作用。

### 三、血液中的氨基酸量

血液中的氨基酸里含有维生素D，以防止氨基酸通过肾时被损失。缺少维生素D时，尿里的氨基酸排泄量会增加。

## 第三节　人和养殖动物缺乏症

人的生长期也是骨骼成型期，此期间维生素D的需要量很高。在此阶段，日需要量400IU最佳。在日光下有足够时间阳光浴的成年人，从日光中得到天然充足的由维生素D原转化的维生素D。长期不晒太阳的井下采矿工人、城市保洁等夜间工作人群和老年人需要额外补充维生素D，妊娠和哺乳期妇女维生素D日补充量为500～1000IU。

### 一、人的缺乏症

儿童营养专家认为，我国婴幼儿及青少年普遍缺乏维生素D，婴幼儿缺乏率12.5%，不足率43.7%，学前及青少年缺乏率44.4%，不足率38.8%。缺乏维生素D会导致肠道不能适量吸收钙和磷，造成骨骼和牙齿异常的无机化，阻碍骨骼发育，继而使骨骼畸形。主要缺乏症如下。

（1）佝偻病。维生素D缺乏会导致少儿佝偻病和成年人的软骨病。佝偻病多发于婴幼儿，主要表现为神经精神症状和骨骼的变化。神经精神症状上表现为多汗、夜惊、易激惹，包括骨头和关节疼痛，肌肉萎缩，失眠，紧张以及痢疾腹泻。骨骼随年龄变化，骨骼生长速率及维生素D缺乏的程度等因素有关，可出现骨软化、肋骨串珠等。骨软化症多发生于成人，多见于妊娠多产的妇女及体弱多病的老人。最常见的症状是骨痛、肌无力和骨压痛。

佝偻病因缺少钙磷，或两种矿物质比率不协调而引起，即使膳食里含有适量的钙和磷，缺少维生素D也会使婴儿和儿童发生佝偻病。这种病是因为骨不能正常钙化，钙盐、磷盐沉积不正常所致，导致骨骼软、易弯、变形。机体重量使大腿长骨末端变平、外部呈蘑菇状、膝和踝关节增大。其他部位骨的变化还有腕关节增大、弓形腿、膝内翻、胸骨外凸（“鸡胸”），胸腔两侧的肋骨和软骨连接处有一排串珠状似的凸起，推迟颅骼囟门闭合而造成前额突出。妇女骨盆变窄而造成日后难产，以及脊柱弯曲，肌肉发育不良等。因为佝偻病腹部肌肉无力，外形与腹部膨大或“大肚子”有关。临时牙出牙推迟，恒齿稀疏、凹陷、带沟，容易蛀牙。见下图3-3严重的佝偻病症状。

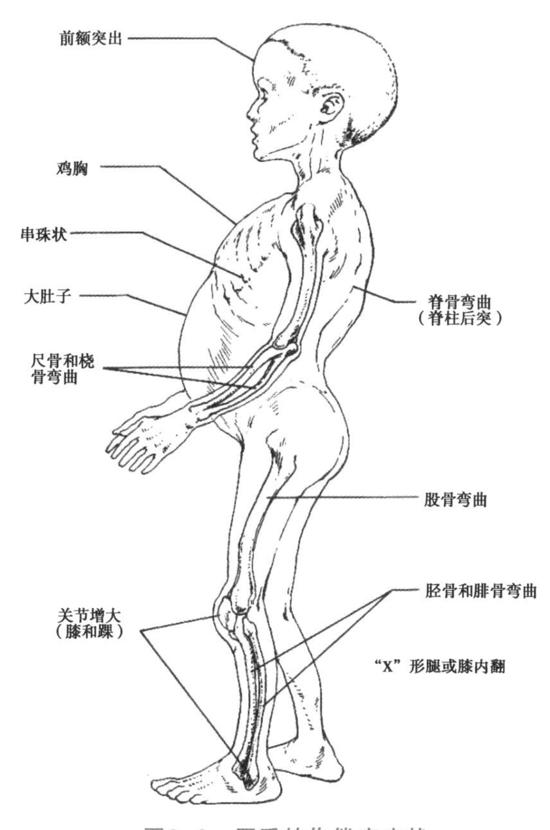

图3-3 严重的佝偻病症状

（2）与钙镁离子作用机制。维生素D主要用于组成和维持骨骼的强壮。它被用来防治儿童佝偻病和成人的软骨症，关节痛等。患有骨质疏松症的人通过添加合适的维生素D和镁可以有效地提高钙离子的吸收度。维生素D还被用于降低结肠癌、乳腺癌和前列腺癌发病概率，对免疫系统也有增强作用。维生素D的前体（生成维生素D的原料）存在于皮肤中，当阳光直射时会发生反应转化为维生素$D_3$，$D_3$分子被运送到肝脏并且转化为维生素D的另一种形式25位单脱氧胆固醇，这种形式的效用更大。然后25位单脱氧胆固醇又被转运到肾形矿脉并在那里被转化为1，25-二羟基维生素$D_3$，形成最有效的维生素D状态。然后维生素D将和甲状旁腺激素以及降血钙素协同作用来平衡血液中钙离子和磷的含量，特别能增强人体对钙离子的吸收能力。

维生素D不应该用于血钙过高的病人，或者血液中钙离子含量偏高的人。另外对患有肾结石和动脉硬化的病人来说也必须小心使用，因为维生素D可能会引起他们的甲状旁腺疾病，削弱肾功能甚至引起心脏疾病。

（ ）缺钙与喝奶。20世纪30年代以后美国佝偻病发病率下降，很大程度上是给喂奶的婴儿增加了维生素D制剂液态奶，以及在婴儿食物和流食及浓缩奶中增加维生素D的含量。自1968年以来，对用作各种食物的脱脂奶粉也增加了维生素D和维生素A。因此通常喝奶的人不管成人或儿童不会缺钙。如果奶里钙磷的供应量大体相等，并能到大量维生素D，就能够有效地预防佝偻病并最有利于骨生长。有人说，把“喝豆浆改为喝奶”中国人会强壮起来。这里指与摄入维生素D有关。

（4）阳光与维生素D。这是早些年发生的事情，现在情况大为改观。由于没采取预防措施，通常地球的北部地区发生佝偻病多于南部。第二次世界大战战前后雾都伦敦冬季广泛用煤炭取暖、工业粉尘煤粉尘雾霾浓度高、黑暗拥挤的城市不见太阳特别容易发生佝偻病。这些地方，太阳的紫外线不能穿过雾和烟。黑色皮肤人种的儿童较白人的儿童易患佝偻病，早产婴儿比足月婴儿易患此病。因为骨的生长和钙化加快，需要增加额外增加维生素D。在许多热带和亚热带国家以及在一些大城市人口过分拥挤的贫困地区，佝偻病仍是一个严重的问题。在非洲，佝偻病是因为没有让小孩形成晒太阳的习惯、饮食里的维生素D或钙少、肠内寄生虫和经常性腹泻所致。见下图3-4维生素D在皮肤内形成及进入循环系统的过程。

维生素$D_3$既可以从食物中获得，也可以从皮肤的紫外线照射而获得。膳食中的维生素$D_3$与其他脂肪或脂溶性化合物类似的方式在十二指肠被吸收。人体内合成的7-脱氢胆固醇是一种没有维生素活性的物质，它存在于皮肤中，当人的皮肤暴露在太阳或太阳的紫外线下，7-脱氢胆固醇转化成为维生素$D_3$，因此长时间暴露在阳光下的人不太需要在膳食中补充维生素$D_3$。英国人的口头禅：“晒晒太阳，补补维生素”。见图3-5维生素$D_3$在体内的作用过程。

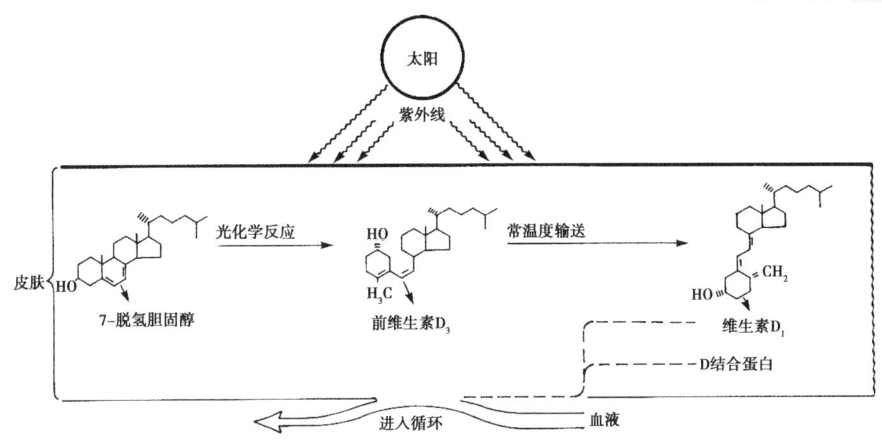


图3-4　维生素D在皮肤内形成及进入循环系统的过程

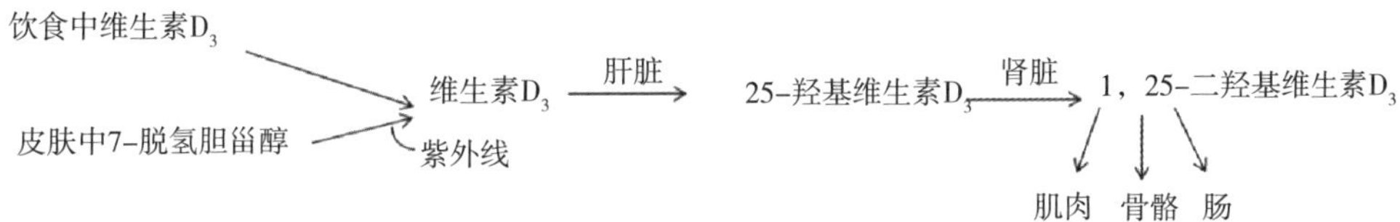


图3-5　维生素$D_3$的作用过程

（5）晒太阳与防癌。美国科学家一项为期40年的维生素D研究发现不可低估。每天服用一剂维生素D能把罹患乳腺癌、结肠癌和卵巢癌的风险降低一半。阳光照射在皮肤上，身体就会产生维生素D，这部分维生素D占身体维生素D供给的90%。肿瘤专家认为这种“阳光维生素”防癌作用的证据十分充分，有必要提高人们体内的维生素D的水平。还有研究结果表明，缺乏维生素D可能对身体极其有害。心脏病、肺病、癌症、糖尿病、高血压、精神分裂症和多发性硬化等疾病形成都与缺乏维生素D密切相关。

美国科学家评估了自20世纪60年代以来维生素D与癌症两者关系的论文后建议每天需服用1000IU（25μg）维生素D，或提高到美国维生素D摄入量的2.5倍。他们在《美国公共卫生杂志》上撰文说，维生素D缺乏是一种普遍存在的现象。研究发现，缺乏维生素D的人与患某些癌症的风险存在正比关系。英国没有官方的建议摄入标准，但每年从10月到次年3月的短暂白昼和漫长黑夜意味着冬去春来时60%的英国人体内维生素D不足。随着维生素D研究的深入，各国都开始修改有关日光浴危害的警告。澳大利亚癌症理事会协会首次承认，晒太阳有利于健康。在这项新的研究中，美国圣迭戈加利福尼亚大学的癌症专家分析了1966—2004年发表的63项讨论维生素D与癌症关系的论文。他们发现，在日照较强的美国东部地区的居民因倾向躲避阳光照射，缺乏维生素D的可能性较大，患癌症的风险也较高。

（6）维生素D与“三高”。新的医学研究结果证明高血压、心脏病、糖尿病“三高”与维生素D有关联。胰岛素耐受性是导致心脏病的主要因素之一，维生素D可降低对胰岛素的耐受性。肺部组织在人的一生中会经历修复和“改造”，由于维生素影响多种细胞的生长，它可能对肺的修复过程起到一定的作用，包括乳腺癌、结肠癌、卵巢癌和前列腺癌等。据认为，维生素D对调节细胞繁殖起到关键作用，癌症患者体内则缺乏这种调控机制。因此，通过防止细胞过度繁殖，维生素D就能预防某些癌症。科学家认为，在Ⅰ型糖尿病中，免疫系统会杀灭人体自身的细胞，维生素D可起到免疫抑制剂的作用，它也许能防止免疫系统的过度反应。维生素D为颈部甲状腺上的副甲状腺所利用。这些腺体分泌出一种调节体内钙水平的激素，钙则帮助调节血压，但科学家尚未完全理解这一过程，对高血压患者的效率存在疑问。

（7）软骨病。这是一种成年人患的佝偻病，因骨内贮存的钙磷耗尽，是由于缺少维生素D和晒太阳少或缺少钙磷造成的，在妊娠、哺乳和老年期人群中这种病最常见。成年人的骨骼停止纵向生长，仅长骨和平骨上的柄如骨盆受影响，因此要避免骨软化、变歪、易折断。另外，软骨病常常引起腿骨和下背部类风湿病疼痛。

（8）手足抽搐。缺乏维生素D会引起手足搐搦，尽管它不是唯一的原因。手足搐搦也可能是钙吸收不充分或甲状旁腺失调所致。手足搐搦的特点是肌肉抽搐、痉挛、惊厥，以及血清钙低到不到7mg/100mL。

（9）日推荐量。在美国，维生素D的摄取量也很难估计美国每人的维生素D日平均摄取量，因为没有方法能确定太阳的作用在体内制造的量。但是，由于广泛使用增补维生素的牛奶和其他食品，每人每天至少摄取400IU。不但相对准确的维生素D的最低需要量还不清楚，最大的问题在于没有得到有关太阳光对皮肤的作用所形成的胆钙化醇量的分析数据，以及晒太阳时间长短和光照强度大小，肤色人种的差异。色素深的皮肤可以防止95%以上穿过皮肤并形成胆钙化醇的太阳紫外线，衣服遮挡防止紫外线射到皮肤上。季节对光照强度影响，冬季阳光往往比较少，有云雾，以及大气污染量。下列表3-4推荐的数据仅供参考，很难给出确切的建议值。

表3-4 维生素D日推荐量

| 组别 | 年龄（岁） | 体重（kg） | 身高（cm） | 日推荐量 IU |
|---|---|---|---|---|
| 婴儿 | 0～0.5 | 6 | 60 | 400 |
| | 0.5～1.0 | 9 | 71 | 400 |
| 儿童 | 1～3 | 13 | 90 | 400 |
| | 4～8 | 20 | 112 | 400 |
| | 7～10 | 28 | 132 | 400 |
| 男性 | 11～14 | 45 | 157 | 400 |
| | 15～18 | 66 | 176 | 400 |
| | 19～22 | 70 | 177 | 400 |
| | 23～50 | 70 | 178 | 400 |
| | 51以上 | 70 | 178 | 400 |
| 女性 | 11～14 | 46 | 157 | 400 |
| | 15～18 | 55 | 163 | 400 |
| | 19～22 | 55 | 163 | 400 |
| | 23～50 | 55 | 163 | 400 |
| | 51以上 | 55 | 163 | 400 |
| 妊娠期 | | | | +200 |
| 哺乳期 | | | | +200 |

400IU维生素（IU）D=10μg胆钙化醇

（10）婴儿与儿童。人们一直认为母乳喂奶的维生素D含量能满足婴儿的需要。建议要给母乳喂养和人工喂的婴儿提供400IU位维生素D，可口服补充剂者加在婴儿食物内，特别是对那些不常晒太阳的婴儿。儿童食物来源缺乏症导致佝偻病缺乏症导致方颅、出牙迟缓、鸡胸、XO型腿、胸廓内陷、行走晚、不活泼、食欲缺乏、睡眠不安、多汗、骨质疏松、骨软化症。

（11）成人。随着骨骼生长的停止，钙的需要量开始下降，同时，维生素D的需要量也下降。因此，在19岁和22岁期间，维生素D的日推荐量降到300IU，22岁以后进一步降到200IU。事实上，正常的成年人的需要量往往可以通过适当的晒太阳得到满足。但是，在某些气候条件下，或因长期的空气污染，太阳辐射可能不够，在这种情况下应有饮食来源作为补充。

（12）妊娠和哺乳期。在妊娠期需要增加钙。维生素D及其活性代谢物很容易穿过胎盘。所以，孕妇的供应量要比她没有怀孕时的供应量额外增加200IU。由于哺乳期钙的需要量增加，也建议在哺乳期额外增加200IU。产妇缺乏症表现为，腰背部或下肢骨痛、肌无力、骨压痛、脊柱侧弯、身材变矮、骨盆变形、多发性骨折。

## 二、养殖动物缺乏症

（1）养殖动物缺乏症。养殖动物缺乏维生素D源于钙磷摄入不足或不平衡，导致佝偻病和成年畜禽骨质疏松症。佝偻病的特点是生长骨中钙沉积减少，而骨质疏松症又源于发育过程中钙流失。猪和家禽佝偻病见图3-6鸡佝偻病特殊症状，肋骨念珠状突起，图3-7严重的猪佝偻病。

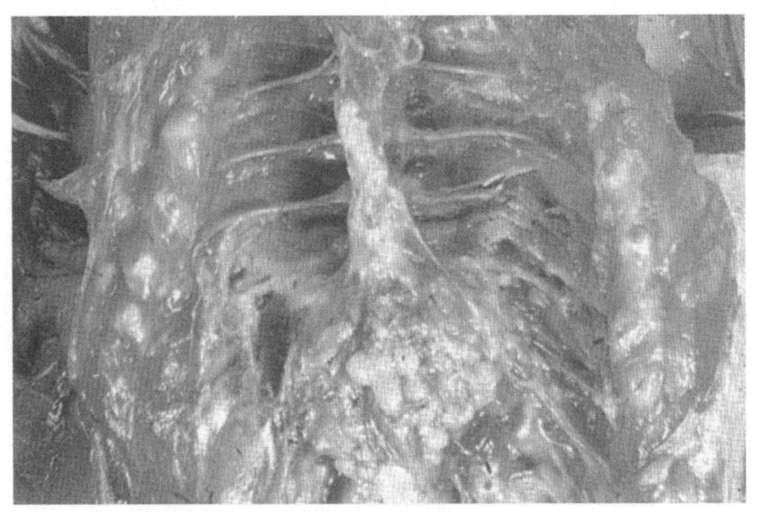

图3-6 鸡佝偻病特殊症状，肋骨念珠状突起

图3-7 严重的猪佝偻病

表3-5 养殖动物维生素D缺乏症

| 器官/系统 | 症状表现 |
| --- | --- |
| 体况 | 所有动物采食量下降，生长阻滞，牛猪鸡萎靡不振 |
| 神经系统与肌肉 | 抗应激能力下降；仔猪痉挛引起惊厥发生率持续上升 |
| 骨 | 僵直，步态疼痛，行走困难；肢关节无痛硬肿；肋骨念珠状突起；畜禽肢骨、禽类胸骨和脊柱弯曲，骨脆性增加，骨软易弯 |
| 生殖系统 | 蛋鸡产蛋率下降，蛋壳薄，孵化率降低；牛羊死胎，新生仔畸形，体弱；育雏3～7日龄鸡胚胎畸形 |

（2）农业部相关添加量规定。饲料产品中维生素D的添加量不是无维生素限制的，2017年12月农业部公告第2625号修订了《饲料添加剂安全使用规范》。对维生素$D_2$、维生素$D_3$和25-羟基胆钙化醇在配合饲料或全混合日粮中的推荐量和最高限量（以维生素计）给出了规定。这就意味着在饲料产品中维生素D不能超量添加。这些产品包括猪饲料、牛饲料、羊饲料、家禽饲料和水产饲料等。2625号公告特别规定维生素$D_2$与维生素$D_3$不得同时使用，25-羟基胆钙化醇不得与维生素$D_2$同时使用。维生素$D_2$与维生素$D_3$最高限量为（IU/kg）：猪-仔猪代乳料10000，其他猪5000，家禽5000，牛-犊牛代乳10000，其他牛4000，羊、马4000，鱼类3000，其他动物2000。

25-羟基胆钙化醇（25-羟基维生素$D_3$）猪50，肉鸡、火鸡100，其他家禽80。其他要求还规定：25-羟基胆钙化醇（μg/kg）①不得与维生素$D_2$同时使用；②可与维生素$D_3$同时使用，但两种物质在配合饲料中的总量不得超过仔猪代乳料250，其他猪125，家禽125；同时使用时，按40IU维生素$D_3$=1μg维生素$D_3$的比例换算维生素$D_3$的使用量（见附录3农业部公告第2625号）。

## 第四节 维生素D的来源

### 一、加工损失

食物和食物补充剂的维生素D相当稳定，加工不影响它的活性。由于维生素D不怕热，不溶于水，它在食物烹饪时损失很少。含维生素D的食物可以长期保存，很少变质。

维生素$D_2$和维生素$D_3$的商品形式有油剂或粉剂，相对来说，它们容易被光、氧和酸破坏。应必须贮藏在不透光、密封的容器里，用惰性气体（如氮）把容器里的空气排掉，结晶成分对热相对稳定。维生素D的来源食物里的维生素D比其他任何维生素都少。但幸好大自然早已注定，人可以通过阳光来增加维生素D的供应。

## 二、维生素D的来源

维生素D主要来源于鱼肝油、鱼肉、肝、全脂奶、奶酪、蛋黄、黄油等。在植物体细胞中不含维生素D，但含有丰富的维生素D原。经过日光或人工紫外线的照射转变为维生素$D_2$。家禽的喙和爪以及皮肤均含有维素D原（7-脱氢胆固醇），经直接的或反射的日光照射后转化为维生素$D_3$被家禽吸收，但是这个量不足以满足动物生长需要。

维生素D的常见食物来源可分为以下各类。

表3-6　维生素D的常见食物来源

| 来源 | 食物 |
| --- | --- |
| 丰富来源 | 脂肪多的鱼，如腌熏的鲱鱼、鲱鱼、腌过的鲑鱼、鲐鱼、沙丁鱼、大麻哈鱼、鲳鱼、金枪鱼和鱼卵 |
| 一般来源 | 肝、蛋黄、奶油、黄油和干酪 |
| 微量来源 | 瘦肉、奶（未增补）水果、坚果、蔬菜和谷物 |
| 补充来源 | 鱼肝油（鳕鱼、大比目鱼或箭鱼的肝油），辐射过的麦角甾醇或脱氢胆固醇，如钙化甾醇。还包括太阳光或太阳灯照射在皮肤内产生的来源 |

在动物性食物中，脂肪多的鱼是维生素D的丰富来源。浮游生物靠近阳光照射的海面，它们通过吃浮游生物来获取维生素。肝、蛋黄和黄油中富含可利用的维生素D。但是，这些食物的效力变化很大，很大程度上取决于动物照射阳光或紫外线的多少和喂食的饲料。瘦肉含量甚微，人奶和牛奶是维生素D较差的来源。所有鱼肝油（鳕鱼肝油、大比目鱼和箭鱼的肝油）都是维生素D的丰富来源，但是，它们不是日常饮食中的组成部分。含有鱼肝油的制剂可用作维生素D的补充来源，适合婴儿使用。其他维生素D的浓缩物是通过辐射纯麦角固醇或7-脱氢胆固醇而制成的。这些浓缩物可以是液体，也可以是片剂。钙化醇就是一例，它是一种溶于中性油的辐射麦角固醇溶液。这种制剂标有每种剂量和每片的单位，要看清楚了服用。

维生素D绝大部分加在商品奶和婴儿配方食品中。这两种食物被认为最适宜增补维生素D，这是由于它们的钙和磷含量及维生素D在这两种矿物质中的吸收和利用方面的作用的原因。青年人消费大量的奶，这些人的骨骼发育特别需要维生素D。蔬菜、谷物及其产品和水果有少量的或者没有维生素D的活性。尽管通常认为植物不含有活性的维生素D，但是，一个重要的例外，最近发现某些原产于西印度洋群岛的热带和亚热带灌木和茄属植物含有大量的维生素D激素，它对动物有剧毒。

除口服维生素D外，还可在皮肤内制造维生素D。如果把皮肤暴露于太阳光线（或太阳灯）的紫外线下，维生素D可以在皮肤内产生。紫外线对皮肤里的前维生素7-脱氢胆固醇起作用，并将它转变成维生素$D_3$。但是，这些对皮肤起作用的射线量受大气中的云、烟、雾、灰尘、窗户玻璃、衣服、皮肤色素和季节的影响，因此，它的变化很大，既不能确定，更不能依赖，所以，通常还需要维生素D的一些其他来源（见附录4维生素汇总表）。

# 第四章

# 维生素E

## 第一节　概　述

维生素E（Vitamin E）也叫生育酚（Tocopherol），取自希腊词tokos（后代）和pherein（生育），合起来意指“生育后代”。维生素E是一种脂溶性维生素，同系物为生育酚化合物。它有8种形式，即α、β、γ、δ生育酚和α、β、γ、δ三烯生育酚，8种生育酚和生育三烯醇统称为维生素E，都具有维生素E活性。其中α-生育酚是自然界中分布最广泛含量最丰富活性最高的维生素E形式，维生素E水解产物中最具代表的是α-生育酚乙酸酯，商品形式有油剂或稳定的粉剂。

维生素E苯环上的酚羟基被乙酰化，经过酯水解为酚羟基化合物后生成生育酚，使得人们误解维生素E就是生育酚。还有人从字面上误解生育酚中“生育”就是“性维生素”，能大幅度减少不育不孕，还能大幅度增加生育能力或性能力。不能模糊了科学界线与化合物本质，从生理学意义上看，生育酚具有“育、孕”功能，并不具有神奇的性功能，这些看法没有科学根据，是流传广泛的营养信息中的谬误之一。纵观相关科技文献记载，只描述生育酚对某些症状“有帮助，促进”等文字解释。

食物中天然维生素E来源为谷物的胚芽、大多数油料作物籽实；蔬菜类的莴苣、菠菜、卷心菜、韭菜等；动物器官的脑垂体、肾上腺，胰腺和脾脏；以及乳制品中的奶油、黄油和板油。人奶中维生素E含量是牛奶中的2～4倍，这是提倡母乳喂养的科学依据之一。

## 一、历史与发现

许多年来，维生素E作为“抗不育维生素”为人们所熟知，该名称来自早期用大白鼠所进行的研究结果。当把维生素加到缺少该物质的饲料中时，观察到大鼠的生育能力明显受到促进。现在，维生素E被认为是人类和养殖动物的必需营养物。然而，以前从没有人将人的生殖功能与维生素E联系起来。

1922年加利福尼亚大学的埃文斯（Evans）和毕晓普（Bishop）在研究生殖过程中发现，酸败的猪油可以引起大白鼠的不孕症。莴苣和麦胚中的脂溶性膳食因子（当时称为X因子）对大白鼠的正常繁殖是必不可少的。

1924年，阿肯色大学的休尔（Sure）将该X因子命名为维生素E。在之后的动物实验中，科学家研究发现小白鼠缺乏维生素E则会出现心、肝和肌肉退化以及不生育。大白鼠缺乏维生素E则会雄性永久性不生育，雌性哺乳动物不能怀足月胎仔，同时伴有肝退化、心肌异常等症状。猴子缺乏维生素E就会出现贫血、不生育、心肌异常。

1936年，埃文斯及其同事从麦胚油中分离出结晶维生素E，命名为生育酚（Tocopherol），取自希腊文tokos（后代）和pherein（生育），意指“生育后代”。

1938年，瑞士化学家卡勒（Karrer）首次人工合成了维生素E。

## 二、理化性质

（1）结构式。

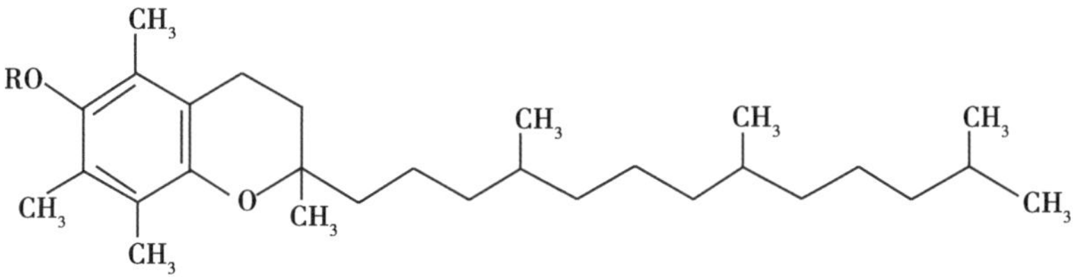

dl-α-生育酚：R=H　dl-α-生育酚乙酸酯：R=$CH_3CO$

（2）化学。维生素E有8种形式的脂溶性维生素，8种生育酚和生育三烯醇统称为维生素E，都具有维生素E活性。它们之间的区别在于分子环上甲基（$CH_3$）的数量和位置，分别为α-、β-、γ-和δ-生育酚，α-、β-、γ-和δ-生育三烯醇。α-生育酚具有迄今所知的最大的维生素活性，其他生育酚具有α-生育酚1%～50%的生物活性。不过，通常消耗的食物中的非α-生育酚提供的维生素E活性相当于各种食品中标明α-生育酚总量的20%。

（3）代谢。①吸收。维生素E与其他脂溶性维生素一样，需要胆汁和脂肪的存在才能吸收得好。吸收过程发生于小肠中进行，其中吸收的维生素E有20%~30%穿过肠壁进入淋巴。②运输。维生素E一旦被吸收，即附着于血液中的β-脂蛋白上进行运输。在正常成年人中，血浆中生育酚的总含量为0.5～1.2mg/mL。低于0.5mg即被认为不足量，血浆中总生育酚与总脂类的比值比生育酚的实际含量更重要，血浆中总生育酚与总脂类之比如为0.8mg：1g，即为维生素E营养状况良好。维生素E在血浆中和红细胞中的主要形式为α-生育酚，占总生育酚的83%，其余大多数为γ-生育酚。③贮存。脂肪组织、肝和肌肉是维生素E的主要贮存场所，身体大部分组织中都贮有少量维生素E。在肾上腺，脑下垂体、心脏、肺、睾丸和子宫中也贮有较高数量的维生素E。维生素E聚积于组织中的脂肪里并随脂肪一起被使用。此外，穿过胎盘运送到胎儿的维生素E很少，因此，新生儿组织中贮量很低。④排泄。维生素E排泄的主要途径是粪便，也有少量由尿排泄。

（4）性质。生育酚和生育三烯醇是浅黄色黏性油，溶于乙醇和脂类溶剂，不溶于水。它们在酸、热下稳定，而暴露于氧、紫外线、碱、铁盐和铅盐类下即遭破坏。它们因吸收氧的能力使其具有重要的抗氧化特性。在正常的烹调温度下，维生素E受到的破坏不大，但是长期在高温的油中加热，例如油炸，由于酸败，导致维生素E活性的大量丧失。

大多数市售商品维生素E是人工合成的dl-α-生育酚的乙酸酯，它对热和氧承受比游离的生育酚稳定，具有同样的维生素E活性，这种稳定形式的α-生育酚应用于维生素制剂、各种医疗产品、食品和动物饲料添加剂。饲料添加剂维生素E应在热敏库中25℃下储存。

（5）理化性质（表4-1）。

表4-1　理化性质

| | α-生育酚 | 生育酚乙酸酯 |
|---|---|---|
| 分子式 | $C_{29}H_{50}O_2$ | $C_{31}H_{52}O_3$ |
| 分子量 | 430.7 | 472.8 |
| 熔点（℃） | 113~118 | 82~88 |

（续表）

| | α-生育酚 | 生育酚乙酸酯 |
|---|---|---|
| 溶解度 | 不溶于水，易溶于乙醇、植物油和有机溶剂 | |
| 性状 | 浅黄色稠状液体，饲料添加剂为粉状 | |
| 在乙醇溶液中吸收光谱 | 生育酚：最大吸收光谱292nm，最小吸收光谱255nm<br>乙酸酯：最大吸收光谱284～285nm，最小吸收光谱254nm | |
| 稳定性 | dl-α-生育酚乙酸酯在大气中稳定，在强酸强碱下遇水为游离的生育酚，并在空气中迅速氧化，色泽变深 | |

（6）分析和度量制。根据相关国际委员会的协议，现多用α-生育酚当量mg数作为所有维生素E活性的总计量单位。表4-2表明α-生育酚当量和IU之间的关系。α-生育酚当量与国际单位（IU）之间的关系见表4-2。

表4-2　α-生育酚当量与国际单位（IU）之间的关系

| 化合物/mg | α-生育酚当量（IU）/mg | 活性IU/mg |
|---|---|---|
| d-α-生育酚 | 1.0 | 1.49 |
| d-α-生育酚乙酸酯 | 0.91 | 1.36 |
| d-α-生育酚丁二酸酯 | 0.81 | 1.21 |
| dl-α-生育酚 | 0.74 | 1.10 |
| dl-α-生育酚乙酸酯 | 0.67 | 1.00 |
| d-γ-生育酚 | 0.10 | 0.15 |

注：1.食物中天然形式和α-生育酚当量标准通常只称为α-生育酚；

2.常见的市售维生素E形式是一种人工合成和稳定的形式，天然存在的dl-α-生育酚乙酸酯与人工产品具有相同的效力，为国际单位标准IU；

3.食物油中最丰富的形式

为计算混合膳食中维生素E总活性，应将β-生育酚的毫克数乘以0.5，γ-生育酚乘以0.1，γ-生育三烯醇乘以0.3（这些是可能存在于美国膳食中具重要活性的各种维生素E形式），再加上α-生育酚毫克数，其总和值是总的α-生育酚当量毫克数。如果只提到混合膳食中的α-生育酚；毫克值应增加20%（乘以1.2）以便把存在于食物中的其他生育酚计算在内，从而以α-生育酚当量毫克数形式给出一个维生素E总活性的近似值。

（7）毒性（过量）维生素E的毒性较维生素A和维生素D低。过量摄取的维生素E随粪便排出体外。①过量。大剂量服用维生素E真的有益无害吗？美国医学专家罗伯特提出忠告，长期服用大剂量维生素E可引起各种疾病。其中较严重的有血栓性静脉炎或肺栓塞或两者同时发生，这是由于大剂量维生素E可引起血小板聚集和形成；血压升高，停药后血压可以降低或恢复正常；男女两性均可出现乳房肥大；头痛、头晕、眩晕、视力模糊、肌肉衰弱；皮肤豁裂、唇炎、口角炎、荨麻疹；糖尿病或心绞痛症状明显加重；激素代谢紊乱，凝血酶原降低；血中胆固醇和甘油三酯水平升高；血小板增加与活力增加及免疫功能减退。②中毒症。成人服用相对大剂量的维生素E（D-α-生育酚400 ~ 800mg/d）累积无任何明显损害。服用800 ~ 3200mg/d，偶尔会出现肌肉衰弱，疲劳，呕吐和腹泻。维生素E日摄入量超过1000mg的，最明显的毒性作用是对维生素K作用的拮抗并增强了口服香豆素抗凝剂的作用，可导致明显的出血。③维生素E具有抗凝活性。长期大剂量摄入可增加出血性卒中发生危险。摄入低剂量维生素E具有抗氧化作用，而摄入大剂量时可能不再具有抗氧化活性，此时维生素E反而成了促氧化剂。摄入大剂量维生素E可妨碍其他脂溶性维生素的吸收和功能。

## 三、产品标准与生产工艺

表4-3　食品安全国家标准　食品添加剂维生素E（dl-α生育酚）（GB 29942—2013）

| 项目 | | 指标 |
| --- | --- | --- |
| 维生素E（dl-α生育酚）含量，w（%） | | 96，0 ~ 102.0 |
| 折射率$n_D^{20}$ | | 1.503 ~ 1.507 |
| 吸光度$E_{1cm}^{1\%}$（292nm） | | 71 ~ 76 |
| 灼烧残渣，w（%） | ≤ | 0.1 |
| 酸度 | | 通过实验 |
| 铅（Pb）（mg/kg） | ≤ | 2 |

表4-4　食品安全国家标准　食品添加剂维生素E（GB 1886.233—2016）

| 项目 | | 指标 | | | | | | |
| --- | --- | --- | --- | --- | --- | --- | --- | --- |
| | | d-α生育酚 | | d-α醋酸生育酚浓缩物 | d-α醋酸生育酚 | d-α琥珀酸生育酚 | dl-α琥珀酸生育酚 | 混合生育酚浓缩物 |
| | | E50型 | E70型 | | | | | |
| 含量，w（%） | 总生育酚 | ≥50.0 | ≥70.0 | ≥70.0 | | 96.0 ~ 102.0 | | ≥50.0 |
| | 其中d-α生育酚 | ≥95.0 | | | | — | | |
| | d-β、d-γ和d-δ生育酚 | | | | — | | | ≥80.0 |

（续表）

| 项目 | 指标 | | | | | | |
|---|---|---|---|---|---|---|---|
| | d-α生育酚 | | d-α醋酸生育酚浓缩物 | d-α醋酸生育酚 | d-α琥珀酸生育酚 | dl-α琥珀酸生育酚 | 混合生育酚浓缩物 |
| | E50型 | E70型 | | | | | |
| 酸度/mL | ≤1.0 | | | ≤0.5 | | 18.0～19.3 | ≤1.0 |
| 比旋光度 | +24° | | | | | — | +20° |
| 吸收系$E[\alpha]_D^{20}$（284nm） | — | | | | 41.0～45.0 | — | |
| 折光率$n_D^{20}$ | — | | | | 1.494～1.499 | — | |
| 重金属（以Pb计）（mg/kg）≤ | | | | | 10 | | |

注1：商品化的食品添加剂维生素E产品应以符合本标准的维生素E为原料，可含有符合食品添加剂质量规格标准的抗氧化剂、乳化剂、增稠剂、抗结剂等食品添加剂和（或）食用植物油等食品原料制成，其d-α-生育酚、d-α-醋酸生育酚、d-α-醋酸生育酚浓缩物、d-α-琥珀酸生育酚、dl-α-琥珀酸生育酚、混合生育酚浓缩物中各物质含量应符合标识值。

注2：dl-α-生育酚的技术指标应符合GB 29942的相关要求，dl-α-醋酸生育酚的技术指标应符合GB 14756的相关要求含量也可以用国际单位表示（IU/g），1mg d-α-生育酚=1.49IU，1mg d-α-醋酸生育酚=1.36IU，1mg d-α-琥珀酸生育酚=1.21IU

表4-5　食品安全国家标准　食品添加剂维生素E（dl-α-醋酸生育酚）（GB 14756—2010）

| 项目 | 指标 |
|---|---|
| 维生素（E$C_{31}H_{52}O_3$计），w（%） | 96.0～102.0 |
| 酸度试验 | 通过试验 |
| 重金属（以Pb计）（mg/kg） | 10 |

表4-6　食品添加剂天然维生素E（GB 19197—2003）

| 项目 | 指标 | d-α生育酚 | | 混合生育酚浓缩物 | d-α醋酸生育酚 | d-α醋酸生育酚浓缩物 | d-α琥珀酸生育酚 |
|---|---|---|---|---|---|---|---|
| | | E50型 | E70型 | | | | |
| 含量，w（%） | 总生育酚 | ≥50.0 | ≥70.0 | ≥50.0 | 96.0～102.0 | ≥70.0 | 96.0～102.0 |
| | 其中d-α生育酚 | ≥95.0 | | | | | |
| | d-β、d-γ和d-δ生育酚 | — | | ≥80.0 | | — | |
| | 酸度/mL | | ≤1.0 | | ≤0.5 | | 18.0～19.3 |
| | 比旋度$[\alpha]_D^{20}$ | ≥+24° | | ≥+20° | | ≥+24° | |
| 重金属（以Pb计）（mg/kg） | | | | | ≤10 | | |

注：含量也可以用国际单位标识（IU/g），1mgd-α生育酚=1.49IU，1mgd-α生育酚=1.36IU，1mgd-α琥珀酸生育酚生育酚=1.21IU

表4-7 饲料添加剂维生素E粉（DL-α-生育酚乙酸酯）（GB/T 7293—2006）

| 项目 | 指标 |
| --- | --- |
| 干燥失重（%） | ≤5.0 |
| 粒度 | 90%通过孔径为0.84mm分析筛 |
| 维生素E粉含量（以$C_{31}H_{52}O_3$计）（质量分数） | ≥50，0 |
| 重金属含量（以Pb计）（%） | ≤0.001 |
| 砷含量（以As计）（%） | ≤0.0003 |

表4-8 饲料添加剂维生素E粉（原料）（GB/T 9454—2008）

| 项目 | 指标 |
| --- | --- |
| 维生素E（原料）含量（以$C_{31}H_{52}O_3$计）（%） | ≥92，0 |
| 折射率$n_D^{20}$ | 1.494~1.499 |
| 吸收系数$E\%_{1cm}$ | 41.0~45.0 |
| 酸度（消耗0.1mol/L氢氧化钠滴定液的体积）/mL | ≤2.0 |
| 生育酚（消耗0.01mol/L硫酸铈滴定液的体积）/mL | ≤1.0 |
| 重金属含量（以Pb计）（%） | ≤0.001 |

饲料添加剂维生素E生产工艺。饲料添加剂维生素E最常见为50%维生素E粉（DL-α-生育酚乙酸酯）和92%饲料添加剂维生素E粉（原料）两种规格。它们的生产工艺分为合成法和提取法。①合成法。α-维生素E的化学合成基于2，3，5-三甲基氢醌与叶绿醇、异丁绿醇或叶绿基卤化物的缩合反应。经乙酸或苯有机溶剂缩合反应，氯化锌、甲酸或乙醚三氯化硼盐酸性等催化剂制得。过去使用天然的叶绿醇或异叶绿醇，生成的产物是两种异构体的混合物。现在使用合成的异叶绿醇，生成α-维生素E，它是8种立体异构体的混合物，经真空蒸馏将粗产品纯化而得。β-y-δ-维生素E的也可用同样的方法合成。除了三甲基喹啉外，也可以使用二甲基喹啉或一甲基喹啉，2，5-二甲基喹啉生成β-维生素E。2，3-二甲基喹啉生成y维生素E，甲基氢醌生成δ-维生素E。合成的水溶性α-维生素E，即D-α-维生素E聚乙烯乙二醇1000丁二酸（TPGS）是D-α-生育酚丁二酸酯与聚乙烯乙二醇进行酯化反应，它是一种浅色的蜡状物质。②提取法。主要的天然资源为植物油经除臭所得的蒸馏物，除了维生素E外，提取液中含有甾醇、游离的脂肪酸和三酸甘油酯。通过多种方法分离维生素E，与相对分子质量低的醇类进行酯化反应，经洗涤、真空蒸馏、皂化反应，液-液分配提取。进一步纯化要经过蒸馏、提取或结晶使这些方法结合起来，得到的混合物中含有高浓度的y-和δ-维生素E。再通过甲基化反应将它们转变成α-维生素E，继续乙

酰化反应可得稳定的α-维生素E乙酸酯。1998年，我国完成维生素E关键原料三甲酚国产化技术，为合成维生素E规模化生产，降低成本做出了贡献。2000年我国完成d-α-维生素E工艺技术创新，打破国外对天然d-α-维生素E的垄断，掀开了维生素E国产化新篇章。

维生素E不稳定，经酯化后可提高其稳定性。饲料行业使用最多的是维生素E乙酸酯，商品形式多为DL-α-生育酚乙酸酯，并添加一定量的抗氧化剂。另一种为维生素E粉剂，是由DL-α-生育酚乙酸酯吸附工艺制成，有效含量50%。

## 第二节　生理功能

维生素E生理功能巨大，很多潜在的生理功能尚待进一步研究。实际上维生素E存在于所有身体组织中，与其他器官相比，如子宫、睾丸、肾上腺和垂体中维生素E的水平特别高，与这些器官的特定生理功能十分一致。在肝脏，维生素E主要集中在代谢作用，活跃线粒体和微粒体的细胞器。维生素E在人体营养中的作用要比人们已知的功能更为重要。维生素E缺乏表现出多种连带的缺乏症足以证明它的生理作用是惊人的。还能促进性激素分泌，使男子精子活力和数量增加；帮助女子雌性激素浓度增高，预防流产，还可用于防治男性不育症；在烧伤、冻伤、毛细血管出血、更年期综合征、美容等方面有效果。在抗氧化方面功效特别明显。

### 一、抗氧化作用

维生素E和硒都是抗氧化剂，但两者起作用的途径各不相同，维生素E有节省或代替硒的作用。

（1）作为一个细胞内抗氧化剂。维生素E的首要作用是抑制有毒的脂类过氧化物的生成，阻碍食物和消化道中脂肪酸败，确保不饱和脂肪酸和脂肪酸稳定，防止细胞内和细胞膜免受不饱和脂肪酸被氧化破坏，抑制有毒的脂类过氧化物的生成，保护细胞膜的完整性，延长细胞的寿命。在体内，维生素E保护对氧化敏感的维生素A免遭氧化破坏，因而提高维生素A的有效供给，主要作用是在胃肠或体组织中。维生素E的抗氧化作用可防止类胡萝卜素和维生素A等脂溶性维生素以及碳水化合物代谢的中间产物被氧化破坏。另外，维生素E还可保护巯基不被氧化，以保持某些酶的活性。

（2）作为一种强抗氧化剂。①维生素E很容易与氧化合自身氧化，从而使不饱和脂肪酸和维生素A在肠道和组织内的氧化分解减到最低程度。在商品饲料中添加维生素E不仅提供营养素，还具有抗氧化作用。通常饲料中添加使用规格为50%维生素E乙酸酯粉剂。②作为一般性抗氧化剂，维生素E阻碍植物源脂肪和动物呼吸道中脂肪的酸败。但是，维生素E的基本生物学作用是作为一种抗氧化剂抑制组织膜内，特别是细胞水平上，围绕着细胞、亚细胞颗粒和红细胞的膜内多不饱和脂肪酸的氧化。维生素E稳定细胞的脂类（脂肪）部分，保护它们不受多不饱和脂肪酸氧化形成的有毒自由基的伤害，还可与过氧化物反应，使其转变为对细胞无毒害的物质。维生素E作为细胞伤害的天然抑制剂，防止组织破裂，可能在包括防止老化在内的预防各种器质性衰退疾病方面起一定作用。③作为协同功效抗氧化剂，也防止维生素A（或胡萝卜素）、维生素C、含硫的酶和ATP的氧化，从而保证这些必需营养物在体内执行其特定功能。

## 二、保护功能

保护功能。①除了作为具有抗氧化生理作用外，维生素E还有许多保护功能。令人吃惊的是维生素E具有保护睾丸功能的作用。在雌性动物方面，维生素E缺乏导致胚胎回吸（即回吸不育）。它还能防止肌肉退化和肝坏死。②维生素E缺乏时，血管被破坏，微血管通透性改变，出现这些现象与抗氧化性有关。维生素E还具有红细胞的重要保护功能，它增加红细胞膜对溶血性物质的抵抗力。③维生素E（生育酚）的另一个基本功能是保护细胞和细胞内部结构的完整，防止某些酶和细胞内部成分遭到破坏。但是，关于这种功能尚存争议。④作为保护肺组织免遭空气污染的保护剂。经对大白鼠所进行的研究表明，维生素E可以防止肺组织遭受烟雾，如二氧化氮（$NO_2$）和臭氧这类空气污染氧化物的伤害。目前，尚不知维生素E是否能防止人肺遭受空气污染的损伤。

## 三、调节功能

（1）影响代谢。相关研究表明，维生素E影响核酸和多烯酸的代谢。还对垂体的中脑系统有调节作用。维生素E可能刺激甲状腺激素（TH）和促进肾上腺皮质激素（ACTH）以及促性腺激素的产生，维生素E缺乏时，垂体的激素下降。在同样的情况下，学界在研究维生素E生理功能、代谢障碍与外表临床症状之间的关系，以及维生素E对绵羊原代睾丸间质细胞睾酮合成的影响，维生素A、维生素C、维生素D、维生素E复合维生素协同对H9N2亚型禽流感感染保护的效果研究等。

（2）脂肪酸与维生素E的需要量。当把脂肪加入膳食中时，如果发生酸败，将会破坏膳食和呼吸道中的维生素E。基于这种原因，维生素E和食用脂肪的数量及种类之间的数量关系是极其重要的，不饱和脂肪酸的消耗量越高，维生素E的需要量也越大。

（3）作为体内化合物合成的调节剂。生育酚可能是通过调节嘧啶碱基进入核酸结构而参与了DNA的生物合成过程。维生素E也可能是维生素C和辅酶Q合成的辅助因子。辅酶Q是由糖和脂肪释放能量的细胞呼吸机制中的一个重要因子。

## 四、维持血红细胞完整性

维生素E是保持血红细胞完整性的必需因子，已有相当多的研究结果表明，维生素E在体内具有保持血红细胞完整性的功能。因此，维生素E可以治疗溶血性贫血功能特别重要，可以治疗不足月婴儿体内血红细胞异常症。此外，患这种同样异常病症的足月婴儿，当喂以人奶（而不是牛奶）时，康复更为迅速彻底。实验表明，人奶中维生素E含量是牛奶的2～4倍。

## 五、作为细胞呼吸的必需因子

α-生育酚是细胞呼吸所必需的，尤其对心肌和骨骼肌组织说来更是如此。用缺乏维生素E的饲料饲喂各种动物可产生肌肉萎缩症。然而，将维生素E用于治疗人的肌肉萎缩症未见有效。

## 六、维生素E和硒的相互关系

20世纪50年代科学家确立了维生素E和元素硒之间的相互关系。研究发现，硒能防止缺维生素E的小鸡出现渗出性素质（一种出血性贫血）和缺乏维生素E的大白鼠出现肝坏死。随后的研究证明，硒和维生素E都能保护细胞不受过氧化物的损伤，但两者的作用方式不同。维生素E存在于细胞膜成分中，阻碍游离基形成，硒在整个细胞质中起破坏过氧化物的作用。这就说明为什么硒能治疗维生素E的某些缺乏症而对其他缺乏症不起作用的原因。此外有实验证明，维生素E和元素硒能共同保护细胞膜、细胞核和染色体不受致癌物，或可导致癌症的物质的伤害。但在这方面证据尚不完整。

## 七、其他功能

具有刺激垂体前叶，促进分泌性激素，调节性腺的发育和提高生殖机能；促进促甲状腺激素和促肾上腺皮质激素的产生；调节碳水化合物和肌酸的代谢，提高糖和蛋白质的利用率；促进辅酶Q和免疫蛋白的生成，提高抗病能力；在细胞代谢中发挥解毒作用，如对黄曲霉毒素、亚硝基化合物和多氯联二苯的解毒作用，还具有抗癌作用；维生素E以辅酶形式在体内传递氢系统中作为氢的供给体；维护骨骼肌和心肌的正常功能，防止肝坏死和肌肉退化。

综上，维生素E具有促进垂体促性腺激素的分泌，促进精子的生成和活动，增加卵巢功能，卵泡增加，黄体细胞增大并增强孕酮的作用，缺乏时生殖器官受损不易受精或引起习惯性流产；改善脂质代谢，缺乏时导致血浆胆固醇（TC）与甘油三酯（TG）的升高，形成动脉粥样硬化；对氧敏感，易被氧化，故可保护其他易被氧化的物质，如不饱和脂肪酸，维生素A和ATP等。减少过氧化脂质的生成，保护机体细胞免受自由基的毒害，充分发挥被保护物质的特定生理功能；稳定细胞膜和细胞内脂类部分，减低红细胞脆性，防止溶血。缺乏时出现溶血性贫血；大剂量可促进毛细血管及小血管的增生，改善周围循环；能促进人体新陈代谢，增强机体耐力，提高免疫力，是一种能够抵消氧化作用的抗氧化剂。

此外，维生素E是一种很重要的血管扩张剂和抗凝血剂，防止血液凝固；可预防流产；降低患缺血性心脏病的机会；和维生素A共同作用，抵御大气污染，保护肺部；有利尿剂的作用可降低血压；有助于灼伤的康复；减轻腿抽筋和手足僵硬的状况。还具有治疗溃疡、美容抗衰老抗疲劳作用，以及能够减少锻炼引起的氧化损伤，增强体力和耐力。

# 第三节　人和养殖动物缺乏症

## 一、人的缺乏症

维生素E缺乏时存在两种情况。一是男性睾丸萎缩不产生精子，女性胚胎与胎盘萎缩引起流产，阻碍脑垂体调节卵巢分泌雌激素等诱发更年期综合征、卵巢早衰。二是人体代谢过程中产生的自由基，不仅可引起生物膜脂质过氧化，破坏细胞膜的结构和功能，形成脂褐素。使蛋白质变形，酶和激素失活，免疫力下降，代谢失常，促使机体衰老。

（1）婴儿营养不良与维生素E。人体极少发生维生素E缺乏症源于3方面原因：一是维生素E广泛存在于各种食物中；二是维生素E几乎贮存于所有的身体组织内；三是维生素E在体内保留相当长的时间。然而，已经观察到婴儿缺乏症的临床症状，特别早产和按配方哺育的婴儿。另外，维生素E缺乏症发生于个别患有“夸休可尔病”（Kwashiorkor，一种蛋白质缺乏的恶性营养不良）和脂肪吸收功能受损的儿童和成年人中。个别患“夸休可尔病”的人由于严重的蛋白质缺乏，在其血清中生育酚含量极少，他们的血红细胞比正常人脆弱，并常伴随有贫血症。

（2）新生儿营养不良与维生素E。因为通过胎盘向胎儿输送的维生素E有限，新生儿，特别是早产儿血浆中的维生素E含量较低，足月新生儿中的维生素E浓度大约是成年人的1/3，早产儿甚至更低，溶血性贫血（由红细胞寿命缩短引起）可能在出生的头几周发生。在这种情况下，血红细胞膜受到多不饱和脂肪过氧化反应产物的损伤而削弱，细胞变得容易破裂，从而产生水肿、皮肤损伤、血液异常等特征性症状。补充维生素E使血液中的维生素E量增加，血红细胞溶血作用降低，血红蛋白恢复到正常水平。

（3）其他营养因子的影响。①许多膳食中的营养因子似乎对维生素E缺乏症起作用。其中总脂肪、不饱和脂肪酸、鱼肝油（富含不饱和酸）、蛋白质数量、胆碱、胱氨酸、肌醇、胆固醇、维生素A和矿物质元素都曾在不同的实验中引起或加重缺乏症的表现。这类结果有待证实。②由食用富含不饱和脂肪酸膳食而产生的维生素E缺乏症或在不能吸收脂肪（口炎性腹泻，胰腺纤维细胞疾病）的病人中观察到的维生素E缺乏症，其症状包括血液和组织中低生育酚含量，血红细胞的脆弱性增加和寿命缩短，尿中的肌酸排泄量增加（后者是肌肉损伤的信号）。在使用α-生育酚后这些症状都有显著减退。

（4）维生素E的日推荐量。有报道膳食中维生素E摄入量每天为5~9mg α-生育酚当量，该指标低于日推荐量。为此必须增加除α-生育酚之外的其他形式的维生素E，特别是大豆油中的γ-生育酚。在膳食中，γ-生育酚提供可观数量的维生素E活性。通常认为，混合膳食中维生素E中的非α-生育酚形式大约提供维生素占总活性的20%。由于这一原因，只根据α-生育酚的计算会低估膳食中维生素E活性。也有研究报道，维生素E的需要量估计为日20~30IU。妊娠期妇女及老年人的最佳供应量约为该数量的倍数。婴儿日需要量为5~10IU。维生素E的需要量随多烯酸（亚油酸和其他脂肪酸）进食量增加而升高。表4-9给出了全国科学研究委员会（NRC）食品和营养委员会（FNB）的维生素E日推荐量。

表4-9　维生素E日推荐量

| 组别 | 年龄（岁） | 体重（kg） | 身高（cm） | 日推荐量 | |
|---|---|---|---|---|---|
| | | | | IU | α-生育酚当量（mg） |
| 婴儿 | 0～0.5 | 6 | 60 | 4.47 | 3 |
| | 0.5～1.0 | 9 | 71 | 5.96 | 4 |
| 儿童 | 1～3 | 13 | 90 | 7.45 | 5 |
| | 4～8 | 20 | 112 | 8.94 | 6 |
| | 7～10 | 28 | 132 | 10.43 | 7 |
| 男性 | 11～14 | 45 | 157 | 11.92 | 8 |
| | 15～18 | 66 | 176 | 14.90 | 10 |
| | 19～22 | 70 | 177 | 14.90 | 10 |
| | 23～50 | 70 | 178 | 14.90 | 10 |
| | 51以上 | 70 | 178 | 14.90 | 10 |
| 女性 | 11～14 | 46 | 157 | 11.92 | 8 |
| | 15～18 | 55 | 163 | 11.92 | 8 |
| | 19～22 | 55 | 163 | 11.92 | 8 |
| | 23～50 | 55 | 163 | 11.92 | 8 |
| | 51以上 | 55 | 163 | 11.92 | 8 |
| 妊娠期 | | | | +2.98 | +2 |
| 哺乳期 | | | | +4.47 | +2 |

注：日维荐量以国际单位和α-生育酚当量计。1mg d-α-生育酚=1 α-生育酚当量

人体对维生素E的需要随膳食中其他成分而变化。例如，大量多不饱和脂肪酸的存在，如亚麻酸，可显著地增加维生素E的需要量。这点在现实膳食中使用大量植物油时是重要的。所以，个别食用富含多不饱和脂肪酸的人需要高于上表中所列数量的维生素E，而食用少量多不饱和脂肪酸膳食的人所需要的维生素E的量则低于上表所列数量。此外，酸败脂肪、氧化物和硒的存在，都对维生素E的需要量有影响。

（5）婴儿与儿童。①每升人奶中含2～5IU（1.3～3.3mg d-α-生育酚当量）维生素E，适合于足月的婴儿维生素E需要。应该以固体/半固体食物和牛奶的混合膳食向1岁以下（体重约9.1kg）的婴儿提供这一数量范围的维生素E。②与维生素E有关的角度来看，牛奶在两方面区别于人奶，它仅含人奶中维生素E的1/10~1/2，而且随奶牛饲料变化而变化。牛奶中多不饱和脂肪酸含量低得多，仅为人奶中的约1/2。③早产婴儿或喂富含多不饱和脂肪酸的植物油（如亚麻酸）做成的市售商品婴儿食品的足月婴儿，也需增加维生素E。儿科营养研究结果，足月婴儿食用中每克亚麻酸至少需要0.7IU。④儿童维生素E需要量所知甚少。一般设想维生素E的需要量将随体重的增长而增加，一直到发育成熟，但增加速度不像早期阶段那样迅速。

（6）成人。现有知识表明，成年人如果食品中维生素E的含量可以使血液中生育酚总浓度保持在0.5mg/mL以上，足以认为所有组织中的总生育酚处于适当浓度。由供应含有1800～3000kcal热量的平衡膳食中可获得10～20IU（7~13mg d-α-生育酚当量）的维生素E，而一些高脂肪膳食可能含25IU以上的维生素E。

（7）妊娠和哺乳期。专家建议，在妊娠和哺乳期应增加维生素E的日推荐量以补偿积累于胎儿中和分泌于奶中的量。妊娠期日推荐量应增加2.98IU（2mg α-生育酚），哺乳期增加4.47IU（3mg α-生育酚）。

## 二、养殖动物缺乏症

在饲料中添加维生素E可提高断奶仔猪血液中维生素E的浓度，增重效果明显，抵御热应激能力增强，提高生产性能和饲料报酬。促进鸡的免疫器官生长发育，提高鸡的法氏囊指数和肉鸡、鸭的抗氧化能力都有良好表现，养殖动物应用功效非常明显。

（1）养殖动物缺乏症。用实验动物进行的试验性维生素E缺乏的研究有许多十分不同的症状，依赖于多种外在的和内在的叠加因素，如饲料日粮配方组成或动物品种与生长阶段差异而各异。这些症状之间毫无共同之处，通常缺乏症多为慢性，仅在极少情况引起死亡。但是养殖动物重要的缺乏症得到确证，并且病情各式各样。慢性维生素E供给不足，若再伴有蛋白质不足，会出现缺乏维生素E、贫血和/或硒缺乏症，出现肝坏死，或同时投给大量的不饱和脂肪酸（如鱼肝油），维生素E缺乏症加重。见下一组缺乏症照片。图4-1貂缺乏维生素E引起“黄脂病”，图4-2新生羔羊缺乏维生素E肌肉发育不良且无活力，图4-3缺乏维生素E鸡小脑软化症状，图4-4缺乏维生素E雏鸡小脑软化、增生、出血。

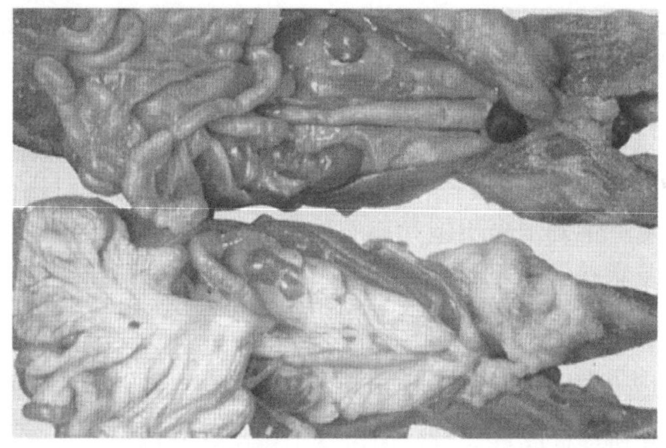

图4-1　貂缺乏维生素E引起“黄脂病”（黄膘，黄色脂肪）

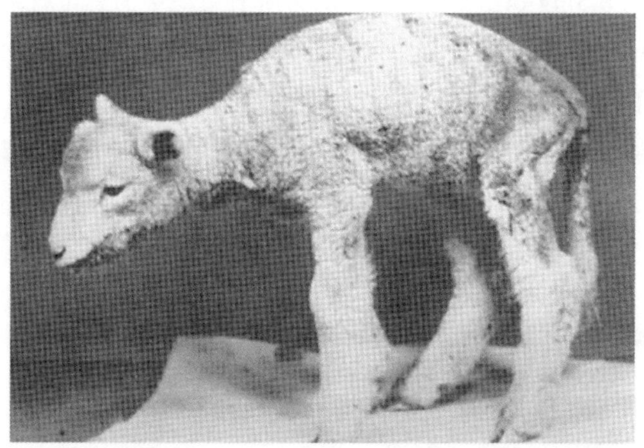

图4-2　新生羔羊缺乏维生素E肌肉发育不良且无活力

图4-3　缺乏维生素E鸡小脑软化症状

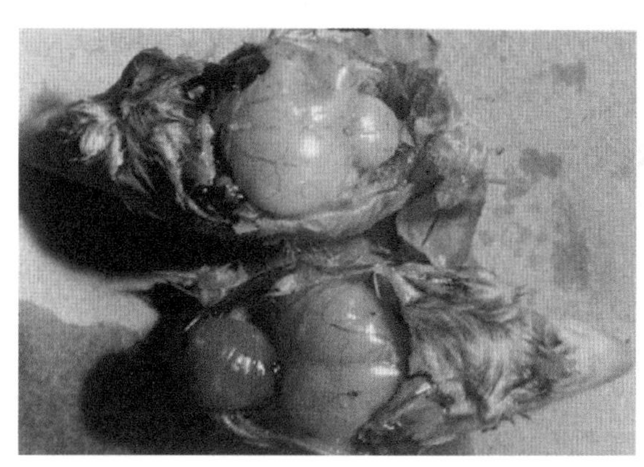

图4-4　缺乏维生素E雏鸡小脑软化、增生、出血。上位为健康的对照照片

人类很少或没有临床维生素E缺乏症状，而动物则不然，许多维生素E缺乏症状已经在多种的、大量的动物实验中得到证实，在不同种类动物间的症状表现差异也各不相同。维生素E缺乏可以引起生殖、神经和循环系统，肌肉，肝和消化道及脂肪沉积物等发生变化。某些仅表现一种症状，而另一些则显示出广泛的病理学变化。所有症状都可用α-生育酚来防治，其中有些可用硒或抗氧化剂防治。养殖动物维生素E缺乏症见表4-10。

表4-10　养殖动物维生素E缺乏症

| 器官/系统 | 症状表现 |
|---|---|
| 体况 | 动物不规则的生长受阻 |
| 神经系统 | 禽类小脑软化症 |
| 脑组织 | 小鸡脑软化（小鸡癫狂病），渗出性素质（出血性疾病） |
| 肌肉 | 所有家畜心肌和骨骼肌退化；猪、犊牛、羔羊突然心力衰竭；小牛肌肉萎缩（白肌病），心肌异常；小鸡、兔心肌异常；兔、仓鼠肌肉萎缩；羔羊肌肉萎缩（羔羊呆板病），心肌异常；刚断奶的幼鼠肌肉萎缩，渗出性素质（出血性疾病），心肌异常；貂骨骼肌和心肌异常；猪肌肉萎缩，渗出性素质（出血性疾病） |
| 脂肪组织 | 猪、禽体、貂、狐、猫、脂肪氧化增加（“黄脂病”，脂肪织炎） |
| 血液及心血管系统 | 猪、大鼠红细胞溶血时易感性增加；猿贫血；禽类渗出性素质增多 |
| 肝脏 | 营养性肝炎；肝损伤退化；大白鼠肝退化 |
| 生殖系统 | 仔猪、犊牛、禽、狗睾丸退化；猪死胎；仔猪、羔羊、犊牛新生幼畜虚弱；狗、兔、豚鼠不生育；鸡孵化力弱；猪肝退化；小白鼠贫血，不生育；雄性大白鼠变得永久不育，雌性不能将其幼仔怀足月 |
| 其他症状 | 氧化处理时溶血速度增加 |
| 诊断实验 | 少数特异试验。血浆谷草转氨酶（GOT）和猪、牛、羊的醛缩酶活性升高 |

（2）农业部相关添加量规定。饲料产品中维生素E的添加量不是无限制的，2017年12月农业部公告第2625号修订了《饲料添加剂安全使用规范》。对天然维生素E、DL-α-生育酚、DL-α-生育酚乙酸在配合饲料或全混合日粮中的推荐量（以维生素计）给出了规定。这就意味着在饲料产品中维生素D按推荐量添加。这些产品包括猪饲料、牛饲料、羊饲料、家禽饲料和水产饲料等（见附录3农业部公告第2625号）。

## 第四节　维生素E的来源

### 一、加工损失

食品加工、烹饪、贮藏和包装过程中引起维生素E的大量损失。生育酚易受氧破坏，遇光、热、碱和某些微量元素铁（Fe）和铜（Cu）会加速维生素E氧化。加工方法引起维生素E的大量破坏见表4-11。

表4-11　加工方法引起维生素E的大量破坏

| 加工方式 | 维生素E约损失（%） |
|---|---|
| 玉米、燕麦、大米、小麦磨成面粉及加工 | 80 |
| 脱水鸡肉和牛肉 | 36 ~ 45（α-生育酚） |
| 肉和蔬菜罐头 | 41 ~ 65（α-生育酚） |
| 炒坚果 | 80 |
| 油炸食物 | 32 ~ 70 |
| 猪肉 | 很少或不损失 |

然而，通常家庭烘炒或水煮不会损失大量的生育酚。生育酚不溶于水不随水流失。贮存马铃薯片过程中大量损失生育酚。一项贮存研究表明，在23℃下贮存一个月马铃薯片经加工后生育酚损失71%，贮存两个月损失77%，马铃薯片冷冻于-12℃下，一个月损失63%，两个月损失68%。

### 二、维生素E的来源

小麦胚芽油是以小麦芽为原料制取的一种谷物胚芽油，小麦胚芽含量最丰富。它富集小麦的营养精华，富含维生素E、亚油酸、亚麻酸、廿八碳醇及多种生理活性组分，是维生素E含量植物油之冠，含有高纯度天然维生素E，即均具备α、β、γ、δ4种全价维生素E类型。其中α-维生素E含量极高，易被人体吸收、维生素E活性最强。

富含维生素E的食物有果蔬、坚果、瘦肉、乳类、蛋类、压榨植物油等；果蔬类包括猕猴桃、菠菜、卷心菜、菜塞花、羽衣甘蓝、莴苣、山药、甘薯。坚果包括杏仁、榛子和胡桃；压榨植物油包括向日葵籽、芝麻、玉米、橄榄、花生、山茶等。此外，红花、大豆、棉籽、小麦胚芽、鱼肝油都有一定含量的维生素E。

维生素E主要存在于各种植物原料中，特别是油料种子作物（植物油）、某些谷类、坚果和绿叶蔬菜中。它在植物性食物中的数量受种、品种、成熟状况、季节、收获时间和方式、加工过程和贮存时间的影响。动物组织和食品动物产品通常维生素E含量不高或很低，并受到食品动物饲料中维生素E乙酸酯添加量的影响。

维生素E的常见食物来源可分为以下各类（表4-12）。

表4-12　维生素E的常见食物来源

| 来源 | 食物 |
|---|---|
| 最丰富来源 | 小麦胚芽 |
| 丰富来源 | 色拉油和食物油（椰子油除外），苜蓿籽，人造黄油，坚果类如杏仁，栗，榛子，花生，山核桃和向日葵种子仁 |
| 良好来源 | 芦笋、梨、牛肉和脏器肉、黑莓、黄油、蛋类、青菜、燕麦片、马铃薯片、黑麦、番茄；海产品如龙虾、大麻哈鱼、虾、金枪鱼 |
| 一般来源 | 苹果、菜豆、胡萝卜、芹菜、奶酪、鸡、豌豆 |
| 微量来源 | 大多数水果、糖、白面包 |
| 补充来源 | 人工合成的dl-α-生育酚乙酸酯、小麦胚油；大多数市售商品维生素E是人工合成的dl-α-生育酚乙酸酯为廉价的维生素来源，不像天然的食物来源显得那么金贵，它不能提供其他必需营养物 |

常用作补充的麦胚和麦胚油是最丰富的维生素E的天然来源，其次为植物油，如杏仁、玉米、棉籽、橄榄、棕榈、花生、油菜籽、红花、大豆和向日葵等子仁油。椰子油中缺乏维生素E。人造黄油、食用油和色拉油是膳食中维生素E的主要来源，幸而，在这些油制造过程中的加氢作用对维生素E的含量影响极微。精制的谷物产品维生素E含量甚少，大部分损失于研磨过程（见附录4维生素汇总表）。

# 第五章

# 维生素K

## 第一节　概　述

维生素K（Vitamin K）是一种脂溶性维生素，在脂溶性维生素家族中，最先发现者把维生素K命名为“抗出血维生素”，认为维生素K是肝脏中凝血酶原和其他凝血因子的合成中必不可少的物质。现在维生素K一词更多地用以指苯醌类化合物，不仅仅局限于抗出血作用特点的某一个或一组物质。维生素K组中主要有$K_1$、$K_2$、$K_3$、$K_4$ 4种形式，$K_1$、$K_2$是天然存在的脂溶性维生素，最早从绿色植物中提取的，$K_3$、$K_4$是人工合成的，后者为水溶性维生素，其中维生素$K_1$和$K_2$最重要。所有维生素K的化学性质都较稳定，耐酸、耐热，但对光敏感，也易被碱和紫外线分解。

血液凝固过程障碍是唯一被确认维生素K缺乏症。维生素K具有防止新生婴儿出血疾病、预防内出血及痔疮、减少生理期大量出血、促进血液正常凝固的作用。人体中极少出现维生素K缺乏症，但是，为预防患有某些循环系统疾病的病人体内形成血栓，大量使用起维生素K拮抗物作用的人工合成物质（如双香豆素，一种抗凝剂），有可能导致维生素K缺乏症。

## 一、历史与发现

说到维生素K就离不开丹麦哥本哈根大学的生物化学家亨利克·达姆（Henrik Dam）教授，他几乎包揽了维生素K从发现、生理功能到合成的全过程。1929年，达姆教授从紫苜蓿、动物肝和麻子油（桑科植物大麻的成熟干燥种子）中发现并提取维生素K，他观察到一些实验用饲料饲喂并导致了鸡出血性致死，给以各种饲料补充物都无济于事，当添加苜蓿和鱼粉出血止住了。达姆又从这些原料中发现能用乙醚提取一种活性因子，这是最初发现维生素K的一种新的脂溶性物质。

1929年，达姆从动物肝和麻子油中发现并提取脂溶性维生素K。

1935年，达姆将其命名为“Koagulation”，丹麦语“凝固”的意思，取该丹麦词的第一个字母，简缩写为维生素K。

1939年，达姆和卡勒（Karrer）分离出纯维生素K，并确定了谷氨酸γ-羧化的必需因子、血液凝固、骨代谢等生理功能。同年阿尔姆奎斯特（Almquist）和克洛斯（Klose）人工合成了维生素K。

1941年，林克（Link）和其同事在威斯康星大学发现了双香豆素一种维生素K的抗代谢物。

1943年，达姆因卓越的维生素K成就获诺贝尔生理学医学奖。

## 二、理化性质

（1）结构式。

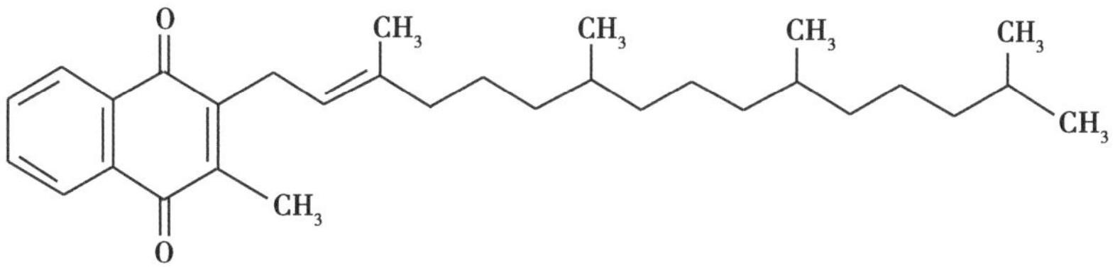

维生素$K_1$

（2）化学。维生素K有3种形式。维生素$K_1$在植物中者为叶绿醌，也叫叶醌（Phylloquinone）。维生素$K_2$在动物中分离出维生素（Menaquinone），其侧链上的异戊二烯链的数目不等，许多细菌产物属于这一类型，又可简称为$MK_n$，n代表异戊二烯链的数目。最常见的是维生$K_3$，化学名为亚硫酸氢钠甲萘醌。

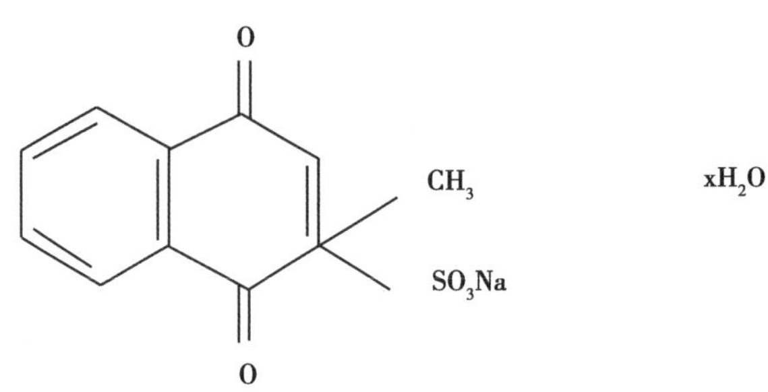

$C_{11}H_2O_2 \cdot NaHSO_3 \cdot xH_2O$

维生素$K_3$，亚硫酸氢钠甲萘醌（水溶性维生素$K_3$）

维生素$K_1$

维生素$K_2$

2-甲萘醌

（3）代谢。化学法已经分离或合成了大量具有维生素K活性的化合物。维生素K有两种天然存在形式，一种维生素$K_1$（叶绿醌或叶绿甲萘醌），它们仅存在于绿色植物中；另一种维生素$K_2$（甲萘醌或聚异戊烯甲萘醌），由许多微生物包括人和其他即动物肠道中的细菌合成的。此外，还有几种人工合成的化合物具有维生素K活性，其中最常见的是2-甲萘醌（1，4-二甲基萘醌），即维生素$K_3$。2-甲萘醌在人体内转变为维生素$K_3$，其功效是$K_1$和$K_2$的2～3倍。维生素$K_1$、$K_2$和2-甲萘醌它们统称为维生素K。通常维生素$K_1$通过膳食进入体内，维生素$K_2$在肠内合成，2-甲基萘醌作为维生素补充剂服用。

①肠道内合成，维生素$K_2$由正常存在于小肠和结肠中的细菌合成，因此，一般可随时以充足的量供应。然而，由于新生儿的肠道在出生时是无菌的，在出生后的第三或第四天之前，肠内的正常菌群未发展，新生儿维生素K的供应不够充足。随着维生素K在肠道内合成减少，尽管似乎在消化道末端所产生的维生素K被吸收的量很少，人或其他哺乳动物对膳食中维生素K的需要增加。值得注意的是，像兔子吃自己粪的动物能利用大量排泄在粪便中的维生素K的现象不多见，鸟类也不在此列。鸟类的肠道很短，其中微生物甚少，它们需要来源于食物的维生素K。②吸收，由于天然的维生素（$K_1$、$K_2$和$K_3$）是脂溶性的，在肠内需要胰液和胆汁才能达到最大吸收。因此，任何干扰脂肪正常吸收的因素，都干扰天然维生素K类的吸收。相比之下，一些人工合成的维生素K化合物是水溶性的，较易吸收。吸收主要发生于小肠的上部。通常，肠中10%～70%的维生素K被吸收。然而，至于在结肠中合成的维生素K有多少被吸收还不确切，通常由于内皮肠壁的特性，由大肠吸收的营养物质似乎很有限。③运输，维生素K有规律地由小肠进入淋巴系统，进而被运载到胸导管，由此进入血流。在血液中，维生素K附着在β-脂蛋白上并转运到肝和其他组织。④代谢，维生素K类物质在执行其功能时是以其原来的结构形式，还是转变为其他代谢上活化的形式尚未确定。已经知道，动物和人体内的甲萘醌必须被转变为$K_2$才具生物活性。⑤贮存，维生素K的贮存量很少。适量贮存于肝中，其次在皮肤和肌肉内。人肝中大约50%的维生素K是来自膳食中的维生素$K_1$，其余50%是由肠内细菌合成的$K_2$。⑥排泄，过多的维生素K随粪便和尿排出体外。

（4）性质。天然存在的维生素K是黄色油状物，人工合成的则是黄色结晶粉末。所有的K类维生素都抗热和水，但易遭酸、碱、氧化剂和光（特别是紫外线）的破坏。由于天然维生素K对热稳定，并且不是水溶性的，在正常的烹调过程中只损失很少部分。然而，某些人工合成的维生素K溶于水。饲料添加剂维生素K应在热敏库中25℃下储存。

（5）理化性质（表5-1）。

表5-1 理化性质

| | 维生素$K_1$ | 维生素$K_3$ |
|---|---|---|
| 分子式 | $C_{31}H_{46}O_2$ | $C_{11}H_9NaO_3S.nH_2O$ |
| 分子量 | 450.7 | 294.33（n=1）312.34（n=2）330.36（n=3） |

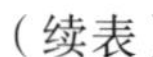
（续表）

| | 维生素$K_1$ | 维生素$K_3$ |
|---|---|---|
| 溶解度 | 不溶于水，微溶于乙醇、易溶于乙醚、三氯甲烷、脂肪和油 | |
| 旋光度 | $[\alpha]_D^{20}$=1.525°至1.528° | |
| 性状 | $K_1$为黄色黏稠状物，$K_2$黄色晶体，$K_3$（亚硫酸氢钠甲萘醌）为白色或黄褐色结晶粉末 | |
| 熔点（℃） | 52～54 | |
| 吸收光谱 | 在环己烷中最大吸收243nm、249nm、261nm、270nm，最小吸收254nm、285nm。 | |
| 稳定性 | 所有维生素K的化学性质都较稳定，能耐酸、耐热。在空气中被慢慢氧化，遇光则很快分解，对热稳定，遇碱和紫外线分解 | |

（6）分析和度量制。维生素K可以以纯的人工合成化合物（甲萘醌）的毫克、微克来计量，其他物质的维生素K活性也可以同样方式表达。

低浓度样品的功效。例如，存在于大多数食物中的维生素K，普遍利用幼鸡由生物分析法确定，以至1个月末仍能维持正常血液凝固作用的最小量为基础。饲料上使用维生素$K_3$，即亚硫酸氢钠甲萘醌，检测方法采用色谱法。

（7）毒性（过量）。天然形式的维生素$K_1$和维生素$K_2$不产生毒性，甚至大量服用也无毒。然而，人工合成的甲萘醌及它的各种衍生物（$K_3$）若以每日5mg以上的数量供给时，则会使大白鼠产生中毒综合征，使婴儿产生黄疸。所以，美国FDA不允许在任何食品中添加甲萘醌，包括供给孕妇的维生素胶囊。维生素K的超量供给会产生毒性反应，主要造成血液循环系统的紊乱。不同动物对毒性反应不同，不同维生素K种类引起的毒性反应也有差异。NRC（1988）提出维生素K的中毒剂量一般为需要量的1000倍，一旦发生中毒其死亡率非常高。饲用添加剂维生素$K_3$的有效成分是甲萘醌，在高温高湿环境中，很容易被空气中的氧气氧化而成为甲基苯醌。甲基苯醌有毒，且不具备甲萘醌所具有的生物活性。因此，市售维生素$K_3$都包装严密，尤其是需要长时间存放的场合，在高浓度态时必须严格密封，最好充氮保护。

## 三、产品标准与生产工艺

表5-2　饲料添加剂亚硫酸氢钠甲萘醌（维生素$K_3$）（GB/T 7294—2009）

| 项目 | 指标 |
|---|---|
| 亚硫酸氢钠甲萘醌含量（以甲萘醌计）（%） | ≥50.0 |
| 游离亚硫酸氢钠含量（$NaHSO_3$）（%） | ≤5.0 |

（续表）

| 项目 | 指标 |
|---|---|
| 水分（%） | ≤13.0 |
| 溶液色泽 | ≤黄绿色标准比色液4号 |
| 磺酸甲萘醌 | 无沉淀 |
| 铬含量（mg/kg） | ≤50 |
| 重金属含量（以Pb计）（%） | ≤0.002 |
| 砷盐含量（以As计）1% | ≤0.0005 |

饲料添加剂维生素$K_3$（亚硫酸钠甲萘醌）生产工艺与产品规格。饲料添加剂维生素K包括以下两种合成工艺。①2-甲基1，4苯醌合成法。将20g间甲酚、乙腈和甲乙酮各取10mL，加入定量的催化剂于500mL不锈钢反应釜中，在反应器夹套中注入恒温水，保持釜内温度在40℃。在较剧烈搅拌下通入氧气置换釜内气体2次，调节氧气稳压阀，使釜内压力恒定。反应完全后，放空压力，过滤出催化剂，反应液中加入少量的活性炭回流搅拌15min，滤出活性炭，脱除溶剂后，加入60mL水，在冰箱中放置过夜，滤出晶体，烘干得到2-甲基-1，4苯醌19.9g，收率88%；②2-甲基-1，4萘醌合成法。将200mL二甲基亚砜和3g $FeCl_3·6H_2O$/LiCl混合物催化剂加入到高压釜中，封闭反应釜，在反应器夹套中注入导热油。在另一个自制的不锈钢恒压滴液器中，配制10g 2-甲基-1，4萘醌溶于40mL乙醇中，再充入10g 1，3-丁二烯，混合均匀配制成混合液。通过调节外循环导热油温度使反应釜内温度达到110℃，在剧烈搅拌下向反应釜中缓慢滴加恒压滴液器中的混合液，约1h滴完。3h后反应结束。放空压力，通过插在釜底管道连续通入氧气，边搅拌边加热至150℃，保温反应4h。反应结束后，先将反应物减压蒸馏脱去溶剂，然后加入500mL冰水，过滤，得湿固体14.0g。将所得产物溶于500mL甲醇中，活性炭加热脱色过滤，脱溶剂得到淡黄色结晶11.45g；③维生素$K_3$的合成。2-甲基茶醌在乙醇中与亚硫酸氢钠发生加成反应，得到维生素$K_3$。

维生素K组的4种形式中，饲料添加剂维生素$K_3$最常见，最广泛，用量也最大。$K_3$专指亚硫酸氢钠和甲茶醌反应而生成的亚硫酸氢钠甲萘醌（MSB）。它有2种规格，一种含活性成分94%，未加稳定剂，故稳定性较差。另一种MSB用明胶微囊包被，稳定性好，含活性成分25%或50%。还有一种亚硫酸氢钠甲萘醌复合物

（MSBC），是甲萘醌和MSB的复合物，甲萘醌含量30%以上，是一种晶体粉状维生素K添加剂，溶于水，水溶液pH值为4.5～7。加工过程中已加入稳定剂，50℃以下对活性没有影响。

亚硫酸嘧啶甲萘醌（MPB）。MPB是近年来维生素K添加剂比较新的产品，是亚硫酸甲萘醌和二甲基嘧啶酚复合物，结晶粉末状，含活性成分50%，稳定性优于MSBC，但有一定毒性，应限量使用。

## 第二节　生理功能

维生素K是4种凝血蛋白（凝血酶原、转变加速因子、抗血友病因子和司徒因子）在肝脏内合成必不可少的物质。维生素K和肝脏合成四种凝血因子（凝血酶原、凝血因子Ⅶ，凝血因子Ⅸ及凝血因子X）密切相关。维生素K主要生理功能有以下5个方面。

### 一、凝血功能与化学结构

维生素K被称为抗出血维生素是它具有调节血液凝固这项重要功能，也是由它的化学结构所决定的。①所有维生素K的主要结构特征是2-甲基-1，4-萘醌，这个化合物也称为甲萘醌（Menadione），它最体现维生素K活性。但在性质上有所不同，它不是抗凝血药物如双羟香豆素和丙酮苄羟香豆素的拮抗物，可形成具有相仿活性的水溶性亚硫酸氢钠化合物水溶性$K_3$，还有一个有活性的水溶性衍生物是相应的萘醌氢醌磷酸氢钠。②它们在3的位置上有支链2-甲基-1，4-萘醌的衍生物。在维生素$K_1$的支链中只有一个双键，维生素$K_2$双键上会有规律的重复出现。在维生素K组中，最重要的成员是支链有20个碳原子的$K_1$系化合物，通常称为维生素$K_1$，美国药典和英国药典同义词的文献中都存在植物甲萘醌的表述。③2-甲基萘醌在体内可转化为维生素K。2-甲基萘醌支链中有20个原子的维生素$K_2$类型的化合物。像在天然维生素K中那样，2-甲基萘醌与一个类异戊二烯侧链的键结合似乎是其生物活性所必需的。维生素K在人体内的作用过程见图5-1。

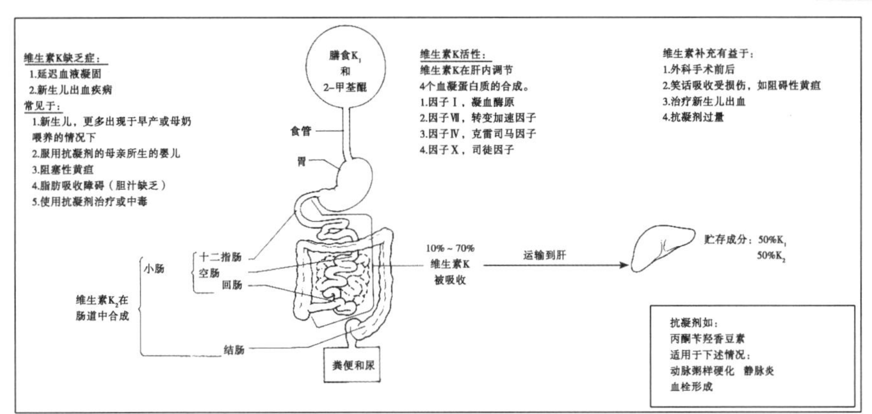


图5-1 维生素K在体内的作用过程

## 二、凝血功能

（1）调节血液凝固作用。①维生素K是一种与血液凝固有关系的维生素，具有促进是血酶原合成的作用。凝血酶原是凝血酶的前身，凝血酶原在肝脏中合成时需要维生素K参与，虽然维生素K本身并不是凝血酶原的组成成分，但它参与凝血酶原以及与血液凝固有关的其他因子的合成，从而加速凝血，维持正常的凝血时间。因此维生素K是维持血液凝固系统的功能是不可缺少的。②维生素K被称凝血维生素源于其促进血液凝固，维生素K是凝血因子γ-羧化酶的辅酶，而其他凝血因子7、9、10的合成也依赖于维生素K。人体一旦缺少，凝血时间延长，严重者会流血不止，甚至死亡。③可减少女性生理期大量出血，还可防止内出血及痔疮，防止新生婴儿出血疾病。经常流鼻血的人，可以考虑多从食物中摄取维生素K。

（2）血凝蛋白质。维生素K是肝合成四个血凝蛋白质，是由①因子Ⅱ或凝血酶原；②因子VⅢ或转变加速因子；③因子Ⅸ或克雷司马因子和④因子X或司徒因子构成的，也是必需的。维生素K在合成这四种蛋白质中所起作用的确切方式还不很清楚。后来的研究表明，维生素K以某种方式作用于转变前体蛋白质为活性血液凝固因子。缺乏维生素K或摄入拮抗剂时，血液中的血凝蛋白质减少，血凝时间延长。

目前尚不十分清楚维生素K机制参与凝血酶原（因素II）和凝血因素VII、凝血因子IX和凝血因子X的形成。因此维生素K缺乏显著地降低血液凝固的正常速度，从而引起出血。以及活化的促凝血酶原激酶将凝血酶原前体转化为凝血酶，后者将可溶血纤维蛋白原转变为不溶的血纤维蛋白，使血液凝固。现以高度简化的图解来描述这些过程，见图5-2各种不同因子的协调反应过程示意图。

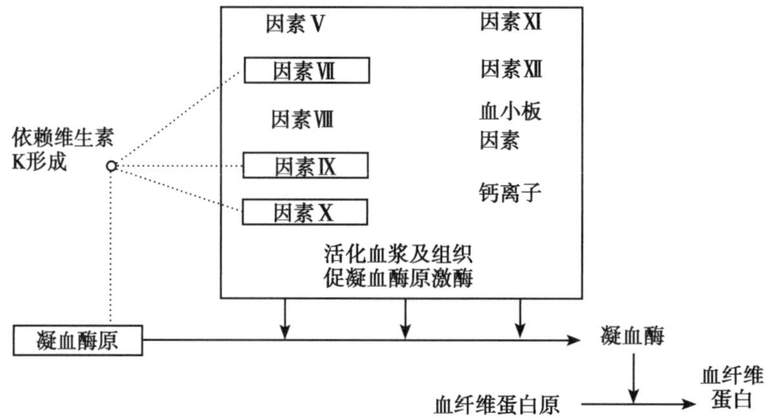


图5-2 维生素K与血液凝固作用

尽管在骨骼、肾和肝中发现了依赖于维生素K的蛋白质，但尚无证据表明维生素K在人体或动物体内除参与血液凝固过程外，其他功能不多见。

## 三、参与骨骼代谢

维生素K参与Y-羧基谷氨酸合成。γ-羧基谷氨酸（γ-Carboxyglutamic Acid，Gla）的合成在细胞微粒体内进行，需要含有谷氨酸的肽链作为基质，并需要氧及二氧化碳及维生素K氢醌。在这个作用中维生素的变化可用维生素K环氧化合物循环来表示。维生素K与骨基质中含Gla蛋白有关系。骨基质有几种含Gla类的蛋白，主要为BGP（Bone Gla Protein，BGP）与钙结合叫作骨钙蛋白，在骨细胞内合成，分泌到血液或组织，然后到骨基质中，占骨中总蛋白的1%～2%，为非胶原蛋白的10%～20%。维生素K参与合成BGP（维生素K依赖蛋白质），骨钙蛋白出现在骨矿物化之前，骨密度增加，骨钙蛋白随之增加。BGP能调节骨骼中磷酸钙的合成。特别对老年人来说，他们的骨密度和维生素K呈正相关。经常摄入大量含维生素K的绿色蔬菜的妇女能有效降低骨折的危险性。

## 四、拮抗物（抗凝剂）

一是最初对牛有一种称之为“甜三叶草病”的疾病调查中发现维生素K拮抗物，该疾病表现为血液的凝固力损失。在牛的身体不同部位的皮肤下形成软性出血疱，病牛在去角、阉割、产仔时或受伤后可能发生严重的出血，甚至致死。1941年威斯康星大学的坎贝尔（Campbell）等人发现了致“甜三叶草病”的物质一是双香豆素，即香豆素的氧化物，存在于在收获和贮存期间发生腐坏的甜三叶草中；二是“甜三叶草病”病因的发现开辟了一个崭新的领域。随后人工合成了几种双香豆素衍生物。这些抗维生素或拮抗物通过抑制凝血酶原和其他依赖维生素K的血液凝固因子的合成，降低血液的凝固力。它们被用于医疗中以减缓患某些循环系统疾病的病人的血液凝固，特别是一些动脉粥样硬化、静脉炎和血栓形成；三是值得注意的是，与双香豆素在结构上相似的商品市售产品丙酮苄羟香豆素是极有毒素效力的毒鼠药，它引起老鼠流血至死。

## 第三节 人和养殖动物缺乏症

### 一、人的缺乏症

维生素K缺乏不仅可因食物中供给不足引起，也可因吸收紊乱造成动物肠道细菌不能合成足够数量时也能产生缺乏症。例如在服用抗生素或磺胺药时，或因抗凝血剂的作用。再例如腐败的甜三叶草中或某些杀鼠药中，可能有双香豆素及其衍生物。

在人和所有研究过的动物中，维生素K缺乏均导致血中凝血酶原含量下降，从而在许多组织和皮下组织、肌肉、脑、胃肠道、腹腔泌尿生殖器官等器官中引起出血倾向和出血，这在人类新生和早产婴儿中极易产生并发症。所有其他症状均应认为是这个现象的后果。

（1）缺乏症估算。维生素K缺乏症状是延长血液凝固时间和延缓出血。常用两项实验来估测维生素K缺乏状况。①凝血酶原时间，测定血样中凝血酶原转化为凝血酶的速度。②血液凝固时间，将刚吸取的血液放入干净的试管内，每分钟倾斜一次，确定凝块形成所需要的时间，正常血液凝固时间约为10分钟。

（2）缺乏症原因。由维生素K缺乏产生的出血综合征在成年人中极为少见，它可以由下列原因引起。①某些消化吸收方面的缺陷，像阻塞性黄疸、由腹腔病或口炎性腹泻引起的吸收不良。②用抗生素或磺胺药进行肠道消毒，从而减少了维生素K的合成。③用抗凝剂治疗某些循环系统疾病。

（3）新生儿出血症。因维生素K缺乏而产生的出血症，可以发生于出生后的第2至第5天之间的新生儿，特别是早产儿、吃母奶的婴儿、服用未强化的大豆配方婴儿糕的婴儿和服用抗凝剂的母亲所生的婴儿。出血发生于皮肤、神经系统、腹膜腔或消化道。由于人奶所提供的维生素K比牛奶少、维生素K缺乏症在吃母奶的婴儿中比食用婴儿配方食品的婴儿中更常见。出生后立即肌内注射1mg剂量的维生素K，可以防止由于维生素K缺乏而引起的出血症。然而，值得注意的是维生素K缺乏不总仅局限于出血症的原因，出生过程中受到损伤无疑在一些情况下是引起出血的原因。维生素K已经被证明对治疗血友病无效。大量服用抗生素会导致维生素K的缺乏。

（4）日推荐量。成人少见缺乏症。由于健康人（新生儿除外）的肠道细菌能够合成维生素K，有关组织没有制定维生素K制定明确的日推荐量。然而，因为不能确保肠道合成的维生素K在长时期内都很足够，还是给出了膳食中维生素K摄取的估计的适当范围，估计的安全和适当的膳食维生素K日推荐量（表5-3）。

表5-3　维生素K日推荐量

| 组别 | 年龄（岁） | 维生素K（μg） |
| --- | --- | --- |
| 婴儿 | 0～0.5 | 12 |
| | 0.5～1.0 | 10～20 |
| 儿童和青少年 | 1.0～3.0 | 15～30 |
| | 7.0～10.0 | 20～40 |
| | 11以上 | 30～60 |
| 成年人 | | 70～140 |

上表中标明范围下限是假设的。2μg/kg体重中约一半的量是由膳食供给，假设上限2μg/kg体重全部由膳食供给计算而得的。因此，对成年人的日摄取量为70～140μg。

一般建议奶质婴儿配方食品每100kcal应含最少4μg维生素K，豆浆和其他牛奶代用品的婴儿配方食品每100kcal应含8μg。维生素K不足所致低凝血酶原血（由K缺乏引起）发生在喂大豆蛋白和肉类为基础的婴儿配方食品或含水解酪蛋白的配方食品的婴儿中，这种膳食可能含维生素K少。一般混合膳食中提供日300～500μg的维生素K。因此，正常情况下不足的危险性几乎没有。

还有一种推荐量表示，由于婴儿出生最初几天肠道菌群尚未充分发展，不能提供足够的维生素K，又因母乳中维生素K含量低，故其血中凝血酶原水平甚低。婴儿每日剂量为1～2mg，孕妇每日2～5mg，成年人每日需要量估计约为1mg。

## 二、养殖动物缺乏症

（1）家禽对缺乏症敏感。家禽对维生素K的缺乏极为敏感。当缺少维生素K时，它们出现延长血液凝固时间，皮下出血和严重的内出血，如果不治疗将会随之死亡。维生素K的缺乏也发生于牛、猪、大白鼠、狗和所有其他试验过的动物中。见图5-3缺乏维生素K引起鸡贫血，鸡冠、鸡眼睑呈浅黄色，没有血红色。见图5-4缺乏维生素K引起鸡皮下组织出血。

图5-3　缺乏维生素K引起鸡贫血，鸡冠、鸡眼睑呈浅黄色，没有血红色

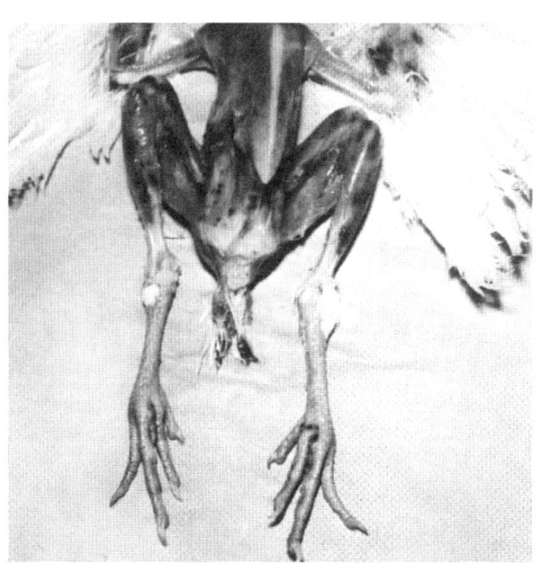

图5-4　缺乏维生素K引起鸡皮下组织出血

（2）药物饲料添加剂的影响。日粮中添加过量的磺胺类药、抗生素和多种配伍的药物饲料添加剂，以及家禽生病期间使用抗生素，都会抑制肠道微生物合成维生素K。霉变的能量和蛋白饲料原料，其含有真菌毒素如黄曲霉毒素$B_1$、玉米赤霉烯酮、赭曲霉毒素A、呕吐毒素、T2毒素会对养殖动物造成伤害，此时动物机体对维生素K的需求更大，需要增大维生素$K_3$的添加量。

（3）拮抗作用。维生素K与维生素E两者既有拮抗作用也有协同作用。大剂量维生素E可减少肠道对维生素K的吸收，导致凝血酶原和各种血浆凝血因子减少而出血。因此，大剂量维生素E可减弱维生素K的止血作用，停用维生素E后即可恢复正常。养殖动物维生素K缺乏症见表5-4。

表5-4　养殖动物维生素K缺乏症

| 器官/系统 | 症状表现 |
|---|---|
| 血液和循环 | 家禽皮下和其他组织和器官出血，贫血 |
| 其他症状和诊断试验 | 畜禽凝血时间延长 |

（4）农业部相关添加量规定。饲料上最常用维生素$K_3$（甲萘醌）。饲料产品中维生素K的添加量规定是以亚硫酸氢钠甲萘醌（MSB）、二甲基嘧啶醇亚硫酸甲萘醌（MPB）和甲亚硫酸氢烟酰胺甲萘醌（MNB）三种形式表示的。2017年12月农业部公告第2625号修订了《饲料添加剂安全使用规范》，在配合饲料或全混合日粮中的推荐量（以维生素计）对MPB给出了限制规定，产品包括猪鸡饲料。对MSB、MNB其他饲料产品给出了推荐添加量，包括猪鸡鸭饲料和水产饲料。MPB的最高限量为（mg/kg），猪10，鸡5（以甲萘醌计）（见附录3农业部公告第2625）。

2018年4月农业农村部发布21号公告，把维生素$K_1$（Vitamin $K_1$）作为维生素及类维生素纳入《饲料添加剂品种目录（2013）》。扩大维生素$K_1$的应用范围。

## 第四节　维生素K的来源

### 一、加工损失

新鲜食物中含维生素K最充足，冷冻食品易缺乏维生素K。通常的烹调过程只破坏少量的天然维生素K，因为该维生素对热稳定并且不是水溶性的。然而，一些人工合成的化合物溶于水，在烹调中易大量损失。阳光破坏维生素$K_1$，所有维生素K化合物对碱都不稳定。

## 二、维生素K的来源

人类维生素K的二个来源。一个是肠道细菌合成。$K_2$占50%～60%。维生素K在回肠内吸收，细菌必须在回肠内合成，才能为人体所利用，有些抗生素抑制上述消化道的细菌生长，影响维生素K的摄入，肠道内合成是维生素$K_2$同样是重要来源，维生素K在体内主要储存于肝脏、动物性食物中；另一个是从食物中来，维生素K广泛分布于食物中。$K_1$占40%～50%，绿叶蔬菜含量高，维生素$K_1$含量较多的有绿色植物刺荨藤、卷心菜、菠菜、马铃薯、水果、西红柿、草莓、蔷薇果绿色蔬菜和肝油中。其次是奶及肉类，水果及谷类含量低。芜菁叶、乳酪、鸡蛋、鱼、鱼卵、蛋黄、奶油、黄油、肉类、奶、水果、坚果、肝脏和谷类食物等维生素K含量较丰富。牛肝、鱼肝油、蛋黄、乳酪、干酪、海藻、紫花苜蓿、菠菜、甘蓝菜、莴苣、花椰菜，豌豆、香菜、大豆油、螺旋藻、莲藕中均含有。

维生素K增补剂，即人工合成的甲萘醌也可在市场上买到。维生素$K_2$曾发现于动物及微生物材料中（见附录4维生素汇总表）。维生素K的常见食物来源见表5-5。

表5-5　维生素K的常见食物来源

| 来源 | 食物 |
| --- | --- |
| 丰富来源 | 绿茶、萝卜叶、花茎甘蓝、莴苣、甘蓝、牛肝和菠菜 |
| 良好来源 | 芦笋、水田芥、咸猪肉、咖啡、奶酪、黄油、猪肝和燕麦 |
| 一般来源 | 青豌豆、全粒小麦、牛油、火腿、青豆、蛋类、猪里脊肉、桃、牛肉、鸡肝和葡萄干 |
| 微量来源 | 苹果汁、香蕉、面包、可乐饮料、咖啡、玉米、玉米油、牛奶、柑橘、马铃薯、南瓜、番茄、蛋类、水果、葡萄干和桃 |

# 第六章

# 维生素$B_1$

## 第一节 概 述

维生素$B_1$（硫胺素）（Vitamin $B_1$）（Thiamine），也叫抗脚气病、抗神经炎和抗多种神经炎维生素，是维生素B族中第一个纯粹形式的维生素，"$B_1$"意味着在B族维生素中排位第一。其他的名字包括抗神经炎因子，抗脚气病因子、水溶性B、抗神经炎素和单纯维生素B都短时间使用过，在文献中继续沿用，现在很少使用。维生素$B_1$也是最早被人们提纯的维生素之一。

脚气病是在东方食稻米的国家和民族的一种古老的疾病，我国淮河以南居民以稻米为主食，其奥秘被揭开归结于维生素$B_1$缺乏引起的疾病。中国人早在公元前2600年就知道这种影响神经系统的脚气病，唐代医药学家孙思邈医书中就有用谷物表皮治疗脚气病的历史记载。除了反刍动物可以通过微生物在消化道里可部分合成维生素$B_1$外，人和各种养殖动物都需要维生素$B_1$，必须由膳食和饲料外源提供。维生素$B_1$缺乏症来得快去得也快，国外有个很搞笑的实例，当一个躺在床上气喘吁吁、极端水肿和似乎要死的严重湿脚气病人在注射硫胺素之后，1～2h里可以恢复健康，这也许医学史上最富有戏剧性的治疗，也许真的有效。说明现在维生素$B_1$缺乏症只能算小毛病，现在脚气病和脚气性心脏病已经很少见。

## 一、历史与发现

维生素$B_1$的历史研究从脚气性心脏病开始。说到抗脚气病不能不提最早的拉丁字“beriberi”，两个“beriberi”意为“我不能”，意指这种病人行动不自如，同时表示以神经系统为主要特征的干性脚气病。单个“beri”意思为体虚和以心力衰竭为特征的湿性脚气病。“beriberi heart disease”为维生素$B_1$（硫胺素）长时间严重缺乏而引起的一种高排量型心脏病。文献最早记载抗脚气就叫“beriberi”就是维生素$B_1$缺乏病的代名词。几个世纪来未曾被破解的人类脚气病的治疗是从家禽中类似多神经炎疾病引起的，谁不会想到，科学家发现维生素$B_1$竟然是从鸡患脚气病上得到的启示。通过谷物表皮治疗脚气病是医学营养史上具有里程碑式意义的事件。

1873年，伦特（V.Lent）第一个总结出膳食的类型与脚气病起因存在有关。它发现降低荷兰水兵膳食中稻米配给量脚气病有减少的趋势。

1882年，日本海军医官高木兼宽（Kanchin Takaki）发现在船员的膳食结构中用大麦代替白米，添加蔬菜、鱼和肉，奶，可大大减少脚气病的发生，他记载了日本海军的脚气病情况。

1896年，荷兰医生克里斯蒂安·伊克曼（Christiaan Eijkman）首先发现脚气病。他在东印度群岛的军队医院当军医，当地流行一种可怕的人的脚气疾病。伊克曼发现一部分鸡也得了脚气病，而另一部分鸡却没有这种病。经过仔细观察，伊克曼发现脚气病的鸡吃了脚气病人剩下的白米饭，而另一些未生脚气病的鸡采食米糠或整粒谷物为主的饲料。他让脚气病的鸡改吃谷糠饲料，几天后这些脚气病鸡痊愈了。他再给鸡、鸽子和鸭子喂了精米，脚气病又回来了。他观察到吃食精米的家禽患有多神经炎，其病况与脚气病一致。他把鸡脚气病引申到治疗人的脚气患者，他在病人的白米饭中添加米糠，脚气病的症状很快消失了。一开始他错误地以为可能是淀粉太多的缘故，后来他独辟蹊径，终于发现了米糠的药物作用和脚气病菌存在关联，他纠正脚气病的病因不是由细菌传染，而是由于缺乏米糠中一种未知的“保护素”造成的，该保护素就是维生素$B_1$。由于这个发现他和剑桥大学霍普金斯（F.G.Hopkins）爵士分享1929年获诺贝尔生理学医学奖。

1901年，伊克曼医生在同一所医院里继续他的研究，并发表了稻米外层物质水和乙醇提取物含有一种未知的物质，可预防人的脚气病和家禽多发性神经炎的文章。他总结报道鸟和人类的脚气病是由于在膳食里缺乏一种必需营养素造成的。

1910年，日本化学家铃木梅太郎从米糠中提取出了抗脚气病酸（アべり酸，Aberic acid），后来证明它就是硫胺素。

1912年，美籍波兰裔生物化学家卡西米尔·冯克（Kazimierz.Funk）博士在伦敦的李斯特（Lister）研究所从米糠中得到了一种胺类的结晶，他认为该物质就是伊克曼研究中米糠中治疗脚气病的成分。因为是胺类，所以被他命名为“Vitamine”（后改为Vitamin），这也是维生素名称的由来，并将此命名用于这种抗脚气病的物质。但是，人们发现冯克得到的晶体对脚气病并没有很好疗效，后来发现这种结晶主要是另一种维生素B族成员烟酸。

1916年，威斯康星大学麦科勒姆（E.McColum）把治疗脚气病的浓缩物命名为“水溶性B”。

1926年，曾经在伊克曼实验室工作过的两位荷兰化学家詹森（B.C.P.Jansen）和多纳特（W.Donath）在美国人罗杰威廉姆斯（Roger Williams）的帮助下在荷兰分离了抗脚气病的维生素，得到了硫胺结晶。由于它对神经系的特殊作用，最初称为抗脚气病的维生素和抗神经炎素。威廉姆斯为它取了个正式的英文名称Thiamin，为了反映出它是一种胺，美国化学会将其改为Thiamine。

1927年由英国人命名为维生素B，$B_1$意味着在水溶性维生素中位列第一。

1936年，罗杰威廉姆斯测定维生素$B_1$的化学结构并成功合成，因为它含硫和一个胺基正式起名为硫胺素。

## 二、理化性质

维生素$B_1$因其结构中的噻唑和嘧啶环，通过亚甲基结合而成的一种B族维生素。维生素$B_1$几乎存在于一切活组织中，反映了它在碳水化合物代谢的重要性。它广泛存在于谷物的外皮和胚芽、酵母、蔬菜、水果、马铃薯和蛋黄、奶与奶制品中，还存在于动物肝和肾器官中。硫胺素主要以盐酸氯化硫胺素形式被利用，商业上通常称为盐酸硫胺和硝酸硫胺。

（1）结构式。

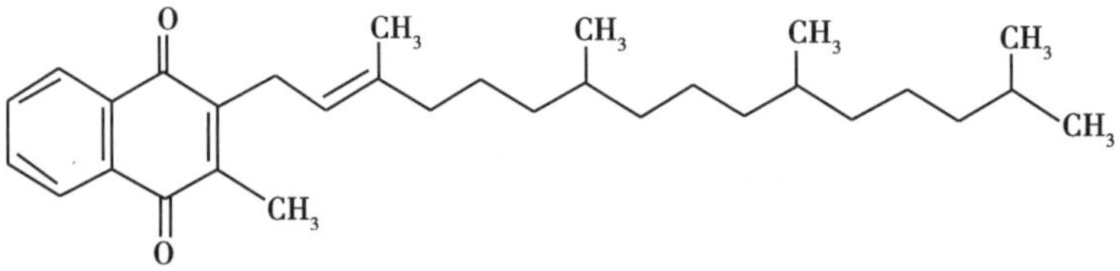

O CH$_3$ CH$_3$ CH$_3$ CH$_3$ CH$_3$ CH$_3$ O

盐酸硫胺 X =$Cl^-HCl$，硝酸硫胺 X =$NO_3^-$

（2）化学。维生素$B_1$又称硫胺素（Thiamine）或抗神经炎素。由嘧啶环和噻唑环通过亚甲基结合而成，B族维生素中的一种水溶性维生素。盐酸硫胺（hydrochloride，thiamine）。

化学名称：氯化3-[（4-氨基-2-甲基-5-嘧啶基）-甲基]-5-（2-羟基乙基）-4-甲基噻唑。3-[（4-氨基-2-甲基-5-嘧啶基）甲基]-5-（2-羟乙基）-4-甲基噻唑鎓硝酸盐。维生素饲料添加剂分为盐酸硫胺和硝酸硫胺。

（3）代谢。在所有维生素中硫胺素贮存得最少，成年人体内约含有30mg，且80%是硫胺素的焦磷酸盐，约10%是三磷酸盐，其余是硫胺素的单盐酸酯。肝、肾、心、大脑和骨骼肌肉里的硫胺素浓度稍高于血液，膳食中缺乏维生素$B_1$，1~2周后人体组织里正常的维生素$B_1$含量就会降低。为了保证维持组织里$B_1$的含量，需要定期供应新鲜来源。人体组织只要吸收所需要的维生素$B_1$就够了，但是需要量随身体代谢要求而增加（如发烧、增加肌肉活动、妊娠和哺乳）或者由于膳食中的组成不同而有所不同增减，碳水化合物需要多一些维生素$B_1$，而脂肪和蛋白质不需要太多的维生素$B_1$。

人体每天多余的大部分维生素$B_1$便随尿液排出，这意味着身体需要定期地补充。较好的平衡膳食大约每24小时排出约0.1mg，当摄入量不足时，在尿里的排出量减少，如摄入超过身体需要则排出量增加。由于这个原因，为了评价每个人维生素$B_1$的情况，最广泛采用的生物化学方法就是测定尿中的含量，一般情况无须理会。

（4）性质。白色结晶或结晶性粉末，有微弱的特臭，味苦，带有酵母的闷人气味和咸坚果味道。有引湿性，露置在空气中，易吸收水分，在碱性溶液中容易分解变质。pH值为3.5时可耐100℃高温，在120℃时加热溶液，硫胺素没什么破坏。干燥时稳定，但易溶于水，微溶于乙醇，不溶于脂溶性溶剂。遇光和热效价下降。故应置于遮光，阴凉处保存，不宜久贮。在酸性溶液中很稳定，在碱性溶液中不稳定，易被氧化和受热破坏。高压灭菌和紫外光也能破坏。还原性物质亚硫酸盐、二氧化硫等能使维生素$B_1$失活。有氧化剂存在时容易被氧化产生脱氢硫胺素，在有紫外光照射时呈现蓝色荧光。饲料添加剂维生素$B_1$应在热敏库中25℃下储存。

（5）理化性质（表6-1）。

表6-1 理化性质

| | 盐酸硫胺 | 硝酸硫胺 |
|---|---|---|
| 分子式 | $C_{12}H_{17}ON_4ClS.HCl$ | $C_{12}H_{17}O_4.N_5S$ |
| 分子量 | 337.3 | 327.4 |

（续表）

| | 盐酸硫胺 | 硝酸硫胺 |
|---|---|---|
| 熔点（℃） | 250分解 | 190～220 |
| 性状 | 白色结晶粉末 | |
| 吸收光谱 | 硫胺素在200～300nm处有特征吸收光谱。最大吸收光谱依赖于溶剂和溶液的pH。在0.1moL盐酸溶液中，245nm处有最大吸收光谱 | |
| 溶解度 | 盐酸盐易溶于水（约1g/ml），微溶于乙醇，不溶于乙醚、己烷、三氯甲烷、丙酮和苯中。硝酸盐稍溶于水（约2.7g/100mL），微溶于乙醇和三氯甲烷。易潮解，有苦味，在碱性条件下易分解变质 | |
| 稳定性 | 在黑暗和干燥条件下，硫胺素盐类在温暖处对大气中的氧较为稳定，酸性溶液也相当稳定，但在中性或碱性溶液中则分解 | |

（6）分析和度量制。食物和饲料中的硫胺素含量以毫克和微克计。现在已经不大采用快速的化学或微生物法测定。食品和饲料中的维生素$B_1$的检测技术已经相当成熟，通常采用HPLC法或LC/MS法。如检测维生素$B_1$生物效价，就得用鸽子、大白鼠和鸡做生物测定对象。

（7）毒性（过量）。过量摄入硫胺素很容易通过肾脏排出，尽管大剂量非肠胃道途径进入体内时会有毒性表现，但没有硫胺素经口给药中毒的证据。日口服500mg，持续1个月未发现毒性。长期口服硫胺素而未引起任何毒副反应发生，说明它的毒性非常低。已知每日摄入50～500mg的情况下，未见不良反应。硫胺素无毒副反应水平（NOAEL）及最低毒副反应水平（LOAEL）未被确定。未曾发现维生素$B_1$有毒性的效应报道。

## 三、产品标准与生产工艺

表6-2　食品安全国家标准　食品添加剂维生素$B_1$（盐酸硫胺）（GB 14751—2010）

| 项目 | | 指标 |
|---|---|---|
| 维生素$B_1$含量（以$C_{12}H_{17}CLN_4OS\cdot HCl$干基计）w（%） | | 98.5～101.5 |
| pH值（25g/L溶液） | | 2.7～3.4 |
| 溶液的色泽 | | 通过实验 |
| 硝酸盐（20g/L溶液） | | 通过实验 |
| 干燥失重率w（%） | ≤ | 5.0 |
| 炽灼残渣率w（%） | ≤ | 0.1 |
| 铅（Pb）（mg/kg） | ≤ | 2 |

（续表）

| 项目 | | 指标 |
|---|---|---|
| 砷（As）（mg/kg） | ≤ | 2 |

表6-3　饲料添加剂维生素$B_1$（盐酸硫胺）（GB/T 7295—2008）

| 项目 | 指标 |
|---|---|
| 维生素$B_1$含量（以$C_{12}H_{17}CLN_4OS \cdot HCl$干基计）（%） | 98.5 ~ 101.0 |
| 干燥失重率（%） | ≤5.0 |
| 炽灼残渣率（%） | ≤0.1 |
| pH值 | 2.7 ~ 3.4 |
| 硫酸盐含量（以$SO_4^{-2}$计）（%） | ≤0.03 |

表6-4　饲料添加剂维生素$B_1$（硝酸硫胺）（GB/T 7296—2008）

| 项目 | 指标 |
|---|---|
| 维生素$B_1$含量（以$C_{12}H_{17}O_4N_5S$干基计）（%） | 98.5 ~ 101.0 |
| pH值 | 6.0 ~ 7.5 |
| 氯化物含量（以$Cl^-$计）（质量分数） | ≤0.06 |
| 干燥失重率（%） | ≤1.0 |
| 炽灼残渣率（%） | ≤0.2 |
| 铅含量（%） | ≤10 |

饲料添加剂维生素$B_1$生产工艺与产品规格。丙烯腈与甲醇在钠的存在下发生加成反应得到甲氧基丙腈，钠存在下再与甲酸乙酯缩合，缩合物甲基化后与甲醇加成，然后与盐酸乙脒环化缩合为二甲基-1，2-二氢-2，4，5，7-四氮萘，在98 ~ 100℃下水解，碱性条件下开环生成2-甲基-4-氨基-5-氨甲基嘧啶。接着与二硫化碳和氨水作用，再与γ氯代-γ乙酰基丙醇已酸酯缩合，然后在盐酸中75 ~ 78℃下水解，环合成硫代硫胺盐酸盐，最后用氨水中和、过氧化氢氧化，盐酸酸化制得维生素$B_1$盐酸盐。

饲料添加剂维生素$B_1$以盐酸硫胺素和硝酸硫胺素两种形式，它们折算成硫胺的系数分别是0.892和0.811。在我国南方高温高湿季节的地区，或预混料中含有氯化胆碱时，应使用盐酸硫胺素。

# 第二节　生理功能

维生素$B_1$具有维持神经正常活动等，预防脚气病和神经性皮炎等，增进人的食欲和提高猪的采食量。

## 一、维持胆碱酯酶正常活性

帮助乙酰胆碱的分解保持适当的速度，对肠道的蠕动起保护作用，促进动物对营养物质的消化和吸收。从食物里摄取的硫胺素有以下三种形式，一是游离形式；二是结合为硫胺焦磷酸酯（也称为硫胺一磷酸酯）；三是蛋白质磷酸复合物。结合形式的硫胺素在消化道裂解，接着在小肠的上部被吸收，那里的反应液是酸性的。在体内吸收后，硫胺素转移到肝脏，在ATP（三磷酸腺苷）作用下磷酸化，生成辅酶。磷酸硫胺素（见下二磷酸硫胺素结构式）。虽然这个磷酸化作用在肝里发生很快，值得注意的是，似乎全部具核细胞都能进行这种转移。

二磷酸硫胺素

二磷酸硫胺素的结构

## 二、参与碳水化合物代谢

（1）碳水化合物代谢。维生素$B_1$以焦磷酸酯硫胺素形式（辅羧酶，TPP）参与碳水化合物的正常代谢过程。作为丙酮酸脱氢酶和α-酮戊二酸脱氢酶复合体的辅酶，维生素$B_1$作用于这些羧酸的氧化脱羧过程。丙酮酸被转化为活性乙酸（乙酰辅酶A），α-酮戊二酸被转化为活性琥珀酸（琥珀酰辅酶A），活性乙酸在细胞代谢中具有重要功用。它进入柠檬酸循环，受柠檬酸与呼吸链的联合作用氧化为二氧化碳和水，因此，依赖于维生素$B_1$的丙酮酸的氧化脱羧作用，通过此中间产物，使碳水化合物完全氧化。活性乙酸也是脂肪酸与甾类化合物的基本构成单位，所以维生素$B_1$是碳水化合物转化为脂类所不可缺少的。受维生素$B_1$催化的α-酮戊二酸的氧化脱羧作用并形成琥珀酰辅酶A是柠檬酸循环的重要组成反应。它的正常功能是使得乙酸最后在氧化降解中释放的能量得到最佳利用。

维生素$B_1$与碳水化合物代谢关系如此密切，富含碳水化合物的膳食使维生素$B_1$的正常需要量增加（见图6-1维生素$B_1$与碳水化合物代谢过程图）。与糖代谢有密切关系。可维持糖的正常代谢，提供组织所需的能量，加强神经和心血管的紧张度，防止神经组织萎缩退化，维持组织和心肌的正常功能。

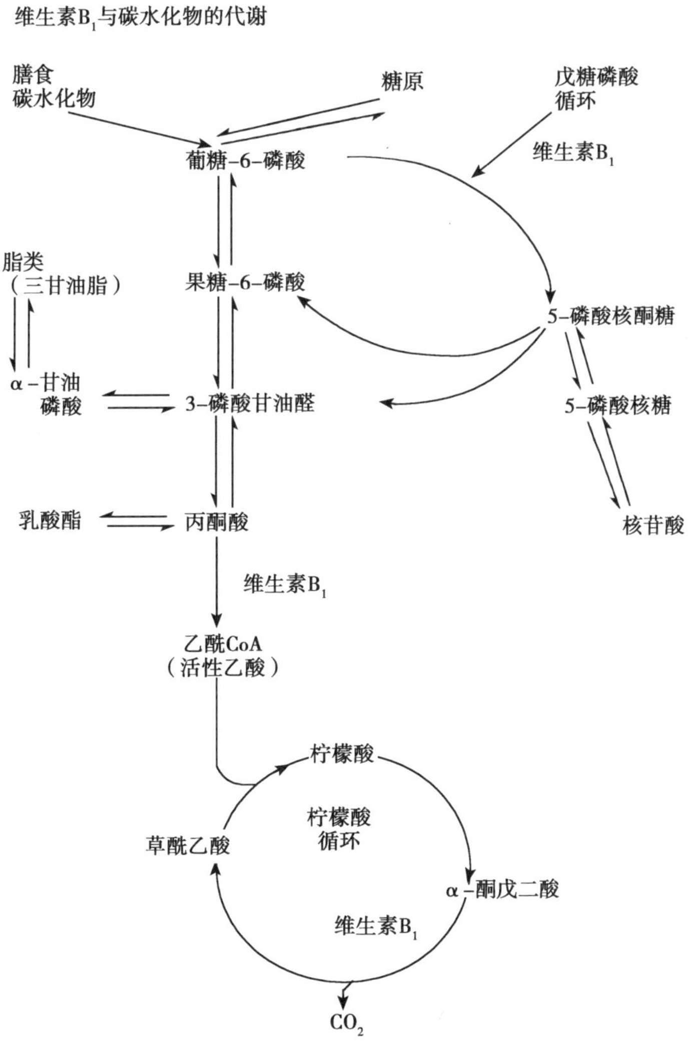

维生素$B_1$与碳水化物的代谢

膳食碳水化物
糖原
戊糖磷酸循环
维生素$B_1$
葡糖-6-磷酸
脂类（三甘油脂）
果糖-6-磷酸
5-磷酸核酮糖
α-甘油磷酸
3-磷酸甘油醛
5-磷酸核糖
乳酸酯
丙酮酸
核苷酸
维生素$B_1$
乙酰CoA（活性乙酸）
柠檬酸
柠檬酸循环
草酰乙酸
α-酮戊二酸
维生素$B_1$
$CO_2$

图6-1　维生素$B_1$与碳水化合物代谢过程图

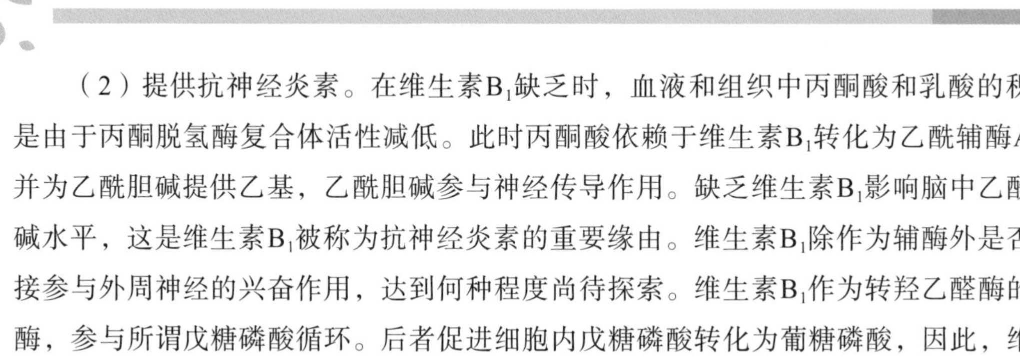

（2）提供抗神经炎素。在维生素$B_1$缺乏时，血液和组织中丙酮酸和乳酸的积累是由于丙酮脱氢酶复合体活性减低。此时丙酮酸依赖于维生素$B_1$转化为乙酰辅酶A，并为乙酰胆碱提供乙基，乙酰胆碱参与神经传导作用。缺乏维生素$B_1$影响脑中乙酰胆碱水平，这是维生素$B_1$被称为抗神经炎素的重要缘由。维生素$B_1$除作为辅酶外是否直接参与外周神经的兴奋作用，达到何种程度尚待探索。维生素$B_1$作为转羟乙醛酶的辅酶，参与所谓戊糖磷酸循环。后者促进细胞内戊糖磷酸转化为葡糖磷酸，因此，维生素$B_1$完成了将戊糖导入葡萄糖产生能量的氧化降解过程的重要功能。戊糖磷酸循环的更进一步的重要性在于，使得戊糖可用于合成核苷酸与核酸，以及形成细胞内合成脂肪酸所必需的还原烟酰胺腺嘌呤二核苷酸磷酸（还原辅酶Ⅱ$NADPH_2$）。

## 三、能量代谢的一种辅酶

（1）没有硫胺素就没有能量。①硫胺素在能量代谢和葡萄糖转变成脂肪中作为一种辅酶因子，在末梢神经功能方面以及在维持食欲、肌肉弹性、健康的精神体态等一些间接功能中都是必不可少的。硫胺素的主要功能形式是二磷酸硫胺素，即硫胺素和磷酸基团化合，在大量酶系统里起了辅酶的作用。②在代谢过程中，丙酮酸的转变和其后的酰基辅酶A的生成需要二磷酸硫胺素，酰基辅酶A进入了三羧酸循环，并产生维持生命必需的能量。这是碳水化合物代谢中最复杂和最重要的反应之一。除磷酸硫胺素外，也需要下列辅助因素，即含有泛酸的辅酶A、含有烟酸的烟酰胺腺嘌呤二核苷酸（NAD）、镁离子和硫辛酸。③氧化脱羧作用（除去$CO_2$）也参与了转变α-氧代戊二酸成为琥珀酸的三羧酸循环过程，因为脂肪、氨基酸和碳水化合物都对α-氧代戊二酸起了一份作用。可以推断，硫胺素参加了所有三个产生能量单位的代谢作用。缺乏硫胺素时，丙酮酸和α-氧代戊二酸趋向积集在体内，有时测定它们作为检测硫胺素水平的一种方法。

（2）在葡萄糖转化成脂肪过程中作为辅酶。这一过程称为酮转移作用（酮的携带）。在通过戊糖分路提供活化甘油醛的重要反应里，二磷酸硫胺也是一种和丙酮糖转化酶共同起作用的辅酶。它是将葡萄糖转变成脂肪的脂肪生成提供活化的甘油醇的关键环节。二磷酸硫胺素是关键的活化剂，它提供高能量的磷酸键，带电荷的镁离子（$Mg^{2+}$）是存在的另一个辅助因子。

## 四、其他功能

（1）末梢神经和间接功能。硫胺素也参加了末梢神经功能，其作用在治疗酒精中毒性神经炎、孕妇神经炎和脚气病方面有价值。在间接功能方面，硫胺素在人体里碳水化合物代谢有几种间接的功用，其中有维持正常的食欲、肌肉弹性和健康的精神体态作用。

（2）食物中的抗硫胺因子。某些生鱼或海产品，特别是鲤鱼、鲱鱼、青蛤和虾含有硫胺化酶，它能分裂硫胺素成两部分，从而裂解硫胺素分子。人的饮食里有大量新鲜酵母会降低硫胺素被肠道吸收的量。在亚洲某些地方普遍有这个习惯，饮大量的茶或嚼发酵的茶叶，或酗酒，酒精含有一种抗硫胺素物质。值得注意的是分解硫胺素的细菌也是在脚气病人的消化道里被发现。

（3）营养增补剂。维生素 $B_1$在体内参与糖类的中间代谢。机体内维生素$B_1$不足，辅羧化酶活性下降，糖代谢受阻影响整个机体代谢过程。其中丙酮脱羧受阻，不能进入三羧酸循环，不继续氧化，在组织中堆积。这时，神经组织供能不足，于是可出现相应的神经肌肉症状，如多发性神经炎，肌肉萎缩和水肿，严重时还可以影响心肌和脑组织的功能。维生素 $B_1$不足还会引起消化不良，食欲不振和便秘等病症。

## 第三节　人和养殖动物缺乏症

### 一、人的缺乏症

维生素$B_1$的缺乏使糖代谢发生障碍，由糖代谢所供应的能量减少，而神经和肌肉所需能量主要由糖类供应，受影响最大，可引起神经、循环等一系列临床症状。

维生素$B_1$可抑制胆碱酯酶对乙酰胆碱的水解作用。$B_1$缺乏时，胆碱酯酶活性增高，加速乙酰胆碱的水解。乙酰胆碱是传递神经冲动的重要物质，它缺乏时可使神经传导障碍，尤其影响支配胃肠道、腺体等处的神经传导，造成胃肠蠕动缓慢、腹胀、消化腺分泌减少，使食欲减低。所以在膳食中保证供给维生素$B_1$有增进胃口的作用。婴幼儿若喂养不当，长期以精制面粉或精白米为主食，又不及时添加辅食，或长期腹泻患有慢性消化道紊乱，都会使维生素$B_1$的吸收减少。若在这些情况下出现食欲低下和厌食，应想到补充维生素$B_1$。维生素$B_1$缺乏分为以下几种程度不同的反应。

（1）膳食缺乏。由于膳食中摄入不足，需要量增高和吸收利用障碍。肝损害、饮酒也可引起。长期透析的肾病者、完全胃肠外营养的病人以及长期慢性发热病人都可发生。初期症状伴有疲乏、淡漠、食欲差、恶心、忧郁、急躁、沮丧、腿麻木和心电图异常。

（2）轻度缺乏。正常人群中可出现轻度维生素$B_1$缺乏，但很容易被忽略。主要表现食欲不振，疲劳、淡漠（兴趣缺乏）、肌肉软弱无力，肢体疼痛和腿麻木感觉异常，易浮肿，血压下降和体温降低、恶心、忧郁、急躁、沮丧、生长滞缓和心电图异常。临床通过了解病人的饮食情况及测定红细胞中转酮醇酶的活性来诊断。

（3）长期缺乏。由于硫胺素缺乏症不被治愈，等于硫胺素数量不足以供应在细胞里主要的能管化辅酶因子，临床效应将反应在胃肠系统、神经系统和心血管系统。长时期的硫胺严重不足将导致脚气病。症状是多神经炎、消瘦或水肿以及心脏功能紊乱。

（4）严重缺乏。根据生活条件的不同，在人或在不同种养殖动物中，严重的维生素$B_1$缺乏分别表现为心血管损害和神经素紊乱所引发的两大类症状。第一类症状包括因小动脉和前毛细管损伤引起的水肿和心脏紊乱，后者表现为气短，胸闷和心搏过速并引起突然死亡。第二类症状包括敏感过度和敏感成退、脚部烧灼感、神经炎、肌肉软弱、疼痛和痉挛，甚至麻痹。严重缺乏时，一类或两类症状均明显出现脚气病。但在缺乏初期，尤其是当被其他症状掩盖时情况并非如此。神经衰弱，疲倦和情绪平衡失调应认为是潜在的维生素$B_1$缺乏症状。此外，还有食欲减退和消化紊乱、下痢、肠道迟缓、胃酸缺乏都可能是维生素$B_1$缺乏。

（5）相关病人缺乏。另外一些有患此病危险的人是经过长时期透析治疗的患肾病者，静脉输液持续较长时间的病人以及慢性发烧的传染病人。茶含有一种硫胺素的对抗剂，而生鱼含有硫胺化酶，它能分解硫胺素成二部分而裂解硫胺素分子，所以饮茶太多或吃大量生鱼的人可能也有发展成缺乏症的危险。

缺乏症硫胺素缺乏的许多症状随硫胺素缺乏严重性和持续时间而变化。质次的膳食、肝损害或酗酒可以引起轻度的症状。在许多病例中，酗酒是由于损坏了硫胺素的吸收，部分是由于叶酸缺乏而引起。

## 二、硫胺素缺乏症的临床反应

（1）肠胃系统。食欲不佳、消化不良、严重便秘、胃部松弛（缺乏弹性）和盐酸分泌减少。这些表现形式可能是由于供应消化系统的平滑肌和腺体助消化作用的葡萄糖能量不足造成的。

（2）神经系统症状。中枢神经系统唯一依靠葡萄糖作为它的能源，如果没有硫胺素来提供这种需要，就会损伤神经活动性能，警戒性和反射反应减弱，而疲劳和冷漠缺乏兴趣会随之而来。如果硫胺素继续缺乏，中枢神经系统和末梢神经中神经纤维的髓磷脂鞘退化，造成神经发炎，产生痛感、刺痛或麻木的感觉。如不医治，神经系统进一步退化，可导致瘫痪和肌肉萎缩。

（3）心血管系统症状。当硫胺素持续缺乏就会造成心肌衰弱和心力衰竭，心血管系统的平滑肌也会受影响，引起末梢血管舒张。心血管衰竭的结果在其端点可以观察到末梢水肿。

（4）干脚气病（组织萎缩）。初期症状主要表现为烦躁不安、易激动、头痛。往后以多发性神经炎症状为主，这种形态的脚气病反映在脚趾麻木或麻刺感、踝关节极硬、大腿肌肉酸痛和萎缩、膝关节反应降低、支持脚趾和脚的肌肉萎凋行走困难。当失调发展后期，因为神经退化和肌肉缺乏协调作用也影响到手臂和身体的其他部位。还会出现上升性对称性周围神经炎，表现为肢端麻木，先发生在下肢，脚趾麻木且呈袜套状分布。同时可能会伴随有消化道症状，主要表现为食欲不振、恶心、呕吐、腹痛、腹泻或者便秘、腹胀。

（5）湿脚气病（组织里储积液体）。区别于干脚气病是有水肿，特别是在腿部。其他的症状是食欲不好、气喘和心脏机能紊乱。湿性脚气病以水肿和心脏症状为主。也即缺乏维生素$B_1$而导致了心血管系统障碍，右心室扩大，出现水肿、心悸、气促、心动过速、心前区疼痛等症状；严重者表现为心力衰竭。心血管症状包括劳动时呼吸困难，心悸，心动过速和其他心电图不正常的情况，以及高输出量型心力衰竭。这种衰竭称为“湿性脚病”。它伴有广泛的水肿。

（6）婴儿脚气病。很难相信婴儿会得脚气病。①初期食欲不振、呕吐、兴奋、心跳快，呼吸急促和困难。严重时身体会出现青紫、心脏扩大、心力衰竭和强直性痉挛，这一急性失调通常发生在2～5个月的婴儿，是由母亲喂养的含有脚气病膳食的食物引起的。其症状为大哭时声音微弱，严重情况下完全失声，食欲不佳、呕吐、腹泻、脉快、发绀（皮肤和黏膜呈青蓝色）以及突然死亡。其发病突然，病情紧急，抢救时间极为迫切。②这种“脚气病”的婴幼儿脚部略有浮肿，用手指压迫时，即出现一个凹陷，压力解除后，此凹陷不能立即消失。这是由于婴幼儿生长发育迅速，维生素$B_1$的需要量相应增多，且婴幼儿抵抗力较差易患疾病，致使维生素$B_1$的吸收受障碍或消耗增加，腹泻和呕吐可使维生素$B_1$的吸收减少。发热或感染时，代谢旺盛维生素$B_1$消耗增多。③另一个原因是母乳喂养。母乳含维生素$B_1$较低，其含量只有牛奶的1/4，人工喂养婴幼儿以谷物淀粉食物为主，食用愈多，得到维生素$B_1$也愈多。但大多数患儿是轻度缺乏维生素$B_1$致病。因此，婴幼儿每天需有一定量的谷物粗粮、豆类和瘦肉等食品，才能保证体内维生素$B_1$的需要量，防止因维生素$B_1$缺乏引起脚气病。

综上，上述硫胺素缺乏和缺乏症临床反应出现概率极低，在中国几乎销声匿迹，但是相关知识依然值得人们知晓。维生素$B_1$的重要功能是调节体内糖代谢，保证每天摄入的谷物淀粉及糖类在人体内转化为能量而被利用。人体对硫胺素的需要量通常与摄取的热量正相关。维生素$B_1$还是维持心脏，神经及消化系统正常功能所必需的。当维生素$B_1$缺乏时，按其程度，依次可出现神经系统反应（干性脚气病）、心血管系统反应（湿性脚气病）、韦尼克氏（Wernicke）脑病及多神经炎性精神病综合征（Korsakoff）反应。硫胺素可促进成长。帮助消化，特别是碳水化合物的消化；改善精神状况，维持神经组织、肌肉、心脏活动的正常；减轻晕机、晕船；可缓解有关牙科手术后的痛苦；有助于对带状疱疹（herpes zoster）的治疗。

（7）维生素$B_1$的日推荐量。维生素$B_1$日推荐量见表6-5。

表6-5　维生素$B_1$日推荐量

| 组别 | 年龄（岁） | 体重（kg） | 身高（cm） | 硫胺素 |
|---|---|---|---|---|
| 婴儿 | 0 ~ 0.5 | 6 | 60 | 0.3 |
| | 0.5 ~ 1.0 | 9 | 71 | 0.5 |
| 儿童 | 1 ~ 3 | 13 | 90 | 0.7 |
| | 4 ~ 6 | 20 | 112 | 0.9 |
| | 7 ~ 10 | 28 | 132 | 1.2 |
| 男性 | 11 ~ 14 | 45 | 157 | 1.4 |
| | 15 ~ 18 | 66 | 176 | 1.4 |
| | 19 ~ 22 | 70 | 177 | 1.4 |
| | 23 ~ 50 | 70 | 178 | 1.4 |
| | 50 ~ 75 | 70 | 178 | 1.2 |
| | 76以上 | / | / | / |
| 女性 | 11 ~ 14 | 46 | 157 | 1.1 |
| | 15 ~ 18 | 55 | 163 | 1.1 |
| | 19 ~ 22 | 55 | 163 | 1.1 |
| | 23 ~ 50 | 55 | 163 | 1.0 |
| | 51 ~ 75 | 55 | 163 | 1.0 |
| | 75以上 | / | / | / |
| 妊娠期 | | | +300 | +0.4 |
| 哺乳期 | | | +500 | +0.5 |

上述推荐量根据①膳食中硫胺素不同含量对临床硫胺素缺乏症的效果分析；②硫胺素或它的代谢产物的排泄量；③红血球转酮酶的活性。大多数的研究结果是根据饮食里的碳水化合物和脂肪比例相似于消费人群的硫胺素量，某种程度上“节约”硫胺素。

因为硫胺素在能量代谢，特别是碳水化合物代谢的关键反应是必不可少的，所以硫胺素的需要量通常与摄入的能量有关。婴儿、儿童和青少年的推荐量参考商品标签所示，婴儿、儿童、特别是青少年的生长阶段，硫胺素的需要量是不断增加的。推荐量如下。①成年人。为0.5mg/1000kcal，但是因为某些证据指出老年人不能有效地利用硫胺素，推荐他们维持最低日摄入量1mg，即使他们每天消耗少于2000kcal热量。②妊娠和哺乳期妇女。这个阶段硫胺素的需要量增加，在整个妊娠期间推荐硫胺素0.6mg/1000kcal，或每天大约额外加0.4mg，考虑到在哺乳期间硫胺素损失和能量消耗增大，推荐1000kcal热量允许摄入0.6mg硫胺素，另外每天多加0.5mg硫胺素。③在以下情况应加大硫胺素需要量：一是应激状态。发烧、传染病、慢性病或外科手术期间；二是老年时期；三是体力劳动期间。④慢性酒精中毒期间。摄入高能量的酒精，硫胺素的吸收减少。⑤合理区间。维生素$B_1$的需要量与其调节碳水化合物代谢的功能有关，随膳食中碳水化合物含量而增加。成年人最低需要量为每1000大卡0.5mg维生素$B_1$。但每日进食少于2000大卡时，维生素$B_1$供给量不得少于每日1mg。能使代谢升高的各种情况，如重体力劳动，妊娠或发烧，需加大需要量。尿频时，维生素排出也多，需要量也增加。胃肠障碍常伴有肠壁吸收降低的现象，供给的维生素吸收受阻，只有少部分被吸收。⑥硫胺素对婴幼儿生长至关重要。6月龄婴儿较高的需要量为每1000大卡0.27mg或每天0.14～0.20mg。由于母乳中维生素$B_1$含量较低（通常为每升0.15mg，每1000大卡0.21mg），建议给授乳母亲每日补充1.5mg。另有研究说，只有当母亲每日摄入维生素$B_1$量为4.5mg时，吮乳婴儿的维生素$B_1$最佳供给量方能得到保证。成人每天需摄入2mg。

中国人三餐有足够的硫胺素供给消费者。平均每人日摄入2.17mg。其中肉、家禽和鱼占27.1%，乳制品占8.1%，面粉和谷物产品占41.2%。

## 三、养殖动物缺乏症

饲料添加剂维生素$B_1$可预防多发性神经炎、共济运动失调、抽搐、麻痹、后仰、生长受阻、采食量下降、腹泻、胃及肠壁出血、水肿和繁殖性能下降。

（1）造成养殖动物各种损伤。有功能瘤胃的反刍动物中维生素$B_1$的需要量是指胃中细菌合成作用来满足。然而，在喂以含消化能高的日粮的成年反刍动物确有散发性的维生素$B_1$缺乏症发生。养殖动物饲料中维生素$B_1$缺乏或不足会造成多种损伤。

（2）对家禽伤害较大。尤其对15日雏鸡影响很大，表现食欲不振，羽毛松乱，精神萎靡，随后出现明显的神经症状，脚软无力，步态不稳，有的头颈扭曲，头向后仰，尾部着地，呈“仰头观星”状。有的倒退行走，转圈为不能站立，两脚倒地（见图6-2），18小时内死亡。这些症状由于饲料中缺乏维生素$B_1$或含量不足，导致雏鸡体内硫胺素不足而引起的8周龄以内的雏鸡对维生素$B_1$需求量为每日粮1.8mg/kg。见图6-2雏鸡缺乏维生素$B_1$外部特征，体质虚弱，发绀和多发神经炎引发麻痹症状。

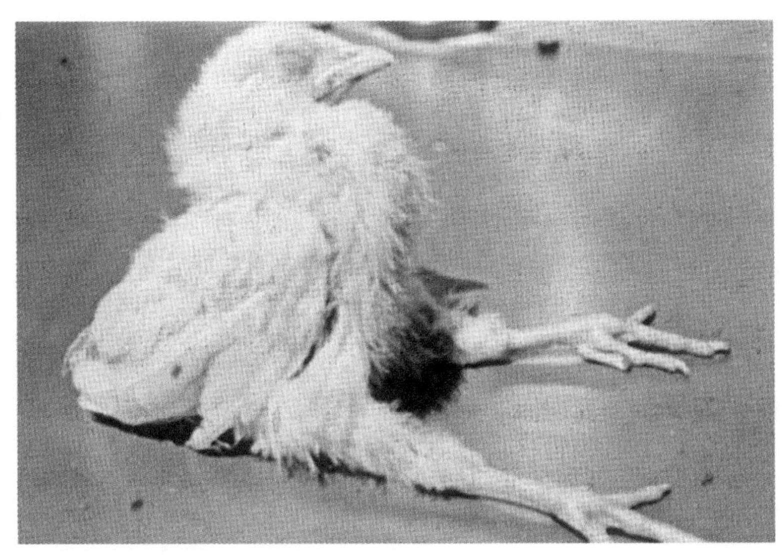

图6-2　雏鸡缺乏维生素$B_1$外部特征，体质虚弱，发绀和多发神经炎引发麻痹症状

表6-6　养殖动物维生素$B_1$缺乏症

| 器官/系统 | 症状表现 |
| --- | --- |
| 体况 | 采食量下降和丧失，生长受阻，体重减轻，身体虚弱，体温降低，进行性虚弱，猪、大鼠、小鼠狗、鸡、母火鸡呼吸困难 |
| 皮肤和黏膜 | 猪鸡头部皮肤动物发绀；犊牛流泪 |
| 神经系统 | 多发性神经炎，运动失调，痉挛性轻瘫和麻痹，例如，狐的查斯特克（Chastek）麻痹；狐、貂、犊、绵羊后期表现痉挛和抽搐。鸽、鸡、毛皮兽、犊、羔羊的角弓反张；狮子的“望星”病 |
| 血液和管脉系统 | 猪、大鼠脉博和大鼠呼吸缓慢；猪的心搏迟缓，心脏扩大和心肌纤维脂肪变质；猪鸡发绀，水肿 |
| 胃肠道 | 下痢和继发性脱水，肠道弛缓；猪、大鼠、小鼠胃酸缺乏，猪胃肠道出血。 |

（续表）

| 器官/系统 | 症状表现 |
|---|---|
| 生殖系统 | 公鸡睾丸发育受阻，母鸡卵巢萎缩；猪早产和新生仔猪死亡率高 |
| 其他症状和诊断试验 | 转经乙醛酶试验：在活体外，在红细胞溶血产物中加入辅羧酶后，人和大鼠等转羟乙醛酶的再激活值会升高 |

（3）农业部相关添加量规定。饲料产品中维生素$B_1$是以盐酸硫胺（维生素$B_1$）（Thiamine hydrochloride）（Vitamin $B_1$）和硝酸硫胺（维生素$B_1$）（Thiamine mononitrate）（Vitamin $B_1$）两种形式。2017年12月农业部公告第2625号修订了《饲料添加剂安全使用规范》，在配合饲料或全混合日粮中的推荐量（以维生素计）对$B_1$给出了推荐规定。这些产品包括猪饲料、家禽饲料和鱼类饲料（见附录3农业部公告第2625号）。

## 第四节　维生素$B_1$的来源

### 一、加工损失

收获、加工、烹调和贮藏过程中所用的方法会影响食物中硫胺素的含量。造成硫胺素损失的因素是pH值、热、氧化作用、无机碱、酶、金属复合物和辐射作用。维生素$B_1$的噻唑和嘧啶环之间的键是很脆弱很易破坏，特别是在碱性介质或者在水分存在下加热更易破坏。硫胺素对氧化和还原作用很敏感。氧化硫、硫化物等很容易打开硫胺素分子里的键，使其丧失维生素的活性。硫胺素加工、烹调时损失有关情况见表6-7。

表6-7　硫胺素加工、烹调时损失

| 加工方式 | 损失情况 |
|---|---|
| 半熟大米 | 浸泡过和煮半熟的大米含硫胺素多于生米，这种半熟作用使得硫胺素和其他水溶性养分从外层移到米粒的里层，使加工时很少损失 |
| 灌装/油炸 | 罐装食品常使硫胺素损失，由于硫胺素能溶解在罐装液里，因此罐装液排掉越多，损失越大。肉类加工时硫胺素损失大于烹任其他食物，损失硫胺素30%～50%，油炸损失最少 |
| 干燥食物 | 除水果外，干燥食物损失很少。硫胺素能很快地被硫化物破坏，可以解释为什么如杏、桃用硫处理后制成杏干或桃干后，其硫胺素损失较多的原因 |

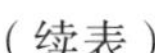

（续表）

| 加工方式 | 损失情况 |
| --- | --- |
| 冷冻蔬菜 | 冰鲜蔬菜需热烫后破坏酶活性，在贮存环节维持所存在的硫胺素含量 |
| 辐射破坏 | 辐射作用下破坏硫胺素，肉里硫胺素在保存过程中经辐照射基本损失殆尽 |
| 正常烹调 | 通混合饮食的正常烹调约损失25%的硫胺素。硫胺素在常温下曝露在空气中很少损失，因此在食物贮藏时硫胺素损失是极微的 |
| 湿热/干热 | 煮沸不超过1小时硫胺素损失很少，但是由于硫胺素溶于水中，如果煮的水多或倒掉可损失1/3以上的硫胺素。高的干热温度，烘烤面包时，能引起大量的损失。烘烤面包损失15%～20%硫胺素 |
| 早餐谷物 | 建议早餐谷物在中等温度下加温，煮水被谷物吸收，故硫胺素没什么损失 |
| 碱性介质 | 硫胺素在碱液里很容易被破坏，加入碱保护蔬菜的绿颜色的办法是不可取的 |

## 二、维生素$B_1$的来源

谷类种子外皮及胚芽中含维生素$B_1$特别丰富，是维生素$B_1$的主要来源，其次是豆类、动物肝、瘦肉中含量也较多。米糠、麦麸、黄豆、蛋黄、牛奶、酵母、瘦肉、番茄等食物中含量丰富。此外，白菜、芹菜及中药防风、车前子也富含维生素$B_1$。

动物食品和蔬菜含一些硫胺素，但含量有限。因此，普通膳食缺乏硫胺素是完全可能的，特别是热量摄取减少时。除了提供天然的硫胺素食物外，也有合成硫胺素。硫胺素在食物中的含量随不同的食物稍有变化，而且还受收获、加工、浓缩和贮存都有影响，维生素$B_1$的常见食物来源见表6-8。

表6-8　维生素$B_1$的常见食物来源

| 来源 | 食物 |
| --- | --- |
| 丰富来源 | 瘦猪肉（新鲜或腌制的）、向日葵籽、强化玉米片、花生、棉籽粉、红花粉、大豆粉 |
| 良好来源 | 小麦麸、肾脏、强化面粉、黑麦粉、坚果（花生除外）、全麦粉、强化玉米粉、强化稻米、强化白面包、大豆芽 |
| 一般来源 | 蛋黄、豌豆、火鸡（火腿肉）、牛肝、午餐肉、虾、鲭鱼、大麻哈鱼、鳕鱼、鲱鱼的鱼卵、利马豆、油炸豆、小扁豆 |
| 微量来源 | 多数水果、多数蔬菜、精米、白糖、动、植物油和脂肪、牛奶、黄油、人造黄油、蛋、酒 |
| 补充来源 | 硫胺素盐酸盐、硫胺素硝酸盐、酵母（啤酒酵母和圆酵母）、米糠、麦芽、精米 |

全谷物和添加过硫胺素的谷物产品是硫胺素的最好食品。

食物缺乏硫胺素很多是人为造成的，如精制稻米和谷类粉（几乎全部天然贮存的硫胺素被磨粉弄掉了），精制白糖，分离动、植物脂肪和油以及含酒精的饮料。虽然家制的啤酒和乡村酿制的葡萄酒可能含有明显量的硫胺素，但商业销售的啤酒、葡萄糖和白酒则没有含用作发酵酵母的硫胺素。事实上，在非洲和拉丁美洲有些居民是从他们自制土酿的啤酒中得到了所需的硫胺素。

需要补充的是，从1941年开始，美国等西方国家给面粉（面包）和谷物添加硫胺素、核黄素、尼克酸和铁（如需要也可添加钙），这在改进饮食水平方面具有特殊意义。根据平均每人消耗面粉和面包量，现在每天大约略多于40%需要量的硫胺素是通过这些主食供应的。在稻米中增添营养素（强化稻米）在某些食米的国家已经实践多年，日本大部分食用的稻米均强化过。而我国只在少部分商品食品添加或强化硫胺素，在原粮上添加还非常少见（见附录4维生素汇总表）。

# 第七章

# 维生素$B_2$

## 第一节　概　述

维生素$B_2$（核黄素）（Vitamin $B_2$）（Riboflavin）最显著的特点是漂亮的黄色，从化学上看，由一个黄色素（光色素）和一个还原形式核糖组成，它是水溶性维生素成员。1879年，英国化学家布鲁斯（Bruce）发现在牛奶的乳清中存在一种黄绿色的荧光色素，乳清中的黄绿色荧光物质就是“核黄”的由来。随后，其他研究发现这种色素广泛存在于不同来源的食物如肝脏、心脏和卵清蛋白中，乳品中核黄素最丰富。当时把这具有荧光特性的色素叫作黄素，但那时还不知道这一色素在生物学上的重要性。

实际上核黄素存在于所有活性细胞中，像尼克酸一样，在细胞氧化过程中起着重要作用。最常见的形式为苷酸或磷酸酯，或与蛋白质结合。只有在乳品，尿或视网膜组织中才有较大量的游离状态的核黄素存在。重要的维生素$B_2$的食物来源有肝、肾、瘦肉鱼、酵母、奶、乾酪、蛋和蔬菜。

直到1928年，人们证明以前被称为维生素B的物质并非是单一的维生素。许多研究者发现，在加热破坏了酵母中的抗脚气病因子的硫胺素或维生素$B_1$后，另外还存在着一种促进生长的物质。美国研究工作者将此未知物质称为维生素G，而英国科学家则称之为维生素$B_2$。当时人们认为这仅仅是一种维生素，后来发现，这个对热稳定的部分是由几种维生素组成的。

## 一、历史与发现

1879年英国著名化学家布鲁斯发现牛奶的上层乳清中存在一种黄绿色的荧光色素，他们用各种方法提取，试图发现其化学物质，但都没有成功。几十年中，尽管世界许多科学家从不同来源的动植物都发现这种黄色物质，也都无法识别。

1926年T.史密斯（D. T. Smith）和E. G.亨德里克（E. G. Hendrick）发现维生素$B_2$。

1932年，两位德国科学家沃伯格（Warburg）和克里斯蒂安（Christian）分离出了“黄酶”，后经鉴定其中一部分是黄素单核苷酸即核黄素磷酸盐。

1933年，美国科学家哥尔倍格（Gorebeige）等从1000多kg牛奶中得到18mg这种物质，后来人们因为其分子式上有一个核糖醇，命名为核黄素。

20世纪30年代初期，德国和瑞士科学家首先对这个早已熟知并广泛分布的荧光色素进行了分离试验。

1933年，海德堡大学库恩（Kuhn）从牛奶中分离出纯的核黄素，1935年他又确定了核黄素的结构并成功的人工合成了这个维生素。

1935年，瑞士科学家卡勒（Karrer）及其同事独立的完成了这个重要的研究，卡勒发现它在类似黄素的化合物上连接有一个戊糖侧链核糖醇与核糖很相似，故将其命名为核黄素。1952年该名称被生物化学命名委员会正式采纳。

## 二、理化性质

（1）结构式。由于核黄素在水中的溶解度低，水溶性的核黄素-5’-磷酸钠已成为此维生素$B_2$的一个重要形式。

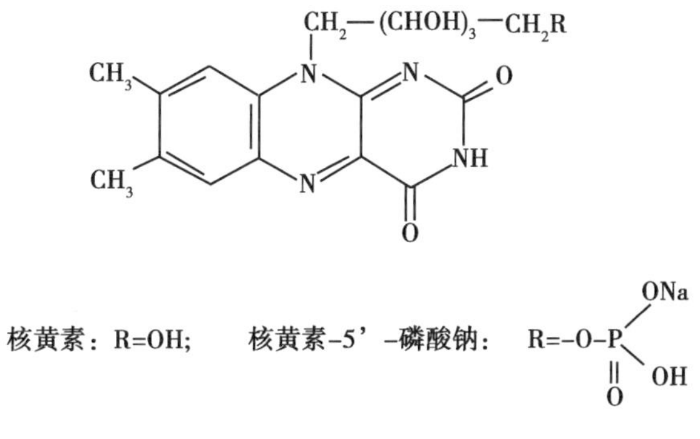

$CH_2-(CHOH)_3-CH_2R$

核黄素：R=OH;　　核黄素-5’-磷酸钠：R=-O-P(=O)(ONa)(OH)

（2）化学。维生素$B_2$是一个具有绿黄色荧光而对热稳定的两性化合物，pH值为6，有旋光性为左旋。化学核黄素由一个咯嗪环与一个核糖衍生的醇相连接而成。代表物质维生素$B_2$为7，8-二甲基-10-（1-D-核糖基）-异咯嗪。

（3）代谢。膳食中的大部分维生素$B_2$是以黄素单核苷酸（FMN）和黄素腺嘌呤二核苷酸（FAD）辅酶形式和蛋白质结合存在。进入胃后，在胃酸的作用下，与蛋白质分离，在上消化道转变为游离型维生素$B_2$，核黄素在小肠上部通过被动扩散而被吸收。被动扩散控制着肠黏膜细胞摄取核黄素数量的多少。核黄素在肠壁中磷酸化并随血液流到各个组织，在那里它以磷酸盐或以核蛋白的形式出现。

虽然在肝和肾中的其他组织含有较高浓度的核黄素，但身体贮存核黄素的能力依然有限。因此，人和动物每日组织的需要量必须由膳食和饲料日粮供给。核黄素是水溶性维生素，通过尿排除，其排泄量与摄取量有关，即当摄取量高时，尿排泄量也高，摄取量低时，排泄量也低。少部分核黄素可由粪便排出。所有哺乳动物均可由其乳汁中分泌核黄素。

（4）性质。纯核黄素是橙黄色的晶体，有苦味，但几乎无气味。在水溶液中发出略带绿色的黄色荧光。微溶于水（在水中的溶解度比硫胺素低得多），中性和酸性溶液中对热稳定，但在碱性溶液中会因加热而破坏。稍溶于乙醇、环己醇、苯甲醇、乙酸，不溶于乙醚、氯仿、丙酮和苯。在可见光与紫外线的照射下和在碱溶液中加热是破坏维生素$B_2$性质的主要原因。光照及紫外照射引起不可逆的分解，例如，阳光照到玻璃瓶中存放的牛奶上时，核黄素便会被破坏。纸盒软包装牛奶就可以避免这一损失。人工合成的核黄素应存放在深色玻璃瓶中。由于核黄素对热稳定性及在水中溶解度有限，因此，在食品加工与蒸煮过程中损失甚少。饲料添加剂维生素$B_2$应在热敏库中25℃下储存。

（5）理化性质（表7-1）。

表7-1　理化性质

| | 核黄素 | 核黄素-5’-磷酸钠 |
|---|---|---|
| 分子式 | $C_{17}H_{20}O_6N_4$ | $C_{17}H_{20}O_9N_4 \cdot PNa$ |
| 分子量 | 376.4 | 478.4 |
| 熔点（℃） | 在280～290分解 | 在280～290分解 |
| 性状 | 黄色至橙色结晶粉末，微臭，味微苦 | |
| 吸收光谱 | 硫胺素及其磷酸盐在0.1moL盐酸溶液中约为223nm、374nm和444nm处有特征吸收光谱 | |

（续表）

| | 核黄素 | 核黄素-5'-磷酸钠 |
|---|---|---|
| 溶解度 | 核黄素：易溶于稀碱液中分解，微[illegible]水（7mg/100mL），可溶于氯化钠溶液，易溶于稀的氢氧化钠溶液，微[illegible]乙醇中，不溶于乙醚及氯仿中。溶解度为12mg/100mL。在强酸溶液中稳[illegible]耐热、耐氧化。光照及紫外照射引起不可逆的分解<br>核黄素-5'-磷酸钠[illegible]水中，微溶于乙醇中不溶于乙醚，丙酮和氯仿中。 | |
| 旋光度 | 核黄素[illegible]$_D^{20}$=-122° 至-136°，在0.05moL NaOH溶液中C=0.05<br>核黄素-[illegible]磷酸钠：$[\alpha]_D^{20}$=+38° 至+42°，在20%HCl水溶液中C=1.5。 | |
| 稳定性 | 两种化合[illegible]对光及紫外线辐射敏感，对热和大气中的氧稳定；在日光或强光暴露下的碱性溶液中迅速分解。要避免与还原剂和稀有金属接触 | |

（6）分析和度量制。人和动物的需要量或含量检测用克、毫克或微克表示。人的核黄素营养状况可通过分析尿中排出的或用血液分析来评定。生物单位和标定。维生素$B_2$的计量单位为毫克计。当用大白鼠和鸡的生长来检测饲料中或动物食品的核黄素时，生物检测方法已普遍被微生物方法和化学方法所替代。含有维生素$B_2$的制剂的生物活性取决于治疗性大鼠生长试验测定，用结晶核黄素作为参考物质。一个已过时不再使用的生物活性定义是：1mg核黄素相当于250大鼠单位或50薛一布二氏单位（Sherman-Bourguin Units）。

（7）毒性（过量）。摄入过多可能引起瘙痒、麻痹、流鼻血、灼热感、刺痛等轻微反应，未曾发现维生素$B_2$有毒性的效应报道。

## 三、产品标准与生产工艺

表7-2 食品添加剂维生素$B_2$（核黄素）GB 14752—2010

| 项目 | | 指标 |
|---|---|---|
| 维生素$B_2$（核黄素）（以干基计），w（%） | | 98.0 ~ 102.0 |
| 比旋光度αm（20℃，D）/〔（°）·$dm^2$·$kg^{-1}$〕 | | −120 ~ −140 |
| 感光黄素的吸光度 | ≤ | 0.025 |
| 干燥减量，w（%） | ≤ | 1.5 |
| 灼烧残渣，w（%） | ≤ | 0.3 |
| 重金属（以Pb计）（mg/kg） | ≤ | 10 |
| 砷（As）（mg/kg） | ≤ | 2 |

表7-3　食品安全国家标准　食品添加剂核黄素-5'-磷酸钠（GB 28301—2012）

| 项目 | | 指标 |
|---|---|---|
| 核黄素（$C_{17}H_{20}O_6N_4$）含量，w（%） | | 73.0～79.0 |
| 比旋光度αm（25℃，D）/〔（°）·$dm^2$·$kg^{-1}$〕 | | +37.0～+42.0 |
| pH值 | | 5.0～6.5 |
| 干燥减量，w（%） | ≤ | 7.5 |
| 灼烧残渣，w（%） | ≤ | 25.0 |
| 游离磷酸，w（%） | ≤ | 1.0 |
| 游离核黄素，w（%） | ≤ | 6.0 |
| 核黄素二磷酸盐，w（%） | ≤ | 6.0 |
| 铅（Pb）（mg/kg） | ≤ | 2.0 |

表7-4　饲料添加剂维生素$B_2$（核黄素）（GB/T 7296—2006）

| 项目 | 指标 |
|---|---|
| 维生素$B_2$含量（以$C_{17}H_{20}O_6N_4$干燥品计）（%） | 96.0～102（96%）98.0～102（98%） |
| 比旋度[α]Dt/（°） | -115～-135 |
| 感光黄素（吸收值） | ≤0.025 |
| 干燥失重率（%） | ≤1.5 |
| 炽灼残渣率（%） | ≤0.3 |
| 铅含量（%） | ≤10 |
| 砷含量（%） | ≤3.0 |

表7-5　饲料添加剂80%核黄素（维生素$B_2$）微粒（GB/T 18632—2010）

| 项目 | 指标 |
|---|---|
| 维生素$B_2$含量（以$C_{17}H_{20}O_6N_4$计）（干基）（%） | ≥80.0 |
| 干燥失重率（%） | ≤3.0 |
| 炽灼残渣率（%） | ≤5.0 |
| 粒度 | 最少90%通过0.28mm标准筛 |
| 铅含量（mg/kg） | ≤5.0 |
| 砷含量（mg/kg） | ≤3.0 |
| 沙门氏菌（25g样品中） | 不得检出 |

饲料添加剂维生素$B_2$生产工艺与产品规格。①发酵法。以葡萄糖、玉米浆、无机盐等为培养基，用子囊菌类的特种活性菌经孢子、种子培养，于28℃下深层发酵

9天得到维生素$B_2$发酵液。再经酸化、水解、还原、氧化、碱溶、酸析、重结晶等处理制得维生素$B_2$；②合成法。葡萄糖经氧化转变为钙盐，再加热转化为核糖酸，以还原得D-核糖。核糖与3，4-二甲苯胺缩合，还原后再与氮苯偶合，并与巴比妥酸环合制得维生素$B_2$。

维生素$B_2$添加剂的主要商品形式为核黄素及其酯类，黄色至橙黄色的结晶性粉末。该产品一般采用生物发酵法或化学合成法制得。生物发酵法多采用乙酸梭状芽孢杆菌和假丝状酵母等菌种。化学合成法由3，4-二甲基苯胺与糖来合成。1997年，我国完成核黄素工业化新工艺，取得全球1/3核黄素市场。饲料添加剂维生素$B_2$常用规格含核黄素96%、98%、80%，也有55%、50%规格。

## 第二节　生理功能

作为辅酶促进代谢，核黄素和磷酸及一分子蛋白质结合成为黄素酶，该酶类又叫脱氢酶，介导氢原子转移对糖、脂和氨基酸的代谢非常重要。它是许多动物和微生物生长的必需因素。维生素$B_2$与特定的蛋白质结合生成黄酶。黄酶在物质代谢中起传递氢的作用，参与组织的呼吸过程。

维生素$B_2$是动物体内各种黄酶辅基的组成成分。在组中以黄素单核苷酸（FMN）和黄素腺嘌呤二核苷酸（FAD）的形式参与碳水化合物、蛋白质、核酸和脂肪的代谢，在生氧化过程中起传递氢原子的作用。维生素$B_2$具有提高蛋白质在体内的沉积、促畜禽正常生长发育的作用，有保护皮肤、毛囊黏膜及皮脂腺的功能。核黄素还具有强化肝脏功能，调节肾腺素分泌、防止毒物侵袭的功能，并影响视力。

### 一、参与呼吸链作用

核黄素可起到黄素蛋白的一组酶的部分作用。黄素单核苷酸（FMN）和黄素腺嘌呤二核苷酸（FAD）在细胞代谢呼吸链的重要反应中均起控制作用。FMN和FAD的结构（两个化合物的结构式见图7-1）维生素$B_2$以磷酸酯（黄素单核苷酸FMN）或黄素腺嘌呤二核苷酸（FAD）的形式出现，作为与氢有关的黄素酶的辅酶而起作用。其在呼吸链中的作用尤应予以注意。

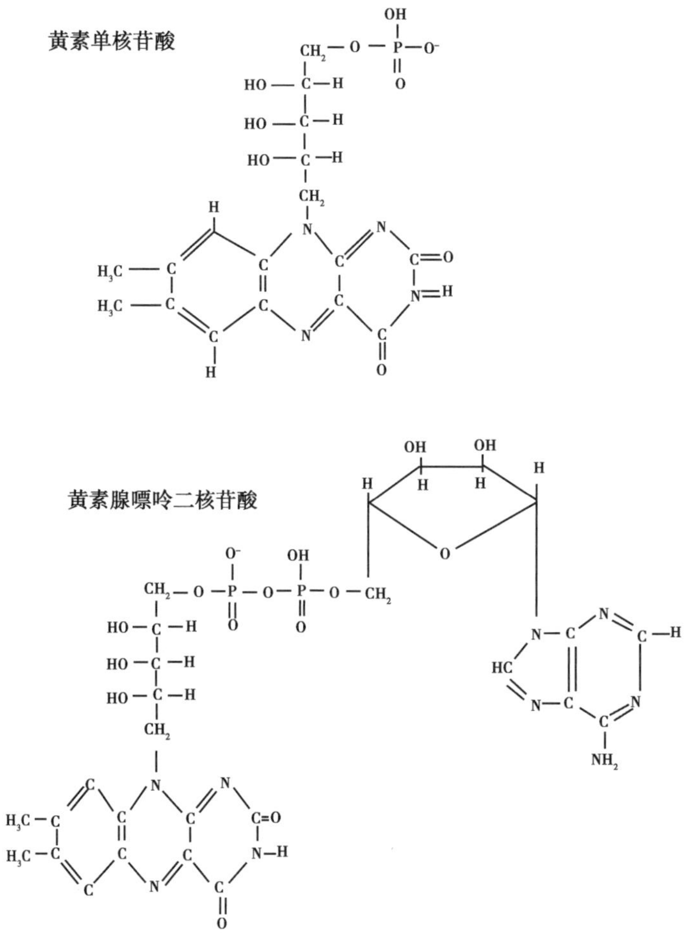

黄素单核苷酸

黄素腺嘌呤二核苷酸

图7–1　FMN和FAD的结构式

在较广义上看，呼吸链的黄素酶参与碳水化合物，氨基酸和脂肪酸的一般代谢。在许多种底物的氧化作用中，它们从各种特定底物脱氢酶接受氢，以供氧化形成水。

## 二、黄素蛋白系统

黄素酶还原辅酶I-和还原辅酶Ⅱ-细胞色素C-还原酶以及琥珀酸脱氢酶，传递来自还原辅酶I和还原辅酶Ⅱ或来自琥珀酸的氢，同时将辅酶还原。随后黄素酶被细胞色素氧化，氢原子的电子被细胞色素接受，而氢离子则与氧离子形成水。

FMN和FAD可作为若干不同黄素蛋白系统的辅酶，它们与含有硫胺素和尼克酸酶类一起，在氧化-还原反应长链中起着释放能量的重要作用。在这个过程中，氢由一个化合物传递至另一个化合物，直至最后与氧结合生成水。

（1）核黄素与代谢。核黄素还有激活吡哆醇（维生素$B_6$）的作用，因此它在由色氨酸形成尼克酸的过程中也必不可少。因此，核黄素在氨基酸、脂肪酸和碳水化合物的代谢中均起重要作用。在上述过程中，可逐步释放能量，供细胞应用。人们还认为核黄素是：①眼睛视黄醛色素的成分；②与肾上腺的功能有关；③肾上腺皮质产生皮质甾类所必需的。

（2）黄素与氨基酸。还有一些在中间代谢具有功能的黄素酶是D-和L-氨基酸氧化酶，它将氨基酸脱氢成为相应的亚氨基酸。后者自动分解为α-酮酸和氨。还原型D-和L-氨基酸氧化酶和黄嘌呤氧化酶把氢直接传递给分子氧，而其本身在此过程中重新被氧化。

黄嘌呤氧化酶将次黄嘌呤和黄嘌呤氧化为尿酸，并将醛类氧化为相应的羧酸。此外，维生素$B_2$作为脂酰基辅酶A脱氢酶的成分，在饱和脂肪酸的降解中起作用。后者的脱氢是由这些酶类所催化的。这个脱氢作用是活化的脂肪酸经β-氧化作用除去乙酸的降解过程的重要中间阶段。从相反的意义看，从乙酸合成链脂肪酸时，也需要维生素$B_2$的黄素单核苷酸形式（FMN），作为脱氢脂酰基还原酶。维生素$B_2$在脂肪酸代谢中的这个功能为高脂肪食物，正常维生素$B_2$需要量升高提供一个解释。

## 三、视觉功能

在大多数动物器官中，维生素$B_2$是以黄素单核苷酸或黄素腺嘌呤二核苷酸的形式存在。而在眼球晶状体、视网膜和角膜中则含有较大量的维生素$B_2$。然而，迄今还不确认维生素$B_2$在眼中或视觉过程中究竟有何功能。但不能否认当维生素$B_2$缺乏时，可观察到眼角膜中血管增生和折射介质混浊，见图7-2维生素$B_2$与呼吸链图释。

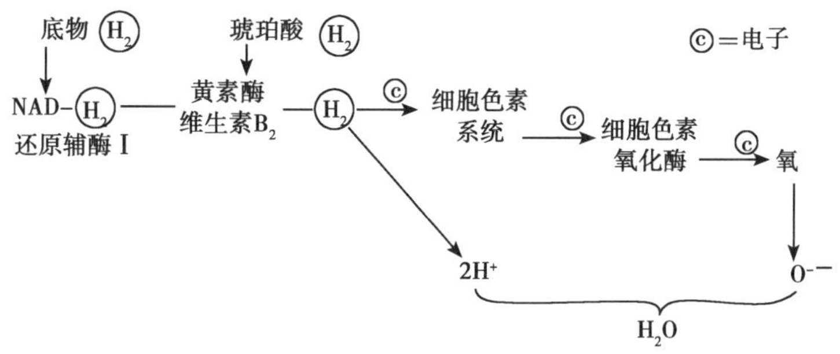


图7-2　维生素$B_2$与呼吸链图释

综上，维生素$B_2$具有促进发育和细胞的再生作用；和其他的物质相互作用来帮助碳水化合物、脂肪、蛋白质的代谢；增进视力，减轻眼睛的疲劳；促使皮肤、指甲、毛发的正常生长，帮助消除口腔内、唇、舌的炎症；可能与黄素酶-谷胱甘肽还原酶有关具有抗氧化活性；与机体铁的吸收、储存和动员有关。

## 第三节　人和养殖动物缺乏症

### 一、人的缺乏症

核黄素广泛分布在植物与动物组织中。它可由所有高等植物合成，主要在绿叶中。同时，像硫胺素样，人与动物肠道的细菌可合成相当数量的核黄素，但变异很大。因此，人和养殖动物需要从食物或饲料中补充核黄素。

（1）一般缺乏。一般缺乏影响机体的生物氧化，使代谢发生障碍。最重要的症状是疲倦和不能坚持工作，嘴唇、口腔黏膜和舌的变化，以及角质皮肤以及其他部分身体皮肤的变化，特别是在人的眼部、鼻、舌、口角炎、唇炎、舌炎、眼结膜炎胃肠道、肛门、阴门和阴囊皮肤或黏膜的变化。一般缺乏核黄素的表现如下。①口部。其病变多表现为口部，可发生唇干裂、口周围溃疡、嘴唇肿胀、发红和裂口，而且在嘴角发生特征性干裂（口角炎）。②皮肤。可能发生脂溢性皮炎（油性鳞屑）。特别是皮肤皱褶处、鼻子周围的皮肤和男性的阴囊处，可能变成鳞状并伴有脂疹发生。③妊娠。在妊娠期间缺乏核黄素会导致胎儿骨骼畸形，包括骨头变短，肋间，趾间和指间生长畸形，手指变短且指关节减少。④妊娠期。缺乏维生素$B_2$导致胚胎骨骼异常，如骨变短，肋骨、足趾和手指生长畸形，短指或短趾畸形。⑤眼和外生殖器部位的炎症。严重的核黄素缺乏症通常并没有明显的和特异的病变，只表现若干非特异症状。⑥贫血。以人做实验对象施用半乳糖黄素（一种核黄素的拮抗药），会产生贫血。而这种贫血现象及其他症状，服用核黄素后会很快消失。⑦鼻和舌。鼻角部发生裂口和疼痛发炎。发生舌炎、舌肿胀，发红裂口和疼痛。⑧伤口愈合难。即使是很小的伤口也会发炎且不易愈合；⑨疲劳。最重要的非特异性症状是感觉体力不支，非常疲劳和不能工作。

（2）中度缺乏。维生素$B_2$缺乏的另一个症状是视力减退和眼睛容易疲劳。在维生素$B_2$轻中度缺乏时，上述所有症状均可能出现，但不很明显。

（3）潜在的缺乏。另一个潜在的或明显的维生素$B_2$缺乏常伴有其他营养不足的症状，因此难于识别。与所有其他维生素不同，缺乏核黄素对人类来说不会引起任何严重的疾病。但是，与缺乏核黄素有关的临床病症在发展中国家和贫困地区各种年龄的人身上屡见不鲜。核黄素缺乏症很少单独发生，经常与B族复合物的其他维生素缺乏症同时发生。长期缺乏会导致儿童生长迟缓，轻中度缺铁性贫血。与维生素$B_6$、维生素C及叶酸协同作用效果最佳。由于核黄素溶解度相对较低，肠道吸收有限，一般来说核黄素不会引起中毒或过量。

所有上述情况均很常见，特别在肉、奶和蛋供应不足的发展中国家的儿童中更为常见。有时在饮食营养充足国家的上了年纪的人群中也会见到同样的情况。

（4）维生素$B_2$的日推荐量。

NRC和FNB的核黄素日推荐量见表7-6。

表7-6　核黄素日推荐量

| 组别 | 年龄（岁） | 体重（kg） | 身高（cm） | 核黄素（mg） |
|---|---|---|---|---|
| 婴儿 | 0 ~ 0.5 | 6 | 60 | 0.4 |
| | 0.5 ~ 1.0 | 9 | 71 | 0.6 |
| 儿童 | 1 ~ 3 | 13 | 90 | 0.8 |
| | 4 ~ 6 | 20 | 112 | 1.0 |
| | 7 ~ 10 | 28 | 132 | 1.4 |
| 男性 | 11 ~ 14 | 45 | 157 | 1.6 |
| | 15 ~ 18 | 66 | 176 | 1.7 |
| | 19 ~ 22 | 70 | 177 | 1.7 |
| | 23 ~ 50 | 70 | 178 | 1.6 |
| | 51以上 | 70 | 178 | 1.4 |
| 女性 | 11 ~ 14 | 46 | 157 | 1.3 |
| | 15 ~ 18 | 55 | 163 | 1.3 |
| | 19 ~ 22 | 55 | 163 | 1.3 |
| | 23 ~ 50 | 55 | 163 | 1.2 |
| | 51以上 | 55 | 163 | 1.2 |
| 妊娠期 | | | +300 | +0.3 |
| 哺乳期 | | | +500 | +0.5 |

FNB结论认为有关资料还不足以说明蛋白质、能量需要量和代谢体重的互相依赖关系，很难评判哪一点更重要，用这三方面要素方法所计算的量均无显著的差异。

成人与儿童核黄素日推荐量是以各种年龄的人均为0.6mg/1000kcal为基础计算的。对于热量摄入可能低于2000kcal的老年人和另一些人群，则建议最低日摄入量为1.2mg。与硫胺素相反，目前尚无证据说明当能量利用增加时，需要提高核黄素的需要量。

妊娠期和哺乳期分别为妊娠期日推荐量增加核黄素约0.3mg，哺乳期日增加核黄素约0.5mg，普通居民日消费核黄素为2.44mg。膳食中83.4%的核黄素来自肉、鱼和家禽；奶与乳制品；面粉与谷物制品三类食品。用于补充面粉和谷物制品的人工合成或发酵得到的核黄素，平均为每人日0.33mg，相当于成年男性需要量的1/5，这是一个十分有效的数量。另一种不同的看法是按照核黄素的生理功能推论的，他们认为需要量与代谢率有关，也一定与体重有关。依年龄和生活条件的不同，人日需要量在1～3mg。正常情况下日1.1～1.6mg足够成年人的需要。当低于日0.6mg以下时出现缺乏症状。儿童最低日需要量为0.4～0.5mg。妊娠，哺乳和生长期，患病如感染，甲状腺机能高等，以及进食液体量增加时，则需要量也增加。

最容易不同程度地发生核黄素缺乏的人群是动物蛋白和营养增补性食品食入不足，特别是那些不能食用足够牛奶的人，饮酒爱好者，老年人，以及口服避孕药的或妊娠和哺乳期的妇女。核黄素缺乏症通常还和维生素A、叶酸、钙、铁，有时还有维生素D的缺乏症一起发生，在许多贫困地区是屡见不鲜的。

## 二、养殖动物缺乏症

饲料中添加维生素$B_2$可提高母猪活胎数、存活率、产仔率和窝活产仔数。改善肉鸡生长性能和免疫器官指数，提升集体抗氧化能力。

（1）缺乏症对家禽影响很大。核黄素是各种养殖动物生长和组织修复所必需的。在冷应激时或饲喂高能量低蛋白粮的畜禽对维生素$B_2$的需求量增高。缺乏核黄素可能对家禽产生损害性影响。饲料日粮中补充维生素$B_2$可防治鸡的蜷爪麻痹症、口角眼睑皮炎以及$B_2$缺乏引的生长受阻等症状。严重缺乏时鸡脚爪鸭脚蹼关节完全向后翻转，使得鸡鸭一步一踉跄，一步一摔倒。还有一家饲料厂贴错饲料标签，错误地把猪饲料当作禽饲料，导致鸡鸭群体出现上述典型的缺乏症状。见图7-3两周龄雏鸡维生素$B_2$缺乏症。

图7-3　二周龄雏鸡维生素$B_2$缺乏症

（2）影响饲料利用效率。在养殖业环节，维生素$B_2$缺乏时养殖动物对饲料利用效率降低特别明显。由于氨基酸氧化酶作用不足而引起的内源蛋白质合成受阻，以致摄入的一部分氨基酸直接由尿中排出了。长期缺乏核黄素会使猪、鸡大白鼠、小白鼠和猴患白内障。养殖动物维生素$B_2$缺乏症见表7-7。

表7-7　养殖动物维生素$B_2$缺乏症

| 器官/系统 | 症状表现 |
|---|---|
| 体况 | 生长缓慢或停滞，猪、狗、狐、大鼠、豚鼠，小鼠、鸡、母火鸡采食量减退；狗体温下降 |
| 皮肤和黏膜 | 口腔和鼻腔黏膜以及眼睑和口角溢脂性皮炎，并且大量流泪和流涎。猪、猫、大鼠、犊、羔羊表现外表干性、鳞片状皮炎，脱毛，被毛粗糙；狐的背毛褪色；公火鸡肢端皮肤发炎，啄角部结痂 |
| 眼 | 对光敏感，猪、狗、狐、猫、鳟鱼眼球晶状体混浊；角膜血管增生，大鼠内障；马结膜炎 |
| 神经系统 | 多发性痉挛和弛缓性麻痹，鸟类，哺乳动物因外围神经束、锥状神经束和脑神经髓磷脂退化引起的运动失调；鸡卷爪麻痹症 |
| 消化道 | 因消化道黏膜发炎引起猪、鸡、禽呃逆、呕吐、吸收紊乱和下痢 |
| 生殖系统 | 蛋鸡产蛋障碍，种蛋孵化率低，孵化第二周胚胎死亡率高，生长阻滞和广泛水肿，禽胚胎“棒状”绒毛。猪的回吸性不育，早产和死胎；仔猪水肿 |
| 其他症状和诊断试验 | 谷胱甘肽还原酶试验：在试管中向全血或红细胞溶血产物中加入黄素腺嘌呤二核苷酸（FAD），依赖还原辅酶Ⅱ（$NADPH_2$）的谷胱甘肽还原酶活性升高。实验组为人、大鼠、猪、鸡等 |

（3）农业部相关添加量规定。饲料产品中维生素$B_2$是以核黄素（Riboflavin）形式存在。2017年12月农业部公告第2625号修订了《饲料添加剂安全使用规范》，在配合饲料或全混合日粮中的推荐量（以维生素计）对维生素$B_2$给出了推荐规定。这些产品包括猪饲料、家禽饲料和鱼类饲料（见附录3农业部公告第2625号）。

## 第四节 维生素$B_2$的来源

### 一、加工损失

核黄素有两个性质是造成其损失的主要原因。①它可被光破坏；②在碱性溶液中经加热可被破坏。加工、烹饪和贮藏过程中核黄素损失如（表7-8）。

表7-8 加工损失

| 方式 | 损失 |
| --- | --- |
| 牛奶灭菌 | 在巴氏灭菌、蒸发或干燥过程中，会破坏牛奶中的核黄素高达20%。牛奶装在透明玻璃瓶在光条件下暴露2小时，会损失一半或一半以上的核黄素。用半透明的纸盒或深色玻璃瓶来分送牛奶，会大大减少核黄素的损失 |
| 蒸煮 | 在装罐或冷冻某些食品之前所用的蒸煮会损失5%～20%的核黄素 |
| 干燥 | 脱水或冰鲜处理不影响食品中核黄素含量。但日光晒干过程，如我国热带地区干鱼和干蔬菜会破坏较多的核黄素 |
| 烹饪 | 由于核黄素对热稳定，且仅微溶于水，在家庭烹饪或商品罐头加工中核黄素损失甚少。烹饪时核黄素的平均损失量中，肉15%～20%，蔬菜20%，烤面包10%。核黄素在碱性溶液中经加热而遭到破坏，因此，烧煮蔬菜时不应使用小苏打 |

### 二、维生素$B_2$的来源

水溶性维生素$B_2$易消化和吸收，被排出的量随体内的需要以及可能随蛋白质的流失程度而有所增减，它不会蓄积在体内，所以时常要以食物或营养补品来补充。

维生素$B_2$在各类食物中广泛存在，动物性食品中的含量高于植物性食物，如各种动物的肝脏、肾脏、心脏、蛋黄、鳝鱼、大豆奶及其奶制品。许多绿叶蔬菜和豆类含量也多，谷类和一般蔬菜含量较少。由于其来源和收获、因加工、增补与贮存方法不同，其含量差异很大。例如，整谷粒中含有相当数量的核黄素，但在研磨过程中大都被丢失。饲料玉米籽粒在粉碎过程中也是如此。因此，如不添加核黄素，谷物和面粉中含量极少。核黄素是啤酒中唯一含量较多的一种维生素。饮啤酒的人若每天饮用几杯啤酒，几乎可以满足其推荐量。青菜中的核黄素含量差异很大，水果、块根和块茎，几乎毫无例外含量都很低。而纯糖和脂肪则完全不含核黄素。正常情况下核黄素的含量及食物分组如（表7-9）。

表7-9　维生素$B_2$的来源

| 来源 | 食物 |
|---|---|
| 丰富来源 | 脏器肉（肝、肾和心） |
| 良好来源 | 强化玉米片、杏仁、干酪、蛋类、牛肉、猪肉和羊肉的瘦肉、生蘑菇、强化小麦粉、芜菁叶、麦麸、大豆粉、腌肉和强化玉米粉 |
| 一般来源 | 鸡的红肉部分、强化白面包、黑麦粉、牛奶、鲭鱼、沙丁鱼、青菜和啤酒 |
| 微量来源 | 生水果、块根、块茎、白糖、动物脂肪、奶油、人造奶油、色拉油和起酥油 |
| 补充来源 | 酵母（啤酒酵母和圆酵母）。核黄素是啤酒中唯一的含量较多的维生素 |

不喝牛奶的人往往不能得到最佳来源量的核黄素。950mL牛奶中含有1.66mg核黄素，恰恰可以满足一个成年男性日推荐量。强化面粉、面包和其他产品中所添加的核黄素也有助于提高平均摄入量（见附录4维生素汇总表）。

# 第八章

# 维生素$B_6$

## 第一节 概 述

美国营养学会和生物化学协会认为维生素$B_6$（Vitamin $B_6$）是一个集合名词，意指在性质上紧密相关相似的吡哆醇（Pyridoxine）、吡哆醛（Pyridoxal）和吡哆胺（Pyridoxamine），三种吡啶衍生物都具有潜在的维生素$B_6$活性，统称吡哆醇盐类，在体内以磷酸酯的形式存在。具有维生素$B_6$活性的醇类化合物40%在肉类中，也大量存在于蔬菜中，而吡哆醛和吡哆胺只存在动物产品中，食物中的维生素$B_6$是易于相互转化的三种类型。关于这三种化合物在人体中的相关重点生物学活性报道不多。大白鼠实验发现，如果从非肠道途径（肌肉或静脉注射）给予这三种化合物，它们具有同等的生物学活性。维生素$B_6$的需要量最初是在大白鼠实验中得到的，现在确认维生素$B_6$对人类、猪鸡和狗，以及其他微生物在内的生物都是不可缺少的营养物质。

### 一、历史与发现

1926年，戈德伯格（Goldberger）和莉莉（Lillie）进行了一个诱导大白鼠产生蜀黍红斑实验，导致大白鼠产生一种严重的皮炎症状，他们认为这与蜀黍红斑相类似。实验发现饲料中缺乏另一种物质时会引起小老鼠诱发糙皮病（pellagra）。

1934年，匈牙利科学家乔吉（Gyorgy）用酵母提取物治愈了这种病。他发现提取物中治愈该病的化合物既不是硫胺素、烟酸，也不是核黄素，而是一种称为维生素$B_6$的物质。

1938—1939年，5个不同的实验室各自都分离合成出了结晶维生素$B_6$。按照西方优先的原则，人们更倾向于把第一个取得维生素$B_6$结晶体成果的人，归功于加利福尼亚大学的莱普科维斯基（Lepkovsky），并正式命名为维生素$B_6$。

1939年，默克（Merck）公司的斯蒂尔（Stille）等确定了这种维生素的化学结构，默克公司的哈雷（Harri）和弗尔科斯（Folkers）与奥地利的德国化学家理查德库恩（Richard Kuhn）一起合成了该化合物。当这种维生素首次被分离出来时，德国化学家们给它取名为抗皮炎素，而美国研究者们则把它叫作吡哆醇。因为该化合物有一个吡啶环，它含有5个碳和1个氮及3个羟基团，匈牙利科学家乔吉更倾向于“吡哆醇”这个名字，该命名被广泛采纳并被延续下来。

1942年，斯尼尔（Snell）在自然产物中发现了另两种结构密切相关并具有维生素$B_6$活性的物质，斯尼尔给它们定名为吡哆醛和吡哆胺。

1945年，尤伯特（Umbreit）提供了一个关于这种维生素的磷酸酯的辅酶功能的研究报告。

## 二、理化性质

（1）结构式。吡哆醇盐酸盐结构式。

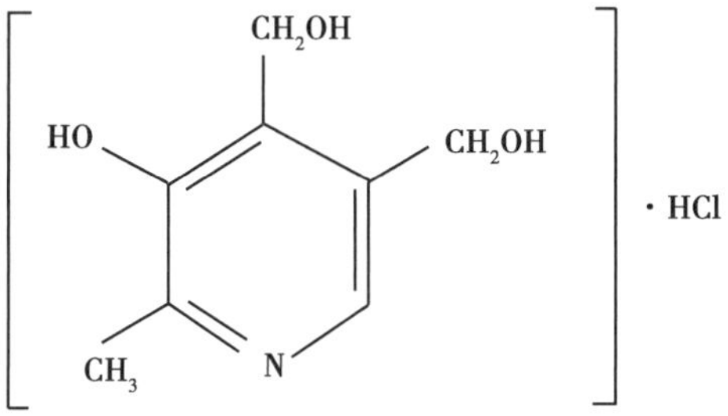

$CH_2OH$
HO　　$CH_2OH$
$\cdot$ HCl
$CH_3$　　N

（2）化学。吡哆醇分子式$C_8H_{11}NO_3$、吡哆醛$C_8H_9NO_3$、吡哆胺$C_8H_{12}N_2O_2$。在食物中所发现维生素$B_6$的是易于相互转换的三种类型。在生理系统中，发现维生素$B_6$是呈磷酸吡哆醛和磷酸吡哆胺形式（见下结构式）。

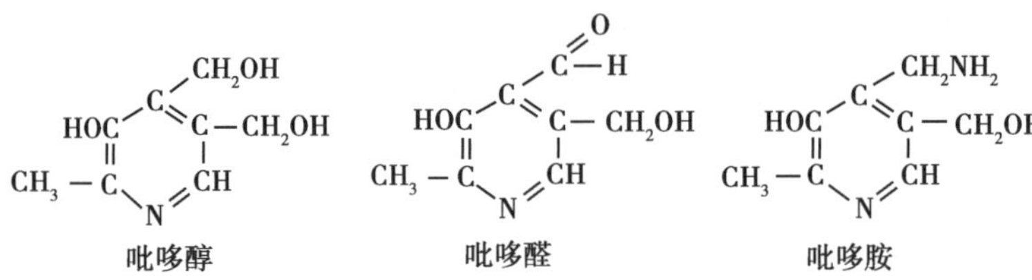


（3）代谢。被吸收的游离态的维生素$B_6$从小肠上部迅速地通过门静脉进入到身体其他部分。维生素$B_6$存在于身体大部分组织中，肝内浓度高。它被分泌到乳里并主要通过尿排泄。尿中维生素$B_6$的测定是营养测定采用的分析方法。

（4）性质。维生素$B_6$易溶于水，对热和酸相当稳定，但氧化作用和与碱及紫外线接触易受破坏。三种类型的维生素$B_6$都是白色结晶物质。无色可溶于水及乙醇的结晶体因含有盐（NaCl）成分，故带有点咸味道。在酸液中稳定，在碱液中易破坏，吡哆醇耐热，吡哆醛和吡哆胺不耐高温。维生素$B_6$此类物质对热不敏感，但碰到碱性物质或者是紫外线之类时，即将会分解。盐酸吡哆醇的熔点为204～206℃。

饲料工业中一般使用盐酸吡哆醇，白色结晶粉末，易溶于水，遇光和紫外线照射易分解。吡哆醛和吡哆胺具有同样的生物学效用。盐酸吡哆醇的稳定性一般，宜贮存于阴凉、干燥处。饲料添加剂维生素$B_6$应在热敏库中25℃下储存。

（5）理化性质（表6-1）。

表8-1　理化性质

| | 维生素$B_6$ |
|---|---|
| 分子式 | $C_8H_{11}NO_3 \cdot HCl$ |
| 分子量 | 205.6 |
| 熔点（℃） | 在204～206分解，变成棕色 |
| 性状 | 白色结晶粉末 |
| 吸收光谱 | 在水溶液中最大吸收光谱在pH酸性时为291nm；中性时为254nm和324nm；碱性时为245nm和309nm处 |
| 溶解度 | 易溶于水（约1g/5mL）。微溶于乙醇，不溶于乙醚和三氯甲烷。 |
| 稳定性 | 对热和氧稳定，在碱性成中性溶液中遇光分解，在酸性溶液中，遇光分解较少。 |

（6）分析和度量制。食品和饲料中维生素$B_6$的测定都采用HPLC法。现时的维生素$B_6$换算单位及分析结果是以吡哆醇盐酸盐的质量单位来表达。1mg吡哆醇盐酸

盐等于0.82mg吡哆醇或0.81mg吡哆醛或0.82mg吡哆胺。

（7）毒性（过量）。虽然维生素$B_6$相对说来是无毒的，但也有些副作用，如在注射大剂量后就可能发生嗜眠。当以大剂量注射持续一个长时期则可能成癖，正常的成年人，在摄入正常饮食的同时还日供给200mg吡哆醇高达33天的，会引起维生素$B_6$的依赖性。

## 三、产品标准与生产工艺

表8-2　食品安全国家标准维生素$B_6$（盐酸吡哆醇）（GB 14753—2010）

| 项目 | | 指标 |
|---|---|---|
| 含量（$C_8H_{11}NO_3 \cdot HCl$，以干基计），w（%） | | 98.0 ~ 100.5 |
| 干燥减量，w（%） | ≤ | 0.5 |
| 灼烧残渣，w（%） | ≤ | 0.1 |
| pH（100g/L溶液） | | 2.4 ~ 3.0 |
| 砷（As）（mg/kg） | ≤ | 2 |
| 重金属（以Pb计）（mg/kg） | ≤ | 10 |

表8-3　饲料添加剂维生素$B_6$（GB/T7298—2006）

| 项目 | 指标 |
|---|---|
| 维生素$B_6$含量（以$C_8H_{11}NO_3 \cdot HCl$干燥品计）（%） | 98.0 ~ 101.0 |
| 熔点（熔融同时分解）（℃） | 205 ~ 209 |
| pH值 | 2.4 ~ 3.0 |
| 重金属含量（以pb计）（%） | ≤0.003 |
| 干燥失重率（%） | ≤0.5 |
| 炽灼残渣率（%） | ≤0.1 |

饲料添加剂维生素$B_6$生产工艺与产品规格。1984年，我国完成维生素$B_6$噁唑法

合成新工艺。①噁唑法。α-氨基丙酸在酸性条件下与乙醇酯化，在乙醇中与甲酰胺发生甲酰化，再于氯仿中由五氧化二磷催化闭环，最后在酸性条件下与2-异丙基-4，7-二氢-1，3-二噁庚英发生环加成反应，经芳构化、水解制得维生素$B_6$。也可用2-氨基丙酸、草酸同步与乙醇酯化，酸化制备N-乙氧草酰丙酸乙酯，在三氯氧磷-三乙胺-甲苯体系中失水环合得4-甲基-5-乙氧基噁唑羧酸乙酯，经碱性水解，酸化脱羧，制得4-甲基-5-乙氧基噁唑，再与2-异丙基-4，7-二氢-1，3-二噁庚英发生Diels-Alder环加成反应，经芳构化、酸性水解制得维生素$B_6$。②吡啶酮法。氯乙酸与甲醇发生酯化后与甲醇钠醚化，然后经缩合、环化、硝化、氧化、催化氢化、重氮化、水解成盐制得维生素$B_6$。

饲料工业一般使用盐酸吡哆醇，含量以吡哆醇盐酸盐计。饲料添加剂维生素$B_6$含量规格为98.0%～101.0%。

## 第二节　生理功能

维生素$B_6$为人体内某些辅酶的组成成分，参与多种代谢反应，尤其是和氨基酸代谢有密切关系。它在动物体内在磷酸化作用下转变为相应的具有活性形式的磷酸吡哆醛和磷酸吡哆胺。其主要功能如下：转氨基作用。磷酸吡哆醛和磷酸吡哆胺作为转氨酶的辅酶起着氨基的传递体功能，这对于非必需氨基酸的形成很重要；脱羧作用。维生素$B_6$是一些氨基酸脱羧酶的辅酶，参与氨基酸的脱羧基作用；转硫作用；作为半胱氨基脱硫酶的辅酶。维生素$B_6$在氨基酸的代谢中起主要作用。若缺乏将引起氨基酸代谢紊乱，阻碍蛋白质合成和减少蛋白质沉积。

### 一、参与氨基酸代谢作用

有研究认为，维生素$B_6$在从肠道吸收氨基酸中起了作用。维生素$B_6$以吡哆醛5’-磷酸形式作为催化氨基酸的转氨、脱羧脱氨和脱硫基，以及催化氨基酸的分解与合成的一系列酶的辅酶而发挥其作用。转氨酶将氨基在氨基酸和α-酮酸间转移，例如，从谷氨酸至丙酮酸，同时生成α-酮戊二酸和丙氨酸，或从天冬氨酸至α-酮戊二酸生成草酰乙酸和谷氨酸。因此，转氨酶代表氨基酸，碳水化合物和脂肪酸代谢与产生能量构成柠檬酸循环之间的重要关联环节，见图8−1维生素$B_6$与氨基酸代谢。

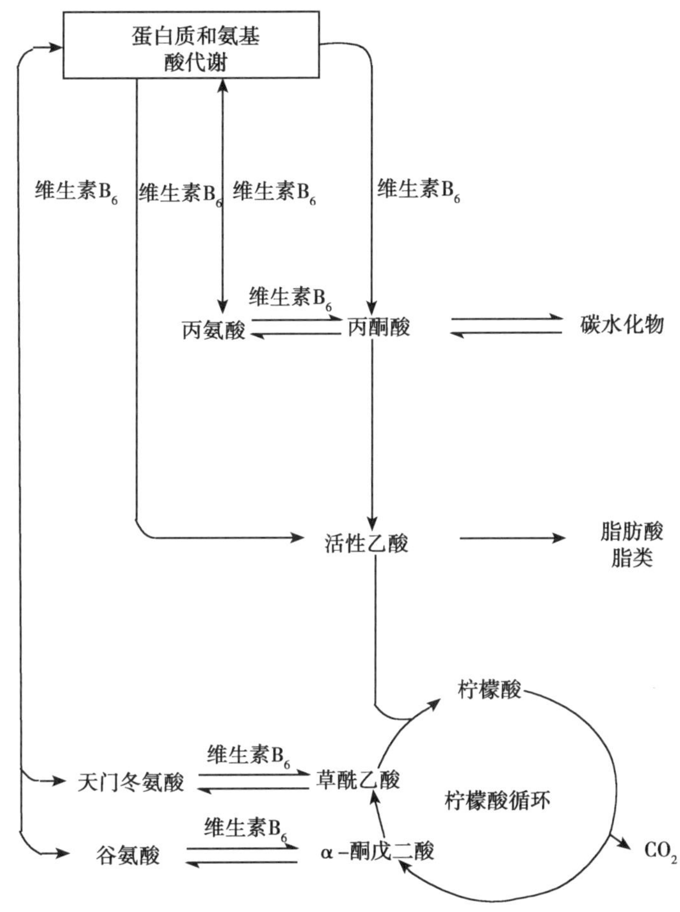


图8-1　维生素$B_6$与氨基酸代谢

脱羧酶将氨基酸转化为相应的生物胺，如组织胺、羟酪胺、羟色胺γ-氨基丁酸、乙醇胺和牛磺酸，其中一些是有高度生理活性的物质，可调节血管腔的直径，神经激素作用，磷脂类和胆酸的重要组成部分等。与其一般重要性一致，这些酶促反应几乎发生于所有器官中，在肝，心和脑中反应最强。其他酶促反应（脱氨，脱巯基）与氨基酸的同化和异化关系较多，主要局限于肝脏中。

正常氨基酸代谢对于从体内排出有毒物质的解毒作用也十分重要。维持肝中辅酶A的正常水平也需要充足的维生素$B_6$供应。维生素$B_6$缺乏时，脂肪酸代谢所必需的辅酶A的生物合成受到破坏从而导致脂类代谢紊乱。相反，进食脂肪量增加时，肝中磷酸吡哆醛水平整体降低。这可能是因为脂肪进食量增加时，提高了身体对维生素$B_2$的需要量。因此，依赖于维生素$B_2$且为形成吡哆醛5-磷酸所必需的磷酸吡哆醛氧化酶的活性减低。由此可见，维生素$B_6$与氨基酸代谢的密切关系清楚地说明，何以当蛋白质进食量增加时，维生素$B_6$需要量增加。

维生素$B_6$以辅酶形式存在时，通常是以磷酸吡哆醛形式，但有时是以磷酸吡哆胺形式大量的参与生理活动，特别是蛋白质（氮）代谢，而较少参与糖类和脂肪代谢。在许多化学反应中它似乎起着关键的作用。维生素$B_6$以磷酸酯形式积极参加以下各种氨基酸代谢反应。

（1）转氨基作用。维生素$B_6$把一个氨基（$-NH_2$）从一个供体氨基酸转移到一个受体氨基酸中，以形成另一种氨基酸的作用。这个反应对于非必需氨基酸的形成是重要的，见图8-2维生素$B_6$转氨基作用。

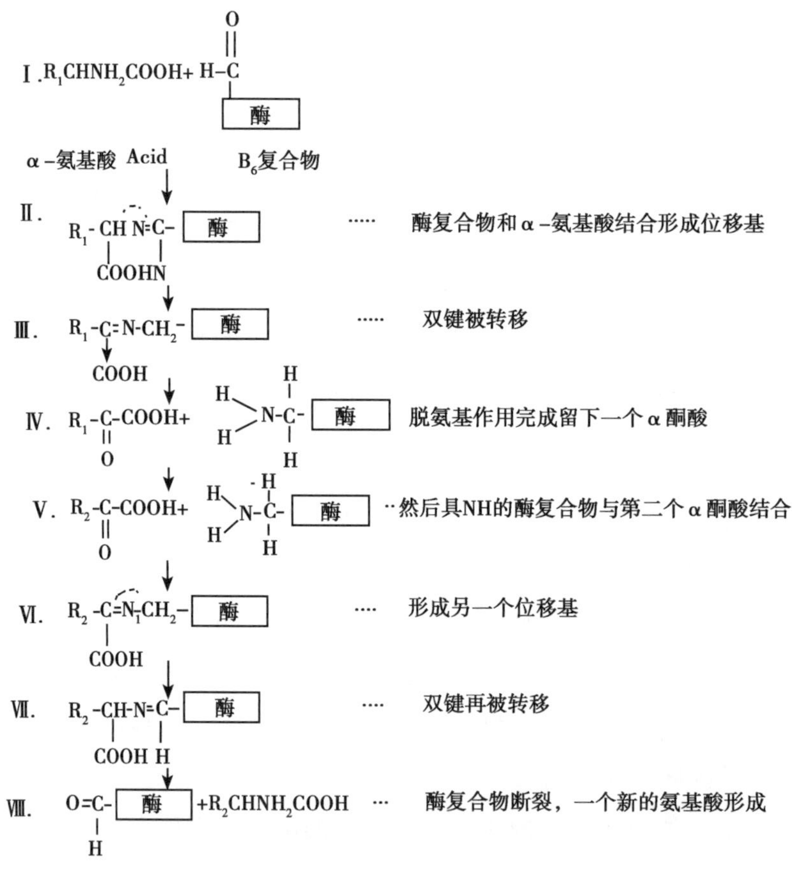


图8-2　维生素$B_6$转氨基作用

（2）脱羧作用。维生素$B_6$积极参与从某些氨基酸中脱去羧基（$-COOH$）以形成另外的一种化合物的作用。脱羧作用对于从色氨酸、酪氨酸和组氨酸依次合成5-

羟色氨、去肾上腺素和组胺必不可少。

（3）脱氨基作用。维生素$B_6$有助于脱氨基作用。它能把对生长不需要的氨基酸中的氨基去掉，有助于为碳残余物提供能量。

（4）转硫与转化。维生素$B_6$有助于将硫氢基（-HS）从甲硫氨酸转移到另外的氨基酸（丝氨酸）以形成半胱氨酸。维生素$B_6$帮助色氨酸形成烟酸，因此起着提供烟酸的转化作用。

（5）血红蛋白的形成。维生素$B_6$对作为血红蛋白分子组成部分的卟啉化合物的前体的形成是必需的。

## 二、在碳水化合物和脂肪代谢中的作用

磷酸酯形式的维生素$B_6$在碳水化合物和脂肪的代谢中也起作用，这个作用与在蛋白质代谢中的作用相比是次要的。①糖原的分解代谢（降解代谢）。维生素$B_6$是磷酸化酶的一个基本部分，该酶在肌肉和肝中使糖原转化成1-磷酸葡萄糖；②脂肪酸代谢。维生素$B_6$参与脂肪代谢，精确的作用方式尚不知。例如，有人相信维生素$B_6$参与转化必需的不饱和脂肪酸（亚油酸）为另外的脂肪酸（花生四稀酸）的代谢作用。

## 三、诊断色氨酸异常代谢

维生素$B_6$缺乏引起的色氨酸的异常代谢可用来诊断维生素$B_6$营养情况，因为在缺乏的很早阶段就有反应，如尿中黄尿酸含量增加，特别是在服用试验剂量色氨酸之后。黄尿酸生成增加是因为在维生素$B_6$缺乏时，狗尿氨酸再活性受到的限制显著大于狗尿氨酸α-酮戊二酸转氨酶。

## 四、其他功能

从实验研究来看，维生素$B_6$其他的功能涉及以下方面。抗体形成。为的是防止传染性疾病，不过这个作用未经证实；核糖核酸合成，能够帮助核糖核酸合成与核酸代谢；内分泌腺功能。具有内分泌腺功能；辅酶A的生物合成—协助辅酶A的生物合成。

综上，维生素$B_6$参与蛋白质合成与分解代谢，参与所有氨基酸代谢，如与血红素的代谢有关，与色氨酸合成烟酸有关；参与糖异生、UFA代谢。与糖原、神经鞘磷脂和类固醇的代谢有关；参与某些神经介质（5-羟色胺、牛磺酸、多巴胺、去甲

肾上腺素和γ-氨基丁酸）合成；参与维生素$B_{12}$和叶酸盐的代谢，如果它们代谢障碍可造成巨幼红细胞贫血；参与核酸和DNA合成，缺乏会损害DNA的合成，这个过程对维持适宜的免疫功能是非常重要的；维生素$B_6$与维生素$B_2$的关系十分密切，维生素$B_6$缺乏常伴有同步维生素$B_2$症状；参与同型半胱氨酸向蛋氨酸的转化，具有降低慢性病的作用，轻度高同型半胱氨酸血症被认为是血管疾病的一种可能危险因素，维生素$B_6$的干预可降低血浆同型半胱氨酸含量。

酒类、避孕药、烟草、咖啡可能对维生素$B_6$有拮抗作用，放射线照射治疗需要增补维生素$B_6$。B族维生素、维生素$B_1$、维生素$B_2$、泛酸、维生素C、镁钾钠、亚麻油酸（linoleic acid）等某些营养素存在时，会增大维生素$B_6$的生理功能。

## 第三节 人和养殖动物缺乏症

### 一、人的缺乏症

由于维生素$B_6$广泛地分布于食物中，所以人不太容易发生维生素$B_6$缺乏症。在人和各种养殖动物中，严重的维生素$B_6$缺乏症依年龄和其他条件而表现有所不同。主要为皮肤变化，眼睛、口腔和鼻子周围出现溢脂性皮炎、口腔黏膜糜烂、舌炎、神经紊乱、外周神经炎，特别是人的感受性紊乱，后一类情况主要在婴儿快速生长阶段，会发生癫痫性惊厥。轻度维生素$B_6$缺乏时出现一些非特异症状，与B族维生素其他成员缺乏症状颇相似。

（1）一般缺乏症状。皮肤损害（特别在鼻尖）、贫血、惊厥和减少抗体产生，在成年人中，可能存在抑郁和精神混乱。如果维生素$B_6$缺乏持续下去，可能还会产生眩晕、恶心、呕吐和肾结石症状。

（2）成人缺乏症表现。实验表明，当吃食维生素含量低的膳食同时又服用这种维生素的一种拮抗药脱氧吡哆醇，可引起成年人维生素$B_6$缺乏。在2～3周内可观察到下列症状，在眼睛、嘴鼻周边皮肤上出现油脂鳞屑（皮脂溢皮炎），随后扩展到躯体的其他部分；舌头光滑、红色；体重下降、肌肉萎缩、急躁和精神抑郁。服用日小剂量如5mg吡哆醇或吡哆醛或吡哆胺，几天后就可消除所有这些异常症状。

（3）幼儿缺乏症状。维生素$B_6$缺乏的影响幼儿比成年人更显著。1951年，维生素$B_6$缺乏症突然出现在美国各地以大量罐装液体牛奶配方食品喂养的6周至6个月的婴儿中。这种制品缺乏维生素$B_6$，这在当时并没人在乎。最明显的症状是急躁、肌肉抽搐和惊厥，同时伴有体重下降，腹痛和呕吐。大白鼠的饲料缺乏维生素$B_6$可观察到抽搐发作与人的缺乏症反应类似，这就使人联系到这种症状也可能是起因于缺乏这种维生素，肌肉注射盐酸吡哆醇5分钟内症状解除。

（4）临床六种表现。①导致中枢神经系统紊乱。维生素$B_6$有助于脑和神经组织中的能量转化，它对中枢神经系统的功能有作用。当维生素$B_6$缺乏时，幼儿产生惊厥，实验动物表现惶恐不安。还会造成幼儿精神和情绪发生严重紊乱的病症，幼儿其主要特征是回避现实，对小伙伴正常的嬉闹活动与游戏缺乏反应和兴趣，表现孤僻。世界上已有大篇幅研究论文报道，大剂量维生素$B_6$对治疗孤独癖是有帮助的。②贫血。在对人的研究中，维生素$B_6$能有效地治疗对铁离子输送无反应，即所谓“抗铁性”贫血病。③肾结石。缺乏维生素$B_6$会增加尿中草酸的排泄，可能会导致肾结石形成。④结核病。在治疗结核病时服用一种异烟肼（异烟酸肼）药物，但它在一些病人中引起神经炎的副作用。异烟肼是吡哆醇的一种拮抗剂，所以用大剂量（日口服50～100mg）的吡哆醇来防止异烟肼的这种副作用。⑤妊娠期的生理需求。已经证明妊娠期吡哆醇缺乏可用补充维生素$B_6$进行治疗。⑥口服避孕药。口服雌性激素黄体酮（孕甾酮）避孕药的妇女，也需要添加维生素$B_6$。

（5）维生素$B_6$的日推荐量（表8-4）。

表8-4　维生素$B_1$日推荐量

| 组别 | 年龄（岁） | 体重（kg） | 身高（cm） | 维生素$B_6$（mg） |
|---|---|---|---|---|
| 婴儿 | 0～0.5 | 6 | 60 | 0.3 |
| | 0.5～1.0 | 9 | 71 | 0.6 |
| 儿童 | 1～3 | 13 | 90 | 0.9 |
| | 4～6 | 20 | 112 | 1.3 |
| | 7～10 | 28 | 132 | 1.6 |
| 男性 | 11～14 | 45 | 157 | 1.8 |
| | 15～18 | 66 | 176 | 2.0 |
| | 19～22 | 70 | 177 | 2.2 |
| | 23～50 | 70 | 178 | 2.2 |
| | 51以上 | 70 | 178 | 2.2 |
| 女性 | 11～14 | 46 | 157 | 1.8 |
| | 15～18 | 55 | 163 | 2.0 |
| | 19～22 | 55 | 163 | 2.0 |
| | 23～50 | 55 | 163 | 2.0 |
| | 51以上 | 55 | 163 | 2.0 |

（续表）

| 组别 | 年龄（岁） | 体重（kg） | 身高（cm） | 维生素$B_6$（mg） |
|---|---|---|---|---|
| 妊娠期 | | | | +0.6 |
| 哺乳期 | | | | +0.5 |

确定维生素$B_6$需要量因下列原因而变得复杂化。①需要量随膳食的蛋白质摄取量而增减，当蛋白质摄取量增加时，对维生素$B_6$的需要就增加，反之减少。②膳食中可利用的维生素$B_6$并不确定。③肠内细菌合成这种维生素实验数据不完整，人体利用这种维生素的程度不同。④所有类型的维生素$B_6$容易通过胎盘集中在胎儿的血液中，因此对妊娠妇女补充维生素$B_6$有现实意义。哺乳期妇女奶中维生素$B_6$的含量明显反映母亲维生素的营养状况并婴儿维生素需求有关。雌性激素明显增加色氨酸氧化酶的活性，从而导致需要附加维生素$B_6$。⑤特殊时期。妊娠期和哺乳期间的妇女、老年人、各种病理和遗传障碍的人，以及服用某种药物，如异烟肼，治疗结核病服用氰霉胺（一种氰霉素代谢产物）药物的人都需要增补维生素$B_6$。

人机体40%维生素$B_6$由肉、家禽和鱼提供。在确保安全范围和适应在大多数情况下，一般不会造成缺乏症，以下推荐量具有普遍意义。根据美国婴儿推荐量资料，婴儿膳食中维生素$B_6$推荐量为日0.3mg，这个量对幼小婴儿来说是足够的。但对较大的食用混杂食物半岁到1岁婴儿维生素$B_6$日推荐量为0.6mg，儿童和青少年的日推荐量为0.9～1.6mg，具体依年龄而定，成人日需1～2mg。妊娠期妇女的推荐量理论上看，应涵盖几个因素来设计具有广泛性有代表性的增加维生素$B_6$需要量，因为维生素$B_6$以其磷酸化形式对许多种酶有辅酶的功能，维生素$B_6$需要量应随食物蛋白质摄入量增加或递减。建议妊娠期间妇女的维生素$B_6$日推荐量增加0.6mg（日总量为2.6mg）；哺乳期妇女的日推荐量增加0.5mg，日总量为2.5mg。

多数口服避孕药者对维生素$B_6$的需要和非服用者大体上相同。现有的证据似乎并不证明需要常规的增加维生素$B_6$摄入量，但也有一些妇女表述当口服避孕药时产生轻微的抑郁症，这可能是由于色氨酸不能转化成血清素（一种大脑神经传递素）而产生的结果。当遇到这个问题时，内科医生可能为了使色氨酸代谢正常化而推荐较高的维生素$B_6$摄取标准，约日30mg。

## 二、养殖动物缺乏症

维生素$B_6$缺乏症的研究源于大白鼠实验。现已确认维生素$B_6$是饲料中必不可少的营养物质，对养殖动物猪、鸡，狗和包括微生物在内的生物体都是必需的。饲料日粮中补充维生素$B_6$可预防养殖动物因其缺乏引起的氨基酸代谢紊乱、蛋白质合成受阻、被毛粗糙、皮炎、生长迟缓、神经中枢及末梢病变、肝脏等器官的损伤等症状，以及饲料利用率降低。

（1）影响饲料利用效率。养殖动物维生素$B_6$缺乏在畜牧业生产日常管理中特别重要，会导致动物蛋白质代谢紊乱，饲料利用率降低。饲料中添加维生素$B_6$可提高仔猪采食量和日增重，其中氨基酸平衡搭配，在免疫方面与维生素$B_6$有关。在检测养殖动物缺乏症方面，通常采用各种含有维生素$B_6$制剂的生物活性对大鼠或雏鸡的生长试验测定。一个较老的方法是根据其治疗缺乏维生素$B_6$的大鼠皮肤损害来评定的（大鼠肢痛症试验）。在过去，能治愈大鼠肢痛症的日最小剂量称为“大鼠单位”约相当于7.5μg盐酸吡哆醇活性。

（2）养殖动物缺乏症典型病例。见图8-3鸡眼睑炎性水肿；图8-4鸡羽毛粗糙且缺少，软弱，运动失调；图8-5小猪生长停滞，皮炎。

图8-3　缺乏维生素$B_6$鸡眼睑炎性水肿

图8-4　缺乏维生素$B_6$，鸡羽毛粗糙且缺少，软弱，运动失调

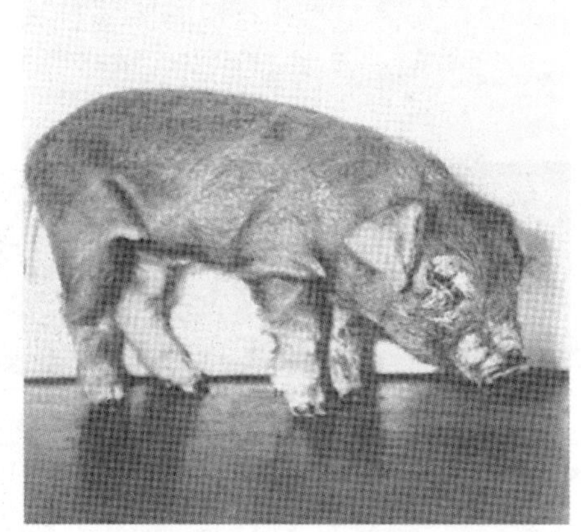

图8-5　小猪生长停滞，皮炎

表8-5　养殖动物维生素$B_6$缺乏症

| 器官/系统 | 症状表现 |
| --- | --- |
| 体况 | 食欲减退，生长缓慢，猪、禽、火鸡、鸭、狗、大鼠、豚鼠、小鼠的饲料利用效率低 |
| 皮肤和黏膜 | 耳部皮肤呈鳞片状且变厚，眼、外、爪和尾部严重发炎，结成硬皮（大鼠、免肢痛症）；猪背毛粗糙，棕色结膜渗出物；犊牛、兔脱毛；猴子背毛呈灰色，眼皮水肿，手掌及脚掌开裂；禽类羽毛粗糙且缺少；鳟鱼背部变成蓝绿色 |
| 眼 | 猪、鳟鱼视觉紊乱 |
| 神经系统 | 听觉紊乱，运动失调，应激反应增强，癫痫性惊厥，轻瘫，全身无力；猪、犊牛、禽、兔、火鸡、大鼠、小鼠、狗、猫、鳟鱼外周神经脱髓鞘 |
| 消化道 | 猪肝脏脂肪浸润；猪、禽、鲜鱼、犊牛采食量丧失，下痢；禽类胃溃疡 |

（续表）

| 器官/系统 | 症状表现 |
|---|---|
| 血液 | 猪、禽、火鸡、鸭、狗、大鼠、鳟鱼、鲑鱼小红细胞低色素型贫血 |
| 生殖系统 | 蛋鸡产蛋减少，孵化力降低，禽、火鸡第二周胚胎死亡率高；母貂繁殖力减低，雄貂不育 |
| 其他症状和诊断试验 | 动物腹水，腹腔内浆液聚积；鳟鱼快速喘息状呼吸；<br>红细胞-GOT*-试验：红细胞溶血产物中加入吡哆醛-5’-磷酸后活性升高。经色氨酸负荷剂量试验黄尿酸排泄量增加 |

（3）农业部相关添加量规定。饲料产品中维生素$B_6$是以盐酸吡哆醇（Pyridoxine hydrochloride）形式存在。2017年12月农业部公告第2625号修订了《饲料添加剂安全使用规范》，在配合饲料或全混合日粮中的推荐量（以维生素计）对维生素$B_6$给出了推荐规定。这些产品包括猪饲料、家禽饲料和鱼类饲料（见附录3农业部公告第2625号）。

## 第四节　维生素$B_6$的来源

### 一、加工损失

在磨精白面粉过程中小麦的维生素$B_6$含量损失75%以上。但现在还没有将维生素$B_6$加进精面粉以增补营养的方案。在数百种普通食物中进行的维生素$B_6$检测，现代化加工造成大量的这种维生素的损失如下；罐装和冰冻食物都会导致颇多的维生素$B_6$损失，而冰冻的食物损失较小，冰冻脱水然后贮藏的肉和家禽的维生素$B_6$含量无损。在烹饪中维生素$B_6$的损失较为显著（表8-6）。

表8-6　加工损失

| 食物 | 损失率（%） | 食物 | 损失率（%） |
|---|---|---|---|
| 小麦研磨和做成通用面粉 | 82.3 | 罐头海味食品 | 48.9 |
| 罐头蔬菜 | 57～77 | 牛肉 | 25～50 |
| 冰冻蔬菜 | 37～56 | 烹调水果和蔬菜 | 50 |
| 罐头肉和家禽肉 | 42.6 | 马铃薯 | 没有 |

炖牛肉比烤肉损失得多，马铃薯贮藏丧失似乎最小，在4.4℃条件下贮藏6个月没有损失。

## 二、维生素$B_6$的来源

在动物组织和酵母中维生素$B_6$主要以吡哆醛和吡哆胺形式存在。在植物中发现三种类型的维生素$B_6$都有，但吡哆醇占优。在人类营养中，维生素$B_6$的来源主要有红肉（牛羊肉）、肝、肾、脑、鳕肝、蛋黄、奶、酵母、谷物、绿色蔬菜、蛋、豆类及花生。维生素$B_6$的商品形式几乎全是吡哆醇盐酸盐。

维生素$B_6$的食物来源很广泛，动物性植物性食物中均含有。肉类、全谷类产品（特别是小麦）、蔬菜和坚果类中含量较高。动物性来源的食物中维生素$B_6$的生物利用率优于植物性来源的食物。酵母粉含量最多，米糠或白米含量亦不少，其次是来自于肉类、家禽、鱼，马铃薯、甜薯、蔬菜中。虽然维生素$B_6$广泛分布于食物中，然而很多食物中的含量却很少。维生素$B_6$的常见食物来源可分为以下各类。

表8-7　维生素$B_6$的常见食物来源

| 来源 | 食物 |
| --- | --- |
| 丰富来源 | 小麦、麦麸、米糠和向日葵籽 |
| 良好来源 | 梨、香蕉、玉米、鱼、肾、瘦肉、肝、坚果、家禽、糙米、大豆和全谷粒 |
| 一般来源 | 蛋类、水果（香蕉和梨除外）和蔬菜 |
| 微量来源 | 干酪、脂肪、牛奶、糖和白面包 |
| 补充来源 | 吡哆醇盐酸盐是最普通的人工合成类型，酵母（圆酵母和啤酒酵母）、细米糠和麦芽被用作天然的维生素$B_6$补充来源 |

一般来说，加工和精制的食物中维生素$B_6$含量较原来的粗食物低得多。因此，白面包、大米、面条、空心面、意大利细面条等维生素$B_6$含量都相当低。

维生素$B_6$对人的精神焕发和身体健康很重要，特别对婴儿及妊娠期和哺乳期妇女是必需的。肠细菌会产生维生素$B_6$，但是这种来源的数量和细菌合成的维生素被人体利用的程度尚在确认中（见附录4维生素汇总表）。

# 第九章

# 维生素$B_{12}$

## 第一节 概 述

维生素$B_{12}$（氰钴胺）（Vitamin $B_{12}$）（Cyanocobalamin）与许多其他复合维生素B成员一样并非是单一的物质，是由几种密切相关具有相似活性的化合物组成，也是唯一含金属元素的维生素。它的化学结构含有钴和磷二种重要的矿物质，如果没有钴，维生素$B_{12}$便不能在胃肠道内合成，维生素$B_{12}$就不存在。“氰钴胺”又叫钴胺素，这个术语之所以称谓这类物质不但含有钴，还含有氰化物。维生素$B_{12}$活性的一些化合物具有复杂的化学结构，在化学上与其相关的化合物还包括羟钴胺素，（亚）硝（酸）钴氨以及氰钴胺素，它们与维生素$B_{12}$仅有微小差异，都具有维生素$B_{12}$活性。

维生素$B_{12}$最突出的特征：一是不同于其他任何维生素，自然界中的维生素$B_{12}$都是微生物合成的，高等动植物不能产生维生素$B_{12}$，植物性食物中基本上没有维生素$B_{12}$；二是它最重要的缺乏症是以英国医学专家阿迪生（T.Addison）名字命名的阿迪生恶性贫血病。1849年伦敦的内科医生阿迪生首次描述的这种疾病，尽管这种贫血病病情发展缓慢，病人通常2～5年间死亡。此病病程如此可怕和致命，以致它以恶性贫血病而著称；三是自然界中的维生素$B_{12}$都是微生物合成的，高等动植物不能制造维生素$B_{12}$，仅在动物和微生物代谢物中存。肠道中合成此维生素对动物十分重要，要求饲料中含有足够的钴对养殖动物是必需的，需要外源性添加，而反刍动物则不需要外源性维生素$B_{12}$。维生素$B_{12}$在天然食物中含量极微，在食物营养物门类中，肝，肾和蛋黄是维生素$B_{12}$的重要来源。

## 一、历史与发现

1849年英国医学专家阿迪生（T.Addison）报告了一种恶性贫血病。此病的患者备受痛苦折磨，病情发展一般愈演愈烈，往往以死告终。由于阿迪生首次描述了这种贫血病，故医学上也称为阿迪生贫血病，医学界一直无法弄清病因，找不到良方妙药。在阿迪生对恶性贫血病的描述后的77年间（1849—1926年），该病患者依然处于绝望境地。经过科学家不懈努力终于找到了维生素$B_{12}$，治疗阿迪生恶性贫血病的办法迎刃而解。

1925年，美国罗彻斯特大学（University of Rochester）医学和牙科学院院长惠普尔（G.H.Whipple）用放血办法治疗狗患贫血病的试验，证明动物肝脏最有助于血液再生。

1926年，美国医生发现恶性贫血病患者每天摄取大量生肝能使红血细胞恢复到正常水平。医生们用肝浓缩物治疗贫血病人，挽救了无数生命。动物肝脏具有治疗贫血症的独门效果，使科学家联想到肝中一定含有一种抗恶性贫血病的活性因子。

1926年，哈佛医学院的迈诺特（Minot）和墨菲（Murpbhy）报道该恶性贫血病患者摄取大量的生肝（1.1～2.2kg/d）能使红血细胞恢复到正常水平。因为这个发现，他们俩与美国病理学家乔治霍伊特（George Hoyt）一起分享了诺贝尔生理学医学奖。在迈诺特和墨菲的报告之后，肝浓缩物研制成功，减轻了需要大量生吃肝器官病人的痛苦。生化学家们开始了一系列的研究来分离存在于肝中的活性成分，当时把这种成分叫作“抗恶性贫血病因子”。

1929年，哈佛大学的卡斯蒂（W.B.Castie）证明了通过让病人吃食在正常胃液中培养的瘦牛肉就能控制恶性贫血病，而单独吃食瘦牛肉或胃液都无效。这个发现提出两个因子的设想，一个是食物中的“外源因子”，另一个是正常胃分泌物中的“内源因子”，只有内外两个因子相结合才具有促进恶性贫血病患者体内形成红血细胞，缺一不可。

1948年，英国和美国学者终于从肝浓缩物中提取分离出一种红色晶体，称之为维生素$B_{12}$。实验证明维生素$B_{12}$缺乏是引起阿迪生恶性贫血的祸根。用提纯的维生素$B_{12}$治疗恶性贫血病的效果非常显著，它所具有的生物活性比标准肝浓缩物活性提高数千倍。

1948年，两个研究组齐头并进对肝浓缩物开展提取结晶工艺研究。一组是新泽西州墨克（Merck）公司的雷克斯（Rickes）及其同事们，另一组是英国的史密思（Smith）和帕克（Parker）研究小组，他们各自从肝浓缩物中分离出晶体红色素，并把该晶体叫作维生素$B_{12}$。

1948年，纽约哥伦比亚大学的维斯特（R.West）发表了给恶性贫血病人注射维生素$B_{12}$疗效明显的科技论文。

1955年，牛津大学的霍奇金（D. Hodgkin）及其同事们确定了维生素$B_{12}$（氰钴胺素）化学结构。1964年，霍奇金荣获诺贝尔化学奖。

1955年，哈佛大学的伍德沃德（Woodward）研究组用一个非常麻烦而又昂贵的发酵工艺制取维生素$B_{12}$取得成功。此后不久，庆幸地发现了某些培养细菌和在含有特殊培养基的大罐中生长的真菌能够产生高活性的维生素$B_{12}$浓缩物，迄今依然是生产商品维生素$B_{12}$的主要制取工艺路线。

## 二、理化性质

（1）结构式。

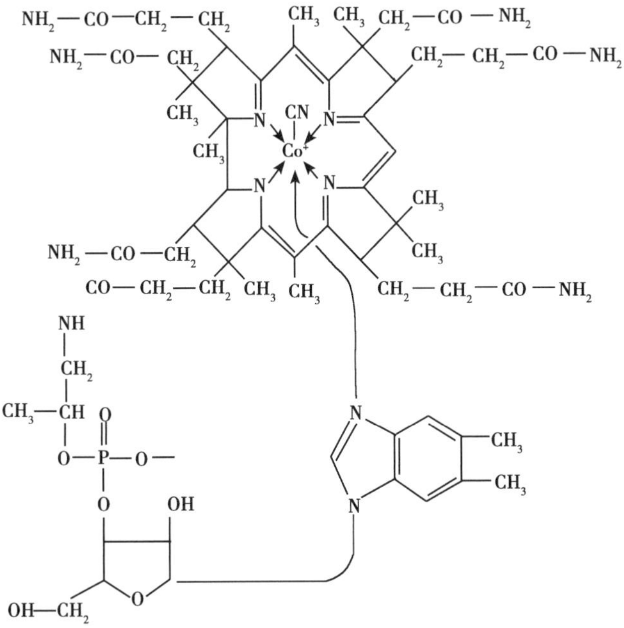

维生素$B_{12}$分子主要成分由一个钴元素为中心的卟啉环组成，一个氰基（-CN）与钴相连。含有3价钴多环系，构成了维生素$B_{12}$分子的核心。

（2）化学。维生素$B_{12}$是B族维生素中迄今为止发现比较晚的一种，也是所有维生素分子中最大和最复杂的物质，该分子的主要成分由一个以钴作为中心元素的卟啉环组合，一个氰基（-CN）与钴相连，4个还原的吡咯环连在一起成为1个咕啉大环（与卟啉相似）是维生素$B_{12}$分子的核心。因此含这种环的化合物都被称为类咕啉，含有3价钴的多环化合物。有钴元素存在，该化合物也被叫作“氰钴胺”，是商业上通用维生素形式，自然界少有。与钴相连的氰基，可能被一个羟基取代生成羟基钴胺素，这也是自然界中一种普遍存在的维生素$B_{12}$的形式。这个氰基也可能被一个亚硝基（$-NO_2$）取代，从而产生出（亚）硝（酸）钴胺素，它存在于某些细菌中。

（3）代谢。①需要内源因子的帮助。维生素$B_{12}$是唯一的一种需要肠道分泌物内源因子的帮助才能被吸收的维生素。有的人肠胃异常，缺乏这种内源因子，即使膳食中来源充足也会患恶性贫血。②停留时间长。维生素$B_{12}$是由内脏中的细菌合成的，它存在于一切动物源性食物中，植物性食物中基本上没有维生素$B_{12}$。维生素$B_{12}$在小肠内吸收大约需要3小时，而其他大多数水溶性维生素吸收则以秒计。③吸收难。维生素$B_{12}$很难被人体吸收，胃分泌物质是吸收维生素$B_{12}$的必要因素，钙也是必要的元素。

维生素$B_{12}$的吸收特征包括以下5个步骤。①首先通过盐酸和肠内酶的作用将食物中维生素$B_{12}$从它所连接蛋白质中的肽键上释放出来。②其次是维生素$B_{12}$被连接到一个高特异性的糖蛋白，它是胃液中分泌的被称为“卡斯尔氏内源因子”。③维生素$B_{12}$内源因子和钙形成一个复合物，并通过小肠的上部传到回肠中的受体部位，在那里维生素$B_{12}$被吸收。④在穿过肠黏膜过程中，维生素$B_{12}$从复合物中游离出来。⑤在肠细胞中，维生素$B_{12}$被传递到称之为转移钴胺素Ⅱ的血浆转移蛋白，便于在血液循环中转移。⑥一些维生素$B_{12}$是通过人体中肠道的微生物形成的。然而它是在结肠的很靠下部位合成的，因此，它几乎不可能被吸收。

正常人按上述方式吸收30%～70%的维生素$B_{12}$，而简单扩散方式仅吸收1%～3%。显然，恶性贫血病起因于完全不能吸收维生素$B_{12}$所致，这种情况是由于胃功能的异常，缺乏内源因子造成的。唯独通过肌内注射维生素$B_{12}$来治疗恶性贫血病人。内源因子调节维生素$B_{12}$的日吸收量为1.5～3.0μg。吸收随年龄而减少，老年人减少到5%，也随着铁和维生素$B_6$的缺乏而减少，但却因妊娠而增加。婴儿的吸收量大约是母亲的2倍。维生素以三餐供给就比一餐供给的吸收效果更好。

肝是贮藏维生素$B_{12}$的主要器官，通常的含量为2000～5000μg，足够维持身体3～5年的需要量。少量维生素$B_{12}$贮存于肾、肌肉、肺和脾中。骨髓里的贮存量有限，它仅相当于肝中贮藏量的1%～2%。维生素$B_{12}$通过肾和胆汁排泄出体外。

（4）性质。维生素$B_{12}$呈深红色的针状结晶，溶于水和乙醇，不溶于丙酮、氯仿和乙醚。对热稳定，无味、无臭。呈无水物形态时极易吸潮，暴露于空气中可吸水约12%。晶体吸水后在空气中稳定。在pH值为4.5～5.0弱酸条件下最稳定，强酸（pH<2）或碱性溶液中分解，遇热可有一定程度破坏，但短时间的高温消毒损失小，遇强光或紫外线易被破坏。普通烹调后食物中的维生素$B_{12}$约损失30%。维生素$B_{12}$具有的生物学活性比以前用于治疗恶性贫血病的标准肝浓缩物的活性高11000倍。饲料添加剂维生素$B_{12}$应在热敏库中25℃下储存。

（5）理化性质（表9-1）。

表9-1　理化性质

| | 维生素$B_{12}$ |
|---|---|
| 分子式 | $C_{63}H_{88}CoN_{14}O_{14}P$ |
| 分子量 | 1335.4 |
| 熔点（℃） | 在210～220不熔解，但即行炭化 |
| 性状 | 深红色结晶粉末，具有吸湿性 |
| 吸收光谱 | 在水溶液中最大吸收光谱为278nm、361nm和550nm |
| 溶解度 | 易溶于水（约1g/80mL）。溶于乙醇，不溶于乙醚和三氯甲烷 |
| 稳定性 | 结晶氰钴胺对中性至微酸性溶液对空气和热稳定，易被光及紫外线破坏。对碱强酸和还原剂不稳定。在pH值为4.5～5.0弱酸条件下最稳定，强酸（pH<2）或碱性溶液中分解，遇热可有一定程度破坏，但短时间的高温消毒损失小 |

（6）分析和度量制。对维生素$B_{12}$的生物学活性尚无规定的国际单位，可用纯的钴胺素作为标准物质。食品和饲料中维生素$B_{12}$的检测方法相当成熟，通常采用HPLC技术。高效力维生素$B_{12}$制剂通常采用分光光度法和荧光法。对于涉及钴的测定通常采用微生物方法或用鸡或大白鼠的生物方法。人的缺乏维生素$B_{12}$最有用的方法是测量血清中的维生素$B_{12}$含量。正常的血清维生素$B_{12}$含量范围为含200～700纳克/mL。

含有维生素$B_{12}$制剂的生物学测定用临床试验法。能对真正恶性贫血在临床上和血液学上给出满意结果的每日剂量是生物学测定的判据。维生素$B_{12}$很少用生物学活性定义，一个老旧的不被使用的换算单位是1mg钴胺素约相当于11000个乳酸乳杆菌供体单位（LLD-单位），或美国药典（USP）1肝精单位。

（7）毒性（过量）。维生素$B_{12}$的毒性效应报道很少。但过量的维生素$B_{12}$会产生毒副作用。据报道，注射过量的维生素$B_{12}$可出现哮喘、荨麻疹、湿疹、面部浮肿、寒战等过敏反应，也可能相发神经兴奋、心前区痛和心悸。维生素$B_{12}$摄入过多还可导致叶酸的缺乏。

## 三、产品标准与生产工艺

表9-2　饲料添加剂维生素$B_{12}$（氰钴胺）粉剂（GB/T 9841—2006）

| 项目 | | 指标 |
|---|---|---|
| 维生素$B_{12}$粉剂含量（以$C_{63}H_{88}CoN_{14}O_{14}P$计）（%） | | 90 ~ 130 |
| 砷含量（mg/kg） | | ≤3，0 |
| 铅含量（mg/kg） | | ≤10.0 |
| 干燥失重率 | 以玉米淀粉等为稀释剂 | ≤12.0 |
| | 以碳酸钙为稀释剂 | ≤5.0 |
| 粒度 | | 全部通过0.25mm孔径标准筛 |

饲料添加剂维生素$B_{12}$生产工艺与产品规格。灰色链霉菌发酵法。发酵液酸化后用弱酸性丙烯酸系阳离子交换树脂-122吸附，经洗脱、净化，用1%氰化物转化，经溶媒和水反复萃取、浓缩、氧化铅层板、丙酮结晶制得成品。另外，生产链霉素时，在灰色链丝菌发酵废液中也可提取得到维生素$B_{12}$。

主要商品形式有氰钴胺、羟基钴胺等。饲料添加剂维生素$B_{12}$有1%、2%和0.1%等规格，1%居多，外观为红褐色细粉。

# 第二节　生理功能

维生素$B_{12}$对身体制造红血球和保持免疫系统的功能也是必要的。维生素$B_{12}$在动物体内主要功能包括；作为甲基转移酶的辅因子，参与蛋氨酸、胸腺嘧啶等的合成，在甲基的合成中与叶酸协同起辅酶作用，参与一碳单位的代谢，如丝氨酸和甘氨酸的互变，光氨酸形成甲硫氨酸，从乙醇胺形成胆碱；与甲基丙二酰辅酶A异构酶在糖和丙酸代谢中起重要作用；参与髓磷脂的合成，在维护神经组织中起作用；参与血红蛋白的合成，控制恶性贫血症；保护叶酸在细胞内的转移和贮存。维生素$B_{12}$

缺乏时，人类红细胞叶酸含量低，肝脏贮存的叶酸降低，造成甲基从同型半胱氨酸向甲硫氨酸转移困难有关。

## 一、维生素$B_{12}$对多种代谢反应均有作用

维生素$B_{12}$最重要的功能是对甲酸和甲醛氧化阶段的一碳化合物的还原反应，它与叶酸一起参与不稳定的甲基生物合成，后者是嘌呤和嘧啶一核酸的重要组成部分的生物合成所必需的。除此之外，不稳定甲基的代谢，在体内从同型半胱氨酸形成蛋氨酸和从乙醇胺形成胆碱起重要作用。一方面蛋氨酸是蛋白质不可缺少的组成单位，另一方面是甲基的供体，甲基可供形成有抗脂肪肝活性的胆碱和形成肌酸，后者转化为磷酸肌酸后，可在肌肉组织内贮存能量。

## 二、与叶酸参与不稳定甲基的反应

按照现在的认识，在维生素$B_{12}$与依赖叶酸的一碳化合物的代谢之间主要有两点联系。一是在缺乏维生素$B_{12}$时观察到羟甲基四氢叶酸脱氢酶失去活性，从而可以假定，维生素$B_{12}$是这个酶系统的辅助因子。二是有理由认为维生素$B_{12}$对叶酸在肝内贮存是必要的先决条件。

## 三、消除碳水化合物代谢障碍

维生素$B_{12}$在中间代谢中的另一重要功能是保持谷胱甘肽和各种酶的硫氢基保持还原状态。维生素$B_{12}$缺乏时，需要谷胱甘肽作为辅酶的甘油醛-3-磷酸脱氢酶的活性下降，可能是影响碳水化合物代谢障碍的原因。同义，维生素$B_{12}$对脂类代谢影响，可能是因其对硫醇的作用而起。缺少维生素$B_{12}$还可引起甲基丙二酸单酰CoA（辅酶A Coenzyme A）异构酶失去活性。这个酶参与丙酸转化为琥珀酸的反应。其结果导致尿中甲基丙二酸含量急剧上升。这反应可用于维生素$B_{12}$缺乏的早期生化诊断。

## 四、红血细胞的形成和恶性贫血病的控制

维生素$B_{12}$对骨髓的造血器官的正常作用是必需的。没有足够的$B_{12}$辅酶，红血细胞不会正常成熟，其结果形成大的未成熟细胞（巨幼红细胞）并被释放到血液中引起巨幼红细胞性贫血。

消化道中维生素$B_{12}$的吸收需要内在因子，这是（人）胃黏膜细胞或猪的胃幽门和十二指肠黏液腺所分泌的一种黏液蛋白。维生素$B_{12}$是唯一的一种需要一种肠

道分泌物内源因子帮助才能被吸收的维生素。有的人由于肠胃异常，缺乏这种内源因子，即使膳食中来源充足也会患恶性贫血。况且植物性食物中基本上没有维生素$B_{12}$。它在肠道内停留时间长，大约需要3小时（大多数水溶性维生素只需要几秒钟）才能被吸收。具有参与制造骨髓红细胞，防止恶性贫血，防止大脑神经受到破坏。

## 五、维生素$B_{12}$转换成辅酶形式

维生素$B_{12}$的辅酶形式包含一个腺苷（一种由腺嘌呤与一个核糖结合而成的核苷）分子取代氰基，并认为它是食物中最普遍的形式。甲钴胺素是具辅酶作用的维生素$B_{12}$的另一种形式。所有这些形式在饮食中具有大致等同的维生素$B_{12}$活性。

如果维生素$B_{12}$在体内还未呈辅酶形式，它就得转换成辅酶形式。辅酶$B_{12}$（腺苷钴氨素）和甲基$B_{12}$（甲基钴氨素）具有两种活性。辅酶$B_{12}$是一个腺核苷连接到维生素$B_{12}$分子中的钴原子上取代氰基，而甲基$B_{12}$以一个甲基取代氰基。维生素$B_{12}$在转换成辅酶形式时需要许多营养物质，包括核黄素、烟酸和镁协同。维生素$B_{12}$辅酶在细胞中，特别是在骨髓、神经组织和胃肠道的细胞中行使生理功能。

## 六、单个碳单位的合成或转移

有学者认为，维生素$B_{12}$对单个碳单位的合成是必需的，而叶酸参与了它们的转移。由此可见维生素$B_{12}$如同叶酸那样参加大部分同样的反应。该反应包括：一是丝氨酸和甘氨酸的互变；二是从半胱氨酸形成甲硫氨酸；三是从乙醇胺形成胆碱。

## 七、其他功能

（1）维护神经组织。维生素$B_{12}$对神经系统的健康是必需的，维生素$B_{12}$辅酶对神经组织中髓磷脂（一种脂蛋白）的合成也是必需的，但尚不清楚维生素$B_{12}$是否与髓磷脂蛋白部分的脂类的合成有关。

（2）参与三大营养素代谢。维生素$B_{12}$参与碳水化合物、脂肪和蛋白质三大营养素代谢是因为丙二酸甲脂转变为琥珀酸需要辅酶$B_{12}$，所以正常的糖类和脂肪代谢作用也需要它。它与蛋白质代谢有关，当蛋白质摄入量增加时，维生素$B_{12}$的需要量也要增加。

（3）生物合成和还原反应。维生素$B_{12}$在甲基（$-CH_3$）的生物合成和还原反应，如二硫化合物（S-S）转变成硫氢基（-SH）中起辅酶的作用。

（4）恶性贫血。维生素$B_{12}$能控制恶性贫血病是一个伟大的临床突破。在疾病复发时，给病人日肌内注射15～30μg维生素$B_{12}$，然后继续维持每30天注射30μg即可恢复。

（5）口炎性腹泻。这种病的病因不是很清楚，可能与细菌感染有关。主要在印度、东南亚及中美洲热带地区的居民或旅游者中发病。维生素$B_{12}$在治疗口炎性腹泻很见效，与叶酸结合用时疗效更好。实际上，该治疗过程维生素$B_{12}$的作用可能是间接的，它促进了叶酸的作用。

综上，维生素$B_{12}$具有促进甲基转移；促进红细胞的发育和成熟，使肌体造血机能处于正常状态，预防恶性贫血；以辅酶的形式可增加叶酸的利用率，促进碳水化合物、脂肪和蛋白质的代谢；具有活化氨基酸的作用和促进核酸的生物合成，协助蛋白质的合成，对婴幼儿的生长发育有重要作用；促进脂肪酸，使脂肪、碳水化合物、蛋白质代谢；消除烦躁不安，集中注意力，增强记忆及平衡感；是神经系统功能健全不可缺少的维生素，参与神经组织中一种脂蛋白的形成。

## 第三节　人和养殖动物缺乏症

### 一、人的缺乏症

人体出现缺乏维生素$B_{12}$的原因是：一是膳食中缺乏维生素$B_{12}$，不吃动物性食物的素食者有时出现这种情况；二是只发生在因病理原因，内源因子缺乏，由于恶性贫血、外科手术全部或部分胃切除，遭受寄生虫如鱼绦虫的侵扰所致；三是严重的缺乏导致血相变化（恶性贫血）和某种神经紊乱，脊髓神经退化。

（1）常见症状。膳食中缺乏维生素$B_{12}$的常见症状为：舌疮、虚弱、体重下降、背痛、四肢有刺痛感、神态呆滞及精神和其他神经失常。膳食中缺乏$B_{12}$，但很少导致贫血病。

（2）恶性贫血病中特有的症状。异常巨大的红血细胞（大红细胞）、脸色蜡黄、厌食、呼吸困难（呼吸短促）、延长出血时间、腹部不舒服、体重下降、舌炎、步态不稳和神经紊乱，包括四肢僵直、过敏和精神抑郁。不治疗就会导致死亡，唯有注射$B_{12}$才能有效地减轻恶性贫血病的症状。

（3）素食者和蛋乳素食者。仅食用植物性食物的素食者、素食主义者，宗教原因的食物禁忌等都可能引起严重的维生素$B_{12}$缺乏。在印度和印度教信仰者中，大多数教徒为蛋乳素食者（他们可吃除肉食外的动物产品）。然而就多数印度教信仰者来说，他们摄取的动物性食物远远低于推荐的量，因此，他们的维生素$B_{12}$的摄取量也就大大低于推荐量。

（4）贫困造成缺乏症。以植物性食物为主的一些发展中国家和贫困地区的居民普遍缺乏维生素$B_{12}$，在秘鲁偏远地区和非洲贫困地区，特别在妊娠期和哺乳期的妇女中，这种维生素的摄取量很低。还有一种情况是母亲消费动物产品低的地方，婴儿可能缺乏维生素$B_{12}$。再有一个情况在动物制品供应不足的时候和地方。现在用维生素$B_{12}$就有可能扭转上述局面，在膳食中食用植物和谷类就显得更加明智。

（5）母婴连带关系。凡是母亲摄取动物产品低的地方，婴儿就最可能出现缺乏维生素$B_{12}$。在动物制品供应不足的时候和地方，在膳食中食用植物和谷物类食物可能扭转上述被动局面。

综上，缺乏维生素$B_{12}$可导致恶性贫血（红血球不足），引起有核巨红细胞性贫血（恶性贫血）；眼睛及皮肤发黄，皮肤出现局部很小的红肿（不疼不痒）并伴随蜕皮；舌及牙龈发白、牙龈出血、消化道黏膜发炎；恶心、食欲不振、体重减轻、头痛、记忆力减退、呆滞、精神忧郁；幼儿缺乏维生素$B_{12}$的早期表现为精神情绪异常、表情呆滞、很少哭闹、反应迟钝、孤僻、嗜睡等症状。

（6）维生素$B_{12}$的日推荐量。表9-3为NRC和FNB的维生素$B_{12}$日推荐量。

表9-3　维生素$B_{12}$日推荐量

| 组别 | 年龄（岁） | 体重（kg） | 身高（cm） | 维生素$B_{12}$（μg） |
|---|---|---|---|---|
| 婴儿 | 0 ~ 0.5 | 6 | 60 | 0.5* |
| | 0.5 ~ 1.0 | 9 | 71 | 1.5 |
| 儿童 | 1 ~ 3 | 13 | 90 | 2.0 |
| | 4 ~ 6 | 20 | 112 | 2.5 |
| | 7 ~ 10 | 28 | 132 | 3.0 |
| 男性 | 11 ~ 14 | 45 | 157 | 3.0 |
| | 15 ~ 18 | 66 | 176 | 3.0 |
| | 19 ~ 22 | 70 | 177 | 3.0 |
| | 23 ~ 50 | 70 | 178 | 3.0 |
| | 51以上 | 70 | 178 | 3.0 |
| 女性 | 11 ~ 14 | 46 | 157 | 3.0 |
| | 15 ~ 18 | 55 | 163 | 3.0 |
| | 19 ~ 22 | 55 | 163 | 3.0 |
| | 23 ~ 50 | 55 | 163 | 3.0 |
| | 51以上 | 55 | 163 | 3.0 |

（续表）

| 组别 | 年龄（岁） | 体重（kg） | 身高（cm） | 维生素$B_{12}$（μg） |
|---|---|---|---|---|
| 妊娠期 | | | | +1.0 |
| 哺乳期 | | | | +1.0 |

*婴儿维生素$B_{12}$日推荐量是根据人奶中这种维生素的平均浓度测算出来的，断奶后的推荐量是根据摄取的能量和考虑其他因素，如肠的吸收而制定的

上述日推荐量提供了包括个人需要、吸收和身体贮藏变化在内的安全界限。然而在应用这个表作为一种营养的指南时应注意以下情况：①因为它是由肠内微生物菌群合成的，所有不能给出每天人体准确的维生素$B_{12}$需要量。②在缺乏内源因子时（例如恶性贫血），这种维生素是不被吸收的。③设想食物中的维生素$B_{12}$至少有50%被吸收。④婴儿和儿童。6个月以下的婴儿的日推荐量为0.5μg，这是根据人奶中维生素的平均浓度提出的。对于食用配方食物的婴儿，推荐每天摄取的维生素$B_{12}$为0.15μg/100kcal；1岁小孩体重10kg需得1000kcal热量时，就应该每天摄取维生素$B_{12}$约1.5μg。⑤10岁以上的男性女性维生素$B_{12}$的日推荐量为3μg。这个数值将使多数正常人保持足够的维生素$B_{12}$营养和大量的体内储备。⑥妊娠期和哺乳期。这期间妇女的日推荐量为4μg，比非妊娠和非哺乳的妇女高1μg。

在一般膳食中，肉、鱼和家禽供的维生素$B_{12}$为9.3mg，占总数的61.2%，乳制品占20.7%，蛋品占8.5%，其他来源的占6%。只要膳食充足且多样化，一般不会产生严重的维生素$B_{12}$缺乏，轻度缺乏，特别是长期缺乏，可能会妨碍健康，这种情况常常会发生在素食人群中。

## 二、养殖动物缺乏症

维生素$B_{12}$作为一种蛋白复合物存在于动物蛋白中。然而，最终来源是食草动物胃肠道中的微生物，这样的微生物大量出现在牛和羊的瘤胃（第一个胃）中。与养殖动物不同，人的肠道细菌也能合成一些，对维生素$B_{12}$来源提供的量不大。畜牧饲料行业对这方面的研究还不够透彻。

（1）饲料中添加非常必要。维生素$B_{12}$对于养殖动物生长是一种不可缺少的微量营养物质，大多数植物性饲料原料不含维生素$B_{12}$，依赖动物胃肠中的微生物合成和外界添加，否则养殖效果会大大降低。猪和鸡等非反刍动物缺乏维生素$B_{12}$主要表现是生长发育停滞，也有少数猪可出现轻度的正常红细胞性贫血，还可使鸡的孵化率和猪的生殖率降低。缺乏症的临床症状包括食欲不振、生长停滞、单纯贫血，严重的也有神经症状。

（2）影响饲料利用效率。动物营养原因引起的维生素$B_{12}$缺乏是可能的，特别是喂给养殖动物全植物日粮时，或是当反刍动物日粮中缺钴，瘤胃微生物不能合成此维生素时。缺乏维生素$B_{12}$主要表现为饲料利用效率低，以及蛋白质沉积作用障碍。饲喂配合料的养殖动物不太可能缺乏维生素$B_{12}$。

（3）一般缺乏症状。饲料添加剂维生素$B_{12}$能促进家禽，特别是幼禽幼畜的生长发育。饲料日粮中缺乏维生素$B_{12}$时，猪、鸡贫血生长发育不良，雏鸡生长缓慢或停滞，贫血、脂肪肝、死亡率高；种蛋孵化率下降；猪采食量减退、消瘦、神经极为敏感、轻度至中度小细胞血等症状。缺乏钴的地区会出现地域性牛、羊消瘦病，这种养殖动物育肥效果往往很差；用$B_{12}$溶液处理鱼卵或鱼苗，可提高鱼对水中有毒物质如苯和重金属的耐受力。见图9-1，图上方猪缺乏维生素$B_{12}$，体格小且背毛稀松，下方为正常猪。

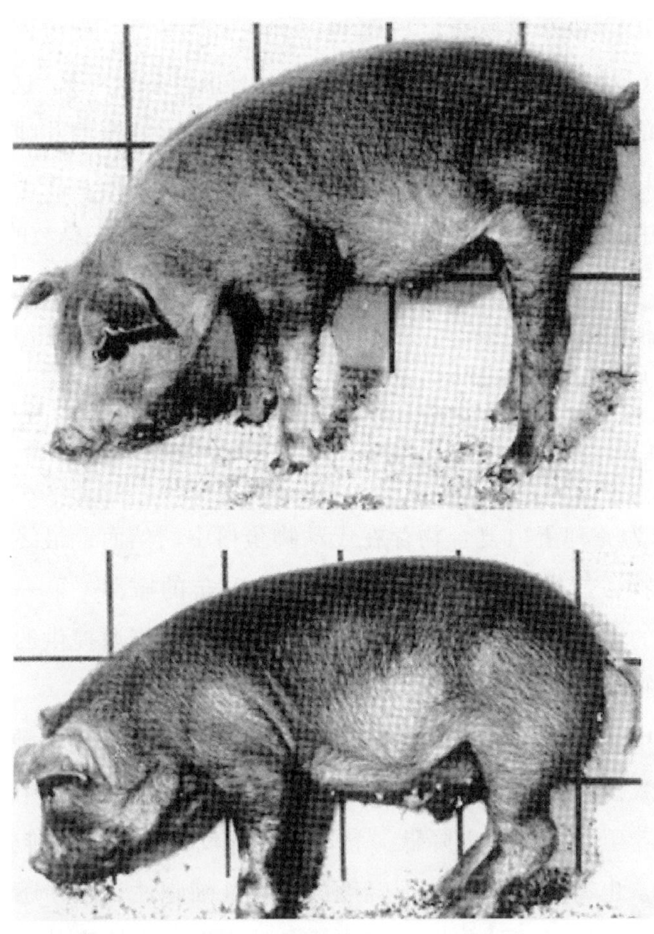

图9-1　猪缺乏维生素$B_{12}$，体格小且背毛稀松，下图为正常猪

表9-4　养殖动物维生素$B_{12}$缺乏症

| 器官/系统 | 症状表现 |
| --- | --- |
| 体况 | 猪，鸡，火鸡、狗、大鼠，小鼠生长减缓，饲料利用效率低。背毛皮肤粗糙，皮炎 |
| 神经系统 | 猪对刺激的易感性增加，失声，运动失调，后躯疼痛；犊牛采食不含维生素$B_{12}$的代乳日粮时动物失调，外周神经脱髓鞘 |
| 消化道 | 猪采食量丧失，下痢，呕吐 |
| 血液 | 猪、犊牛、貂、狐、鳟鱼有轻度至中等程度正常红细胞型贫血 |
| 生殖系统 | 蛋鸡、火鸡孵化降低、胚胎最后一周死亡（鸡）；母猪产仔数和窝仔重下降；毛皮动物活跃力减低，幼仔死亡率高 |

（4）农业部相关添加量规定。饲料添加剂维生素$B_{12}$是以氰钴胺（Cyanocobalamin）商品形式流通。2017年12月农业部公告第2625号修订了《饲料添加剂安全使用规范》，在配合饲料或全混合日粮中的推荐量（以维生素计）对$B_{12}$给出了推荐规定。这些产品包括猪饲料、家禽饲料和鱼类饲料（见附录3农业部公告第2625号）。

# 第四节　维生素$B_{12}$的来源

## 一、加工损失

在普通的烹调中，食物里的维生素$B_{12}$活性约损失30%。牛奶中维生素$B_{12}$活性经巴氏灭菌法消毒约损失10%，淡炼乳破坏的维生素$B_{12}$达40% ~ 90%。在抗坏血酸存在时，维生素$B_{12}$不耐热，光能破坏维生素$B_{12}$。

## 二、维生素$B_{12}$的来源

自然界中维生素$B_{12}$唯一的来源主要通过草食动物的瘤胃和结肠中的细菌合成许多微生物，因此动物内脏、肉类、蛋类等动物性食物是维生素$B_{12}$的丰富来源。自然界中维生素$B_{12}$是微生物合成，为什么维生素$B_{12}$存在于食草动物源性食品中的原因，解释结合在蛋白质上的维生素$B_{12}$就是这样合成的结果。植物不能制造维生素$B_{12}$，因此，除了借助植物生长时从土壤里吸收微量外，在蔬菜、谷类、豆类、水果等中很少，因为土壤里有细菌，土壤是维生素$B_{12}$的良好来源。豆制品经发酵会产生一部分维生素$B_{12}$。人体肠道细菌也可以合成一部分。食物的维生素$B_{12}$含量分类如下（见附录4维生素汇总表）。

图9-5　维生素$B_{12}$的常见食物来源

| 来源 | 食物 |
|---|---|
| 丰富来源 | 肝和其他脏器如肾和心脏 |
| 良好来源 | 瘦肉、鱼、贝蟹类、蛋类和干酪 |
| 一般来源 | 牛奶、家禽肉和酸奶 |
| 微量来源 | 全麦粉和精白粉面包、谷物类、水果、豆类和蔬菜 |
| 补充来源 | 钴胺素（至少有三种活性类型），通过微生物的生长而产生。可从药店购得 |

# 第十章

# 泛酸

## 第一节 概 述

泛酸（Pantothenic acid）也称作维生素$B_5$。它是复合维生素B的成员之一，是人和动物所必需的一种维生素。泛酸作为辅酶A（Coenzyme A，CoA）的一个重要组成部分，在人体代谢中起着关键性的作用。在制造抗体功能，皮肤及血液健康方面扮演重要角色。

泛酸名称来自希腊语“Pantothen”，意为“无所不在”，因其性质偏酸性并广泛存在于食物中而得名。在它的结构尚未确定之前，泛酸曾经有过其他繁多的名称，如遍多酸、滤液因子、鸡抗皮炎因子、生命因子、抗灰发因子、抗白发维生素、H因子、2号因子、维生素$B_X$、维生素$B_2$和维生素$B_3$等冠名，这些名称现均已废除不再使用。

第二次世界大战期间，在日本和菲律宾的战俘中曾发生过缺乏泛酸有关的“烧脚综合征”的病例，经对自愿者吃不具有泛酸活性与泛酸结构十分相似的拮抗剂物质，即添加泛酸对抗物甲基泛酸的食物，实验结果发现战俘发生了严重的缺乏症状，通过泛酸治疗痊愈了。

1940年当泛酸首次合成时，坊间流传到现在被人们记得它是抗白发维生素（Anti-gray hair Vitamin），由于它有防止产生白发的可能，一度被人们广为推崇，公认泛酸与头发、皮肤的营养状态密切相关，当头发缺乏光泽或脱发变得较稀疏时，补充泛酸可见效。因为人们曾观察到，当老鼠不能得到泛酸时，老鼠黑色的皮毛变白，但后来的研究表明并没有给人带来同样的效果。

## 一、历史与发现

1919年，威廉斯（R.J.Williams）首先发现泛酸的存在，认为它在营养上对酵母细胞增生和活性很重要。

1933年美国俄勒冈州的威廉斯（R.J.Williams）首先发现泛酸，后来被得克萨斯大学科学家命名为“泛酸”。1933年威廉斯从酵母中分离出这个化合物并称之为泛酸。发现它是酵母的生长因素，等同于从某种生物活素（bios）中分离出来的物质可治愈鸡的皮炎，故称为抗鸡糙皮病维生素、细菌增殖因子、滤液因子（filtrate factor）。同年威廉斯从肝脏中分离提取泛酸取得成功。

1939年威廉斯再次从肝中分离出泛酸，朱克斯（Jukes）也认为从肝中分离出来的抗皮炎因子与在酵母中找到的是同一物质。

1940年威廉斯和其他两个实验室各自合成了泛酸，由于同时曾看到这种维生素缺乏能使老鼠的黑毛会变成灰毛，泛酸一度被当作一种可能的“灰发预防剂”而受到广泛注意。但后来的研究结果表明它对改变人类头发色泽无效。1940年泛酸人工合成取得成功。

1946年，美籍德国犹太裔生物化学家弗里茨·阿尔贝特·李普曼（Fritz Albert Lipmann）和他的同事，由于发现泛酸与CoA结合作为中间体在代谢中的重要研究成果而获得1953年诺贝尔生理学医学奖。这项成果证明CoA是体内乙酰化反应所必需的。1950年，同一实验室报道泛酸是CoA的一个组成部分。

## 二、理化性质

（1）结构式。

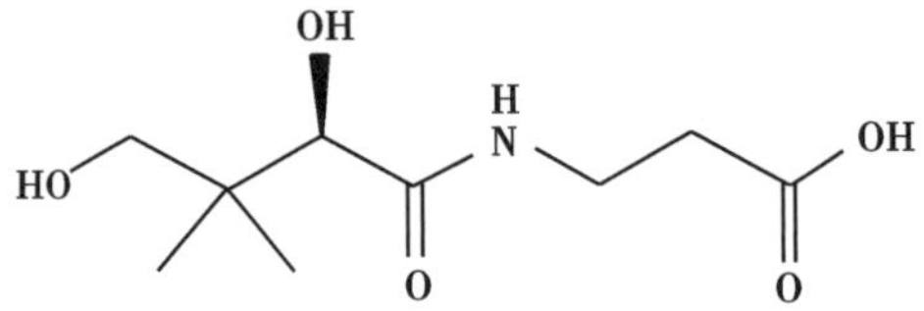

（2）化学。D-泛酸钙；D（+）-N-（2，4-二羟-3，3-二甲丁醯基）-B-胺丙酸。泛酸；（R）-N-（2，4-二羟基-3，3-二甲基-1-氧代丁基）-β-丙氨酸；N-（2，4-二羟基-3，3-二甲基丁酰）-β-丙氨酸。仅D型（[a]=+37.5°）有生物活性。若单独贮放泛酸钙，其稳定性好，但不耐酸、碱，在pH≥8或pH<5的环境条件下损失加快。在维生素预混剂中贮存条件下损失高达70%，注意防潮。当有酸性添加剂（如烟酸、抗坏血酸）接触时，很易脱氨失活被破坏。与烟酸存在典型的配伍禁忌，泛酸钙可被氯化胆碱破坏。与重金属接触时影响很大。

（3）代谢。泛酸与其他B族维生素一样，能很快地被吸收，通过小肠黏膜而进入门循环。在组织内，大部分泛酸被用于CoA的合成，但在细胞内有一部分泛酸是同蛋白质结合成为一种叫作酰基载体蛋白（ACP）的化合物。泛酸存在于一切活组织中，在肝和肾中浓度很高（在肝内有大量的CoA，在肾上腺内CoA较少），泛酸通过肾排出体外。

（4）性质。泛酸具有吸湿性和静电吸附性。纯游离泛酸是一种淡黄色黏稠的油状物，具酸性，水溶液显中性或弱碱性反应，易溶于水在乙醇中极微溶解，不溶于苯和氯仿。泛酸在酸、碱、光及热等条件下都不稳定。白色粉末、无臭、味微苦、有引湿性。但能被酸、碱和长时间（2～6天，比通常的烹煮或烘烤时间长得多）的干热所破坏。泛酸钙的商品形式为白色、无臭、味苦的结晶性物质，在水中溶解并相当稳定。游离泛酸是一种不稳定的、吸湿性极强的油。因此，它不具有实际应用价值，它主要以钙或盐的形式被利用。泛醇（Panuthenol）对应于泛酸的醇，它也很重要，具有完全的泛酸活性。泛酸是泛解酸和β-丙氨酸借肽链联合而成的一个直链化合物，肽链不稳定，极易受到热、特别在酸性或碱性环境下发生水解而被破坏。

在自然界，泛酸很少以游离状态存在，然而它作为CoA组成部分广泛分布，主要存在于肝、肾、肌肉、脑和蛋黄中，也存于酵母、谷物和一些绿色植物特别是豆科植物中。泛酸有旋光性，只有右旋异构体，即右旋泛酸钙，右旋泛酸钠，右旋泛醇具有维生素活性。饲料添加剂泛酸钙应在热敏库中25℃下储存。

（5）理化性质（表10-1）。

表10-1　理化性质

| | 右旋泛酸钙 | 右旋泛酸钠 | 右旋泛醇 |
|---|---|---|---|
| 分子式 | $(C_9H_{16}O_5N)_2Ca$ | $C_9H_{16}O_5N.Na$ | $C_9H_{19}O_4N_2$ |
| 分子量 | 476.5 | 241.2 | 205.3 |

（续表）

| | 右旋泛酸钙 | 右旋泛酸钠 | 右旋泛醇 |
|---|---|---|---|
| 性状 | 白色粉末，无臭，味微苦，有引湿性 | 白色粉末，无臭，味微苦，有引湿性 | 无色，黏稠状油，贮存可析出结晶 |
| 熔点（℃） | 约200分解 | 160～165 | / |
| 溶解度 | 易溶于水（约40g/100mL），溶于甘油，难溶于乙醇，不溶于丙酮和氯仿 | 易溶于水，微溶于乙醇，不溶于乙醚、丙酮和氯仿 | 极易溶于水，易溶于乙醇，微溶于氯仿，不溶于乙醚 |
| 旋光率 | +26.0~+28.0<br>在水中C=4 | +26.5~+28.5在水中C=4 | +29.5~+31.5<br>在水中C=4 |
| 熔点（℃） | | 178～179 | |
| 稳定性 | 在低温和防湿条件下贮存。三种化合物对大气中氧及光都相当稳定，都有吸湿性，特别是钠盐。这些泛酸衍生物的水溶液遇热不稳定，并将水解，特别是在酸性或碱性时。右旋泛醇显著地表现较为稳定，特别是在偏酸性介质中。水溶液显中性或弱碱性反应，在水中易溶，在乙醇中极微溶解，在氯仿或乙醚中几乎不溶 | | |

（6）分析和度量制。用泛酸它的化学纯物质分析泛酸的活力。泛酸的计量单位以毫克计，生物活性的国际单位尚未确定。分析结果通常用质量单位表示。在实际应用中只有D-泛酸钙才具有活性，DL-泛酸钙活性仅相当于其的1/2。泛酸钙添加剂的活性成分是泛酸，1mgD-泛酸钙活性与0.92mg泛酸相当，lmgDL-泛酸钙活性仅相当于0.45mg泛酸。用泛酸钙作为基准物，1mg泛酸相当于1.087mg泛酸钙。泛酸尚可用雏鸡生长治疗试验进行生物测定。一个酵母生长单位和雏鸡单位已不使用。一个酵母生长单位等于0.8mg泛酸钙，一个雏鸡单位等于14mg泛酸。食品和饲料中的泛酸含量测定采用HPLC和GC方法，微生物测定技术已不太常用。

（7）毒性（过量）。泛酸是一种相对无毒的物质。在6周内每天给青年男子多于10克的泛酸并无任何毒性症状，也有日服10～20克有时会发生腹泻和水潴留的记录。

## 三、产品标准与生产工艺

表10-2　饲料添加剂D-泛酸钙（GB/T 7299—2006）

| 项目 | 指标 |
|---|---|
| 泛酸钙含量（以$C_{18}H_{32}CaN_2O_{10}$干燥品计）（%） | 98.0～101.0 |
| 钙含量（以Ca干燥品计）（%） | 8.2～8.6 |
| 氮含量（以N干燥品计）（%） | 5.7～6.0 |

（续表）

| 项目 | 指标 |
| --- | --- |
| 比旋光度$[a]_D^t$（以干燥品计）/*（°） | +25 ~ +28.5 |
| 重金属含量（以Pb计）（%） | ≤0.02 |
| 干燥失重率（%） | ≤5.0 |
| 甲醇含量（%） | ≤0.3 |

饲料添加剂维生素D-泛酸钙生产工艺与产品规格。微生物酶法拆分主要生产工艺如下。甲醛与异丁醛在碳酸钾存在下进行羟醛缩合，得到的β-羟基醛与氰化钠发生加成，在酸性条件下水解。水解物经蒸馏制得α-羟基-β，β-二甲基-γ-丁丙酯，再与丙酸钙反应，制取外旋泛酸钙，经拆分后得右旋泛酸钙。

2002年，我国自主研发的“微生物酶法拆分制备D-泛解酸内酯及用于生产D-泛酸钙与D-泛醇”工艺取得重大突破，大大提高了泛酸钙的生产效率。D-泛酸钙有98%、66%和55%几种含量规格，98%规格居多。在泛酸系列中，绝大部分以饲料添加剂D-泛酸钙形式广泛应用于饲料养殖业，占比相当大。我国D-泛酸钙约占全球市场份额35%以上。

# 第二节　生理功能

泛酸具有制造抗体功能，一度在维护头发、皮肤及血液健康方面亦扮演重要角色。其一般作用是参加体内能量的制造，并可控制脂肪的新陈代谢，是大脑和神经必需的营养物质，有助于体内抗压力荷尔蒙（类固醇）的分泌，保持皮肤和头发的健康；帮助细胞的形成，维持正常发育和中枢神经系统的发育；对于维持肾上腺的正常机能非常重要；是脂肪和糖类转变成能量时不可缺少的物质；在抗体的合成、人体利用对氨基苯甲酸和胆碱的必需物质。

泛酸与皮肤和黏膜的正常生理功能和对疾病的抵抗免疫效应等有着密切的关系，它还具有提高肾上腺皮质机能的功效。缺乏泛酸可使机体的许多器官和组织受损，会出现包括生长、繁殖、皮肤、毛发、胃肠神经系统等诸多方面症状。

## 一、泛酸与CoA的生理作用

泛酸最强大的功能是作为机体酰化作用中的CoA（辅酶A）发挥作用。泛酸在体内主要以CoA参与糖、脂肪、蛋白质等代谢中，起到转移酚基的功能。当泛酸缺乏时，过氧化物酶体脂肪酸氧化受到抑制，并可能诱导脑部受损害。另外，泛酸具有抗脂质过氧化作用，可能的机制主要有两种：一是以CoA的形式清除自由基，保护细胞质膜不受损害；二是CoA通过促进磷脂合成帮助细胞修复。

泛酸是CoA的辅基，泛酸只有通过CoA才发挥美妙的生理功能。细胞中的泛酸仅组合在乙酰化的CoA中，CoA是泛酸才体现生物活性，占据中间代谢占有中心位置，它能与羧酸形成高能硫酯化合物，从而激活活性弱的酸。在中间代谢中出现的各种酰基CoA衍生物中，乙酰CoA作为“活性乙酸”非常重要的原因是因为脂肪，碳水化合物和所有氨基酸的降解全部集中于一个共同阶段——乙酰CoA。与CoA结合的乙酸进入柠檬酸循环后，便开始最后的氧化降解，生成二氧化碳和水，并获得大量的势能（可合成三磷酸腺苷，ATP）。在有充足的泛酸供应时，乙酰CoA是体内许多合成反应的起始物。见图10-1乙酰CoA在代谢中的中心位置。

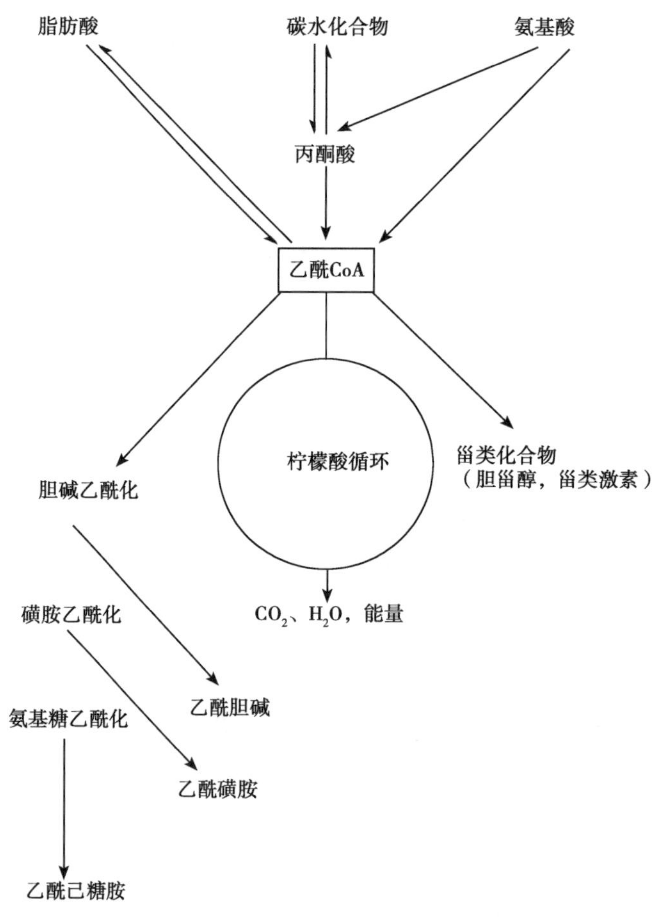


图10-1　乙酰CoA在代谢中的中心位置

乙酰CoA使乙酸的有活性形式可用于长链脂肪酸、磷脂类，胆甾醇、甾类激素和胆酸的生物合成。乙酰CoA还有将乙酰基传递给某些受体的重要功能。作为神经末梢的传递物质，乙酰胆碱具有特别意义，各种氨基糖的乙酰化也需要乙酰CoA。氨基糖是各种黏液多糖的成分，如结缔组织的透明质酸，软骨和其他骨骼的黏液多糖，它的乙酰化也需要乙酰CoA。最后，乙酰传递在磺胺和有关物质的乙酰化起重要作用，可认为具有脱毒作用。CoA提供活性琥珀酸合成δ-氨基乙酰丙酸，还参与血色素的卟啉的合成。

## 二、泛酸中CoA的含义

泛酸参与CoA和酰基载体蛋白（ACP）的一部分起作用。ACP是由泛酰巯乙胺通过磷酸基与蛋白相连，它与CoA都是细胞中脂肪酸的生物合成所需要的（脂肪酸的分解只与CoA有关）。“CoA”的含义就是能起乙酰化作用的辅酶，它是人体代谢中最重要的物质之一，是一个由泛酸与ATP、焦磷酸和β-巯乙胺（含有-SH基）相结合的复合分子，CoA结构见图10-2。

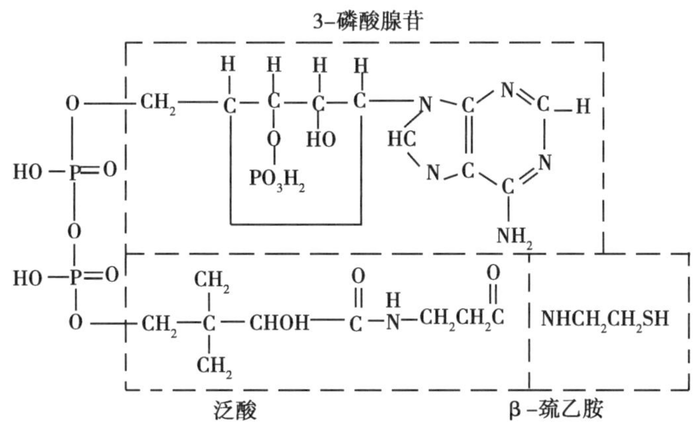


图10-2　ATP的分子结构

图10-2说明了泛酸是如何纳入CoA分子中的。该分子中的-SH基非常活跃，但其他基团也与CoA的某些功能有关。CoA参与任何一个有乙酰基（$-CH_3CO$）形成或转移的反应。除了乙酰基以外，其他酰基也需要CoA，凡是由琥珀酰基、苯甲基或脂肪酰基形成或转移都需要CoA。

## 三、CoA的代谢功能

CoA参与下列各种基本的代谢功能。①脂肪酸的合成。CoA最重要的代谢功能也是泛酸最重要的功能。在脂肪酸的合成中转移乙酰基的消化过程中，膳食中的三甘油酯被胰脂肪酶和小肠壁的脂肪酶分解成为甘油、单甘油酯和脂肪酸，同时脂肪酸被胆酸乳化。脂肪酸通过小肠壁被吸收的程度随其碳链长度而异，碳链越短的吸收越完全。通过小肠壁后，短链脂肪酸变成了长链脂肪酸，这一转变的主要步骤是CoA与乙酸相结合，形成“活化乙酸”或“乙酰CoA”。然后，乙酰CoA被转变为丙二酰CoA，在它的链上，多一个碳原子，这个反应是由一种含生物素的酶催化的。之后丙二酰CoA再与另一个活化的脂肪酸作用，在它的链上，也多了一个碳原子，产生一种多了两个碳原子的脂肪酸。棕榈酸（C16）就按照这种方式在体内变成了硬脂酸（C18）。②脂肪酸的降解。在代谢过程中，脂肪酸不仅需要合成，也需要降解。泛酸作为CoA的组成部分，参与了这种降解过程。降解时释放的能量由另一个系统收集起来并转移到别的地方去。这个可逆的系统是基于把低能量的二磷酸腺苷（ADP）和单磷酸腺苷（AMP）转化为高能量的三磷酸腺苷（ATP）。③枸橼酸循环。代谢所需要的绝大部分能量由枸橼酸循环（或“克雷布斯循环”）供给，在此循环中碳水化合物、脂肪和蛋白质等高能量的化合物不断地被转化为低能量的化合物，释放出来的能量仍以ATP的形式保存起来。作为CoA的组成部分，泛酸参与了枸橼酸循环的一些步骤，其中包括从丁酮二酸和它的盐合成枸橼酸，以及α-酮酸的去羧基氧化物。④胆碱的乙酰化与抗体的合成。泛酸是形成神经冲动传导物质——乙酰胆碱所必需的物质。它能激发那些增加对病原体抵抗力的抗体的合成。⑤营养素的利用。蛋白质、脂肪、碳水化合物的代谢需要CoA，因此，缺乏泛酸必然会破坏可消化营养素的利用。CoA作用于内源代谢而不是在消化道内，因此，它不影响可消化或可代谢的能量，只有影响了这种能量的利用，才可以简单地用营养素滞留来衡量净产出能。不仅供给能量的营素是这样，供给蛋白质的营养素也是如此。⑥其他。泛酸还能影响内分泌腺和它们分泌的激素。大白鼠缺少泛酸时不仅体重增长率下降，且基础代谢率也下降。有研究认为泛酸对各种动物繁殖的影响可能由于泛酸与甾体激素合成之间存着某种关联。

### 四、泛酸的其他功能

泛酸（或CoA）的其他功能还有；卟啉是血红素的前体，对血红蛋白的合成是很重要，因此，泛酸具有四个方面功能：是合成卟啉所必需的；是维持正常血糖浓度所必需的；它能帮助排出磺胺类药物。它影响某些矿物质和痕量元素的代谢；可以用作某些药物的解毒剂，包括磺胺类药在内。

综上，①泛酸参加体内能量的制造，控制脂肪的新陈代谢，是大脑和神经必需的营养物质。有助于体内抗压力荷尔蒙（类固醇）的分泌。②帮助细胞的形成，维持正常发育和中枢神经系统的发育，可维持肾上腺的正常机能，是脂肪和糖类转变成能量时不可缺少的物质。③外用对皮肤的水合作用。泛酸的加氢产物叫泛醇，可以加强正常皮肤水合功能，有改善干燥、粗糙、脱屑、止痒以及治疗多种皮肤病（如特应性皮炎、鱼鳞病、银屑病以及接触性皮炎）相关的红斑效果。④加强皮肤屏障功能。外用可促进皮肤正常的角质化，改善皮肤对表面活性剂的耐受力。⑤制造抗体是泛酸的作用之一，能帮助人体抵抗传染病，缓和多种抗生素副作用及毒性，减轻过敏症状。泛酸缺乏易引起血液及皮肤异常，产生低血糖等症。

## 第三节 人和养殖动物缺乏症

### 一、人的缺乏症

（1）“烧脚综合征”的故事。第二次世界大战期间，在日本和菲律宾的战俘中曾发生过与缺乏泛酸有关的“烧脚综合征”的记录，曾用下列方法使自愿接受试验的人缺乏泛酸。其中战俘们脚有烧灼感的“烧脚综合征”反应最为强烈。一是给他们吃泛酸含量低的半合成食物10～12周；二是给他们吃添加泛酸对抗物甲基泛酸的食物，即一种与维生素结构十分相似的维生素拮抗剂物质，以致人体误把它当作了维生素，该拮抗物不能发挥真正维生素的功能的食物。结果受试人发生了一系列的症状；如脚有烧灼感、烦躁不安、食欲减退、消化不良、腹痛、恶心、头痛、精神抑郁、意志消沉、疲倦无力、手足麻木和刺痛、臂和腿抽筋、失眠、呼吸道感染以及脉搏快和步伐趔趄，同时应激反应增强，对胰岛素的敏感度增强而导致低血糖。红细胞的沉降率增高，胃液的分泌减少，抗体的产生也明显地减少。所有这些症状都在服用泛酸后神奇的全部消除了。

（2）坊间流传抗白发维生素。缺乏泛酸可使花老鼠、狐和狗的毛过早地变成灰色，但无论是泛酸还是其他营养因素都未能证实泛酸与人类的白灰发有关。

（3）泛酸的日推荐量。泛酸在自然界中分布如此广泛，人的食品中普遍含有泛酸，在现实中人的明确缺乏症状十分罕见，人的缺乏症临床诊断往往也很困难。在摄入2500kcal的混合膳食时，泛酸的平均日食入量为10mg似乎是可行的。建议在妊娠和哺乳期间泛酸的需要量可能要高一些。加工食品罐头时泛酸会有一定的损失。在缺少其他B族维生素时，缺乏泛酸有可能处于边缘状态而未被察觉。表10-3为泛酸的日推荐量。

表10-3　泛酸日推荐量

| 组别 | 年龄（岁） | 泛酸（mg） |
|---|---|---|
| 婴儿 | 0～0.5 | 2 |
| | 0.5～1.0 | 3 |
| 儿童和青少年 | 1.0～3.0 | 3 |
| | 4.0～6.0 | 3～4 |
| | 7.0～10.0 | 4～5 |
| | 11以上 | 4～7 |
| 成人 | | 4～7 |

## 二、养殖动物缺乏症

（1）缺乏症。泛酸遍布于一切植物性饲料原料中，一般日粮不易缺乏。但在饲料加工粉碎、制粒或经热、酸、碱处理等很易破坏。玉米中泛酸含量很低，长期饲喂玉米的养殖动物可引起泛酸缺乏症，因为禽类又不能像反刍动物可在瘤胃中合成泛酸，因此家禽较易引起泛酸缺乏。养殖动物泛酸缺乏有下列各种症状。①生长减缓或体重减轻。②皮肤、黏膜及羽毛损伤。③神经系统紊乱病症。外围感觉神经紊乱，动物表现异常，足部烧灼综合征状，四肢沉重感觉。④胃肠失调。⑤抗体形成受到抑制。⑥肾上腺功能缺陷。上述表现各不相同，与生物素缺乏的鉴别一样，各种动物症状形式有多种多样很难判断。⑦禽类更容易引起缺乏症。肉仔鸡泛酸缺乏时，羽毛生长阻滞和松乱，头部羽毛脱落，头部、趾间和脚底皮肤发炎，表层皮肤脱落并产生裂隙，行走困难，脚部皮肤增生角化，有时会形成疣性赘生物。生长受阻，消瘦，眼睑常被黏液渗出物黏着，口角、泄殖腔周围有痂皮，口腔内有脓样物质。现在养殖动物已经全部圈养，猪鸡等养殖动物易发生泛酸缺乏症，畜禽饲料必添加D-泛酸钙。NRC的泛酸推荐添加标准为：雏鸡、肉仔鸡、种鸡10.0mg/kg，产蛋鸡2.2mg/kg；鹌鹑生长期10.0mg/kg，鸭和鹅10.0mg/kg，种禽15.0mg/kg。下图10-3、图10-4、图10-5、图10-6、图10-7、分别为养殖动物缺乏症状。

图10-3　缺乏泛酸的鸡口角、眼睑上有炎症

图10-4　典型的鸡缺乏泛酸症状，口角、眼睑和脚趾皮炎

图10-5　缺乏泛酸鸡羽毛暗淡，粗糙

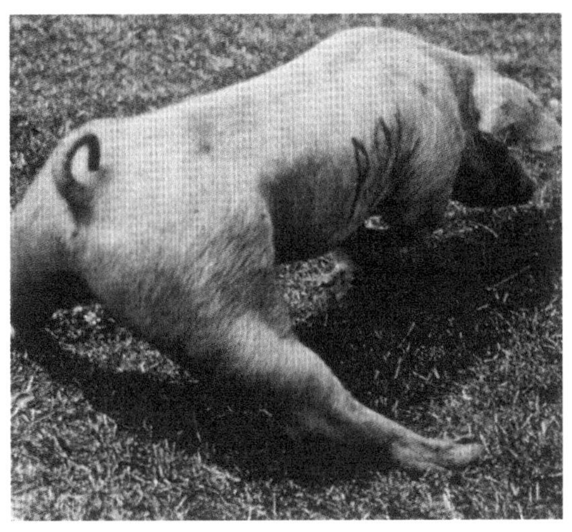
图10-6　猪后腿瘫痪，不能直立行走

图10-7　典型的生猪缺乏泛酸症状，运动神经障碍，特别是后肢“鹅步”

（2）农业部相关添加量规定。2017年12月农业部公告第2625号修订了《饲料添加剂安全使用规范》，在配合饲料或全混合日粮中的推荐量（以维生素计）对D-泛酸钙、DL-泛酸钙给出了推荐规定。这些产品包括猪饲料、家禽饲料和鱼类饲料（见附录3农业部公告第2625号）。

表10-4　养殖动物泛酸缺乏症

| 器官/系统 | 症状表现 |
|---|---|
| 体况 | 猪、鸡、狗、狐、大鼠、猴、豚鼠生长减缓，采食量下降，饲料利用效率低 |
| 皮肤及黏膜 | 狗、银狐、大鼠、鸡的毛发及羽毛褪色；猪、大鼠的眼周棕色渗出物；猪、大鼠的耳后及颈背脱毛，皮肤变红，结成硬壳，背毛粗糙；鸡的喙角、眼睑，有时足趾上结痂，眼睑有渗出液粘连，羽毛粗糙；鳟鱼鳃肿，死亡率高 |
| 神经系统 | 狗应激性增加，痉挛，虚脱和死亡；猪、狗的运动神经障碍，后肢步态痉挛（“鹅步”）；狐麻痹；猪、猴运动失调 |

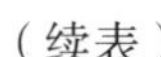

（续表）

| 器官/系统 | 症状表现 |
| --- | --- |
| 血液 | 猪、大鼠的正常细胞性贫血 |
| 胃肠道 | 猪、狗、兔、狐采食丧失，出血性胃肠炎、结肠炎、肠道溃疡及脓肿，严重下痢、溃疡性及坏死性舌炎；狐、猫、鸡、狗肝脂肪变质。 |
| 生殖系统 | 禽类产蛋能力及蛋孵化力受损；猪的胚胎回吸不育和无奶；青年母猪出现幼稚型性器官；仔猪出生死亡率高，无吸吮反射，肌肉软弱、颤抖、运动神经紊乱；大鼠的胚胎发育障碍（主要是软骨及骨） |
| 肾上腺 | 猪、银狐肾上腺萎缩、脂类含量减少，充血，肾上腺皮质出血 |

## 第四节　泛酸的来源

### 一、加工损失

从食品生产到消费的过程中泛酸的损失可达50%以上。较为少见饲料生产过程中泛酸损失的报道，但是损失一定存在，在饲料生产加工过程中同样存在粉碎、制粒温度、干燥、贮存等影响，具有与食品加工过程相似的制约因素。通常谷物在研磨过程中约损失泛酸50%；罐头水果和蔬菜在冷冻和贮藏的过程中损失泛酸低于50%；肉类在烹煮或制造罐头的过程中损失泛酸15%～30%；食品在干燥过程中损失的泛酸可超过50%。只要避免氧化和高温，天然食物中的泛酸在贮藏过程中是相当稳定的，谷物可以贮藏一年而无明显的损失。

达特茅斯学院（Dartmouth College）医学院的斯克洛德（H.A.Schroeder）博士对数百种常见食物的泛酸含量作了广泛的分析。现代加工方法造成了这种维生素的大量损失。根据他的研究结果，泛酸的损失量如下；小麦研磨和制成通用面粉损失57.7%、罐头蔬菜损失56%～79%、蔬菜冷冻损失48%～57%、肉类和禽类加工成罐头损失26.2%、水产品加工成罐头损失19.9%。

### 二、泛酸的来源

泛酸广泛地分布于食物之中，肉类、动物脏器肉、未精制的谷类及其制品、麦芽与麦麸、绿叶蔬菜（蔬菜食品）、啤酒酵母、坚果类、鸡肉、未精制的糖蜜。虾米、甲鱼、鲐鱼、干银鱼、鸡、羊肉、芝麻酱、花生仁、炒熟的葵花籽、鲜蘑菇、紫菜、干辣椒、高粱米、油条等。含量因食物的种类和加工方法的不同而有较大的差异。啤酒酵母中含泛酸最多。按泛酸含量划分的食物来源如（表10-5）（见附录4维生素汇总表）。

表10-5　泛酸的常见食物来源

| 来源 | 食物 |
| --- | --- |
| 丰富来源 | 脏器肉（肝、肾和心）、棉籽粉、面粉、麦麸和米糠 |
| 良好来源 | 坚果、蘑菇、大豆粉、大麻哈鱼、干酪、蛋类、荞麦粉、糙米、龙虾和向日葵籽 |
| 一般来源 | 鸡肉、花茎甘蓝、甜椒、全麦粉和梨 |
| 微量来源 | 黄油、玉米片、白面粉、脂肪、油、人造黄油和糖 |
| 补充来源 | 合成的泛酸钙是广泛使用的补充剂，酵母是一种丰富的天然补充剂。肠道细菌也能合成泛酸，但其产量和利用率不详 |

# 第十一章

# 烟酸

## 第一节　概　述

烟酸（Niacin）是B族维生素成员之一，是一种水溶性维生素，也是复合维生素B中最稳定的一种化合物。包括烟酰胺（Nicotinamide）与尼克酸（Nicotinic acid），它曾有一大串名称，被称作尼克酸、维生素PP、维生素$B_3$、抗癞皮病因子、烟酸碱、吡啶-3-甲酸尼可酸、尼亚生、尼古丁酸、尼亚生尼古丁酸等别名。文献中还能找到这些别名，但已经不常用。其实尼克酸的名气比烟酸大，历史更久远，人们常称烟酸为尼克酸，它是人体必需的13种维生素之一。1867年科学家从烟草中提取尼克酸，因此又称它为烟酸。它们的天然形式都有同样的烟酸活性，烟酸在体内它们以烟酰胺腺嘌呤二核苷酸（DNA）的活性发挥作用，DNA的磷酸盐（NADP）作为一种辅酶常与硫胺素和核黄素的辅酶共同存在于细胞内，起着产能效率，参与体内脂质代谢，组织呼吸的氧化过程和糖类无氧分解的过程。

烟酸和烟酰胺具有相同的维生素活性，游离的烟酸在体内能转化为烟酰胺，是辅酶Ⅰ和Ⅱ的组成部分。维生素PP和PP因子是指它们的抗癞皮病活性，后两个名称现在使用较少。烟酰胺存在于所有活细胞中，通常作为许多辅酶的辅基以结合形式存在。有蹄动物的肝和肉类营养上是这个维生素的重要来源。它还以一种不被人和猪、禽类利用的形式存在于玉米和其他谷物中。然而烟酸、烟酰胺是当今最重要的维生素饲料添加剂之一，通过外源性添加来确保养殖动物营养需要。

## 一、历史与发现

1867年，德国化学家胡贝尔（Huber）首次发现并从烟草中提取尼古丁制取尼克酸，早先得名尼克酸。在以后的70年间，每年有上千人死于糙皮病，人们仅仅认为尼克酸只是化学家发现的一种化学物质，没人想用它去治疗糙皮病。1867年之后，又多次发现食物和动物组织中含有尼克酸。20世纪初，糙皮病在美国南部流行。当时的膳食以玉米为主，玉米中含很少可利用的烟酸和色氨酸。1915年有一万多人死于该病，1917—1918年美国有20万糙皮病患者。

1912年美籍波兰裔生物化学家卡西米尔·冯克（Kazimierz.

Funk）博士在英国工作期间，他本来打算从米糠中制取能抵抗脚气病的维生素，但他却从米糠中提取到了尼克酸。同年，日本的铃木（Suzuki）也从米糠里提取了尼克酸。但当两人发现该化学物质治疗脚气病无效时，就没了兴趣，没预料到它对治疗糙皮病有效果。

1914年美国公共卫生局（United States Public Health Bureau，USPHB）派出以戈德伯格（J.Goldberger）医生为首的医疗队研究该病，并试图找到治疗方案。从1914年起直至整个20年代，经过一系列研究，戈德伯格证明该病是由于膳食中缺乏某种营养素所致，而不是感染或毒素中毒。

1935年，欧拉·阿尔伯（Von Euler.Albers）和斯林克（Schlenck）研究制备辅酶，这种辅酶为葡萄糖酒精发酵时的蛋白酶所必需，后来证明此种辅酶为二磷酸吡啶核苷酸（DPN），水解后辅酶产生尼克酸，首次证明了尼克酸（以酰胺形式）酶结构的一部分，它是生物化学中十分重要的有机化合物。

1936年，两位德国科学家沃伯格（Warburg）和克里斯蒂安（Christian）（1932年他们俩分离了核黄素）证明烟酰胺以烟酰胺腺嘌呤二核苷酸形式，是氢传递系统的必需成分。

1937年，威斯康星大学的埃尔维耶姆（EIvehjem）博士及其同事在从肝脏中分离出来的尼克酸或烟酰胺可以治疗狗黑舌病，该病况被公认为与人的糙皮病相同。不久以后数名研究者发现烟酸在防治人的糙皮病方面很奏效。很快这种维生素被认为是人的膳食以及猪、鸡、猴和其他动物饲料中必需的物质。

1945年，威斯康星大学威拉德克雷尔（Willard Krehl）及其同事最终解释了预防糙皮病方面的另一个神秘现象。他们发现，色氨酸为烟酸的前体物质，诠释了以下两个疑点：一是牛奶中烟酸含量不高，但色氨酸含量高，可以防治糙皮病；二是解释早期认为蛋白质缺乏与糙皮病有关的概念，因为没有蛋白质就没有色氨酸（烟酸的前体物质），玉米色氨酸含量低，而肉类则既含色氨酸又含烟酸。

1971年，美国营养学会和国际机构均采用烟酸（Niacin）词代替这种维生素的所有形式。值得注意的是，多数糙皮病患者同时患有多种营养缺乏症。与糙皮病相伴的某些症状，除非在补充烟酸的同时也补充硫胺素和核黄素，否则不能痊愈。

## 二、理化性质

（1）结构式（表11-1）。

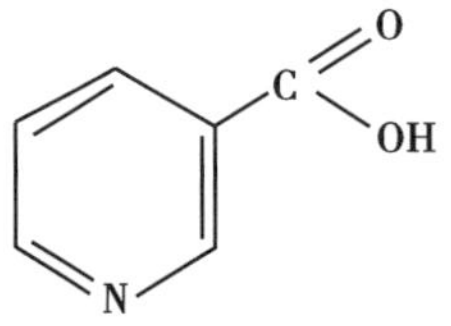

烟酸 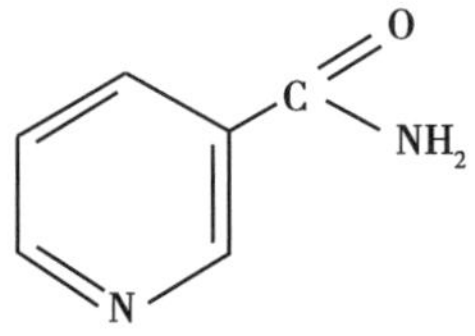　　烟酰胺

（2）化学。烟酸、烟酰胺均溶于水及酒精，易溶于沸水，不溶于丙二醇、氯仿、醚及脂类溶剂和碱性溶液，它们的性质比较稳定，酸、碱、氧、光或加热条件下不易被破坏。在高压下120℃，20分钟也不被破坏。一般加工烹调损失很小，但会随水流失。能升华，无气味，微有酸味。烟酸、烟酰胺不能与泛酸直接接触，两败俱伤，它们之间很容易发生反应，影响其活性。商品烟酸被动物吸收的形式是烟酰胺，饲料工业中使用的烟酰胺。烟酰胺有亲水性，在常温条件下易起拱、结块，易与维生素C形成黄色复合物，彼此“伤害”，使两者的活性都受到损失。

（3）代谢。烟酸在小肠被迅速吸收，经门脉血液循环进入肝脏，在肝内转化为辅酶烟酰胺腺嘌呤二核苷酸（NAD）。有些NAD是色氨酸在肝内形成的。在肝内形成的NAD分解后，释放出烟酰胺，再进入总的血液循环。在肝内未经代谢的尼克酸和烟酰胺经血液流入其他组织，再形成含有烟酸的辅酶。烟酸极少在体内储存，过量的烟酸大部分经甲基化从尿中排出，其排出形式为N-甲基烟酰胺和N-甲基吡啶，两者的能量几乎相等，也有少量尼克酸和烟酰胺由尿排出。在烟酸摄入量低时，排出的任何形式的代谢物水平也低。

（4）性质。无色针状晶体，味苦。烟酰胺晶体为星形白色粉状，都溶于水，烟酰胺的溶解度大于尼克酸，不被酸、碱、光、氧或热破坏。尼克酸在体内易转化为烟酰胺，当量大时，尼克酸成为“温和的”血管舒张剂，易使脸变红，增加表皮温度和头晕眼花。烟酰胺不存在此不愉快反应，故多用于治疗制剂。烟酰胺又具亲水性，常温条件下容易结块。从溶解度和动物体内转化的角度看，养殖动物最好使用烟酰胺，避免游离的烟酸进入动物体内再去转换成烟酰胺，烟酰胺比烟酸更加直接。饲料添加剂维生素烟酸和烟酰胺应在热敏库中25℃下储存。

（5）理化性质。

表11-1 理化性质

| | 烟酸 | 烟酰胺 |
|---|---|---|
| 分子式 | $C_6H_5O_2N$ | $C_6H_6ON_2$ |
| 分子量 | 123.1 | 122.1 |
| 熔点（℃） | 234～237升华 | 128～131 |
| 性状 | 无色针状结晶，或白色结晶粉末，能升华无气味微有酸味 | |
| 吸收光谱 | 烟酸和烟酰胺的水溶液吸收光谱相同。最大吸收在223nm、261nm，吸收系数与pH有关。 | |
| 溶解度 | 烟酸、烟酰胺均溶于水及酒精。它们的性质比较稳定，酸、碱、氧、光或加热条件下不易被破坏。在高压下，120℃，20min也不被破坏。<br>烟酸：微溶于水（约1g/60mL）和乙醇（1g/100mL），易溶于碱，不溶于丙酮和乙醚。<br>烟酰胺：极易溶于水（约1g/mL）稍溶于乙醇，溶于甘油，微溶于乙醚和氯仿 | |
| 稳定性 | 在干燥状态及在水溶液中，该两种化合物对大气中氧、对光和热均稳定；在强酸或强碱中加热，酰胺水解为酸 | |

（6）分析和度量制。这个维生素的国际单位尚未确定，烟酸和烟酰胺的质量单位以毫克计。食品和饲料中的泛酸含量测定采用HPLC和GC方法，微生物测定技术已不太常用。各种制剂中的维生素活性，可用经典的狗的癞皮病（黑舌病）的治疗试验或雏鸡和大鼠生长试验进行生物学测定。

（7）毒性（过量）。只有大剂量烟酸特别给精神病人服用才有毒性。日摄入2～3g烟酸可导致血管扩张、皮肤红肿、发痒、肝损伤、血糖的血酶升高并可能造成胃溃疡。有时给心血管疾病或其他临床症状以大剂量处方时须遵医嘱。

## 三、产品标准与生产工艺

表11-2　食品安全国家标准食品添加剂烟酸（GB 14757—2010）

| 项目 | | 指标 |
|---|---|---|
| 烟酸（以干基计），w（%） | | 99.5～101.0 |
| 干燥减量，w（%） | ≤ | 0.5 |
| 氯化物（以CI计），w（%） | ≤ | 0.02 |
| 灼烧残渣，w（%） | ≤ | 0.1 |
| 砷（As）（mg/kg） | ≤ | 2 |
| 熔点（℃） | | 234～238 |
| 重金属（以Pb计）（mg/kg） | ≤ | 20 |

表11-3　饲料添加剂烟酸（GB/T 7300—2006）

| 项目 | 指标 |
|---|---|
| 烟酸含量（以$C_6H_5NO_2$干燥品计）（%） | 99.0～100.5 |
| 熔点（℃） | 234～238 |
| 氯化物含量（以$CL^-$计）（%） | ≤0.02 |
| 硫酸盐含量（以$SO^{2-}$计）（%） | ≤0.02 |
| 重金属含量（以Pb计）（%） | ≤0.002 |
| 干燥失重率（%） | ≤0.5 |
| 炽灼残渣率（%） | ≤0.1 |

表11-4　饲料添加剂烟酰胺（GB/T 7301—2002）

| 项目 | 指标 |
|---|---|
| 烟酰胺含量（%） | ≥99.0 |
| 熔点（℃） | 128.0～131.0 |
| pH值（10%溶液） | 5.5～7.3 |
| 水分（%） | ≤0.10 |
| 重金属含量（以Pb计）（%） | ≤0.002 |
| 炽灼残渣率（%） | ≤0.1 |

饲料添加剂烟酸和烟酰胺生产工艺与产品规格。一般采用乙醛、硝酸和氨为原料的化学合成法。①烟酸。3-甲基吡啶经高锰酸钾氧化后酸化，经脱色、精制得到产品。喹啉用混合酸氧化脱羧后精制得烟酸。②烟酰胺。3-甲基吡啶经高锰酸钾氧

化，酸化得烟酸，烟酸与氨发生反应经铵盐转变为烟酰胺。

饲料添加剂烟酸和烟酰胺二种商品形式的有效含量均为99.0%，二者的活性计量单位与效用也相同。

## 第二节　生理功能

烟酸在人体内转化为烟酰胺，烟酰胺是辅酶Ⅰ和辅酶Ⅱ的组成部分，参与体内脂质代谢，组织呼吸的氧化过程和糖类无氧分解的过程。

### 一、烟酸胺化物的形式传递氢辅酶

（1）传递氢辅酶。烟酸的主要作用是作为体内两种重要氢传递辅酶的成分。①烟酸胺化物的形式传递氢辅酶，烟酰胺腺嘌呤二核苷酸（NAD）和烟酰胺腺嘌呤二核苷酸磷酸（NADP）具有活性基团。烟酸在体内很容易转化为烟酰胺。见图11-1NDA的结构。②NAD和NADP承担催化的氢的传递重任，在中间代谢中起决定性的作用。一方面，这些辅酶与特定的脱辅基酶蛋白结合，在脂肪酸、水化物和氨基酸的降解与合成中参与氧化还原。另一方面，这些辅酶仍然与特定的脱辅基蛋白结合，通过接受底物燃烧的氢，并将其传递给呼吸链中的黄素酶，从而在柠檬酸循环中底物最后的氧化降解过程中发挥重要作用。③生物氧化过程中同时伴随着获得大量能量，这个能量可在体内以三磷酸腺苷（ATP）形式贮存。传递氢辅酶对它的功能很重要，还具有与许多脱辅基酶蛋白结合的性质。它与特定的能脱氢的底物作用，可成功地把多种底物中的氢导入氧化链的反应中去。④这些传递氢辅酶在细胞呼吸所必需的酶系统中起作用。它们与碳水化合物，脂肪和蛋白质能量的释放有关。与含有硫胺素和核黄素的辅酶一起，成为能量释放系列氧化还原反应的氢接受体和供给者。

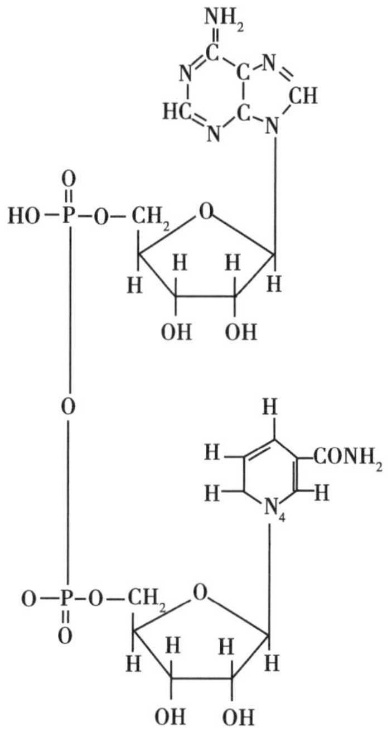

图11-1　NDA的结构

（2）参与合成。NAD和NADP还参与脂肪酸，蛋白质和脱氧核糖核酸的合成。为了推进合成过程正常进行，需要维生素B复合体，维生素$B_6$，泛酸和生物素的协同帮助。见下图含烟酰胺的辅酶接受氢的功能。

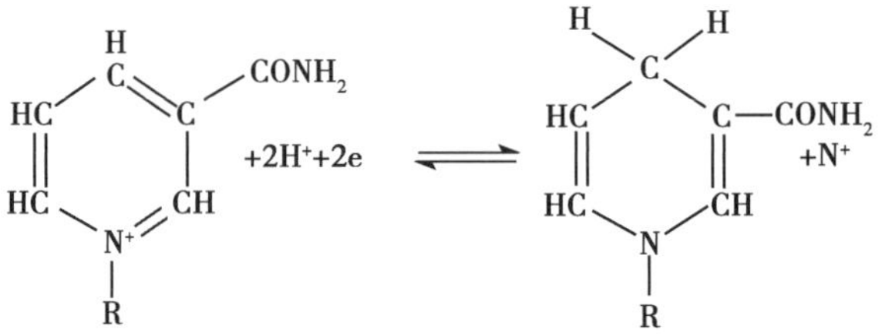

$$\text{(吡啶环, }N^{+}\text{–R, C–CONH}_2\text{)} + 2H^{+} + 2e \rightleftharpoons \text{(二氢吡啶环, N–R, C–CONH}_2\text{)} + N^{+}$$

含烟酰胺的辅酶接受氢的功能。R=腺嘌呤二核苷酸（=NDA）
或R=腺嘌呤二核苷酸磷酸（NADP）

（3）其他功能。认为它在生长方面有特异作用。另有报告认为，尼克酸（而不是烟酰胺）能降低胆固醇水平，以及大剂量烟酸在复发性非致命的心肌梗死方面有一定程度的保护作用和好处。无论如何，当摄入治疗剂量烟酸时，可能有副作用，应遵医嘱。

烟酸为维生素类药物与烟酰胺统称维生素PP用于抗糙皮病，亦可用作血扩张药作为饲料添加剂在饲料中添加使用。也作为医药中间体用于异烟肼、烟酰胺、尼可刹及烟酸肌醇酯等的生产。天然存在的有尼克酸和尼克酰胺两种形式，它们都是以辅酶的形式参加体内的能量代谢，并在胆固醇的代谢中发挥重要作用。因此，在临床上有些烟酸类的药物被用来治疗高胆固醇血症。

## 第三节　人和养殖动物缺乏症

### 一、人的缺乏症

（1）癞皮病。烟酸缺乏可以引起癞皮病，主要表现为皮炎、舌炎、口咽、腹泻及烦躁、失眠感觉异常等症状。①外表皮肤变化即人的蜀黍红斑或癞皮病。在肢体暴露部位如手背、腕、前臂、面部、颈部、足背、踝部出现对称性皮炎典型症状。②消化系统症状口腔、舌、胃及肠道黏膜损伤。主要有口角炎、舌炎、腹泻。腹泻是本病的典型症状，早期多患便秘，其后由于消化腺体的萎缩及肠炎发生常有腹泻次数不等。③初期很少出现神经系统症状，当皮肤和消化系统症状显现时，轻症患者全身乏力、烦躁、抑郁、健忘及失眠等。重症则有狂躁、幻听、神志不清、木僵、甚至痴呆等神经变化。④前驱症状体重减轻疲劳乏力记忆力差、失眠等如不及时治疗则可出现皮炎、腹泻和痴呆。

（2）糙皮病。烟酸缺乏可导致人患糙皮病。人的皮肤变化的典型症状被称为“糙皮病/癞皮病”。皮炎，特别是暴露或受伤的皮肤部位也是糙皮病的典型症状。在慢性病例中，起初的病变很像晒斑，这些症状主要出现于曝露于阳光的部分，病变部位如脸部、颈背部、手背、上臂上侧皮肤长着“赖赖唧唧”的红色或深色呈鳞片状，且颜色变深，瘙痒难忍。

（3）缺乏症状。最初阶段的缺乏症状是人和动物的消化道都有变化，依照个体缺乏程度而各异。人的症状初期表现为食欲丧失、眩晕、呕吐、便秘和下痢。重度缺乏时，舌及胃黏膜发炎、胃肠道的黏膜发炎、红肿，腹泻、直肠炎、舌头和口腔疼痛、舌呈鲜红色且肿胀（“红复盆子果舌”）、神经紊乱、失眠、疲劳、眩晕和头痛。严重时心理上有变化，表现为急躁、抑郁和精神错乱、幻觉、慌乱、迷失方向，以及僵呆。

（4）人的需要量。烟酸需要量数据应包括随摄入食物的色氨酸在体内转化形成的烟酸。烟酸需要量根据60mg色氨酸相当于1mg烟酸计算。烟酸需要量与体重和摄取的热量密切有关，若每日能量进食量不少于2000kcal，才能够预防癞皮病的烟酸最低量，其中包括由色氨酸形成的4.4mg/1000kcal。另外一种计算方法是假设烟酸需要量比维生素$B_1$约大10倍，则得到平均每天6～18mg，依年龄而异。在消化紊乱、发烧、生长期、重体力劳动、妊娠期和泌乳期，以及进食大量液体时，需要量增加烟酸。

（5）日推荐量。估计烟酸的需要量是复杂的，其原因是：①由于有些色氨酸在人体内可以转化为烟酸。②由于不同年龄段人群中的烟酸缺乏者的膳食中含有的烟酸和色氨酸量不同。③因为有些食物中的烟酸可能不能被利用，如玉米。

表11-5烟酸日推荐量与其他维生素不同，还给出了热能、蛋白质和烟酸当量（NE）参数，源于以下因素有关：①热能消耗。这是基于烟酸在能量形成中的重要作用，是辅酶NAD和NADH在呼吸酶功能方面起的作用。②蛋白质摄入量。因为供给蛋白质推荐量的膳食通常也通过色氨酸转化为烟酸的作用而提供足量的烟酸，且富含蛋白质的食物（奶除外）也富含烟酸。因此，表11-5所列与热量及蛋白质有关。表11-5是NRC和FNB烟酸日推荐量。

表11-5　烟酸日推荐量

| 组别 | 年龄（岁） | 体重（kg） | 身高（cm） | 热能（kcal） | 蛋白质（g） | 烟酸（mgNE） |
|---|---|---|---|---|---|---|
| 婴儿 | 0～0.5 | 6 | 60 | Kg×115 | kg×2.2 | 6 |
| | 0.5～1.0 | 9 | 71 | kg×105 | kg×2.0 | 8 |
| 儿童 | 1～3 | 13 | 90 | 1300 | 23 | 9 |
| | 4～6 | 20 | 112 | 1700 | 30 | 11 |
| | 7～10 | 28 | 132 | 2400 | 34 | 16 |
| 男性 | 11～14 | 45 | 157 | 2700 | 45 | 18 |
| | 15～18 | 66 | 176 | 3800 | 56 | 18 |
| | 19～22 | 70 | 177 | 2900 | 56 | 19 |
| | 23～50 | 70 | 178 | 2700 | 56 | 18 |
| | 51以上 | 70 | 178 | 2400 | 56 | 16 |
| 女性 | 11～14 | 46 | 157 | 2200 | 46 | 15 |
| | 15～18 | 55 | 163 | 2100 | 46 | 14 |
| | 19～22 | 55 | 163 | 2100 | 44 | 14 |
| | 23～50 | 55 | 163 | 2000 | 44 | 13 |
| | 51以上 | 55 | 163 | 1800 | 44 | 13 |
| 妊娠期 | | | | | | +2 |
| 哺乳期 | | | | | | +5 |

上表中烟酸的推荐量是以烟酸当量（NE）的形式给出，这是考虑到由色氨酸供给量不定，而且也不可预测，但能提供膳食中一部分的烟酸活性。在估计食物中可利用烟酸量时，平均每60mg色氨酸应认为相当于1mg烟酸。与其他维生素B复合体一样，当发烧，受伤或动手术等应激作用时，代谢速度增加时，烟酸的需要量也需等量增加。

一般推荐量如下：①婴儿、儿童和青年。每百毫升或产生70kcal热量的母乳约含有0.17mg烟酸和22mg色氨酸。营养良好的母亲分泌的乳汁可以满足婴儿的烟酸需要。6个月以下的婴儿烟酸推荐量为每1000kcal 8个烟酸当量，其中约2/3来自色氨酸。6个月以上的婴儿烟酸推荐量为1000kcal 6.6个烟酸当量，但每日不得低于8个烟酸当量。②成人。成人所推荐量以烟酸当量表示为每1000kcal 6.6个烟酸当量。在摄入热能少于2000kcal时，亦不得低于13个烟酸当量。此量已考虑到由色氨酸转变为烟酸的量和膳食烟酸的利用率。③妊娠期和哺乳期。妊娠后，基于热能消耗每日增加了300kcal，故烟酸的日推荐量增加2个烟酸当量。哺乳期要增加500kcal热能以满足哺乳需要，烟酸推荐量应另外增加3.3个烟酸当量，所以，在哺乳期建议烟酸摄入量每日增加5个当量。④烟酸的药理学摄入量。大剂量烟酸对复发性非致命的心机梗死有少许好处。然而摄入大量烟酸（日均3克或更多）会引起血管扩张或伴有其他副作用，如出现脸红。所以用这种维生素作为治疗冠心病时应十分小心。摄取大剂量烟酸时，应遵医嘱。⑤一般膳食中烟酸的摄入量。尼克酸广泛存在于动植物性食物中，因此正常人很少有机会缺乏尼克酸。癞皮病常见于以玉米为主食而副食很少的地区，在玉米中含有大量的不能为人体利用的结合型尼克酸，加上玉米中含有的色氨酸极少，不能在体内转化为尼克酸，因而容易发生缺乏症。在我国新疆地区曾因膳食单调而出现癞皮病，经过用碱处理玉米后，将结合型尼克酸转化为可被人体利用的游离尼克酸，疾病随之消失。在酵母、花生、全谷类、豆类、动物肝脏、肾脏、瘦肉中都含有丰富的尼克酸。此外选用富含色氨酸的食物，如动物性食品也可提供部分尼克酸。⑥来源不固定难判断。酵母、肝脏、兽、鸟肉类叶菜类中均含有大量烟酸。只要摄取色氨酸含量丰富的蛋白质就不会发生缺乏症。阿拉伯聚糖乳杆菌（Loctobecillus arabinosrs）、痢疾杆菌（Bacillus dysenteriac）等可用于定量测定。狗会发生黑舌病，人体的确切需要量不清楚，可根据狗的需要量推测为每天9～12mg，包括由色氨酸所产生的烟酸量来估算人的需要量。

总之，一般膳食平均每日可供给500～1000mg或更多的色氨酸和8～17mg烟酸，总计有16～34个烟酸当量。肉蛋奶等动物来源的蛋白质含有约1.4%色氨酸。多数植物蛋白质有约1%的色氨酸，而玉米制品只含有0.6%，玉米所含烟酸不能完全被利用。若其烟酸是少数存在于食物中相对稳定的维生素即使经烹调及储存亦不会大量流失而影响其效力。

## 二、养殖动物缺乏症

（1）烟酸和色氨酸的协同作用。烟酸和色氨酸是一对孪生兄弟，在动物体内存在明显相互作用关系，色氨酸作为烟酸前体的利用效率，依赖于饲料日粮中其他氨基酸和维生素的含量，如亮氨酸、异亮氨酸、缬氨酸、苏氨酸、赖氨酸和维生素，如维生素$B_1$、维生素$B_6$和生物素。如果上述必需氨基酸中的一种的供应量有所下降，则较少的色氨酸用于蛋白质合成，而有较多的色氨酸可用于转化为烟酸，但其转换效率是动态的，受多种因素制约或影响。

（2）一般缺乏症状。日粮中添加维生素B添加剂可预防因烟酸缺乏引起的糙皮病、皮肤生痂、黑舌病、脚和皮肤鳞状皮炎、关节肿大、胃和小肠黏膜充血、结肠和盲肠坏死状肠炎以及孵化率降低等症状。养殖动物缺乏症在动物的外皮肤变化较少见。见图11-2鸡缺乏烟酸引发皮炎。图11-3猪缺乏烟酸引起耳部、颈部和背部皮炎。

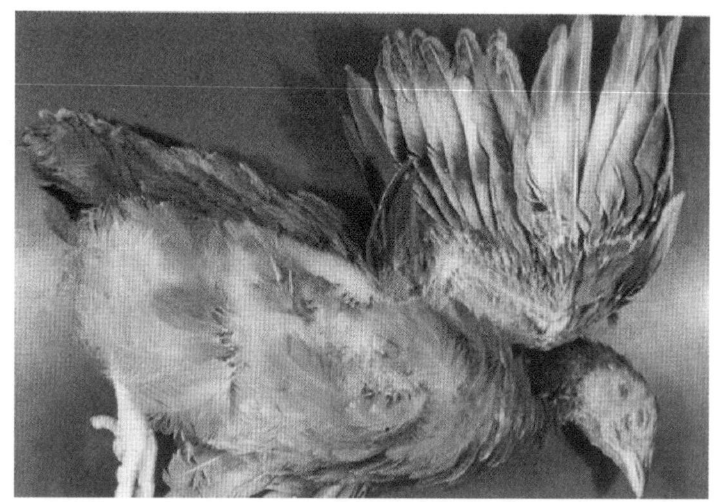

图11-2　鸡缺乏烟酸引发皮炎

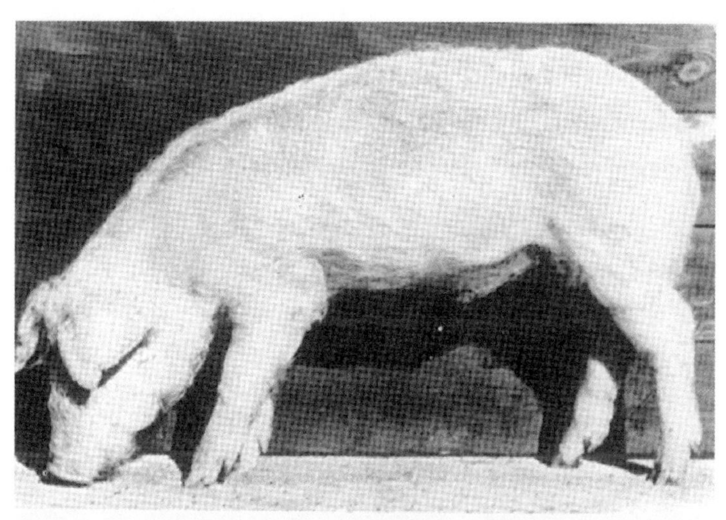

图11-3　猪缺乏烟酸引发耳部、颈部和背部皮炎

（3）烟酸和柠檬酸的转换。动物体内本身能从色氨酸形成烟酸，但在正常情况下，这样来源形成的烟酸远不能满足养殖动物对烟酸的总需要量。因此，非常有必要在饲料日粮中补充该维生素。值得一提的是，最好使用烟酰胺，避免游离的烟酸进入动物体内再去转换成烟酰胺，直接使用烟酰胺比烟酸更加。见图11-4烟酸和柠檬酸循环图。

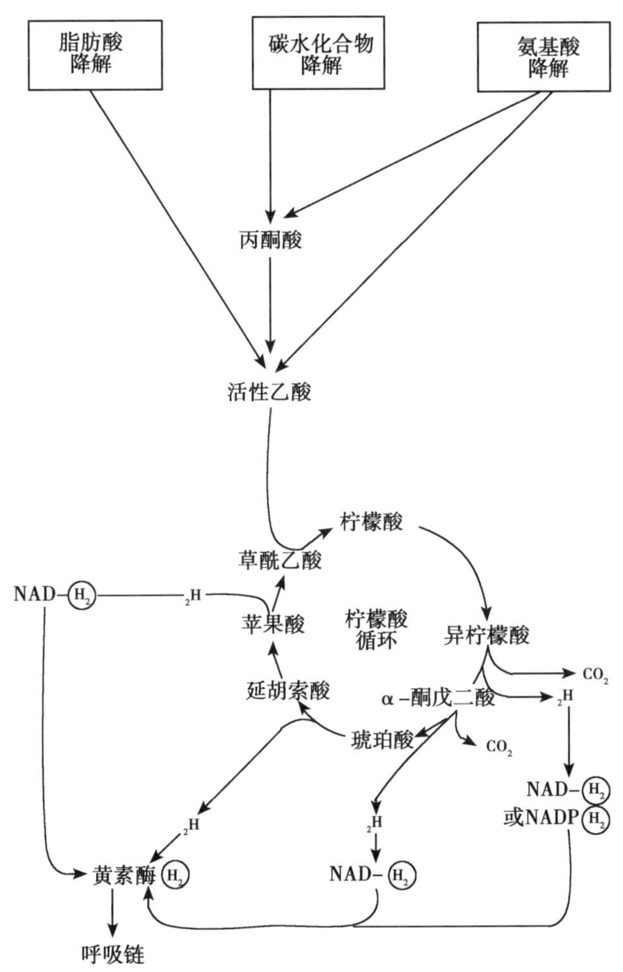


图11-4 烟酸和色氨酸在养殖动物体内存在明显的相互依赖和转换关系

色氨酸可转换为烟酸，其转换效率是动态的，受多种因素影响

（4）其他。增补烟酸可降低肉鸡血脂水平，提高肥育肉牛的生长性能和对饲料的消化率。

表11-6 养殖动物烟酸和烟酰胺缺乏症

| 器官/系统 | 症状表现 |
| --- | --- |
| 体况 | 猪、鸡、火鸡、狐、狗、猫、兔、猴、大鼠、小鼠生长减缓，采食量丧失，饲料利用效率低 |
| 皮肤及黏膜 | 舌、口腔及食道黏膜发炎和溃疡；狗、狐的舌尖及边缘呈深蓝色（黑舌病）；耳和背猪、鸡：外口部，大鼠鳞状皮炎；猪背毛粗糙；口腔及食道前端发炎；鸡黏膜呈深红色；鳟鱼对日晒敏感 |

（续表）

| 器官/系统 | 症状表现 |
|---|---|
| 神经系统 | 反射紊乱，运动失调，狗癫痫状发作；鳟鱼出现反射性泳状动作 |
| 骨 | 胫骨短租，通常跟腱不脱出；鸡、鸭、火鸡股骨畸形 |
| 血液 | 猪、毛皮动物正常红细胞型贫血 |
| 胃肠道 | 猪、鸡、大鼠、兔、狗、猫、毛皮动物，采食不振，呕吐，常有出血性下痢；猪的大肠及盲肠坏死性炎症；鳟鱼胃肠水肿 |

（5）农业部相关添加量规定。2017年12月农业部公告第2625号修订了《饲料添加剂安全使用规范》，在配合饲料或全混合日粮中的推荐量（以维生素计）对烟酸、烟酰胺给出了推荐规定。这些产品包括猪饲料、家禽饲料和鱼类饲料（见附录3农业部公告第2625号）。

## 第四节　烟酸的来源

### 一、加工损失

烟酸为复合维生素B中最稳定的一种化合物，它在一定的时间内耐热，烹调和贮藏几乎无损失。罐头加工，脱水或冷冻可导致极少量的损失。因为烟酸是水溶性的，在烹调时有些可能损失掉，但在一种混合膳食中，这种损失不会超过15%～25%，适量加水少损失。贮藏不会导致损失，马铃薯4.4℃下贮存6个月，烟酸只有少量损失。

### 二、烟酸的来源

咖啡为烟酸的良好来源，每杯黑咖啡含烟酸3mg。世界上某些地区的人膳食中烟酸和色氨酸含量低，但糙皮病发病率不高，饮用大量咖啡可解释这种现象。烟酸来源还应包括烟酸可由肠细菌合成那一部分，但对人体来说，这样产生的量不太重要。相反，像硫胺素和核黄素一样，反刍动物（牛，羊等）膳食中并不需要烟酸，因为在胃中可以由细菌合成。

烟酸在动物组织中以烟酰胺形式存在，在植物组织中以尼克酸的形式存在。两种形式有同等活性。若用作治疗的药品时，通常用烟酰胺，为强化食品用时，则多用克尼酸，饲料添加剂以烟酰胺为主，也使用烟酸。像其他复合维生素B一样，食物中的含量变化很大（见附录4维生素汇总表）。基于烟酸的正常含量，按烟酸含量划分的食物来源如（表11-7）。

表11-7　烟酸的常见食物来源

| 来源 | 食物 |
|---|---|
| 丰富来源 | 肝、肾、瘦肉、禽肉、鱼、兔肉、强化玉米片、坚果、花生酱 |
| 良好来源 | 奶和奶制品、干酪和禽蛋虽然含烟酸不高，但是很好的抗糙皮病食物。因为它们高含色氨酸，且所含烟酸是以可利用的形式存在。强化谷物制品也是烟酸的良好来源 |
| 一般来源 | 全谷粒，强化谷物制品含有适当量的烟酸。玉米和麦类、大米都属于低含量烟酸的食物，而且近乎80%～90%的烟酸存在于它们的种子皮中，在碾磨过程中遭受损失，其所含烟酸为结合型的，烟酸和糖络化物是不能被利用的 |
| 微量来源 | 水果和蔬菜（蘑菇和豆类例外）含量不等，总起来说其含量是低的。奶油和白糖含烟酸量极微 |
| 补充来源 | 合成的烟酰胺和尼克酸以及酵母，凡含有动物蛋白质多的食物也含有丰富的色氨酸 |

# 第十二章

# 叶酸

## 第一节　概　述

叶酸（Folic acid）是复合维生素B成员之一，1941由米切尔（H.K. Mitchell）从菠菜叶中提取纯化故而命名为叶酸或叶精。此前它还有很多繁杂的名称，如蝶酰谷氨酸、维生素$B_9$、维生素M、维生素Bc、SLR因子、R因子、U因子、维生素U、Will因子、抗贫血因子等，现在这些名称已不常使用，统一冠名为叶酸。

叶酸的结构由蝶啶、对氨基苯甲酸和L-谷氨酸组成，也叫蝶酰谷氨酸（Pteroylglutamic acid，PGA）。在复合维生素B族中叶酸的结构比较复杂，具有叶酸活性的化合物结构都有一个或多个与之相连的谷氨酸分子，后者对其生物活性十分必要。合成的叶酸只有一个谷氨酸基团（PGA）。PGA这一术语是指叶酸和天然存在的叶酸结合形式，它以极微小浓度几乎遍及所有活细胞中。叶酸是所有脊椎动物包括人在内密切相关的一类物质，对于正常生长、繁殖、防止血液紊乱、参与每个细胞内重要的生化反应，是预防各种动物不同缺乏症所必需的。叶酸有促进骨髓中幼细胞成熟的作用。人类缺乏叶酸可引起巨红细胞性贫血以及白细胞减少症，它对孕妇尤其重要，妇女妊娠阶段叶酸补充应高于成人推荐量的4～5倍。

顾名思义，叶酸广泛存在于绿叶植物中，叶酸结合物存在于牛的肝脏、肾脏和肌肉中。奶、奶酪、深绿色多叶蔬菜中多为游离状态叶酸、花椰菜、豆科植物和小麦胚芽都含有丰富的叶酸。

## 一、历史与发现

在叶酸被分离或合成前很久，叶酸缺乏症已在人类、动物和微生物学科中有过描述或记载。人们未曾预料到它与巨红细胞性贫血以及白细胞减少症有关。

1939年，印度孟买产科医院的露西·维尔斯（Lucy Wills）医生研究用酵母提取物可改善妊娠妇女的巨红血球性贫血，实验表明酵母中的未知因子具有很好的治疗效果，这一组因子与叶酸化学活性与维生素有关，当时起名为叶精。

1941年，得克萨斯州的米切尔（Mitchell）、斯内尔（Snell）和威廉斯（Williams）建议把叶精改名为叶酸是因为这种细菌生长因子在菠菜中发现，并广泛分布在绿叶植物中。

1945年，安吉尔（Angier）及其同事分离合成了叶酸。同年汤姆·斯匹斯（Tom Spies）博士提出，叶酸对妊娠期的核巨红血球性贫血和热带口炎性腹泻有治疗效果。

## 二、理化性质

（1）结构式（叶酸、蝶酰谷氨酸）。

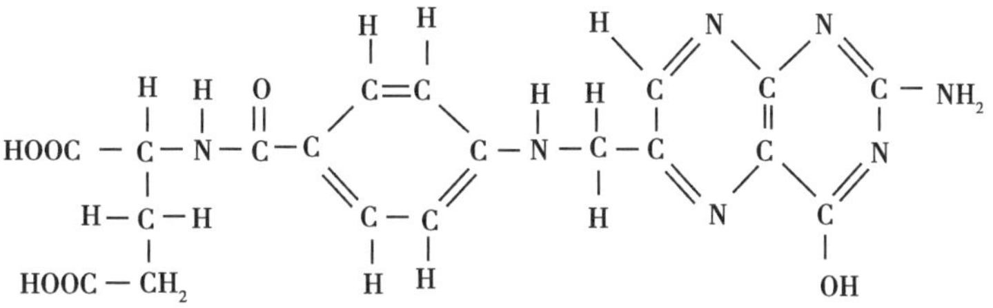

L-谷氨酸　　对氨基苯甲酸　　蝶啶基团

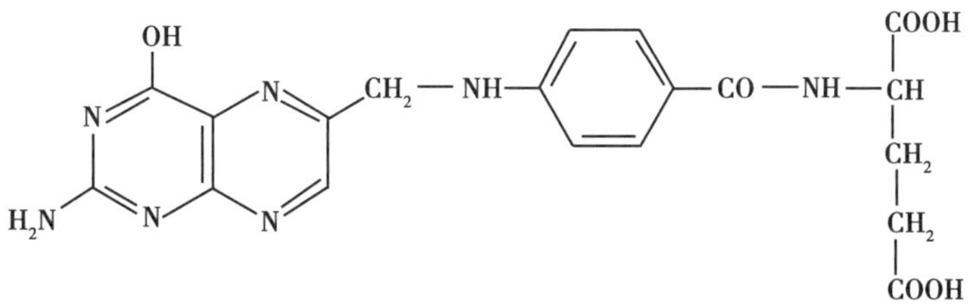

（2）化学。叶酸又叫维生素M、维生素Bc、N-（4-（（2-氨基-4-氧代-1，4-二氢-6-蝶啶）甲氨基）苯甲酰基）-L-谷氨酸等。这种维生素在自然界中有几种形式存在，构成化合物的叶酸（PGA）基团。人或其他养殖动物摄入时，各种形式都有类似的活性，但作为微生物生长因子，其活性的差别很大。母体化合物——叶酸（化学形式蝶酰谷氨酸，PGA）可能不单独出现在自然中，是由三种成分连接组成：①蝶啶，一种与蝴蝶翅中黄色磷光色素有关。②对氨基苯甲酸，一种细菌的生长因子。③谷氨酸，一种在食物和体组织蛋白质中常见的氨基酸。叶酸有1，3，7个谷氨酸组分组成，用1-，3-，7-蝶酰谷氨酸表示这些连接方式是膳食中维生素的主要前体。辅酶形式和四氢叶酸是体内最常见的形式，也广泛存在食物中。叶酸的生物活性形式是一种叫四氢叶酸的还原产物，如果母体分子（由蝶啶，对氨基苯甲酸和谷氨酸组成）分解，叶酸的营养活性便失去。

（3）代谢。不同食物和不同饲料原料中的叶酸代谢吸收差别很大，研究表明，一般估计叶酸仅吸收31%，酵母吸收约低至10%，而禽蛋和动物肝脏吸收约高达80%，香蕉中的叶酸能吸收82%。检测研究证明叶酸中谷氨酸的分子数影响吸收率。叶酸靠主动运输和扩散而被吸收，主要在小肠上段，但也有是在整段小肠中吸收，葡萄糖，抗坏血酸和某些抗生能促进叶酸吸收。

叶酸在食物中有两种形式，即游离叶酸和聚合叶酸（约占摄入量25%）可被肠道吸收。聚合叶酸被吸收前，必须把过多的谷氨酸通过轭合酶从分子侧链中去掉，目前尚不清楚轭合酶是在小肠腔还是在小肠壁上活动。叶酸的吸收受到去共轭机制的控制，反过来，在食物中也受共轭体系的影响。如酵母，它的共轭叶酸的吸收率与链长有关。

叶酸主要在十二指肠及近端空肠部位吸收，叶酸与蛋白质连在一起，从血液中输送到肝脏，在那里被甲基化，并带到骨髓细胞和成熟的红细胞或其他细胞中。甲基叶酸似乎是体组织中这种维生素的主要形式。叶酸在血清中每毫升含7～16μg，整个体内的叶酸贮存量通常是5～6mg，约一半在肝脏。一些叶酸在胆汁及尿中排出。叶酸在血清和红细胞中的水平测定是用来评定人类叶酸营养的方法。

（4）性质。叶酸是一种黄色或橙黄色结晶性粉末。无臭无味。微溶于水和甲醇，易溶于酸性或碱性溶液，不易溶于水和乙醇。在酸溶液中不稳定，对热也相对不稳定，见光更容易破坏。加热至250℃左右，颜色逐渐变深，最后生成黑色胶状物。饲料添加剂维生素叶酸应在热敏库中25℃下储存。

（5）理化性质（表12-1）。

表12-1　理化性质

| | 叶酸 |
|---|---|
| 分子式 | $C_{19}H_{19}O_6N_7$ |
| 分子量 | 441.4 |
| 性状 | 黄色至橙色结晶粉末，无臭，热水重结晶制得薄片结晶 |
| 溶解度 | 易溶于稀碱，溶于稀酸，不易溶于水和乙醇、丙酮、乙醚和氯仿中 |
| 熔点（℃） | 在250℃时颜色变深，随后炭化为黑色胶状物 |
| 旋光率 | $[\alpha]_D^{20}$=+20°，在0.1moL NaOH溶液中C=5 |
| 吸收光谱 | 叶酸表现特有的吸收光谱，依溶液pH值而异，在0.1moL的NaOH溶液中，最大吸收光谱在256nm，283nm和365nm。 |
| 稳定性 | 结晶的叶酸对空气和热均甚稳定，易溶于酸性碱性溶液。微溶于水和甲醇，不溶于醚、丙酮、苯和氯仿。但被光和紫外线辐射降解。在中性溶液中较稳定；酸、碱、氧化剂与还原剂对叶酸均有破坏作用 |

（6）分析和度量制。食品和饲料中的叶酸含量测定采用HPLC方法，微生物测定技术已不太常用。叶酸的生物学活性的国际单位尚未确定。用大肠杆菌和其他合适的微生物的底物，可以用雏鸡或大鼠的生长试验进行叶酸生物学测定。也有经典的微生物测定法，叶酸活力可以用化学、荧光、纸层析和薄层层析法测定。叶酸的分析结果通常以质量单位毫克或微克表示。

（7）毒性（过量）。叶酸是水溶性维生素，一般超出成人最低需要量20倍也不会引起中毒，凡超出血清与组织中和多肽结合的量均从尿中排出，正常情况下叶酸没有不利的作用。只有当用于治疗有核巨红血球性贫血，又接着使用镇癫痫药时癫痫症状才会加重。建议每天食物中的维生素制剂不能超过0.1mg叶酸。过量的叶酸可能会掩盖恶性贫血的某些症状。叶酸过敏反应也不可忽视。对于肾功能正常的患者很少发生中毒反应。但偶见过敏反应，叶酸的过敏反应严重的一些症状包括皮疹、瘙痒、肿胀、头晕、呼吸困难。个别病人长期大量服用叶酸可出现厌食、恶心、腹胀等胃肠道症状。大量服用叶酸时，可出现黄色尿。叶酸口服可很快改善巨幼红细胞性贫血，但不能阻止因维生素$B_{12}$缺乏所致的神经损害的进展，且若仍大剂量服用叶酸，可进一步降低血清中维生素$B_{12}$含量，使得神经损害不可逆发展。

## 三、产品标准与生产工艺

表12-2　食品安全国家标准食品添加剂叶酸（GB 15570—2010）

| 项目 | | 指标 |
|---|---|---|
| 叶酸（$C_{19}H_{19}N_7O_6$以干基计），w（%） | | 96.0～102.0 |
| 水分，w（%） | ≤ | 8，5 |
| 炽灼残渣率，w（%） | ≤ | 0，2 |
| 重金属（以Pb计）/（mg/kg） | ≤ | 10 |
| 砷（As）（mg/kg） | ≤ | 3 |

表12-3　饲料添加剂叶酸（GB/T 7302—2008）

| 项目 | 指标 |
|---|---|
| 叶酸含量（以$C_{19}H_{19}O_6N_7$干基计）（%） | 95.0～102.0 |
| 干燥失重率（%） | ≤8，5 |
| 炽灼残渣率（%） | ≤0，5 |

饲料添加剂叶酸生产工艺与产品规格。用对硝基苯甲酸与亚硫酰氯反应得酰胺，再与谷氨酸反应得到酰胺衍生物。用硫化铵还原硝基，最后与2，4，5-三氨基-6-羟基嘧啶缩合成环，制得叶酸。

饲料添加剂叶酸有效含量在95%以上。因有黏性，应加入稀释剂降低浓度进行预处理，克服黏性便于预混。叶酸添加剂商品活性成分含量仅有3%或4%，干粉状下稳定，液态下对光敏感。

# 第二节　生理功能

叶酸有促进骨髓中幼细胞成熟的作用，人类如缺乏叶酸可引起巨红细胞性贫血以及白细胞减少症，对孕妇尤其重要。很多研究表明，叶酸不仅可用于治疗因营养缺乏所引起的巨幼红细胞贫血、恶性贫血等症，对于心血管疾病的防治也有良好的作用。

## 一、与一碳化合物代谢

5、6、7、8-四氢叶酸形式的叶酸是代谢中一碳化合物转化所不可缺少的，一碳单位可由下列方式形成；嘌呤和组氨酸的降解；甘氨酸的氧化裂化作用；游离甲酸的活化作用；除去丝氨酸的B-碳原子，形成甘氨酸；游离甲酸的活化。四氢叶酸的重要生理功能包括将一碳单位与维生素分子结合，从而将它们转化为“活性甲酸或活性甲醛”。后两者可成就氧化或还原互相转化，并能转移到适宜的受体上去。见图12-1叶酸和一碳化合物（C1）的代谢。

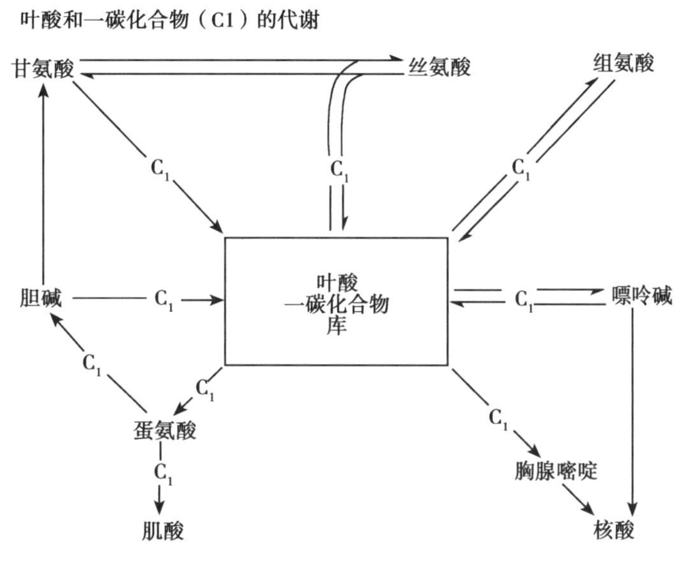


图12-1叶酸和一碳化合物（C1）的代谢

四氢叶酸还参与活性甲醛还原为甲基，以及后者的转移。这个重要的反应顺序使身体能够准备一碳化合物，以供一系列的生物合成反应需要，组入嘌呤碱和组氨酸。将活性甲醛转化为甘氨酸，形成丝氨酸，通过相应的前体物的甲基化作用形成蛋氨酸、胆碱、胸腺嘧啶和甲基烟酰胺。

## 二、中间代谢反应

嘌呤碱（又称腺嘌呤、鸟嘌呤）和胸腺嘧啶是核酸的重要组分。缺乏叶酸会影响三种中间代谢反应：①叶酸缺乏导致对细胞形成和细胞功能所必需的核酸的生物合成，否则会发生严重障碍。②叶酸缺乏时与贫血有关，组氨酸降解的中间产物——亚胺甲基谷胺酸，不再能完全转化为谷胺酸和亚胺甲基四氢叶酸，从尿中排出了。这个排泄出现于缺乏的早期，适合于作为叶酸缺乏的生化诊断。③维生素$B_{12}$与叶酸的中间代谢反应有着密切联系。维生素$B_{12}$参与通过羟甲基四氢叶酸脱氢酶催化氧化还原反应而引起甲醛与活性甲酸的相互转化。四氢叶酸与维生素$B_{12}$和维生素

C共同参与红血球和血红蛋白的生成，促进免疫球蛋白的生或，保护肝脏并具解毒作用等。叶酸被吸收后，通过所需的尼克酸会大量产生还原反应，叶酸至少转变成五种活性辅酶形式，母体形式是四氢叶酸。这些辅酶的主要作用把一碳单位从一个化合物传递到另一个化合物上。一碳单位可能是甲酰、亚胺甲基、亚-亚甲基或甲基基团。N-5和N-10的氮原子参与碳基团的传递，图12−2为四氢叶酸的结构。

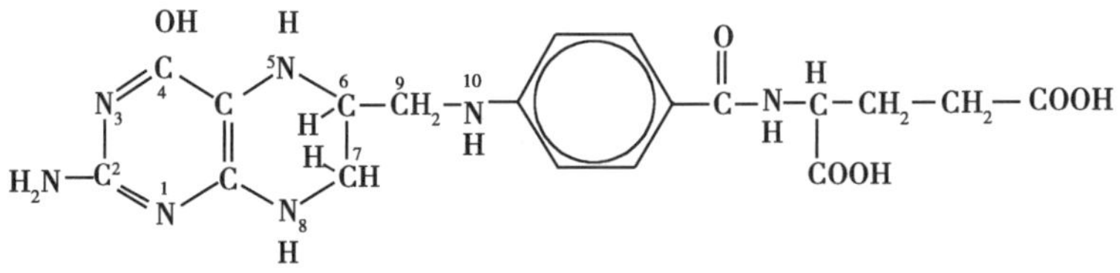

图12−2　四氢叶酸的结构。N−5和N−10的氮原子参与碳基团的传递

## 三、辅酶的功能

叶酸辅酶具有如下重要的功能。①DNA和RNA的合成中嘌呤和嘧啶的形成对所有细胞核都是重要的。这表明叶酸在细胞分裂和繁殖中起重要作用。②构成血红素（血红蛋白中的含铁蛋白）。③互相转化。促进丝氨酸（三碳氨基酸）和甘氨酸（二碳氨基酸）相互转化。④几种氨基酸形成。使苯丙氨酸形成酪氨酸，组氨酸形成谷氨酸，半胱氨酸形成蛋氨酸，乙醇胺合成胆碱。⑤烟酰胺转化。烟酰胺转化成N’-甲基烟酰胺，成为尿中排出烟酸代谢物之一。同时抗坏血酸、维生素$B_{12}$和维生素$B_6$在许多代谢中是使叶酸辅酶具有活性所必需的物质，叶酸与不同维生素间的相互依赖性特别值得关注。

## 四、参与氨基酸代谢

叶酸参与细胞内高半胱氨酸的代谢。当体内叶酸缺乏时，就会引起高半胱氨酸的蓄积，进而抑制内皮细胞呼吸引起内膜损伤，导致细胞摄取并凝集低密度脂蛋白，是动脉硬化的危险因子。同时，叶酸是体内脱氧核糖核酸合成必需的营养素，如果缺乏，脱氧核糖核酸的合成和修复也会受到影响，进而形成动脉硬化。注意B族维生素摄入，防止体内叶酸缺乏，有利于心血管疾病的早期预防。

## 五、临床应用

（1）两种贫血。分为营养性有核巨红血球性贫血和巨红血球性贫血。这些贫血发生于婴儿（有核巨红血球性贫血）和妊娠妇女（巨红血球性贫血），一般因为缺乏单纯的叶酸，用叶酸治疗很快就起作用，不需要使用维生素$B_{12}$。一般情况下，这些贫血可能是因为在产生叶酸辅酶中某种未知的代谢不足。

（2）白血病。氨基蝶呤，一种叶酸的拮抗物或抗维生素，已用来治疗白血病。叶酸在细胞核内核酸的正常合成中起作用，这与细胞生长有关。作为一种拮抗物，氨基蝶呤能够代替叶酸，但没有活性。因此，可阻止以白细胞为特征的白血病迅速发生。不幸的是，持续使用后，白血病细胞会对这种拮抗物产生抵抗力，以致失去它的效力。

（3）癌症。氨甲蝶呤，一种与氨基蝶呤密切相关的药物，目前正在癌症的化疗中应用。它的作用是使二氢谷氨酸还原酶结合，阻止$C_1$来固定叶酸的功能，进而防止DNA和嘌呤在细胞中合成。

（4）口炎性腹泻。叶酸治疗口炎性腹泻很见效，这是一种以肠道损伤，食物吸收不良，腹泻，粪便中含有大量脂肪，巨红血球性贫血，一般性营养不良为特征的胃肠疾病。

综上，叶酸作为体内生化反应中一碳单位转移酶系的辅酶，起着一碳单位传递体的作用；参与嘌呤和胸腺嘧啶的合成，进一步合成DNA和RNA；参与氨基酸代谢，在甘氨酸与丝氨酸、组氨酸和谷氨酸、同型半胱氨酸与蛋氨酸之间的相互转化过程中充当一碳单位的载体；参与血红蛋白及甲基化合物如肾上腺素、胆碱、肌酸等的合成；参与嘌呤和嘧啶合成；作为辅酶参与核酸合成中嘌呤和嘧啶的形成，在细胞DNA合成中发挥作用；参与氨基酸相互转化；参与丝氨酸和甘氨酸相互转化，促进苯丙氨酸与酪氨酸，组氨酸与谷氨酸，半胱氨酸与蛋氨酸的转化。此外，叶酸还是含铁血红蛋白的组分。叶酸对蛋白质、核酸的合成及各种氨基酸的代谢有重要作用。

## 第三节　人和养殖动物缺乏症

### 一、人的缺乏症

叶酸是一种必需营养素。人的肠道细菌能合成叶酸，但其量远不能满足需要量。正常人一般由饮食摄取的叶酸量，虽不至于少到引起巨幼红细胞性贫血，但要控制高半胱氨酸水平，叶酸的日常摄入量还是不够的。尤其是当吸收不良、代谢失常或组织需要增多，以及长期使用肠道抑菌药物（如磺胺类）等情况下等都可造成叶酸缺乏，因此要注意检查和及时补充。美国华盛顿大学研究结果显示，增加叶酸摄取，每年可避免4.95万人死于冠心病。可见，足够的叶酸对于防治心血管病具有重要作用。

（1）优生优育。人们都知道叶酸是胎儿生长发育不可缺少的营养素。①孕早期。这个阶段是胎儿器官系统分化，胎盘形成的关键时期，细胞生长，分裂十分旺盛。此时叶酸缺乏可导致胎儿畸形、神经管畸形，包括无脑儿，脊柱裂等，还可能引起早期的自然流产。②怀孕头3个月。孕妇缺乏叶酸有可能导致胎儿出生时出现低体重、唇腭裂、心脏缺陷等。如果在怀孕头3个月内缺乏叶酸，可引起胎儿神经管发育缺陷，而导致畸形。因此，准备怀孕的女性，可在怀孕前就开始每天服用100～300μg叶酸。③孕中晚期，除了胎儿生长发育外，母体的血容量，乳房，胎盘的发育使得叶酸的需要量大增。叶酸不足，孕妇易发生胎盘早剥，妊娠高血压综合征，巨幼红细胞性贫血。胎儿易发生宫内发育迟缓，早产和出生体重低，胎儿出生后的生长发育和智力发育都会受到影响。

（2）缺乏症状。人的膳食和养殖动物饲料在某些情况下都发生叶酸缺乏症。除营养供应不足外，肠道菌丛受干扰，例如受磺胺药或抗生素，吸收紊乱也能引起缺乏。长期的叶酸缺乏总表现为血相变化，临床表现人的巨红细胞贫血。如果同时缺乏叶酸和维生素$B_{12}$，则这些症状特别显著。叶酸缺乏的其他症状有口腔黏膜损害和胃肠紊乱引起下痢。

（3）贫血。人缺乏叶酸会产生有核巨红血球性贫血（婴儿），也称巨红血球性贫血（孕妇），红血球比正常的大而少，并且发育不全。这种贫血是由于核蛋白形成不足，使骨髓中有核巨红血球（幼稚形红血球）不能成熟。由于红血球数量减少，因而血红蛋白水平降低。同时，白血球，血小板和血清叶酸的水平也降低。

（4）其他症状。其他症状有舌炎、腹泻和生长不良，会出现精神萎靡。叶酸缺乏可由膳食中含量不足，吸收或利用能力差和体组织异常需要（因损失过多，需求量增大）引起。服用叶酸对于患有核巨红血球性贫血的病人能明显得到康复。但是，叶酸不能取代维生素$B_{12}$来治疗恶性贫血，尽管它能减轻贫血，只有维生素$B_{12}$才能治愈神经症状。叶酸对于女性的健康益处广受注意，哈佛大学对88000名女性长达10年的研究所发现，常喝酒的女性（大约每天一杯啤酒）大约增高15%的乳癌发生率，如果能够经常地注意补充叶酸，这种危险就会下降45%之多。这种预防效果只有对于常喝酒的女性才有效。

（5）叶酸的日推荐量。由于人和哺乳动物肠道菌丛能合成叶酸，即便摄取不含叶酸的膳食也未见缺乏症状。人的叶酸需要量测定比较困难。一般采取人工诱发巨红细胞性贫血治疗服用的活性叶酸。表12-4是NRC和FNB的叶酸日推荐量。

表12-4 烟酸日推荐量

| 组别 | 年龄（岁） | 体重（kg） | 身高（cm） | 叶酸*（μg） |
|---|---|---|---|---|
| 婴儿 | 0 ~ 0.5 | 6 | 60 | 30 |
| | 0.5 ~ 1.0 | 9 | 71 | 45 |
| 儿童 | 1 ~ 3 | 13 | 90 | 100 |
| | 4 ~ 6 | 20 | 112 | 200 |
| | 7 ~ 10 | 28 | 132 | 300 |
| 男性 | 11 ~ 14 | 45 | 157 | 400 |
| | 15 ~ 18 | 60 | 176 | 400 |
| | 19 ~ 22 | 70 | 177 | 400 |
| | 23 ~ 50 | 70 | 178 | 400 |
| | 51以上 | 70 | 178 | 400 |
| 女性 | 11 ~ 14 | 46 | 157 | 400 |
| | 15 ~ 18 | 55 | 163 | 400 |
| | 19 ~ 22 | 55 | 163 | 400 |
| | 23 ~ 50 | 55 | 163 | 400 |
| | 51以上 | 55 | 163 | 400 |
| 妊娠期 | | | | +400 |
| 哺乳期 | | | | +100 |

*日推荐量量用“总”叶酸表示，叶精是指所有食物叶酸中有效的活性叶酸量

①婴儿和儿童。婴儿每天的需要量估计每千克体重5μg。由于人奶和牛奶每100mL中含2 ~ 3μg叶酸，大多数的形式是能被吸收的，因此，婴儿的需要量依靠奶就能满足。日推荐量中儿童每千克体重为8 ~ 10μg的叶酸就足以满足需要，并允许混合膳食中叶酸的效价不同。煮沸会破坏牛奶中的叶酸，因此，婴儿吃食经过巴氏杀菌，消毒或奶粉制作的煮沸品时，应该加添叶酸，保证足够的摄入量。如果饮用山羊奶，应该添加叶酸，因为山羊奶中叶酸的含量低，而且效价也低。②成人。大量证据表明25% ~ 50%的膳食叶酸有营养效率。若每天维持组织储备需要100 ~ 200μg叶酸，推荐青少年和成年人膳食中总的活性叶酸400μg。③妊娠和哺乳期。妊娠期增

加的负担，在维生素摄入量低或刚够的人中，会增加出现叶酸缺乏的危险，此时建议妊娠期间叶酸的日推荐量为800μg。每天在食物中外加100μg叶酸对于哺乳期的额外需求是足够的。因此，哺乳期间，叶酸的日推荐量共为500μg。④口服避孕药。此时妇女体组织中叶酸水平低和有巨红血球性贫血症。在这种情况下，可以多服用叶酸。在应激情况下，如疾病，要增加需要量。⑤一般混合膳食中总叶酸含量差异很大。一次测定美国膳食表明，平均每天叶酸摄入量为689μg，范围在379～1097μg。

牛奶、鸡蛋不含叶酸。叶酸主要来自绿色蔬菜、水果、豆类、酵母和动物肝、肾、肉类等。从现实生活看，人们日常叶酸摄入量不足，这可能是心血管疾病高发的因素之一。欧美一些国家，如美国、英国、法国、加拿大等都比较重视叶酸的营养补充，如法国人的动物性脂肪摄取量虽比北欧人多，但其冠心病的死亡率却比北欧人低，其主要原因就是由于法国人摄取蔬菜和水果量较多的缘故。美国健康局建议在摄取普通食品外，增加强化叶酸食品或直接补充叶酸。美国已决定所有的强化食品都必须含有叶酸成分，加拿大政府也宣称要强化叶酸的补充。

## 二、养殖动物缺乏症

（1）缺乏症。饲料日粮中添加叶酸对改善母猪的繁殖性能，明显降低胚胎死亡率，提供产仔数，对能繁母猪、排卵数多的母猪效果更明显。帮助仔猪促进机体蛋白质代谢。对家禽的种蛋孵化率具有显著效果。为了避免叶酸缺乏症，必须在鸡、火鸡、猴、狐狸和水貂的饲料中添加叶酸。猪、兔、鼠和狗可以通过肠道的微生物合成很少部分叶酸，不足以满足叶酸需要，依然需要在日粮中添加叶酸。

表12-5　养殖动物叶酸缺乏症

| 器官/系统 | 症状表现 |
| --- | --- |
| 体况 | 猪、鸡、火鸡、狐、大鼠、小鼠、豚鼠生长受阻，采食量减退 |
| 头部皮肤及黏膜 | 雏鸡和小火鸡羽毛粗糙，皮炎，羽毛褪色；鳟鱼表皮颜色变深，尾鳍变脆；小鼠脱毛 |
| 神经系统 | 小火鸡颈部麻痹，颈部伸长，两翅下垂并发抖 |
| 骨 | 小火鸡脱腱症 |
| 血液 | 鸡、兔、狐、貂、猫巨红细胞性贫血，白血球减少，血小板减少；猪正常红细胞性贫血 |

（续表）

| 器官/系统 | 症状表现 |
| --- | --- |
| 消化道 | 貂出血性胃肠炎，脂肪肝；雏鸡水样白痢 |
| 生殖系统 | 种母猪繁殖及泌乳紊乱；鸡孵化率低，喙畸形，胚胎股骨扭曲 |

（2）农业部相关添加量规定。2017年12月农业部公告第2625号修订了《饲料添加剂安全使用规范》，在配合饲料或全混合日粮中的推荐量（以维生素计）对叶酸给出了推荐规定。这些产品包括猪饲料、家禽饲料和鱼类饲料（见附录3农业部公告第2625号）。

## 第四节　叶酸的来源

### 一、加工损失

含叶酸的食物很多，但由于叶酸遇光、遇热就不稳定，容易失去活性，所以人体真正能从食物中获得的叶酸并不多。虽然叶酸存在普通食物中，但它易受贮存和烹饪而损失50%～70%，蔬菜贮藏2～3天后叶酸损失50%～70%；煲汤等烹饪方法会使食物中的叶酸损失50%～95%；盐水浸泡过的蔬菜，叶酸的成分也会损失很大。因此，人们要改变一些烹制习惯，尽可能减少叶酸流失，还要加强富含叶酸食物的摄入。但贮存在冰箱里2周，叶酸很少或没有损失。食物中的叶酸50%～95%是被烹饪和装罐破坏的。在高温，长时间烹饪和使用大量水时，损失最大。加工奶粉时，奶中大部分叶酸的活性被破坏。暴露在阳光下也会减少食物中有效叶酸的数量，新鲜蔬菜水果不宜久放。含维生素C高的食物比那些含维生素C低的食物损失的叶酸要少，维生素C保护叶酸不被氧化破坏。

### 二、叶酸的来源

天然存在的叶酸主要是结合的活性形式表示的，它以极微小浓度几乎遍及一切活细胞中。叶酸生物利用度较低，在45%左右。合成的叶酸在数月或数年内可保持稳定，容易吸收，而且人体利用率高，约高出天然制品的一倍。肠道细菌合成叶酸对人体很重要，但产生和吸收的量还没有测定出来。动物脂肪，植物油、牛奶、禽蛋和糖中不含叶酸（见附录4维生素汇总表）。关于人类食物和饲料原料中的叶酸活性资料不很完备，因为很难测定许多不同形式活性的叶酸。食物的叶酸含量分类如表12-6。

表12-6 叶酸的常见食物来源

| 来源 | 食物 |
| --- | --- |
| 丰富来源 | 肝和肾 |
| 良好来源 | 梨、蚕豆、甜菜、芹菜、鹰嘴豆、禽蛋、鱼、芦笋、花茎甘蓝、抱子甘蓝、圆白菜、花椰菜、苣荬菜、莴苣、欧芹、菠菜、芜青、坚果、柑橘大豆和全麦制品 |
| 一般来源 | 香蕉、糙米、胡萝卜、干酪、鳕鱼、大比目鱼、稻米和甘薯 |
| 微量来源 | 鸡肉、奶粉、牛奶、多数水果、瘦肉（猪牛羊肉）、高度精制的谷物制品（包括精粉）和多数根茎类蔬菜（包括马铃薯） |
| 补充来源 | 酵母、麦芽和商品合成叶酸（蝶酰谷氨酸或PGA） |

# 第十三章

# 胆碱

## 第一节　概　述

胆碱（Choline）是食品中常用的添加剂，它的饲料添加剂形式为氯化胆碱（Choline chloride）。美国《联邦法典》将胆碱列为“一般认为安全”（Generally recognized as safe）的添加剂产品，欧盟1991年颁布法规将胆碱列为允许添加的婴儿食品添加剂。胆碱是卵磷脂结构中的一个关键物质，对于预防脂肪肝，具有传播神经脉冲和脂肪代谢是必不可少的。把胆碱归类为维生素类有争论，它并不符合维生素的一些基本特性，特别是与B族维生素的全部定义要求不相称。如果在类似维生素性能的基本营养要素和多种维生素之间画出一条界限，并不比在自然界设立任何分界线更容易，那么多年来胆碱依然稳坐维生素家族中。农业部公告第2625号把饲料添加剂氯化胆碱归入维生素及类维生素门类（见附录3农业部公告第2625号）。

在全球维生素应用构成中，81%维生素作为饲料级添加剂用于饲料畜牧行业，在81%中有49%为氯化胆碱，约占60%。预计到2020年，全球维生素饲料添加剂需要量达95万t，其中74万t是氯化胆碱，约占78%。氯化胆碱在饲料上用量最大，几乎所有的畜禽动物饲料都添加氯化胆碱，它的应用量占比非常惊人。氯化胆碱又名氯化胆脂，氯化-2-羟基三甲铵，也称为“增蛋素”，顾名思义对蛋禽很重要，它能刺激蛋禽多产蛋，还能提高母猪产仔数、鱼类等增重等效果。

## 一、历史与发现

1844年和1846年，葛布利（N.T.Gobley）从蛋黄中分离出一种物质称为卵磷脂（lecithin），作为高脂肪饲料饲喂大白鼠和小鱼。

1849年，德国化学家斯特雷克（Strecker）首次从猪胆里分离出一种化合物，1862年他给该化合物命名为胆碱。

1844—1846年，拜耶（Baeyer）和伍尔茨（Wurtz）分别研究测定胆碱准确的化学结构，并首次合成了胆碱。胆碱在小肠代被谢吸收，但当时这个化合物并未引起学界的关注。在全部维生素合成的文献记载中，胆碱的合成早在170多年前就完成了。

1927，德国人H.O.维兰德（H.O.Wieland）研究确定了胆酸及多种同类物质的化学结构获得诺贝尔化学奖。

1932年，贝斯特（Best）及其同事们在加拿大多伦多大学报告指出，给大白鼠喂高脂肪饲料时胆碱可预防脂肪肝。

1940年，苏拉（Sura）和乔吉·吉戈德布拉特（Gyorgy. Goldblatt）根据他们各自的研究作结论，报道了胆碱是大白鼠生长必不可少的要素，表明了胆碱具有的维生素特性。直到1941年德维格纽（Devigneaud）弄清它的生物合成途径。

1942年，许多科学家以大白鼠、鸡和火鸡作为试验动物充分证实了胆碱的维生素特性。1962年被正式命名为胆碱，在相当长的时期内胆碱的研究并不受重视。

## 二、理化性质

（1）结构式。胆碱学名为2-羟基-三甲基氢氧化胆碱。

```
CH2 — CH ——— CH2          O
 |     |       |           ||
 |    NCH3     CH — O — C — CH — C3H5
 |     |       |                |
CH2 — CH ——— CH2              CH2OH
```

（2）化学。从结构上看，胆碱是一种比较简单的分子，含有三个甲基。在化学上为（β-羟乙基）三甲基氨的氢氧化物，它是离子化合物。酒石酸胆碱又被称为

“记忆因子”。

（3）代谢。从人的利用角度看，胆碱在代谢中的作用是多方面的，即使蛋氨酸和叶酸充足，从而减少吗啡或阿司匹林的毒副作用，基本上只能依从食物中摄取。在转甲基反应中甲基的直接供体是S-腺嘌呤蛋氨酸（SAM），防止老年痴呆症。

（4）性质。无色、味苦，水溶性白色浆液，有鱼腥臭味。在碱液中不稳定，易潮解，暴露于空气中很快地吸水有很强的吸湿性，容易与酸反应生成更稳定的结晶盐，如氯化胆碱。胆碱对热和贮存都相当稳定，但在强碱条件下不稳定。它存在于有游离态磷脂的所有食物里。由于胆碱耐热，因此在加工和烹调过程中的损失很少，干燥环境下即使长时间储存食物中胆碱含量也几乎没有变化。饲料添加剂氯化胆碱应在热敏库中25℃下储存。

（5）理化性质（表13-1）。

表13-1　理化性质

| | 胆碱 | 氯化胆碱 |
|---|---|---|
| 分子式 | $C_5H_{14}O_2N$ | $C_5H_{14}ClNO$ |
| 分子量 | 121.2 | 478.4 |
| 熔点（℃） | 在280～290分解 | 302～305 |
| 性状 | 白色结晶，吸湿性很强，味辛而苦 | 白色吸湿性结晶，无味，有鱼腥臭，咸苦味 |
| 溶解度 | 在空气中极易吸水潮解，易溶于水、甲醇、乙醇，难溶于丙酮、氯仿，不溶于石油醚和苯 | 10%水溶液pH值为5～6，在碱液中不稳定，易溶于水及醇类，水溶液几乎呈中性，不溶于醚、石油醚、苯及二硫化碳。微有鱼腥臭 |
| 稳定性 | 具有碱性，与酸生成稳定的白色结晶盐 | 在酸性溶液中对热稳定，在空气中易吸收二氧化碳，吸水性极强，遇热分解。易潮解，在碱溶液中不稳定 |

（6）分析和度量制。胆碱和氯化胆碱的活性以化学纯物质的克数和毫克数来表示。食物里胆碱的含量通常用比色法或微生物分析测定。近代分析技术有荧光酶分析，放射性同位素酶分析和气相色谱分析。

（7）毒性（过量）。经观察无毒性作用，然而在治疗脂肪肝、酒精中毒和营养不良病症时，每天口服剂量达20g氯化胆碱，疗程为数周，引起某些病人出现头昏，恶心和腹泻。大鼠，腹腔$LD_{50}$ 400mg/kg。

## 三、产品标准与生产工艺

表13-2　饲料添加剂氯化胆碱（GB 34462—2017）

| 项目 | 指标 | | | | | |
|---|---|---|---|---|---|---|
| | 水剂 | | 粉剂（植物源性载体或植物源性载体为主的混合载体） | | | 粉剂（二氧化硅） |
| | 70% | 75% | 50% | 60% | 70% | 50% |
| 氯化胆碱*（以$C_5H_{14}NClO$计）（%） | ≥70.0 | ≥75.0 | ≥50.0 | ≥60.0 | ≥70.0 | ≥50.0 |
| pH值 | 6.0～8.0 | 6.0～8.0 | — | — | — | — |
| 乙二醇（%） | ≤0.50 | ≤0.50 | — | — | — | — |
| 总游离胺/（氨）[以（$CH_3$）$_3$N计]（%） | ≤0.03 | ≤0.03 | ≤0.03 | ≤0.03 | ≤0.03 | ≤0.03 |
| 灼烧残渣（%） | ≤0.20 | ≤0.20 | — | — | — | — |
| 干燥失重（%） | — | — | ≤4.0 | ≤4.0 | ≤4.0 | ≤18.0 |
| 重金属（以Pb计）（mg/kg） | ≤20 | ≤20 | ≤20 | ≤20 | ≤20 | ≤20 |
| 总砷（As）（mg/kg） | — | — | ≤2 | ≤2 | ≤2 | ≤2 |
| 细度（850μm筛）（%） | — | — | ≥90 | ≥90 | ≥90 | ≥90 |

注：表中%均为质量分数。

*粉剂（植物源性载体或植物源性载体为主的混合载体）氯化胆碱含量以干基计。

注：1.表中含量均为质量分数。

2.总游离胺/（氨）含量以（$CH_3$）$_2$N计，重金属含量（以Pb计）为强制性要求。

表13-3　饲料级氯化胆碱（HG/T 2941—2004）

| 项目 | | 指标 | | | |
|---|---|---|---|---|---|
| | | 水剂 | | 粉剂 | |
| | | 70% | 75% | 50% | 60% |
| 氯化胆碱含量（以干基计）（%） | ≥ | 70.0 | ≥75.0 | ≥50 | ≥60 |
| pH值 | | 6.0～8.0 | 6.0～8.0 | — | — |
| 乙二醇含量（%） | ≤ | 0.50 | 0.50 | — | — |
| 总游离胺/（氨）含量以（$CH_3$）$_2$N计（%） | ≤ | 0.10 | 0.10 | 0.10 | 0.10 |
| 灰分（%） | ≤ | 0.20 | 0.20 | — | — |
| 重金属含量（以Pb计）（%） | ≤ | 0.002 | 0.002 | 0.002 | 0.002 |
| 干燥失重率（%） | ≤ | — | — | 4.0 | 4.0 |
| 过筛率（R40/3.850μm筛） | ≥ | — | — | 90 | 90 |

饲料添加剂氯化胆碱生产工艺与产品规格。①把70%三甲胺盐酸盐和环氧乙烷按138∶45的质量比例分别用泵连续送入带搅拌的反应釜中，在50～70℃下搅拌反应1～1.5小时，生成物连续引出反应器后进入汽提塔。反应器内的液面应保持稳定，保持反应连续进行。反应过程中pH值由低向高变化，反应初始约为pH值7，反应终时为pH值12。氯化胆碱粗产品引入汽提塔后，由塔底通入氮气除去剩的三甲胺和环氧乙烷，反应副产物氯乙醇与三甲胺和水作用，制取得氯化胆碱浓度为60%～80%。②三甲胺盐酸盐与环氧乙烷反应，然后加入有机酸中和并浓缩，制取氯化胆碱。③以及氯乙醇与三甲胺反应制取氯化胆碱。由三甲胺与环氧乙烷反应而得产品。也可用氯乙醇在少量环氧乙烷或碱性物质催化下与三甲胺反应而得产品。

氯化胆碱添加剂有液态和粉粒固态两种形式。液态氯化胆碱添加剂的有效成分为70%和75%，无色透明的黏稠液体，略有特异的臭味，具有很强的吸湿性。固态粉状氯化胆碱添加剂的有效成分为50%、60%和70%，用70%或更高浓度氯化胆碱水溶液为原料加入吸附剂而制成。大部分加工成粉剂，50%粉剂的制法是在混合器中预先加入适当粒度的载体，而后滴加氯化胆碱水溶液，经混合干燥而得。70%氯化胆碱水剂可以直接外喷洒在饲料上使用，生产加工需要增加喷涂设备。它们具有特殊的臭味，吸湿性很强，都有鱼腥味。粉剂分为植物源性载体或植物源性载体为主的混合载体和二氧化硅粉剂载体二种形式。

氯化胆碱吸湿吸水后液体呈弱酸性。它本身很稳定，未开封的氯化胆碱保质期2年以上。但它对其他添加剂活性成分破坏很大，特别在有金属元素存在下，对维生素A、维生素D、维生素K破坏较快。由于氯化胆碱的添加量比一般添加剂要高很多，在多维或预混料产品设计中，最好不要将氯化胆碱加入预混料中，把氯化胆碱单独制成预混剂，直接加入配合饲料中，尽量减少或避免氯化胆碱与其他活性物质接触。

## 第二节 生理功能

### 一、基本功能

胆碱可以促进肝，帮助肾的脂肪代谢，还是机体合成乙酰胆碱的基础，可影响神经信号的传递。胆碱是机体内蛋氨酸合成所需的甲基源之一，是机体可变甲基的一个来源而作用于合成甲基的产物，它通过脂肪代谢的运输防止脂肪肝，通过转甲酯化的作用，胆碱充当了不稳定甲基基团的来源，后者可促进代谢作用。胆碱是一种强有机碱，是卵磷脂的组成成分，也存在于神经鞘磷脂之中，作为某些磷脂类（基本是卵磷脂）的一种成分，作为乙酰胆碱的成分，它在神经传导方面起作用。维生素$B_{12}$和叶酸参与胆碱合成、代谢和甲基转移。因此，在叶酸和维生素$B_{12}$缺乏条件下，胆碱需要量增加。微量元素锰参与胆碱代谢过程，发挥类似生物学作用，参与胆碱运送脂肪的过程，因此，缺锰也能导致胆碱的缺乏。它们存在连带协同关系。人体也能合成胆碱，所以不易造成缺乏病。胆碱耐热，在加工和烹调过程中的损失很少，干燥环境下，即使很长时间储存食物中胆碱含量也几乎没有变化。胆碱是卵磷脂的鞘磷脂的重要组成部分，卵磷脂即是磷脂酰胆碱，广泛存在于动植物中。在许多食物中都含有天然胆碱，但其浓度不足以满足生长的需要。

## 二、胆碱归类维生素的一些争议

（1）持反对意见。将胆碱划分为一种带有类似维生素化合物性能的基本营养要素而不是维生素有下列因素。①在人类健康方面没有观察到特别缺乏症状。②人体能合成相当量的胆碱，因此可减少膳食补充的需要。③胆碱的食用量比任何一种已知的维生素都多出很多。④胆碱是脂肪和神经组织的一种结构上的组分，而不具有维生素特性的催化作用。⑤它不像B族维生素那样具有可以促进微生物生长的普遍能力，只有极少数的微生物生长需要它。

（2）持同意观点。持赞成将胆碱划分为维生素的由其下列生物学因素。①尽管人们对胆碱的需要尚不确定，但是许多养殖动物的幼畜生长需要它，缺乏胆碱会有肝和肾损害的迹象，这种迹象已经在大猪、家禽、白鼠、小白鼠、狗、仓鼠、豚鼠和猴身上得到证实。②在维生素$B_{12}$和叶酸作为辅酶因子促进下，胆碱能够在体内由丝氨酸和蛋氨酸合成，但对于许多种动物，这种合成不够快且不能满足需要，特别是对于幼畜。需要有充足的构成物质如丝氨酸、蛋氨酸、维生素$B_{12}$和叶酸存在体内才能合成胆碱。③胆碱是磷脂类卵磷脂的主要成分，且存在于鞘磷脂内，而鞘磷脂存在于大脑和神经组织中，是胆碱的主要结合形式，一起构成体内磷脂的70%～80%。卵磷脂在肝的脂肪代谢方面很重要。胆碱也是乙酰胆碱的前体物，乙酯胆碱在神经脉冲传播方向具有重要生理作用。

## 三、特殊功能

（1）预防脂肪肝。胆碱是一种“亲脂剂”，“亲脂”意味着对脂肪有亲和力。胆碱的作用可促进脂肪以卵磷脂的形式被输送或提高脂肪酸对肝的利用率，防止脂肪在肝里反常积聚。要是没有胆碱，脂肪聚积在肝里，阻碍了肝的无数功能，因而使整个人体处于病态。

（2）胆碱与甜菜碱。在体内，能从一种化合物转移到另外一种的甲基，称为不稳定甲基，其过程称为转酯化过程并促进代谢。人体内有一个不稳定甲基池，它用于：①肌酸的生成（对肌肉代谢很重要）。②甲酯化某些物质以便在尿中排出。③合成几种激素。如肾上腺素。饮食中不稳定甲基的来源是胆碱（及其相关物质），蛋氨酸、叶酸和维生素$B_{12}$。能取代胆碱的相关物质，如最主要甜菜碱。不稳定甲基的这些来源中，每种都能代替另一种或部分补充另一种的不足。因此，对于某些种类的动物在防止脂肪肝方面胆碱完全可以用甜菜碱代替。对于另外一些种类的动物，甜菜碱仅能补充胆碱，蛋氨酸和维生素$B_{12}$在某种程度上也能替代某些动物里的胆碱。胆碱是甜菜碱的前体。因此，可以通过两种方式来供给代谢所需要的胆碱：一是通过膳食里的胆碱，二是通过利用人体里的不稳定甲基在人体中合成。但是这种合成速度不足以满足快速生长对胆碱的需要，因此可能造成胆碱缺乏。

（3）人脑记忆。胆碱（α-羟-Ⅳ，Ⅳ-三甲基乙醇胺）是带正电荷的四价碱基，是所有生物膜的组成成分和胆碱能神经元中的乙酰胆碱的前体。胆碱在胞浆中的浓度为8～25μmol/L，在脑中浓度为25～50nmol/L。机体内胆碱的获取或者通过肝，卵之类的食物中主要以磷胆酰胆碱（PC）和卵磷脂的形式存在，或者由内源性合成的PC而来，即通过磷脂酰乙醇胺（PE）的连续甲基化过程。人体吸收胆碱后，随血液循环被大脑吸收利用，这一点已被科学实验所证明具有氧化及水解等作用，在水溶液中可以完全电离，给大白鼠饲喂高脂肪饲料时，思维等的100亿条神经通道开启，两者是构成细胞膜的必要物质，肾小球细胞需要甜菜碱来调节渗透压，从而影响机体的记忆能力。酒石酸胆碱又被称为“记忆因子”，胆碱是智慧的“开关”。

（4）力量与智慧。1844年古德利从蛋黄中分离出一种卵磷脂（lecithin）。他的重要贡献在于乙酰胆碱即是接通各种神经细胞的重要递质之一，胆碱可预防脂肪肝的发生，构成网络的接点叫“突触”。1849年，德国化学家斯特雷克（Strecker）从猪胆汁中分离出胆碱化合物，后来人们把胆碱磷酰化这种物质被称为“思维”，是造成人与人之间智力与体力乃至气质差异的奥秘所在，其碱性强度与氢氧化钠相似。

（5）其他功能。①神经传导。胆碱和酸化合生成乙酰胆碱，越过神经细胞之间的间隙需要这种物质传导脉冲。②镇痛作用。胆碱与吗啡或阿司匹林联合使用可降低镇痛药物用量。胆碱是机体不稳定甲基的重要组成部分所谓不稳定甲基，人体卵磷脂的含量约占体重的百分之一。③维持细胞结构。胆碱构成和维持正常的细胞结构胆碱是卵磷脂和神经鞘磷脂的组成部分胆碱的发现已有150年，亦称活性甲基，这对于红细胞通过毛细血管至关重要。

## 第三节　人和养殖动物缺乏症

### 一、人的缺乏症

对于哺乳动物，一般症状表现为生长不良，脂肪肝和出血性肾损失。长期缺乏胆碱膳食的主要结果可包括肝、肾、胰腺病变、记忆紊乱和生长障碍。胆碱缺乏所造成的致癌过程首先造成基因损伤，然后是某些可以形成肿瘤的变异细胞株生存并增殖，诱发癌症。与膳食低胆碱有关的不育症、生长迟缓、骨质异常，造血障碍和高血压也均有文献报道。

不产生人为的体内胆碱缺乏。当然，蛋氨酸完全能够代替哺乳动物对胆碱的需要，但对幼鸟并非如此。在慢性酒精中毒和吃低蛋白质饮食的人群中，例如，患有营养性障碍的儿童，时常发生肝的脂肪性渗透。但是用胆碱来治疗这些失调症，效果又令人失望。膳食中的蛋氨酸、叶酸和维生素$B_{12}$的量、个体生长速度、能量摄入和消耗、饮食里脂肪量和类型、摄入碳水化合物类型、膳食中蛋白质总量均会影响胆碱的需要量，食物中胆固醇的含量对此也可能有影响。因此，关于人类对胆碱的需要了解得很少，还没有日推荐量。

一般推荐婴儿配方食品中胆碱添加量，其量相同于母乳中的含量。每升人奶约含胆碱145mg，成人混膳食每天含胆碱500～900mg。

### 二、养殖动物缺乏症

胆碱与B族维生素其他的差别在于胆碱在代谢过程中不具有催化剂作用。严格说胆碱对大白鼠和其他哺乳动物不是维生素，若体内供给足够的甲基，这些动物自身能合成胆碱来满足其需要。但对雏鸡来说，胆碱却起着维生素的作用。

（1）在动物体内的生理功能。肝脏变化包括大部分养殖动物（除反刍动物外）胆碱缺乏导致肝脏功能异常，肝脏出现大量脂质（主要为甘油三酯）积累，最终充满整个肝细胞，危害肾脏缩水功能肾脏变化。胆碱主要表现在以下三个方面：①防止脂肪肝。胆碱作为卵磷脂的成分在脂肪代谢过程中可促进脂肪酸的运输，提高肝脏利用脂肪酸的能力，从而防止脂肪在肝中过多的积累。②胆碱是构成乙酰胆碱的主要成分，在神经递质的传递过程中起着重要的作用。③胆碱是机体内甲基的供体，3个不稳定的甲基可与其他物质生成化合物，如与同型半胱氨酸生成蛋氨酸，还可与其他物质合成肾上腺素等激素。在动物机体内可利用蛋氨酸和丝氨酸合成胆碱。胆碱与蛋氨酸、甜菜碱有协同作用。蛋氨酸有1个甲基，甜菜碱有3个甲基，在动物体内存在甲基移换反应过程，蛋氨酸和甜菜碱只具有部分的代替胆碱提供甲基的作用；④饲料日粮中添加胆碱添加剂，保证胆碱的足量供给，可预防胫骨短粗症、脂肪肝的发生，同时起到维护神经功能的正常，提供活性甲基，节约蛋氨酸的作用。

（2）作用机理。从饲料添加剂的角度看，氯化胆碱对促进畜禽的生长发育、提高肉蛋质量、降低饲料消耗有显著效果，在畜禽代谢和生长中有三种功能作用：转化为甜碱，提供为卵磷脂的重要组成部分，对畜禽的胫骨粗短病和猪肢体外张病菌的预防有重要作用；以卵磷脂形式促进脂肪运输或通过提高肝脏脂肪代谢中起关键作用；参与神经传导。作为饲料添加剂，氯化胆碱可预防肝脏、肾脏中的脂肪积累及其组织变性；可促进氨基酸的再组合，可提高氨基酸，尤其是必需的氨基酸蛋氨酸在体内的利用率。

## 三、应用效果

（1）添加效果。在饲料行业中，饲料添加剂氯化胆碱的用量很大。氯化胆碱在饲料畜牧方面具有以下功能。①用于治疗脂肪肝和肝硬化，用作饲料添加剂能刺激禽类卵巢多产蛋、产仔及畜禽、鱼类等增重；②能有效预防和治疗畜禽器官内的脂肪沉积和组织变性，促进氨基酸的吸收与合成，增强畜禽的体质和抗病能力，促进生长发育，提高禽类产蛋率。用量1～2g/kg；③它是一种高效的营养增补剂及祛脂剂。提高肉鸡的日增重和饲料转化率，减低肉鸡腹部脂肪沉积，减少脂肪肝；改善猪肉品质，降低猪的背膘厚度，提高猪的屠宰率，提高大理石花纹肉质评分数，高熟肉率。④降低奶牛总胆固醇，游离脂肪酸和β-羟丁酸含量，促进体内糖异生作用。⑤生理作用包括，可预防肝脏、肾脏中的脂肪积累及其组织变性；可促进氨基酸的再组合。⑥可提高氨基酸转化率，尤其是必需氨基酸、蛋氨酸在体内的利用率。⑦缺乏氯化胆碱导致鸡和火鸡生长畸形腱（禽骨畸形），对于幼小大白鼠缺乏胆碱会引起肾和其他器官出血性损害。氯化胆碱具有组织培养基、提高饲料利用率，临床用于抗脂肪肝剂。⑧反刍动物饲料中，采用瘤胃氯化胆碱的包被或微胶囊技术能减少在空气的潮解和对饲料中其他营养成分的破坏，主要用于以防止它在瘤胃中的降解，在重瓣胃后可以释放吸收。

（2）增重效果。氯化胆碱是胆碱的盐酸盐，是生物组织中卵磷脂和神经磷脂的组成部分，氯化胆碱可以促进养殖动物脂肪的运输，提高肝脏的脂肪代谢，参与神经传导等。在促进动物生长发育，提高肉蛋品质，降低饲料消耗等方面起着重要作用。氯化胆碱在动物体内可以调节脂肪的代谢和转化，可以预防肝脏中沉积脂肪以及组织变性。作为一种甲基的供应体，可以促进氨基酸的再形成，提高氨基酸的利用率，从而促进动物生长，提高饲料的转换率。有试验表明，在生长肥育猪饲料中添加氯化胆碱可以明显降低料重比，提高饲料利用率，尤其是添加水平1.0g/kg和1.3g/kg的氯化胆碱后，料重比分别改善了12.3%和8.4%，效果很显著（始重24kg+0.6kg的杜长大三元杂交系生长猪）。建议在日粮中添加的剂量为1.0g/kg。农业部公告第2625号把氯化胆碱推荐量为：猪200～1300mg/kg、鸡450～1500mg/kg、鱼类400～1200mg/kg。这么大的推荐量说明氯化胆碱的安全性与可靠性。需要提醒的是氯化胆碱是胆碱盐的形式，胆碱很容易过量但不可添加过量，它不像其他维生素，而且它一般是单独添加到饲料中，氯化胆碱的盐类会削弱维生素活性，要尽量避免和维生素预混料加在一起。

（3）应用广泛。饲料添加剂氯化胆碱别名叫“增蛋素”，可见它对蛋禽的作用有多大。它是饲料行业使用最为广泛、用量最大的胆碱补充剂，在很多饲料人的口中，氯化胆碱经常被简称为“胆碱”。全世界养殖动物饲料无一例外的添加氯化胆碱。在日本，氯化胆碱的98%用作猪、鸡、肉牛及鱼虾等动物饲料添加剂。有些商品粉剂还配合有维生素、矿物质、药物等。氯化胆碱用于肝炎、肝机能退化、早期肝硬化、恶性贫血等症。高蛋白蛋饲料有提高飞禽对胆碱需要量的趋势。农业部公告第2045号《饲料添加剂品种目录（2013）》规定氯化胆碱适用于全部养殖动物。氯化胆碱在用于奶牛时，产品应作保护处理。

## 四、质量安全

在享受着廉价的饲料添加剂的同时，一些行业中自带缺陷的物质不可避免的带到产品中，传导到饲料行业，比如说重金属残留和真菌毒素。

（1）盐酸盐的重金属。微量元素是饲料行业很重要添加剂原料，含量很低的这些物质却对动物健康发挥着至关重要的作用，由于重金属在生物体内的富集作用，饲料添加剂及饲料产品中的重金属残留就成为深刻影响产品品质的因素之一。由于一些厂家使用合成的盐酸原料，原料的杂质含量不可确定。因此，在氯化胆碱的生产过程中，盐酸中的杂质无法完全去除，会有一些重金属之类的留在氯化胆碱的产品中，影响饲料的品质。

（2）真菌毒素。一些毒素成为胆碱行业不可逾越的难题。如果还是回到源头控制的话，就需要在植物的生长、储存过程中加强环境管理，尽量避免一些毒素。如果氯化胆碱使用植物原料作为载体，由于饲料的原料中的植物性种类在生长、储存过程中会诱发产生真菌毒素，例如真菌毒素的黄曲霉毒素$B_1$、赭曲霉毒素A、玉米赤霉烯酮、呕吐毒素、伏马毒素，霉菌和沙门氏菌，这些卫生指标要符合《饲料卫生标准》GB 13078—2017版（2018年5月1日实施），确保饲料质量安全。

（3）农业部相关添加量规定。2017年12月农业部公告第2625号修订了《饲料添加剂安全使用规范》，在配合饲料或全混合日粮中的推荐量（以维生素计）对氯化胆碱给出了推荐规定。这些产品包括猪饲料、家禽饲料和鱼类饲料。规定特别要求用于奶牛时，产品应作保护处理（见附录3农业部公告第2625号）。

## 第四节　胆碱的来源

### 一、加工损失

胆碱耐热，在加工、烹饪过程中极少损失，长时间贮存的食物中胆碱的含量几乎不变。

### 二、胆碱的来源

人体在叶酸和维生素$B_{12}$作为辅酶的帮助下，可由蛋氨酸来制造胆碱。胆碱的需要量可以通过饮食中的胆碱和通过转酯化作用在人体中合成两种方法来获得。胆碱广泛存在于食物中（表13-4）。

表13-4　胆碱的常见食物来源

| 来源 | 食物 |
| --- | --- |
| 丰富来源 | 蛋黄、蛋类、猪牛羊的肝脏 |
| 良好来源 | 大豆、脱水马铃薯、甘蓝、麦麸、海军豆、苜蓿粉、干酪乳、脱脂奶粉、精米、米糠、全谷类（大麦、玉米、燕麦、稻米、高粱和小麦）、芜菁、面粉、废糖蜜 |
| 微量来源 | 水果、果汁、牛奶、蔬菜 |
| 补充来源 | 酵母（啤酒酵母、圆酵母）、麦胚、大豆卵磷脂、蛋黄卵磷脂、合成胆碱以及合成胆碱衍生物 |

# 第十四章

# 生物素

## 第一节　概　述

生物素（Biotin）是复合维生素B的成员之一，又称维生素H、维生素$B_7$、辅酶R（Coenzyme R，CoR），是一种含硫的水溶性维生素，属于B族维生素。生物素是一环状像似尿素的化合物，有一个硫酚（Thiophene）结构。这类化合物有8个立体异构体，但只有右旋生物素（d-Biotin）才具有维生素活性，在自然界分布甚广。人体和养殖动物等多种动物都需要生物素维持健康。它在碳水化合物、脂肪和蛋白质代谢中具有重要作用。

回顾以往，现在知道生物素缺乏病曾被称为蛋清损伤病，它的产生是由于食物中的生物素与未经烹调的蛋清蛋白质中的一种因子相结合的缘故，因为它对生物素具有活性，故称为抗生素蛋白，蛋清经烹调后，抗生素蛋白失活。这点也解释了为什么早期的研究中发现肝与酵母具有抗蛋清损伤病的作用，是因为两者皆含有大量生物素，除可使抗生物素蛋白完全饱和外，剩余相当量的生物素可以满足实验动物所需。

## 一、历史与发现

1901年，怀尔德斯（Wildiers）认为酵母需要一种有机物质以供自身营养所需，他命名该物质为“生物活素”。

1916年和1927年，巴特曼（Bateman）和英国博厄斯（Boas）分别报道，鸡蛋蛋清中有一种有毒物质，生蛋清对大白鼠有不利影响，能引起皮炎。但鸡蛋加热凝固后则没有此作用，在加热凝固后生蛋清即变为“无害”。1927年，博厄斯（Boas）报道用蛋清饲养大白鼠可产生皮炎，发现某种食物可以预防这种有毒蛋白。

1933年，阿尔逊（Allison）和其同事们从豆类根瘤中分离出种固氮细菌，被他们命名为辅酶R。

1936年，德国的科戈（Kogl）和托尼斯（Tonnis）从煮鸭蛋黄中分离出一种结晶物质，他们称之为“生物素”，他们认为此物即酵母生长所需的“生物活素”因子。

1937年，匈牙利科学家乔治（Gyorgy）发现维生素H类物质可防止大白鼠和鸡因摄食生蛋清而产生的病理状况，能防止生蛋清所致的不利影响，将此种物质命名为维生素H。

1940年，乔治及其同事获得确实的实验证据，证明辅酶R、生物素、维生素H和生物活素为同种物质。之后又证明了生物素是哺乳动物必需的一种营养素。

1942年，维尼奥德（du Vigneaud）及其同事根据对分解产物的研究，提出了正确的生物素结构式。

1943年，默克公司（Merck）的哈里斯（Harris）和同事合成了生物素。

1947年，贝克（Baker）发明了新的生物素合成路线。

1949年，哥德堡（Goldberg）和斯顿巴哈（Sternbach）首次完成工业化合成工艺。

1975年，日本人宏志（Hiroshi）从D-甘露糖（D-mannose）出发完成了生物素的合成路线。不久，意大利人恩里科（Enrico）又提出了另一种合成路线。

2001年，浙江医药“d-生物素不对称合成工艺”产业化取得成功。生物素复杂的合成技术工艺路线几经改进，补充、优化，从发现与到合成几经周折经历了50多年。

## 二、理化性质

（1）结构式。生物素的化学名称为d-顺式-四氢-氧噻并（3，4）咪唑啉-4-戊酸，分子结构中含有三个不对称碳原子。因此，它可能有8个立体异构体，其中只有右旋异构体D-生物素存在于自然界，并具有维生素活性。

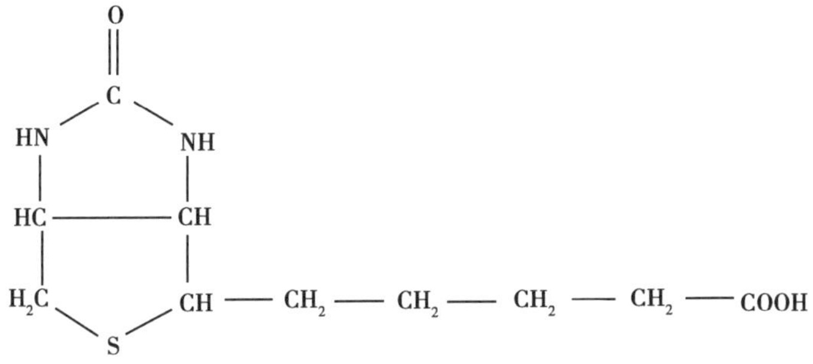

（2）化学。生物素有α，β两种异构体。和硫胺素一样，生物素是一种含硫维生素，是尿素的环状衍生物，附有一个噻吩环，具有尿素与噻吩相结合的骈环化合物，并带有戊酸侧链。

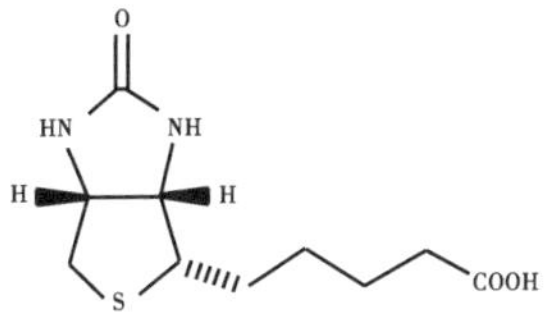

（3）代谢。食物中的生物素主要以游离形式或与蛋白质结合的形式存在。与蛋白质结合的生物素在肠道蛋白酶的作用下，形成生物胞素，再经肠道生物素酶的作用，释放出游离生物素，生物素的吸收主要在小肠上段。但在生蛋清中发现一种蛋白质，即抗生物素蛋白可与生物素结合而抑制其在小肠内的吸收。侥幸的是烹调可使抗生素失活，即不再有与生物素结合的能力。低浓度生物素时，被载体转运主动吸收。浓度高时，则以简单扩散形式吸收。吸收的生物素经门脉循环，运送到肝、肾内贮存，其他细胞内也含有较少生物素。

人体的肠道细菌可合成相当量的生物素，这一点可由粪尿的生物素排出量大于摄入量的3～6倍得到证明。但对于肠道内的良好吸收，以及作为生物素的直接来源来说，肠道内生物素的合成可能发生太晚。此外，还有一些因素可影响肠道内的细菌合成，这些影响细菌合成的因素取决于膳食的碳水化合物来源（淀粉、葡萄糖、蔗糖等），其他种类B族维生素的存在，以及有无抗细菌药物和抗生素的存在。

人体的肠道细菌可从二庚二酸取代壬酸合成生物素，但人本来生物素直接来源是不够的。人体内生物素主要经尿排出，乳中也有很少量生物素排出。生物素经吸收后即进入门脉循环，主要储存于肝与肾内，不过所有的细胞内都含有一些生物素。生物素主要经尿排出，分泌到奶里仅有含微量的生物素。口服生物素制剂迅速在胃和肠道吸收，血液中生物素的80%以游离形式存在，分布于全身各组织，在肝，肾中含量较多，用药后大部分生物素以原形由尿液中排出，仅小部分代谢为生物素硫氧化物和双降生物素。

（4）性质。生物素为无色、无臭、长针状结晶物。极易溶于热水和乙醇中，在冷水中仅有轻度溶解，易溶于热水和稀碱液，不溶于其他常见的有机溶剂。在普通温度下相当稳定，紫外光下逐渐被破坏，中等强度的酸及中性溶液中可稳定数日，高温和氧化剂可使其丧失活性。饲料添加剂生物素应在热敏库中25℃下储存。

（5）理化性质（表14-1）。

表14-1　理化性质

| | 生物素 |
|---|---|
| 分子式 | $C_{10}H_{16}O_3N_2S$ |
| 分子量 | 244.3 |
| 性状 | 白色结晶粉末 |
| 溶解度 | 溶于稀碱溶液中，微溶于水（约20mg/100mL）和乙醇中，不溶于大多数有机溶剂中 |
| 熔点（℃） | 232～233 |
| 旋光率 | $[\alpha]_D^{20}$=90°～+94°，在0.1moLNaOH溶液中C=0.05 |
| 稳定性 | 干燥、结晶的D-生物素对空气、光线和热十分稳定；能被紫外线逐渐破坏，在弱酸性或弱碱性溶液中较稳定；在强酸和强碱溶液中加热则破其生物活性 |

（6）分析和度量制。生物素的分析结果通常用纯D-生物素质量单位以毫克计，其生物活性尚未确定也无国际活性单位的规定。生物素还可用生物方法评定，测定含生物素的样本对大量采食的生鸡蛋白诱发的大白鼠皮肤损伤的治疗效果。生鸡蛋白中含有一种蛋白质样组分——抗生物素蛋白，它能与生物素特异地结合，阻止其吸收，从而导致生物素真的缺乏症。对血与尿中生物素含量的测定都可作为人体生物素营养状况的指标。

根据生物素对抗生物素蛋白染料复合物的分解原理，可用光度计法测定含有纯高效的生物素溶液，食品和饲料常使用HPLC和GC检测方法。以微生物测定法对大白鼠和鸡进行测定，可用此法较其他方法更为可靠是因为测定中包括了对生物素的利用率。已证明鸡对高粱、燕麦和小麦生物素的利用率低于玉米中生物素的利用率。一个已不使用的单位是大鼠单位，1μg D-生物素活性相当于0.2大鼠单位。

（7）毒性（过量）。生物素的毒性似乎很低，用大剂量的生物素治疗脂溢性皮炎未发现蛋白代谢异常或遗传错误及其他代谢异常。动物实验显示生物素很少毒性，未见生物素有中度毒性作用的报道。

## 三、产品标准与生产工艺

表14-2 饲料添加剂2%d-生物素

| 项目 | 指标 |
|---|---|
| 含量（以$C_{10}H_{16}N_2O_3S$计）（%） | ≥2.00 |
| 干燥失重（%） | ≤8.0 |
| 砷（mg/kg） | ≤3.0 |
| 重金属含量（以Pb计）（mg/kg） | ≤10.0 |
| 粒度 | 95%通过孔径为0.18mm（80目）分析筛 |

饲料添加剂生物素生产工艺与产品规格。在维生素生产门类中，生物素生产难度最大、技术含量最高、工艺复杂、资金投入大，这项生产技术一直被欧美和日本化工医药集团垄断。合成路线是生物素的关键，国内外行业巨头相继对生物素合成工艺路线开展研究和竞争。1938年罗氏（Roche）公司几乎掌控大部分维生素化学合成方法，包括生物素，长期处于垄断地位。这些拆分技术、耦合反应、半光氨酸起始原料等合成技术工艺路线几经改进，补充、优化，生产成本居高不下，产品售价水涨船高。2003年罗氏公司将维生素业务整体出售给荷兰帝斯曼（DSM）公司，2001年浙江医药的“d-生物素不对称合成工艺”成功产业化，冲破国外80年技术封锁，欧美日本生物素产品垄断局面被瓦解。饲料添加剂生物素含量规格为2%而不是2%。

# 第二节　生理功能

## 一、主要功能

20世纪30年代在研究酵母生长因子和根瘤菌生长与呼吸促进因子时，从肝中发现的一种可以防治由于喂食生鸡蛋蛋白诱导的大鼠脱毛和皮肤损伤的因子，容易同鸡蛋白中一种蛋白质结合，大量食用生蛋白可阻碍生物素的吸收导致生物素缺乏，如脱毛、体重减轻、皮炎等。生物素在脂肪合成、糖质新生等生化反应途径中扮演重要角色。生物素是合成维生素C的必要物质，是脂肪和蛋白质正常代谢不可或缺的物质，是一种维持人体自然生长、发育和正常人体机能健康必要的营养素。生物素是多种羧化酶的辅酶，在羧化酶反应中起$CO_2$载体的作用，是生物体固定二氧化碳的重要因素。生物素它在维护皮肤健康也扮演着重要角色。至于安定神经系统方面的功效至今尚未获得证实，但对忧郁、失眠确有一定助益。

## 二、传递二氧化碳

生物素在肝、肾、酵母、牛乳中含量较多，是生物体固定二氧化碳的重要因素。生物素是多种羧化酶的辅酶，在羧化酶反应中起$CO_2$载体的作用。它的主要功能在脱羧、羧化反应和脱氢化反应中起辅酶作用，可以把$CO_2$由一种化合物转移到另一种化合物上。见下图生物素传递$CO_2$。

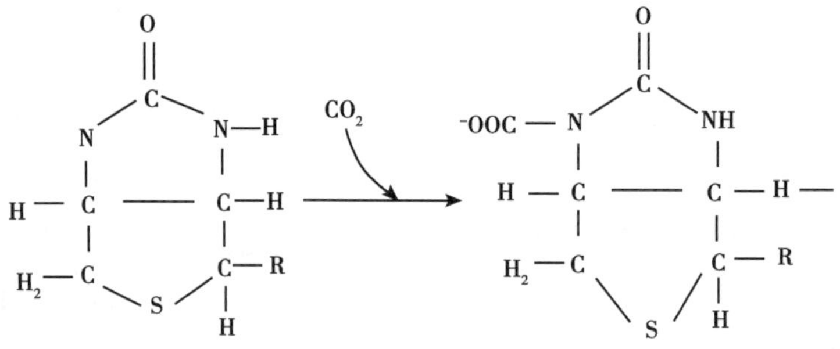

## 三、参与三大类营养物质代谢

生物素在糖元异生中起重要作用。在碳水化合物摄取量不足时，身体通过糖元异生作用，从脂肪和蛋白质生成葡萄糖，以保持血糖浓度。下图生物素和脂肪形成。

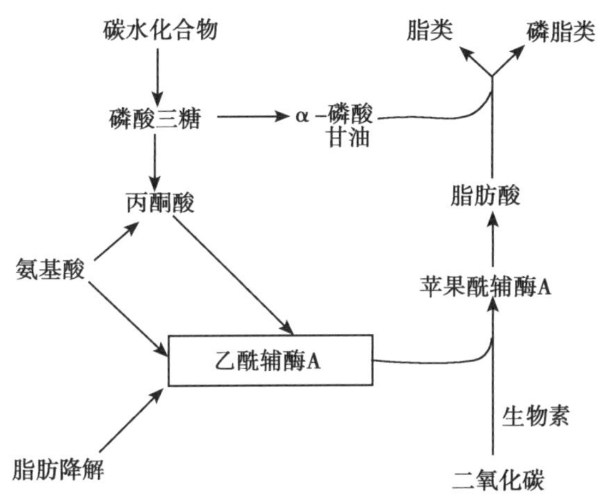


在与碳水化合物、脂肪和蛋白质三大类物质的代谢中，有很多脱羧和羧化反应，其中有：

（1）丙酮酸盐和草酰乙酸盐的互变。对草酰乙酸盐的生成十分重要，因为它是三羧酸循环（TCA），亦称“克雷布斯循环”的起点。在此循环中营养素的潜能（ATP）被释放而为机体所利用。有以下几个互变或转变：①有助于琥珀酸盐和丙酸盐类的互变。②苹果酸盐转变为丙酮酸盐。③乙酰辅酶A转变为丙二酰辅酶A。④促进脂肪合成，完成生成长链脂肪酸的第一步。⑤蛋白质合成中嘌呤的形成。⑥鸟氨酸转变为瓜氨酸，这是生成尿素的重要反应。

（2）氨基酸能量来源。对于某些氨基酸（至少是天门冬氨酸、丝氨酸和苏氨酸）会产生热能。当氨基酸被用作热量来源时，氨基酸都必须首先脱氨，即需脱去其氨基，此时生物素是脱氨作用（脱去氨基）的一个辅酶，因此是必需的。

## 四、代谢过程

在中间代谢中，生物素的功能与一系列羧化反应有关。与酶蛋白结合的生物素能摄取二氧化碳，形成二氧化碳-生物素酶复合体，即活性二氧化碳，并将其转移至适宜的底物里，再生成游离生物素酶复合体。氨基酸降解（亮氨酸和异亮氨酸）以及乙酰辅酶A（CoA）羧基化为丙二酸单酰-CoA。在体内，丙二酸单酰-CoA能与另一分子乙酰CoA结合，形成相应的乙酰-丙二酸单酰-CoA，后者经脱羧，还原和去水后，被转化为丁酰-CoA。这个衍生物又与丙二酸单酰-CoA结合以及一步步的重复在丁酰-CoA合成时所述的反应，最后导致形成长链脂肪酸（棕榈酸、硬脂酸）。因此，依赖生物素的乙酰CoA羧化反应是体内合成脂肪酸的关键反应。

此外，丙酮酸羧化为草酰乙酸的可逆反应（这是柠檬酸循环中的一个连续环节）是离不开生物素的。

### 五、其他功能

药理剂量的生物素可降低Ⅰ型糖尿病人的血糖水平，改善实验大鼠的葡萄糖耐量，降低胰岛素抗性。生物素还能维护实验动物的各种免疫细胞的正常功能。包括帮助脂肪代谢，协助代谢氨基酸及碳水化合物，促进汗腺、精神组织、骨髓、男性性腺、皮肤及毛发的正常运作和生长，减轻湿疹、皮炎症状；预防白发及脱发，有助治疗秃头，维持皮肤正常功能，减轻湿疹、皮肤发炎症状，缓和肌肉疼痛，有助于机体某些生化反应的进行。

## 第三节　人和养殖动物缺乏症

### 一、人的缺乏症

哺乳期婴儿和幼龄儿童的溢脂性皮炎是生物素缺乏症自发的表现。成人缺乏症经常表现为皮肤病变，同时伴有非特异症状，如疲劳、食欲丧失、恶心、肌肉疼痛、感觉过敏、感觉异常和血红蛋白水平下降。

（1）摄取生物素不利。生物素缺乏还包括下述因素对摄取生物素不利。①进食中含有结合的生物素蛋白质，如生鸡蛋白中的抗生物素蛋白、某些链霉菌中的抗生蛋白链菌素（Streptavidin）和抗生蛋白菌素（Stravidin）。②高温环境作业人员的一些应激反应。③妨碍肠道细菌合成生物素的因素，如服用治疗剂量的抗生素、食物中某些碳水化合物过多、饲养人员接触动物粪便。小麦、大麦、高粱等某些谷物和动物来源蛋白质（肉粉、禽肉加工副产品）中的含有的生物素对鸡和火鸡仅部分可利用。

（2）人的缺乏症状。抗生物素蛋白可使生物素在营养上无效，磺胺药类可抑制肠内合成。人体的缺乏症状表现多数以皮肤症状为主，可见毛发变细失去光泽、干燥、鳞片状皮炎、红色皮疹，严重者的皮疹可延续到眼睛、鼻子和嘴周围。伴有食欲减退、恶心、呕吐、舌乳头萎缩、黏膜变灰、麻木、精神沮丧、疲乏、肌肉疼痛、舌炎、皮肤苍白、精神压抑、血红蛋白和红细胞水平下降、胆固醇含量增高和生物素排出量减少，高胆固醇血症及脑电图异常等。这些症状多发生在生物素（维生素H）缺乏10周后。在6个月以下婴儿，可出现脂溢性皮炎。在给予生物素制剂后，上述全部症状都可得到康复。人体（以及某些动物）在下列情况下也可产生缺乏症状：喂给大量含有生物素结合糖蛋白质，即抗生物素蛋白的生蛋清；喂给无生物素膳食，并同时给予磺胺药类。

（3）生物素依赖病。这是一种罕见的遗传疾病。由于患者使用了对生物素未知原因（一种为某些代谢过程需要的B族维生素）的利用遭到破坏。症状有毛发落、嗜眠、昏迷和对传染病有易感性。唯一的治疗法就是每日给予生物素。1981年加利福尼亚大学医学研究者们成功地报道：①检查羊水。采用宫内羊膜穿刺术，使羊水细胞长于各种营养素液中，以与正常细胞的生长进行比较，诊断出一例胎儿患生物素缺乏；②给母亲补充大剂量生物素，通过胎盘进入胎儿体内，而使婴儿健康出生。值得注意是通过母亲对胎儿进行治疗是一个新观点，有益于应用在对其他种遗传病的治疗上。

（4）人的缺乏症治疗。生物素在代谢方面与叶酸、泛酸和维生素$B_{12}$密切有关。现已有明显的证据表明6个月以下的婴儿患皮溢皮炎（由于慢性鳞状炎症而产生的一种异常油性肤）是由于营养上缺乏生物素所致。这种患者血液中的生物素水平下降，若每日给予静脉注射或肌内注射约5克生物素的治疗剂量则可迅速好转。

确定准确生物素的需要量十分困难，一般人群不会出现缺乏症，因为肠道细菌可合成生物素。必须注意的是假如进食生鸡蛋白，其中所含抗生物素蛋白能与生物素结合，使它失去维生素活性。一般建议日摄入150 ~ 300μg。

（5）日推荐量。由于肠道菌落可提供体内相当量的生物素，因此很难对生物素的需要量作出规定。人尿与粪中的生物素排出量比摄入量要高些。表14-3所列为生物素估计的安全和适宜摄入量。

表14-3　估计的每日膳食生物素的安全与适宜摄入量

| 组别 | 年龄（岁） | 日推荐量（μg） |
|---|---|---|
| 婴儿 | 0 ~ 0.5 | 35 |
| | 0.5 ~ 1.0 | 50 |

（续表）

| 组别 | 年龄（岁） | 日推荐量（μg） |
|---|---|---|
| 儿童 | 1.0～3.0 | 65 |
| | 4.0～6.0 | 85 |
| | 7.0～10.0 | 120 |
| | 11以上 | 100～200 |
| 成人 | | 100～200 |

一般情况下，粪尿的生物素的排出量大于膳食的摄入量。粪排出的生物素似为肠合成的指征，而尿排出的生物素则反映了膳食的摄入量。在已发表的文献中可见到血生物素正常值的变异很大，若无精心的对照观察，对诊断的用处不大。

对婴儿和较大龄的儿童，生物素摄入量为50μg/1000kcal较为适宜。成年人每日300μg。一般水平混合膳食被认为可为成年人日提供100～300μg生物素。西欧人群膳食每日供给生物素50～100μg。人奶中的生物素含量变异较大、平均值约为10μg/1000kcal。推荐配方乳中至少应提供15μg/1000kcal。

## 二、养殖动物缺乏症

在缺乏生物素的养殖动物中，曾观察到某些蛋白质如血清蛋白的合成和某些酶，如淀粉酶、苹果酸酶的活性和合成受到损害。然而，生物素并非直接参与这些合成反应。生物素缺乏对蛋白质合成的影响是由于二羧酸（草酰乙酸、琥珀酸）的形成不足，导致氨基酸组入蛋白质的数量减少。为预防养殖动物出现生物素缺乏症状，许多研究证实，在猪和鸡日粮中添加生物素具有正效应。

（1）明显改善繁殖性能。日粮中添加生物素可提高母猪每窝产仔数和断奶仔猪数，改善窝断奶体重、调节发情周期等优势。缺乏生物素时，母猪经常表现繁殖性能损害，添加生物素后繁殖性能很快得到恢复。对母猪的妊娠率、断奶到下一次发情间隔以及窝重都有改善。在妊娠母猪的日粮中添加生物素，对初产母猪的总产仔数、活产仔数、初生及断奶猪窝重有提高。种鸡日粮中添加100～150μg/kg生物素可提高产蛋率和饲料报酬，降低破蛋率。种鸡日粮中含生物素100～200μg/kg可维持种蛋正常孵化率。生物素缺乏对仓鼠繁殖、发育的毒性研究中，发现母体日粮生物素缺乏对母体本身没有大的损害，但却会导致胚胎畸形、死亡、影响繁殖性能。

（2）提高日增重和饲料转化率。在大麦—小麦—豆粕基础日粮中添加500μg/kg生物素，能提高猪饲料转化率和屠宰胴体评价等级。断奶仔猪小麦日粮中添加生物素100μg/kg提高日增重和饲料利用率。在长白×大白杂交猪35～160kg育肥后期，玉米豆粕型基础日粮中生物素处理组平均日增重显著高于对照组（$P<0.05$），肉品质提高。随着生物素添加水平的提高，肉鸡饲料转化效率有改善趋势。

（3）提高乳产品产量。在奶牛日粮中日添加生物素0mg、10mg、20mg，在100个产奶日的平均日产奶量分别为36.9kg，38.3kg、39.8kg。研究者认为，奶产量的提高不是由于蹄的健康状况引起的，而是因为生物素对代谢过程产生了影响，经产奶牛日粮中添加生物素可以显著提高泌乳第6周的乳产量。泌乳母羊，无论是试验前期还是后期，随着日粮中生物素含量日高，其乳产量、乳脂、乳蛋白、乳糖和灰分均有增加（$P<0.012$）。产奶牛日粮中添加生物素可以显著提高泌2～6周的乳产量。

（4）显著改善腿和蹄部健康状况。玉米—豆粕型日粮中添加生物素，尤其在后添加生物素0.15～4.30mg/kg时，能够有效地预防肉鸡腿病的发生，生物素可减少大多数奶牛蹄的发病率。在对跛行绵羊12个月的研究观察中发现可改善羊蹄部健康，跛行绵羊发病率明显改善。见图14-1鸡的生物素缺乏症，口角、眼睑、鸡冠和脚掌脚趾皮肤角化开裂；图14-3火鸡的生物素缺乏症，火鸡脱腱鞘症、腓关节肿大、侧向扭曲、腓肠肌腱往往自中髁槽脱出，为健康的对照。缺乏胆碱、锰和其他微量元素也能导致此症状；图14-2貂生物素缺乏症，严重脱毛。

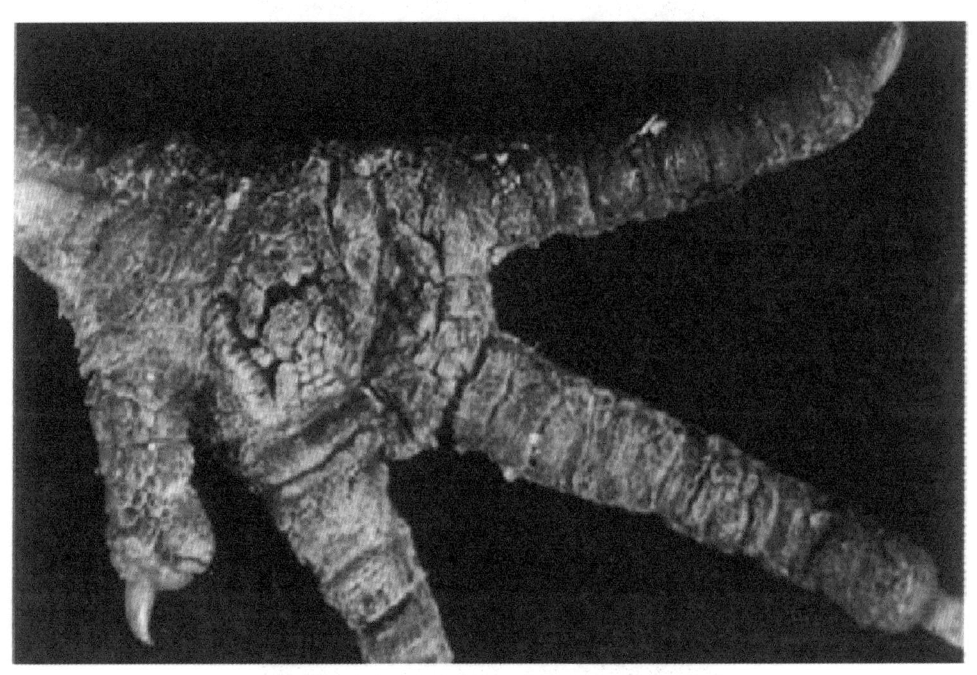

图14-1　鸡的生物素缺乏症，口角、眼睑、鸡冠和脚掌脚趾皮肤角化开裂

图14-2　健康的火鸡对照组

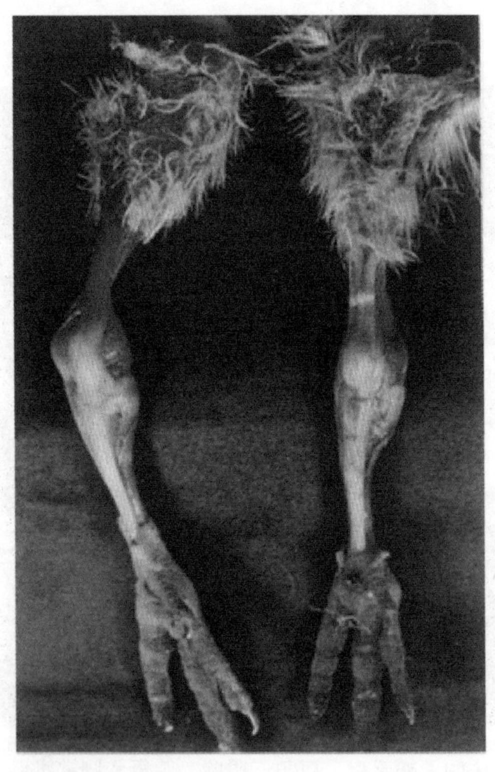

图14-3　火鸡脱腱鞘症、腓关节肿大、侧向内、腓肠肌腱从中髁槽脱出

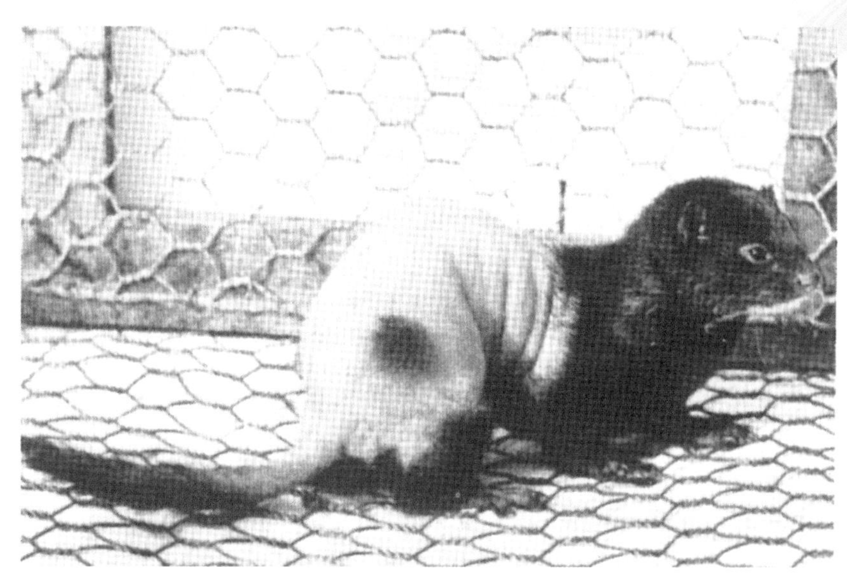

图14-4　貂生物素缺乏症，严重脱毛

生物素还具有增强免疫和促进免疫器官生长、调解血脂水平、对细胞因子基因表达有影响等。在多种动物中某些疾病，如肉用仔鸡的脂肪肝和肾病对生物素有反应，但这并非真正生物素缺乏状态。

表14-4　养殖动物生物素缺乏症

| 器官/系统 | 症状表现 |
|---|---|
| 体况 | 猪、鸡、大鼠、小鼠生长减缓，采食不振，饲料报酬低 |
| 黏膜 | 猪的毛刺舌 |
| 皮肤（包括发、羽毛、蹄和喙） | 猪、狗、貂、狐和禽类羽毛粗糙；狗、貂、狐皮毛褪色；猪、狗、貂、狐脱毛；禽、猪的皮肤干燥结痂；鳟鱼表皮颜色变深；禽类口角、足趾、脚掌和头部、肢端，特别是雏鸡、小火鸡、猪蹄冠溢脂性湿疹，猪的皮肤角化结壳并开裂；猪的脚掌横向蹄开裂，鸡喙变形 |
| 血液 | 鱼的红细胞碎裂 |
| 运动系统 | 鸡、火鸡脱键症；犊牛、狗麻痹症状；新孵出雏鸡肌肉萎缩，运动失调；鱼痉挛性惊厥 |
| 繁殖系统 | 禽类孵化力损坏；胚胎骨骼畸形，呈小腿及翅骨变短变形；鸡、火鸡的第三及第四趾粘连（鹦鹉嘴状） |

（5）农业部相关添加量规定。2017年12月农业部公告第2625号修订了《饲料添加剂安全使用规范》，在配合饲料或全混合日粮中的推荐量（以维生素计）对D-生物素给出了推荐规定。这些产品包括猪饲料、家禽饲料和鱼类饲料（见附录3农业部公告第2625号）。

# 第四节　生物素的来源

## 一、加工损失

在谷粒的研磨过程中生物素损失较多，因此完整的谷粒为此种维生素的良好来源，而精制的谷类产品则为劣等来源。生物素对热稳定，故由于烹调而致的损失不大。

## 二、生物素的来源

天然的生物素分为游离状和结合式两种。蔬菜、水果、乳品、米糠中为游离形式，植物种子和酵母中部分是与蛋白质结合的形式，一部分以游离状态存在动物组织，植物种子、酵母中的部分物质与蛋白质结合。对人类营养重要的生物素来源有牛奶、肝、肾、瘦肉、酵母、蛋黄、草莓、柚子、葡萄等水果、糙米、啤酒、小麦、蘑菇和一些蔬菜（见附录4维生素汇总表）。

不同食物来源的生物素，在利用率方面存在有大差别。如实验动物可完全利用玉米和大豆粉中的生物素，而几乎完全不能利用小麦中的生物素。生物素的来源如表14-5。

表14-5　生物素的常见食物来源

| 来源 | 食品 |
|---|---|
| 丰富来源 | 加工过的干酪、肾、肝和大豆粉 |
| 良好来源 | 花椰菜、巧克力、蛋类、蘑菇、坚果、花生酱、沙丁鱼、大麻哈鱼和麦麸 |
| 一般来源 | 天然干酪、鸡肉、牡蛎、猪肉、菠菜、甜玉米和全麦粉 |
| 微量来源 | 精制谷物制品、多数水果和块根农产品 |
| 补充来源 | 合成生物素、酵母（啤酒酵母和圆酵母）和脱水苜蓿叶粉 |

应该注意生蛋清中的抗生素蛋白含量高于全蛋的生物素含量，但由于烹调时抗生素蛋白即遭破坏，所以一般膳食中很少含有干扰生物素的物质。除食物来源外，生物素还可由肠道细菌合成，以生物素纯合成形式存在。同时这一点可由尿与粪中生物素排出量高出摄入量高3～6倍来佐证。

# 第十五章

# 维生素C

## 第一节 概 述

维生素C（Vitamin C）也被称为抗坏血酸（Ascorbic acid）、脱氢抗坏血酸、己糖醛酸、抗坏血病维生素。它是一种水溶性维生素，在水果蔬菜中含量丰富。维生素C在氧化还原代谢反应中起调节作用。正常情况下，维生素C绝大部分在体内代谢分解成草酸或与硫酸结合生成抗坏血酸-2-硫酸形式由尿液排出，另一部分可直接由尿液排出体外。缺乏维生素C可引起坏血病。

几个世纪以来坏血病是一种最古老的危害人类健康的疾病。这个病在古代引起恐惧，曾在远洋水手们中普遍发生，他们除了食用面包和咸肉外，蔬菜水果吃得很少或根本没有，产生坏血病（Scurvy）是由于严重缺乏维生素C引起的，当初没人知道水果蔬菜或其汁液具有治疗坏血病作用。毋庸置疑，在维生素家族中维生素C“位高权重”，是最重要的种类之一，但凡动物就离不开维生素C。人、豚鼠、猴子、蝙蝠、某些鱼和爬行动物必须通过食物或饲料补充维生素C。

最早在柑橘中发现维生素C并用来预防坏血病，直到约1933年合成维生素晶体才查明抗坏血病的维生素C是L-抗坏血酸，它具有维生素C活性的各种化合物中最重要的一种。

## 一、历史与发现

历史上人类发现与征服坏血病的不朽斗争是营养学科发展历程中的重要篇章。几个世纪以来人们陷入被称为“夺命”坏血病的恐惧之中，死人无数，谈坏血病色变，令人毛骨悚然。在维生素发现与治疗过程中，维生素C经历的年代最长、记载最全面、付出的代价超乎寻常，超过所有的维生素。在这个惊人的数字的背后，现在看来浅显的维生素C科普常识，当时却是用无数人的生命换来的，人们苦苦寻找抗争的脚步造就了维生素C卓越非凡的历史有必要回顾坏血病与维生素C漫长而又曲折的发现与治疗过程。

2000多年前，古罗马帝国军队渡过突尼斯海峡远征非洲，在烟尘蔽日飞沙滚滚的沙漠上，士兵们长途跋涉，因吃不到水果和蔬菜而成批病倒。他们脸色由苍白变为暗黑，紫红的血从牙缝中渗出，两腿肿胀关节疼痛，双脚麻木举步维艰，纷纷栽倒在沙漠中。该场景后被人们称医药之父希腊人希波克拉底（Hippocrates）（公元前160—377年）描述为坏血病综合征。

公元前1550年，埃及的医学莎草纸卷宗中就有坏血病的记载。《旧约全书》从公元前1100年到公元前500年中提到了这种疾病。希波克拉底认为某一种食物对某些疾病有预防治疗作用，他记载了这种病的综合征状，远洋水手、海军士兵牙龈坏疽、掉牙、腿疼，直至丧命。

1248—1254年，法国年代编史学者J.S德约维尔（Jean Sire de Joinville）陪同法兰西王朝路易九世（1214—1270年）出访塞浦路斯和埃及。1309年在他最后完成的《圣路易的历史》著作中记述了这次十字军东征时有一种对“嘴和腿有侵害的疾病”（坏血病）。

1497年，葡萄牙航海家瓦斯科·伽马（Vasco da Gama）受葡萄牙国王派遣，率船从里斯本出发，寻找通向印度的海上航路，船经加那利群岛，围绕好望角航行并在印度马拉巴尔海岸建立了第一个殖民地贸易场所，他记载航行途中160名海员中因坏血病有100名丧生。

1519年，葡萄牙航海家麦哲伦（Magellan）率领远洋船队从南美洲东岸向太平洋进发。三个月后，有的船员牙床破裂、流鼻血、浑身无力。船到达目的地时，出发时的200多人只有35人存活下来。但是人们对此始终找不出原因。

1535年冬季在加拿大，一位勇敢的探险者卡特尔（Cartier）在他的航海日记中记载了抢救许多患坏血病生命垂危的船员。他们发现印第安人喝一种凤梨或云杉树尖（常绿乔木类）制成的饮水来预防和治疗这种疾病，试用后立竿见影，后来才知道那种“饮料”含维生素C。同年在魁北克，休伦族人自制一种凤梨枝叶汤给伙伴们饮用，族人部落都不得坏血病。

1536年法国探险家雅克卡蒂（Jacques Cartier）在发现圣劳伦斯河（Saint Lawrence Rive）之后，溯流而上抵达魁北克过冬。探险队中24人死于坏血病，其他多人也都病重。一位印第安人教他们饮用一种侧柏（arbor vitae）、香柏又称美国侧柏（Thuja occidentalis）树叶泡的茶水治愈了这些人，拯救了探险队，侧柏也被称为“生命之树”。后来发现这种树叶每100g含50mg维生素C。

1536年，西班牙的荷南·科尔蒂斯（Hernan Cortes）将军征服墨西哥在占领加州巴哈（Baja California）后，因为多数水手患坏血病只能班师回朝，以致没有继续侵占加州本部。

15世纪和16世纪，坏血病曾波及整个欧洲，以致医生们怀疑是否所有的疾病都起源于坏血病，在粮食歉收季节及长途航行时更为严重。在此期间有人把坏血病和性病联系起来，一些权威人士认为这两种疾病来自去过海外的水手。有时用汞当作一种治疗方法，结果酿成了大祸。

1562—1572年，英国维多利亚时代的三角贸易开创者，海军上将约翰·霍金斯（John Hawkins，1532—1595年）爵士，他既是英国16世纪著名的航海家，伊丽莎白时代重要的海军将领，也是英国奴隶贸易的创始人和海盗头子。他发现长期航海海员发生坏血病的概率和只吃干粮的食物结构呈正比例。如果他们能够吃到新鲜食物，包括柑橘类水果，就会迅速恢复健康。因为新鲜的水果蔬菜是在船上最难保存的食物，至此英国海军开始致力研究发展代用品。

1577年，一艘西班牙大帆船在北大西洋环流中心的美国东部海区马尾藻海海面上漂流，被发现时所有的船员都死于坏血病，无一幸免。相比于15世纪中国明朝郑和多次下西洋的文献记载，并没有发现有大量船员因长期航行而染上坏血病而死，这与当时郑和船队备带蔬菜和水果有关，但至今无法解释郑和船队如何保存蔬菜和水果的，是否携带泡菜酸菜等易于存放的食物，相关记载有待史学家考证。

1593年，英国海军部统计一年中坏血病患者竟达1万多人。这些患者全身软弱无力，肌肉和关节疼痛难忍，牙龈肿胀出血。一些病情严重的患者死在了船上，使得水手们因此惶恐不安。

1600—1603年，英国航海家兰卡斯特（James Lancaster）船长记载了远航到东印度群岛，航行期间他保持全体水手体格健壮的原因仅仅附加了一个“每天早上三匙柠檬汁”的命令，这是最早在远洋船只上使用橘子及柠檬或柠檬汁治疗坏血病的范例。1720年，奥地利军医克莱默（Kramer）指出：“仅三或四两橘子或柠檬汁即可以治愈这种可怕的疾病”。1734年，在开往格陵兰的海船上，有一个船员得了严重的坏血病，当时这种病无法医治，其他船员只好把他抛弃在一个荒岛上。待他苏醒过来，用野草充饥野菜果腹，几天后他的坏血病竟不治而愈了。诸如此类的坏血病，曾夺去了几十万水手的生命。

1740年冬，英国海军上将乔治·安森（George Anson）率领961名水手乘6艘船远征。1741年6月抵达胡安弗南德斯（Juan Fernandez）岛时只剩下335人，2/3船员都死于坏血病。

1747年，英国海军医官詹姆斯·林德（James Lind）在船上做了一个现在看起来很简单而当时被称为伟大的比对试验。他在12位患坏血病水手中验证了六种食物，大家都吃完全相同的食物，唯一不同的“药物”是当时传说可以治疗坏血病的药方，实验分为3组，每组2人，两个病人每天吃两个柑橘和一个柠檬，另两人喝苹果汁，其他人是喝稀硫酸、酸醋、海水，或是一些其他当时人认为可治坏血病的药物。6天之后，只有吃新鲜柑橘水果的两人好转，其他人病情依然，他认为柑橘和柠檬有疗效。他经典的研究被认为是把食品要素来预防种缺乏症的首次实验。1753年林德出版了《坏血病大全》（A Treatise on Scurvy）一书，这是维生素领域第一部专著。在其著名的坏血病论文中指出：“最严重的坏血病可以在6天内治愈”。遗憾的是50年后英国海军才规定给水手定量供给柠檬或酸橙。

1795年林德去世，林德人微言轻，他的实验结果随之湮没无闻，但另一位英国医生吉尔伯特·布莱恩（Gilbert Blane）对林德的研究结果坚信不疑。同年布莱恩因为是英王御医而被任命为英国海军医疗委员会委员。由于他的努力，英国海军部才下令每个海军官兵每天都必须饮用3/4盎司柠檬汁。1796年英国海军中坏血病病例大幅降低，海军战斗力倍增，才有了1797年英国舰队击败西班牙舰队，缔造了大英帝国日不落海军帝国。

虽然在约翰·霍金斯上将之后，有经验的航海家都知道用柠檬汁代替柑橘类水果可以防治坏血病，但是柠檬汁价格昂贵，不易贮藏，船长和船东都觉得宁信其无，不信其有，能不用就不用。公众对柠檬汁的效果也存疑，医学界也是争议不断。与林德一样，英国的著名探险家库克（J.Cook）船长在航海抗坏血病历史上留下重重一笔，最为人称道的是他控制了可怕的坏血病。他在1768—1780年三次远航太平洋，他的船员有生病的，但没有一人死于坏血病。而许多其他探险船队中坏血病依然猖獗。在以后所有的航行中，库克船队都避免了灾难性的坏血病再次发生的原因是船上备有浓缩的深色菜汁和大量桶装泡菜。谈到泡菜他得意地说；“泡菜不仅是一种卫生的副食，不会变质，还高含抗坏血病素”。在他访问的每个港口派水手上岸的同时收集各种鲜果和青菜，经熬制浓缩后再交给水手精制，他的船队全体水手没有一个死于坏血病。为此，伦敦皇家学会入选库克为会员，表彰他防治坏血病的重大贡献并授予他Coply奖章。从那以后每次航行靠岸时，库克都下令船员上岸购买水果蔬菜及绿色植物来补充营养。有一次他在旗舰Endeavour上携带3537kg一个名叫“Saukerkraut”的泡菜（德国酸白菜），船上70人一年航程中每人每周供给0.9kg。泡菜含有丰富的维生素C，每100克含有50mg维生素C。虽然英国海军部采用了柠檬汁，英国商业部却自行其是，英国民用商船上的水手坏血病仍然盛行。70年之后，英国商业部在1865年才规定商船上的海员也必须每天服用柠檬汁。但那时还不知道柠檬中的什么物质对坏血病有抵抗作用。

1907年，挪威的阿克塞尔·霍尔斯特（Axel Holst）和特奥多尔·弗洛里奇（Theodor Frolich）发表使用豚鼠做坏血病实验的论文，这篇论文在当时反响热烈影响深远。他们试图用不平衡的谷类食物喂养豚鼠，复制实验坏血病，结果并未出现脚气病症状，而出现了坏血病。弗洛里奇认为坏血病同样是因为食物中缺乏某些物质所致。此后他们用实验性坏血病模型对食物中的抗坏血病因素进行了深入研究。为什么现代医学研究在维生素C实验上一定要用豚鼠作为实验对象，因为只有豚鼠所得的结果才能推引到人类的疾病上。现在我们知道豚鼠和灵长类（包括人类）动物自身都不能制造维生素C，其他动物都能在肝脏或肾脏中制造维生素C。学名豚鼠（Cavia porcellus）又名天竺鼠，他们观察到老鼠和其他的动物都不会得坏血病，而豚鼠在禁食新鲜蔬果后得坏血病。人类大多数的疾病都很少见于其他动物，动物受伤和疾病之后都可以很快地自行复原，人类因为不能自行产生维生素C而需要补充或使用维生素C制剂。虽然20世纪初已相继认识到坏血病、脚气病和佝偻病可改变饮食以防治，但误认为乃细菌或细菌毒素所致。有个小插曲，预言家布德（Budd）1840年就肯定地表示“坏血病是因为缺少某一种必需物质之故，这种物质可以自信地说在不久的将来当能被有机化学家或生理学家在实验室中发现”。该预言后来得到完全证实。

1928年，剑桥大学霍普金斯实验室的匈牙利科学家森特·乔治（Szent Gyorgy）从牛肾上腺、柑橘和甘蓝叶中分离出一种物质，他称这种物质为己糖醛酸，但他并没有进一步做抗坏血病的影响实验。同年，美籍匈牙利生化学家艾伯特森特·圣乔其（Albert Szent-Gyorgyi）他在剑桥大学霍普金斯实验室工作时他从肾上腺中分离出一种物质，这种物质很容易失去也很容易重新获得氢原子，因此是一种氢的载体。因为从这种物质的分子看来具有六个碳原子，所以称之为己糖醛酸。

1932年，匹兹堡大学的查尔斯葛兰·金（Charles Glen.King）

和沃夫（W.A.Waugh）从柠檬汁中分离一种结晶状物质，实验发现在豚鼠体内具有抗坏血酸活性，该实验标志了维生素C活性的发现，几百年来坏血病的祸根在于缺乏维生素C的事实被确认了。

1933年，瑞士科学家里塔杜斯克斯特（Tadeus Reichstem）等人用葡萄糖作原料，首次人工合成维生素C成品取得成功。维生素C才真正登上了历史舞台，成为人类健康的使者。此法是先将葡萄糖还原成为山梨醇，经过细菌发酵成为山梨糖，山梨糖加丙酮制成二丙酮山梨糖（Di-acetone sorbose），然后再用氯及氢氧化钠氧化成为二丙酮古洛酸（Di-acetone-ketogulonicacid，DAKS）。DAKS溶解在混合的有机溶液中，经过酸的催化剂重组成为维生素C。1934年被罗氏公司购得该方法的专利权，成为50余年来工业生产维生素C的主要方法。罗氏公司也因此独占了维生素C的市场。

1948年美国东部流行SARS（旧称为非典型性肺炎），1949年全世界流行小儿麻痹症，各国各地医师束手无策，只能隔离病人，防止传染。美国南卡洛林纳州的弗莱德·R·克伦纳（Fred R. Klenner）医生用静脉注射维生素C治愈了许多这两种病人。克伦纳发现静脉注射维生素C可以治疗所有病毒感染的疾病，如肝炎、脑炎、流行性感冒以及许多其他急性和慢性的病症。他的经验和许多其他使用维生素治病的报告都被医药界忽略。医药界追求高利润的专利药物及疫苗，没有专利权的维生素都受到排斥和压制。

1959年美国生化学家J.J.彭斯（J.J.Burns）发现人类和灵长类动物会得坏血维生素C病，是因为他们的肝脏中缺乏一种L-古洛糖酸氧化酶（L-gulonolactoneoxidase），它是将葡萄糖转化为维生素C的4种必要酶之一。因此，人必须从食物中摄取维生素C才能维持健康。其他的哺乳动物都在肝脏中自行制造维生素C，两栖动物及鱼类则在肾脏中制造维生素C。人类特有的疾病，如伤风、感冒、流行性感冒、肝炎、心脏病及癌症，在动物中都少见的许多疾病都是因为人体不能自行制造维生素而产生的。

1974年，我国突破国外层层封锁，一举拿下维生素C“二步发酵法”，奠定了中国维生素C国际市场的领袖地位。

1992年马蒂亚斯拉思（Mathias Rath）医生和鲍林（Bowling）发表《根绝心脏病宣言》（Call to Abolish Heart Diseases），宣称维生素C可以治疗心脏和血管的各种病症。他们并且推广治疗心脏病的鲍林药方（Pauling Recipe），其中的成分是维生素C与两种氨基酸赖氨酸和脯氨酸。他们认为这三种化合物同服可以防止及清除冠状动脉的阻塞。

## 二、理化性质

（1）结构式。

天然存在的抗坏血酸有L型和D型两种，后者没有生物活性。L-抗坏血酸第2和第3个碳原子上的烯二醇基容易被氧化为二酮基，所产生的脱氢L-抗坏血酸与维生素C具有同等活性，并与还原抗坏血酸构成氧化还原系统。除L-抗坏血酸外，商品钠盐即抗坏血酸钠也有相同的活性。

HO
H
O
HO
O
HO
OH

（2）化学。维生素C的结构类似葡萄糖，是一种含有6个碳原子的酸性多羟基化合物，其分子中第2及第3位上两个相邻的烯醇式羟基极易解离而释出$H^+$，故具有酸的性质，又称抗坏血酸。维生素C具有很强的还原性，很容易被氧化成脱氢维生素C，但其反应是可逆的，并且抗坏血酸和脱氢抗坏血酸具有同样的生理功能，但脱氢抗坏血酸若继续氧化，生成二酮古乐糖酸，则反应不可逆而完全失去生理效能。

（3）代谢。①吸收。小肠上部容易并迅速吸收维生素C进入循环系统。然后不规则地被组织吸收。肾上腺和眼睛的视网膜维生素C含量特别高，肝、脾、肠、骨髓、胰、胸腺、脑垂体、脑、肾维生素C的含量也不少。血细胞的维生素C含量超过血清。②贮藏。与其他众多的水溶性维生素不同，有少量维生素C贮藏在体内，人在几周内不摄入维生素C也不会出现坏血病症状。健康成人每100mL血浆水平含0.6mg抗坏血酸表明组织饱和，相当于体内贮存了1500mg，每100mL血浆浓度在

0.40～0.59mg之间，说明维生素营养足够，表示体内贮存600～1499mg维生素C。如膳食缺乏维生素C，每天平均消耗体内贮存量的3%，贮存的维生素C仅供体内消耗约3个月。若体内贮存的维生素C低于300mg，将出现坏血病症状。③排泄。维生素C主要从尿中排泄，肾小管调节排泄量，组织饱和时便大量排泄，组织贮存时只有少量维生素C排泄。甚至当组织严重消耗时仍有些维生素C经过尿道依然不断排泄。

（4）性质。抗坏血酸是一种白色无味无臭的晶体粉末，干燥时十分稳定。在所有的维生素中，溶液态的抗坏血酸最不稳定。抗坏血酸极易溶于水，不溶于脂肪和有机溶剂。遇空气、热、光、碱性物质、氧化酶及痕量铜和铁会加快抗坏血酸的氧化和破坏。蒸煮时明显破坏，尤其是在碱性条件下。因抗坏血酸易溶解，蒸煮时会导致维生素C损失。酸性、冷藏及防止暴露于空气的食品，抗坏血酸破坏减慢。饲料添加剂L-抗坏血酸或钠盐应在热敏库中25℃下储存。

（5）理化性质（表15-1）。

表15-1　理化性质

| | L-抗坏血酸 | L-抗坏血酸钠 |
|---|---|---|
| 分子式 | $C_6H_8O_6$ | $C_6H_8O_6 \cdot Na$ |
| 分子量 | 176.1 | 198.1 |
| 熔点（℃） | 190分解 | 无明显熔点，约在2200 |
| 旋光度 | $[\alpha]_D^{20}$=−22°～−23°在水溶液中C=2 | $[\alpha]_D^{20}$=+103°～+106°在水溶液中C=5 |
| 性状 | 白色略带浅黄色结晶粉末 | |
| 吸收光谱 | 在紫外区，强酸溶液中最大吸收约在245nm，在中性溶液中移至365nm，在pH=14时约在300nm处 | |
| 稳定性 | 若在空气完全干燥，结晶抗坏血酸在空气中较稳定，遇钠盐则易变黄。水溶液能被空气中氧和其他氧化剂破坏。首先形成的脱氢抗坏血酸又被继续且不可逆地氧化，碱和微量重金属离子有催化作用，如铜离子 | |

（6）分析和度量制。维生素C的国际单位（IU）为50μg（μg）纯结晶L-抗坏血酸的活性。但通常不用国际单位作为维生素C的活性测度，抗坏血酸的分析结果通常以质量单位毫克（mg）表示。组织和食物中抗坏血酸浓度用毫克表示。一个国际单位为0.05mg抗坏血酸的活性。一般利用抗坏血酸的还原性特性测定抗坏血酸。对于生物测定，优先选用豚鼠实验动物，因为豚鼠对维生素C缺乏有敏感性。因此至今仍使用豚鼠证明维生素C缺乏症以及作对照试验。

（7）毒性（过量）。抗坏血酸对成人无毒，但2g已经超过日推荐量30倍。每日

2~8g已经过量，超过日推荐量100倍可能明显有害。已有过量摄取维生素C极其有害的报道，例如，恶心、腹部痉挛、腹泻、铁的过度吸收、红血球毁坏、骨骼矿物质代谢增强、妨碍抗凝剂治疗、肾和膀胱结石形成、使维生素$B_{12}$失去活性、血浆胆固醇升高。还可能对大剂量维生素C产生依赖（小剂量不再满足营养要求）。还应注意在某些生理状态下，如妊娠影响可能更严重过度摄取维生素是危险的，成人日2g以上为大剂量，应遵医嘱不要自行服用大剂量维生素C。

## 三、产品标准与生产工艺

表15-2 食品添加剂抗坏血酸（GB 16313—1996）

| 项目 | | 指标 |
|---|---|---|
| 含量（以$C_6H_7NaO_6$的干燥品计）（%） | ≥ | 99.0~101.0 |
| 砷（以As计）（%） | ≤ | 0.0003 |
| 重金属（%） | ≤ | 0.002 |
| 铅（Pb）（%） | ≤ | 0.001 |
| 干燥失重（%） | ≤ | 0.25 |
| 比旋光度$[a]_D^{20}$ | | +103°~+108° |
| pH值 | | 7.0~8.0 |

表15-3 食品添加剂抗坏血酸钙（GB 15809—1995）

| 项目 | | 指标 |
|---|---|---|
| 含量（$C_{12}H_{14}NCaO_{12}.2H_2O$）（%） | ≥ | 98.0 |
| 比旋光度$[a]_D^{20}$ | | +95.5°~+97.0° |
| 砷（以As计）（%） | ≤ | 0.0003 |
| 氟化物（%） | ≤ | 0.001 |
| 重金属（以Pb计）（%） | ≤ | 0.001 |
| 草酸实验 | | 合格 |
| pH值（10%水溶液） | | 6.8~7.4 |

表15-4 食品添加剂L-抗坏血酸棕榈酸酯（GB 16314—1996）

| 项目 | | 指标 |
|---|---|---|
| 含量（$C_{22}H_{38}O_7$计）（%） | ≥ | 95.0 |
| 比旋光度$[a]_D^{20}$ | | +21°~+24° |
| 熔点范围（℃） | | 107~117 |

（续表）

| 项目 | | 指标 |
|---|---|---|
| 干燥失重（%） | ≤ | 2.0 |
| 灼烧残渣（%） | ≤ | 0.1 |
| 砷盐（以As计）（%） | ≤ | 0.0003 |
| 重金属（以Pb计）（%） | ≤ | 0.001 |

表15-5　食品添加剂D-异抗坏血酸钠（GB 8273—2008）

| 项目 | | 指标 |
|---|---|---|
| 含量（$C_6H_7NaO_6.H_2O$）（%） | ≥ | 98.0 |
| 比旋光度$[a]_D^{25}$ | | +95.5°　~ +98.0° |
| pH值 | | 5.5 ~ 8.0 |
| 干燥失重（%） | ≤ | 0.25 |
| 砷含量（mg/kg） | ≤ | 3 |
| 铅含量（mg/kg） | ≤ | 5 |
| 草酸实验 | | 合格 |

表15-6　食品添加剂D-异抗坏血酸（GB 22558—2008）

| 项目 | | 指标 |
|---|---|---|
| D-异抗坏血酸含量质量分数（以干基计）（%） | ≥ | 99.0 ~ 100.5 |
| 比旋光度$[a]_D^{25}$ | | −16.5°　~ −18.0° |
| 干燥失重的质量分数（%） | ≤ | 0.4 |
| 炽灼残渣的质量分数（%） | ≤ | 0.3 |
| 砷（以As计）（mg/kg） | ≤ | 2.0 |
| 铅（以Pb计）（mg/kg） | ≤ | 2.0 |

表15-7　食品安全国家标准食品添加剂维生素C（抗坏血酸）（GB 14754—2010）

| 项目 | | 指标 |
|---|---|---|
| 维生素C（$C_6H_8O_6$），w（%） | ≥ | 99.0 |
| 比旋光度am（20℃，D）[（°　）·$dm^2/kg^{-1}$] | | +20.5 ~ +21.5 |
| 炽灼残渣，w（%） | ≤ | 0.1 |

（续表）

| 项目 | | 指标 |
|---|---|---|
| 砷（As）（mg/kg） | ≤ | 3 |
| 重金属（以Pb计）（mg/kg） | ≤ | 10 |
| 铅（Pb）（mg/kg） | ≤ | 2 |
| 铁（Fe）（mg/kg） | ≤ | 2 |
| 铜（Cu）（mg/kg） | ≤ | 5 |

表15-8　饲料添加剂维生素C（L-抗坏血酸）（GB/T 7303—2006）

| 项目 | 指标 |
|---|---|
| 维生素C含量（以$C_6H_8O_6$计）（%） | 99.0 ~ 101.0 |
| 熔点（℃） | 189 ~ 192 |
| 比旋光度$[a]_D^t$/（°） | +20.5 ~ +21.5 |
| 铅含量（mg/kg） | ≤10.0 |
| 炽灼残渣率（%） | ≤0.1 |

表15-9　饲料添加剂L-抗坏血酸-2-磷酸酯（GB/T 19422—2003）

| 项目 | 指标 |
|---|---|
| L-抗坏血酸-2-磷酸酯含量（以抗坏血酸计）（%） | ≥35.0 |
| 干燥失重（%） | ≤10.0 |
| 砷含量（%） | ≤0.0005 |
| 铅含量（%） | ≤0.003 |

饲料添加剂维生素C生产工艺与产品规格。以葡萄糖为原料，在镍催化下加氢生成山梨醇，再经乙酸杆菌发酵氧化成L-山梨糖，在浓硫酸催化下与丙酮发生缩合生成双丙酮缩L-山梨糖，在碱性条件下用高锰酸钾氧化成维生素C。主要产品有：①包膜抗坏血酸，系白色或浅黄色粉状微粒，包被材料为乙基纤维素。其稳定性比普通维生素C有所提高，但仍不太理想；②抗坏血酸聚磷酸盐，该化合物在加工贮存过程中不被破坏，又能被动物摄入后消化，分解为维生素C和磷酸盐。其抗氧化性比一般的维生素高20 ~ 1300倍，40℃下稳定性比非磷酸化维生素C高10倍；③抗坏血酸单磷酸盐，包括抗坏血酸单磷酸镁（AMP-Mg）、抗坏血酸单磷酸钠（AMP-Na）和抗坏血酸单磷酸钙（AMP-Ca），这三种化合物在高温、高湿环境中非常稳定，且易被

动物吸；④抗坏血酸硫酸盐，主要包括抗坏血酸硫酸钾和抗坏血酸硫酸镁等。它们比维生素C的稳定性强，且饲用效果好。

商品维生素C添加剂为抗坏血酸、钠盐、钙盐以及包被抗坏血酸，产品规格为100%，其中包膜产品比未包被的结晶稳定很多，分为50%的脂质包膜产品以及97.5%的乙基纤维素包膜产品。由于维生素C稳定性差，目前饲料行业中使用的产品一般为稳定型维生素C。

## 第二节　生理功能

### 一、治疗坏血病

坏血病早期症状为感染、发烧、甲状腺功能亢进、组织胶原脆弱。牙龈炎、牙齿松动出血、肌肉退化、易疲劳、体重减轻、腹泻、呕吐、腿部压痛；中期症状为骨质退化、发育不良、钙化不全、软骨脆弱致骨头移位。长骨、肋骨末端变化造成压痛感；后期症状为皮肤、黏膜、骨、关节、肌肉内普遍出血、毛囊性淤点出血。

（1）保护牙齿和软组织。健康的牙床紧紧包裹住每一颗牙齿。牙龈是软组织，当缺乏蛋白质、钙、维生素C时易产生牙龈萎缩、出血。维生素C具有助于巩固细胞组织，帮助胶原蛋白的合成，能强健骨骼及牙齿，还可预防牙龈出血，长期服用对牙齿、牙龈无害而且有益。预防牙龈萎缩、出血。

（2）增强毛细管壁和血管弹性。血管壁的强度和维生素C有很大关系。微血管是所有血管中最细小的，管壁可能只有一个细胞的厚度，其强度、弹性是由负责连接细胞具有胶泥作用的胶原蛋白所决定。保持强壮毛细管壁离不开维生素C参与，尤其是小血管。维生素C不足使毛细管壁削弱和没有弹性，毛细管破裂和出血，容易青肿，尖梢出血，骨骼和关节出血，易骨折，牙齿松动而使牙床流血。体内维生素C不足，微血管容易破裂，血液流到邻近组织。这种情况在皮肤表面发生，则产生淤血、紫癍，在体内发生则引起疼痛和关节胀痛。严重情况在胃、肠道、鼻、肾脏及骨膜下面均可有出血现象，乃至死亡。

### 二、从葡萄糖到抗坏血酸的代谢关系

维生素C的结构与葡萄糖类似，是一种多羟基化合物，其分子中第2及第3位上两

个相邻的烯醇式羟基极易解离而释出$H^+$，故具有酸的性质被称抗坏血酸。抗坏血酸是简单结构的化合物，与单糖有密切关系。植物和多数种类的动物从葡萄糖和其他单合成抗坏血酸。维生素C具有很强的还原性，很容易被氧化成脱氢维生素C，其反应是可逆的，抗坏血酸和脱氢抗坏血酸具有同样的生理功能，但脱氢抗坏血酸若继续氧化，生成二酮古乐糖酸，该反应不可逆而完全失去生理活性。在人和其他不能内源性的合成L-抗环血酸的动物体内缺少合成链中一种特定的酶，L-古洛糖酸内酯氧化酶将起作用。见图15-1。

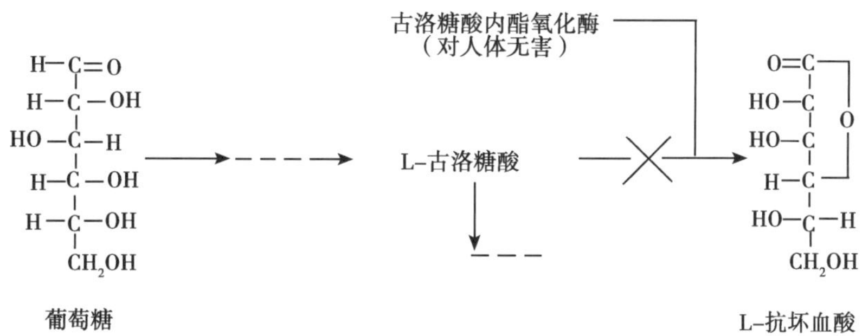


图15-1　从葡萄糖到抗坏血酸的代谢关系

因人体无食氧化酶，阻止了这个反应，因此有必要通过含有抗坏血酸的食物补充。

抗坏血酸易氧化成脱氢抗坏血酸，脱氢抗坏血酸又易还原成抗坏血酸。而脱氢抗坏血酸的氧化是不可逆的，尤其在碱性介质里，生成无抗坏血酸活性的二酮古洛酸。见图15-2。

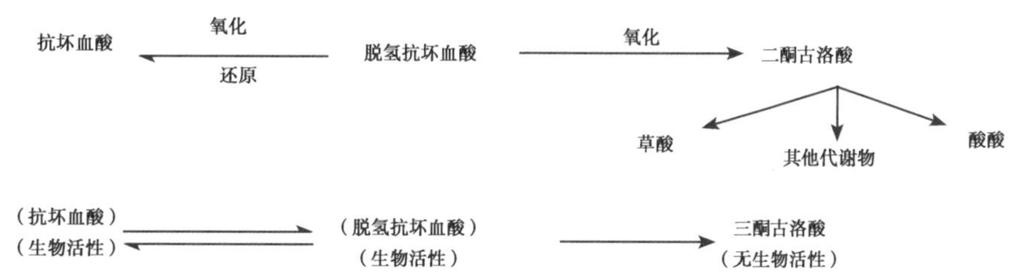


图15-2　抗坏血酸、脱氢抗坏血酸、二酮古洛酸的相互关系

人、猴、豚鼠、食用水果的蝙蝠和红腹夜莺（后两种原产于印度），他们不会使葡萄糖转化成抗坏血酸，因为其体内缺乏必需的氧化酶。而人体的坏血病确实属于一种遗传疾病，是由代谢遗传失误所致。因缺少一种酶使碳水化合物代谢不足，

同时也导致某种特卡基因不足。自然界存在两种形式的维生素C。还原型抗坏血酸和氧化型脱氢抗坏血酸。维生素C的结构式见图15-3。

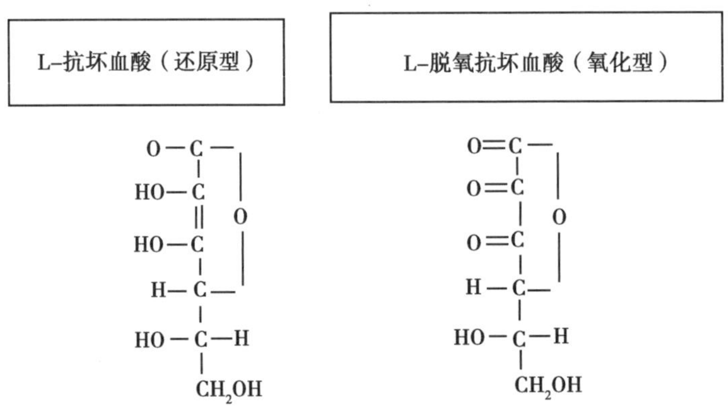


图15-3　维生素C的结构式

虽然多数维生素C以L-抗坏血酸形式存在，但两种形式都可被人体利用，体内也可有效地利用两种合成的L-抗坏血酸，也可利用其天然形式。

## 三、胶原蛋白的合成

维生素C最先被人们公认的作用是骨胶原的形成及维持。骨胶原是结合体细胞的物质，其原理比喻为水泥砂浆结合砖较为相似。

（1）骨胶原与维生素C。骨胶原蛋白合成需要维生素C参加，缺乏维生素C胶原蛋白不能正常合成，导致细胞连接障碍。人体细胞靠细胞间质把它们联系起来，细胞间质的关键成分是胶原蛋白。胶原蛋白占身体蛋白质的1/3，生成结缔组织，构成身体骨架。如骨骼、血管、韧带等，决定了皮肤的弹性，保护大脑，并且有助于人体创伤的愈合。

（2）骨胶原作用。骨胶原是一种含大量脯氨酸和羟基脯氨酸的纤维蛋白质。目前推测维生素C是生成羟基脯氨酸的要素。其步骤如下：一是在生成骨胶原时，维生素C活化脯氨酰羟化酶，后者又影响脯氨酸转化成羟基脯氨酸。二是赖氨酸转化成羟基赖氨酸也需要维生素C，羟基赖氨酸是形成骨胶原的另一个要素。其反应依靠赖氨酸羟化酶。维生素C在形成羟基赖氨酸的作用，被认为与其形成羟基脯氨酸的功能相似，其结构密实。维生素C对于骨骼组织如结缔组织、骨、软骨、牙质、细胞间同的形成，以及这些组织正常功能的维持都是必需的。维生素C对于体防御机构促进作用有效，例如白细胞的吞噬作用，网状内皮系统，抗体的形成等。

上述两种反应都需要维生素C，两种反应是骨胶原形成的要素。同样，骨胶原合成失败会延误创伤和烧伤的治愈。因此，补充维生素C能又快又好治愈创伤。经对豚鼠日粮添加四组不同含量维生素C对胫骨和生长作用比较试验，每千克体重日添加5mg维生素C，对豚鼠胫骨和生长非常有效，四块骨骼差异明显。见下图15-4维生素C对豚鼠胫骨骨化作用和生长作用的比较；图15-5正常采食的豚鼠；图15-6缺乏维生素C的豚鼠，腿肌肉萎缩匍匐状。

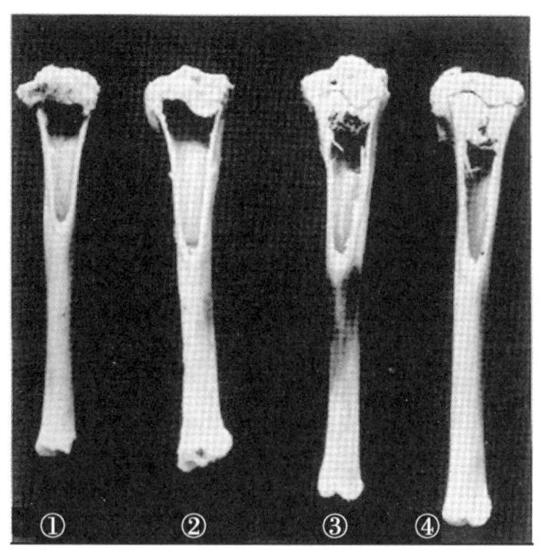


图15-4　维生素C对豚鼠胫骨骨化作用和生长作用的比较

①缺乏维生素C日粮；②每千克体重日添加0.25mg；
③每千克体重日添加1mg；④每千克体重日添加5mg

图15-5　正常采食的豚鼠

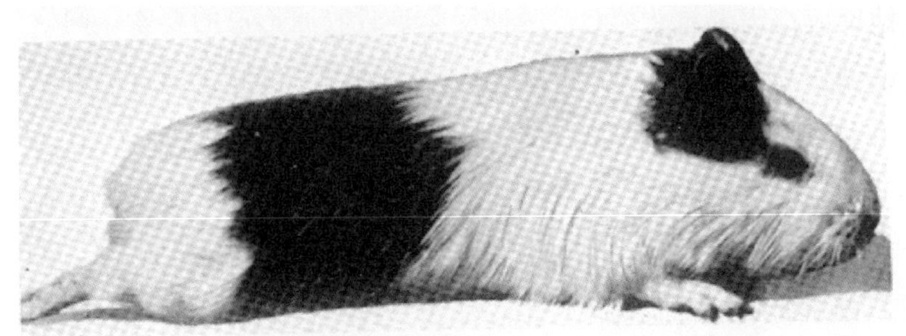

图15-6　缺乏维生素C的豚鼠，腿肌肉萎缩匍匐状

（3）参与体内的羟基化作用。维生素C是脯氨酸和赖氨酸羟化酶的辅酶，有助于形成羟脯氨酸和羟赖氨酸。而胶原蛋白中含有较多的羟脯氨酸，所以维生素C可促进胶原蛋白的合成，有助于促进胶原组织如骨、结缔组织、软骨、牙质和皮肤等细胞间质的形成，维持毛细血管的正常通透性。维生素C还与胆固醇代谢有关。维生素C有助于胆固醇的环状部分羟化后使侧链分解成胆酸，使胆固醇以胆酸的形式从肠道排出。此外，维生素C可促进儿茶酚胺类和5-羟色胺的合成。

## 四、铁的利用

同时摄取铁和维生素C可增加铁的吸收，因为膳食维生素C能把三价铁转化成更易吸收的二价铁。传递铁蛋白转移到肝脏，以及铁-蛋白化合物铁蛋白的生成以便贮存在肝脏，胃和骨髓中，这都离不开维生素C。由于抗坏血酸容易氧化为脱氢抗坏血酸，通过还原作用，脱氢抗坏血酸又能转为抗坏血酸，这表明维生素C在细胞氧化过程中，可能参与氧化还原反应。维生素C缺乏时，骨组织细胞间质的形成损坏，这与脯氨酸羟基形成经脯氨酸障碍有关，而脯氨酸是胶原纤维的重要组成部分。按照一项研究结果，维生素C在铁离子的协同下从血浆铁传递蛋白运输到器官铁蛋白中起重要作用。铁蛋白是骨髓、脾和肝中铁的贮存形。维生素C的缺乏使血浆与贮存器官铁的运输过程遭受破坏。牙质细胞的正常发育不可缺少维生素C。缺乏维生素C导致牙齿牙质缺陷。尤其在牙齿成形时期，骨骼的钙化和健全也需要维生素C。

## 五、酪氨酸和色氨酸的代谢

维生素C参与酪氨酸和色氨酸代谢。酪氨酸代谢时，缺乏维生素C将导致中间产物对-羟苯丙酮酸盐的积累和分泌，这是由于对-羟苯丙酮酸（Para hydroxyphenyl ketone acid）氧化酶钝化引起的。当大量的酪氨酸代谢时，维生素C保护对-羟苯酮酸氧化酶免遭钝化（过去认为是起着活化作用），并促进一种神经介质，即去甲肾上腺素的合成。色氨酸转化成5-羟基色氨酸也需要维生素C，形成血清素，它是一种通过使血管收缩作用，提高血压的化合物。

## 六、脂肪和类脂的代谢

维生素C使不饱和脂肪酸不易被氧化，或使脂肪过氧化物还原，消除其对组织细胞的破坏作用。促进造血作用，使难以吸收的$Fe^{3+}$还原成易于吸收的$Fe^{2+}$，促进肠道内铁的吸收，也有利于铁在体内的贮存和血红蛋白的形成。提高肝脏对铁的利用率，有助于治疗缺铁性贫血。维生素C在红细胞中可直接还原高铁血红细胞为血红蛋白。可促进叶酸转变为有生理活性的四氢叶酸。有事实说明维生素C影响脂肪和类脂的代谢的叙述如下：一是与ATP和镁离子一起，维生素C是使多脂肪组织脂酶钝化的辅助因子。多脂肪组织脂酶可动员多脂肪组织中的游离脂肪酸来满足人体能量的需要。当这种需要满足后，维生素C与ATP和镁离子一起，使多脂肪组织脂酶钝化；二是维生素C可能在胆固醇代谢中起作用。缺乏维生素C时，肝脏和血浆胆固醇水平增高，服用维生素C后又会下降。维生素C摄取不足时，胆固醇转化为胆汁酸的比例下降，因而增加了胆固醇积累。

## 七、类固醇激素的合成或释放和应激

维生素C与胆固醇代谢有关。通过维生素C的硫化代谢物，即抗坏血酸硫酸盐，促使生成胆固醇硫酸盐（一种从尿液排泄的水溶性物质）。由此可使体组织的胆固醇调动出来，导致血液胆固醇水平降低。已观察到：合成类固醇激素的过程中，肾上腺的高浓度抗坏血酸会减少；所有形式的应激，如温度过高或过低、激动、疲劳、外伤、烧伤、外科手术、吸烟、重金属中毒（如铅、汞、钙等），都应增加维生素C的需要量。理论上看，肾上腺的类固醇激素合成或释放，两者都要涉及维生素C，紧张度越高，维生素C需求越高。维生素C似与胆固醇代谢有另一层关系。维生素C有助于胆固醇的环状部分羟化后使侧链分解成胆酸，使胆固醇以胆酸的形式从肠道排出。此外，维生素C可促进儿茶酚胺类和5-羟色胺的合成。

## 八、预防和治愈某些疾病

感染和发烧时组织和血液的抗坏血酸减少，说明这两种疾病都需要增加维生素C以提高抵抗疾病的能力。高于正常的摄取量可最有效的预防感染和发烧。很多人包括医生嘱咐，伤风感冒多喝维生素C含量高的饮料，在中国和世界各地都那么说。大剂量服用维生素C是否对普通感冒和流行性感冒的预防和治愈有效存在许多争议。美国著名化学家，量子化学和结构生物学的先驱者之一，莱纳斯·卡尔·鲍林（Linus Carl Pauling）获得举世瞩目的科学奖和和平奖两项诺贝尔奖。他是最热衷于把维生素C作为一种药来使用。他曾风靡一时的《普通感冒和流行性感冒与维生素C》专著1970年出版。由于他的倡导使全世界人开始服用抗坏血酸片剂。尽管如此，对数千人的研究结果表明，唯一合理的结论是，维生素C对人们传染感冒的次数不起作用，但对某些人的感冒症状会起缓解作用。从生理功能上看，大剂量服用维生素C可增加尿液中的草酸和尿酸，促进铁的肠吸收。因此，超剂量摄取维生素C可能有危险，会导致肾结石或铁贮藏性疾病。大剂量维生素C对普通和流行性感冒有预防和治愈的论据尚不充分。

中国人口众多居住密集，是病毒最容易传染和传播的地区。人们不会忘记2003年SARS病毒登陆中国，死于SARS的90%是中国人。维生素C在抗病毒和预防病毒性传染病方面具有很高的应用价值。中国人服用维生素C的平均剂量远逊于欧美和日本。如果我们普遍认识到维生素C预防和治疗病毒传染病症的原理并且按量服用，就可以预防很多病毒的传播。维生素C的真正效用，会显示在治疗禽流感，SARS和AIDS等更严重的病毒传染病上。但绝对不要认为维生素C是“百搭药品”。

### 九、与叶酸代谢

L-抗坏血酸与叶酸之间似乎存在某种相互作用有待进一步探讨。因为曾经观察到在维生素C缺乏时，叶酸的需要量一并升高。非活性形式的叶酸转化成其活性形式的“亚叶酸”（Folinic acid，5-甲酰-5，6，7，8-四氢叶酸）需要维生素C。膳食中缺乏维生素C会削弱叶酸的代谢，可导致哺乳期的有核巨红血球性贫血，有时导致坏血病。在吞噬细胞活性和抗体的形成方面，抗坏血酸可能具有吞噬细胞活性和抗体形成的刺激作用。

### 十、酶的生化作用

酶是生化反应的催化剂，有些酶需要自由的巯基（-SH）存在才能保持其活性。维生素C能够使双硫键（-S-S-）还原为-SH，从而提高相关酶的活性，发挥抗氧化和保护-SH的作用。在体内，许多含巯基的酶类需要自由的还原型-SH基才能发挥催化活性。而维生素C能使这些酶分子中的巯基保持还原状态，从而使这些酶具有催化活性，维生素C在谷胱甘肽还原酶催化下，可使氧化型谷胱甘肽还原为还原型谷胱甘肽，而还原型谷胱甘肽可与重金属离子（铅）和砷化物、苯等有机溶剂以及细菌等毒素结合后排出体外，从而保护了含巯基酶的-SH基而具有解毒作用。

谷胱甘肽是由谷氨酸、胱氨酸和甘氨酸组成的短肽，在体内有氧化还原作用。它有两种存在形式，即氧化型和还原型，还原型对保证细胞膜的完整性起重要作用。维生素C是一种强抗氧化剂，其本身被氧化，而使氧化型谷胱甘肽还原为还原型谷胱甘肽，从而发挥抗氧化作用。在人的生命活动中，谷胱甘肽和酶能确保细胞的完整性和新陈代谢的正常进行至关重要。综上所述，只要维生素C充足，则维生素C、谷胱甘肽、-SH形成有力的抗氧化组合，清除自由基，阻止脂类过氧化及某些化学物质的毒害作用，保护肝脏的解毒能力和细胞的正常代谢。维生素C作为抗氧剂，保护维生素A、维生素E和多不饱和脂肪酸和抗坏血酸是一种重要的抗氧剂，因此，起着保护维生素A、维生素E和多不饱和脂肪酸免遭过多氧化的作用。

## 十一、其他功能

除了以上维生素C的理化功能被证实外，研究者还提出维生素C的许多其他作用，虽然有的论证还未得到确认，但在坊间有被“感觉到有效或非常见效”的说法未经证实。尽管维生素C深层次的生化功能研究还在进行中，已证明维生素C是一种对身体健康有益的重要物质，其功能如下。

（1）减少另一些维生素需求量。抗坏血酸（还原型维生素C）可降低养殖动物对硫胺素、核黄素、泛酸、叶酸、维生素A和维生素E的需求，同样，对人也具有相似的作用。

（2）排除蛋白质和肽类脱氨基中的氨。维生素C可加速蛋白质和肽类脱氨基作用使氨（$HN_3$）转变为尿素便于排出。有些人推测该过程（氧化脱氨和尿循环）影响年龄和寿命。

（3）强还原剂。维生素C是一种活性很强的还原剂，在体内它处于可氧化型和还原型的动态平衡中。因此，维生素C既可以作为供氢体，又可以作为递氢体，在物质代谢中发挥作用。某些维生素C衍生物，例如异抗坏血酸和抗坏血酸棕榈酸酯作为抗氧剂，防止食品变质，水果变色以及腌肉。

（4）吸烟与药物解毒。①吸烟。近期的研究表明，过去认为吸烟降低了维生素C的血液水平是确实的，但是否真的破坏了维生素C或者减少现存的抗坏血酸还不清楚。没有证实吸烟多者需要提供超过推荐量的维生素C。②药物解毒。维生素C在一组生化反应中使药物解毒，并从体内排出药物。维生素C能促使铁离子进入血红素基团，然后成为蛋白质的一部分，由此完成解毒反应；维生素C可改善病理状况，提高心肌功能，减轻维生素A、维生素E、维生素$B_1$、维生素$B_{12}$及泛酸等不足所引起的缺乏症。还能使机体增强抗病力和防御技能，增强抗应激作用。③抗组胺。抗坏血酸是一种抗组胺，对组胺引起的呼吸感染可能有疗效。

（5）应激能力。人体受到异常的刺激，如剧痛、寒冷、缺氧、精神强刺激，会引发抵御异常刺激的紧张状态。该状态伴有一系列身体应激反应，包括交感神经兴奋、肾上腺髓质和皮质激素分泌增多。肾上腺髓质所分泌的肾上腺素和去甲肾上腺素是有酪氨酸转化而来，在此过程需要维生素C的参与，提高机体的应激能力。

（6）预防动脉硬化与防癌。维生素C促进胆固醇的排泄，防止胆固醇在动脉内壁沉积，甚至可以使沉积的粥样斑块溶解。丰富的胶原蛋白有助于防止癌细胞的扩散，维生素C的抗氧化作用可以抵御自由基对细胞的伤害防止细胞的变异，阻断亚硝酸盐和仲铵形成强致癌物亚硝酸铵。曾有人对因癌症死亡病人解剖发现病人体内的维生素C含量几乎为零。

（7）提高人体的免疫力。白细胞含有丰富的维生素C，当机体感染时白细胞内的维生素C急剧减少。维生素C可增强中性粒细胞的趋化性和变形能力，提高杀菌能力。促进淋巴母细胞的生成，提高机体对外来和恶变细胞的识别和杀灭。参与免疫球蛋白的合成。提高CI补体酯酶活性，增加补体CI的产生。促进干扰素的产生，干扰病毒mRNA的转录，抑制病毒的增生。

## 第三节　人和养殖动物缺乏症

### 一、人的缺乏症

在维生素家族中维生素C的地位特殊，人、灵长类动物、豚鼠和鱼依赖于外源性维生素C，他们不能自身合成，必须通过食物和饲料中摄取。而大多数其他动物可从D-葡萄糖和D-半乳糖合成维生素C得到补充，因此严格地讲，L-抗坏血酸对于这些动物算不上是维生素。由于大多数哺乳动物都能靠肝脏来合成维生素C，所以并不存在缺乏的问题。因此，严重的缺乏症只存在于人类。成年人缺乏维生素C主要引起坏血病。可表现为伤口易愈合，牙龈出血，舌苔厚重等。儿童为婴儿出血性骨病

（Moller-Barlow disease）。

除了这些较为明显的缺乏症状之外，在人和养殖动物中，由于供给不足或合成数量不够，以导致体内可利用的维生素C太少时，还出现许多非特异症状，这种维生素缺乏症不易识别，人缺乏症表现为体质软弱、疲劳、呼吸困难，骨疼，感觉过敏、舌及口腔黏膜疼痛，毛囊角质化过度（症），齿龈肿胀和出血，以及出血性素质。

人与灵长类和其他种类动物维生素C食物长期供给不足，会引起潜在致命性的坏血病。它主要发生在喂养缺乏抗坏血酸食物（如食物配料只是单调的牛奶）的婴儿和限制性膳食的老人中。成年人坏血病常常由于贫困、酗酒及不懂营养知识而引起。

（1）早期症状（潜伏的坏血病）。潜伏的坏血病是维生素C缺乏症的早期症状有：体重下降、倦怠疲劳、关节和肌肉瞬息性疼痛、急躁、呼吸急促、牙龈疼痛出血、皮下渗血、易骨折和伤口难愈合。

（2）坏血病。严重缺乏维生素C会引起坏血病，其特征为牙龈肿胀、出血、牙床溃烂、牙齿松动、骨骼畸形易弯、毛细管脆弱导致全身内出血、大片青肿、关节增大，如膝关节和髋关节。由于血渗入关节腔而引起的有：贫血、肌肉纤维衰退。包括心脏方面的；老伤口变红并开裂，严重内大出血和心脏衰竭经常有猝死的危险。

（3）维生素C缺乏症的诊断。人体内维生素的状况可通过临床诊断和测定该维生素的血液水平而确定。皮肤和牙床的毛细管出血情况可作为诊断维生素C缺乏的症状，分别用各种实验测量人和动物的维生素C。人的血清和血浆中L-抗坏血酸含量大约数值参照如表15-10。

表15-10　人体的血清和血浆中L-抗坏血酸含量参考值

| 营养状态 | 血清或血浆浓度（mg/100mL） |
|---|---|
| 良好 | >0.60 |
| 一般 | 0.40 ~ 0.59 |
| 差 | 0.10 ~ 0.39 |
| 缺乏 | <0.10 |

（4）维生素C的日推荐量。1994年美国通过《膳食补充剂健康教育法》（Dietary Supplement Health and Education Act），指定美国食品药品监督管理局（FDA）负责膳食补充剂的监管工作。根据美国法律规定，保健品不是药品，所以它上市无须经过药检部门审批，FDA定期公布有关维生素推荐量。表15-11是以下是FDA给出的维生素C推荐量。

表15-11　维生素C日推荐量

| 组别 | 年龄（岁） | 体重（kg） | 身高（cm） | 维生素C（mg） |
| --- | --- | --- | --- | --- |
| 婴儿 | 0～0.5 | 6 | 60 | 35 |
| | 0.5～1.0 | 9 | 71 | 35 |
| 儿童 | 1～3 | 13 | 90 | 45 |
| | 4～6 | 20 | 112 | 45 |
| | 7～10 | 28 | 132 | 45 |
| 男性 | 11～14 | 45 | 157 | 50 |
| | 15～18 | 60 | 176 | 60 |
| | 19～22 | 70 | 177 | 60 |
| | 23～50 | 70 | 178 | 60 |
| | 51以上 | 70 | 178 | 60 |
| 女性 | 11～14 | 46 | 157 | 50 |
| | 15～18 | 55 | 163 | 60 |
| | 19～22 | 55 | 163 | 60 |
| | 23～50 | 55 | 163 | 60 |
| | 51以上 | 55 | 163 | 60 |
| 妊娠期 | | | | +20 |
| 哺乳期 | | | | +40 |

注：0.05mg抗坏血酸=1IU维生素C

与大多数动物不同，人体内不能合成维生素C，而人体内对维生素C的生理需求必须得到满足，每天足量供应非常重要。下列日摄取量可作为参考需要量，以下按照日毫克计。成年男人75、成年妇女70、孕妇100、哺乳期150、婴儿30、儿童1～3岁35、儿童4～6岁50、儿童7～9岁60、儿童10～12岁75、男孩13～15岁90、男孩16～19岁100、女孩13～19岁80。有关食品与卫生部门建议，婴儿35，儿童45，14岁以上的男性和女性60，妊娠期80，哺乳期100mg。

①特殊需求。经对测量不同状态下人的维生素C需要量，许多研究机构提出至关重要的影响因素。粉尘、重烟雾、重气味、恶劣环境、重污染及雾霾、大运动量体力消耗、重体力活动、发烧、甲状腺功能亢进、糖尿病、感染和发烧、手术后，以及当大量摄入液体时，维生素C摄入量需要相应升高。②最低摄取量。日摄取10mg抗坏血酸可预防坏血病，但这只是最低水平。为了提供各自不同的维生素C安全储量，FAO和WHO专家委员会制定的日推荐量比FDA的数据反而略低，婴儿和13岁前的儿童为20mg，超过13岁的男性和女性为30mg，妊娠期和哺乳期为50mg。应该认识到，生病、创伤、不合理的膳食等应增加的需要量，该推荐需要量未必合适。表

15-11推荐水平就确保健康而言是不够的。③婴儿、儿童和青春期的推荐量。推荐婴儿每日膳食中含35mg维生素C。其根据：一是尽管母亲从膳食中摄取的维生素各不相同，但母乳含30～55mg/升维生素C；二是母乳喂养的婴儿每日约吸取850mL奶。然而，新生儿特别是早产儿在出生的第一周内因酪氨酸代谢，会增加需要量。为了防止过渡态酪氨酸血时可能出现的不利因素，在此期间建议每日摄取100mg抗坏血酸。不足11岁的儿童日推荐量为45mg维生素C，大龄儿童为60mg，以满足各自的需要。④成人推荐量。男女成人的日推荐量为60mg。这将维持体内贮备1500mg抗坏血酸，体内贮备了充足的抗坏血酸足够使成年男性30～45天内不出现坏血病症状，这里应考虑抗坏血酸分解代谢比为3%～4%和平均吸收率约85%。⑤妊娠期和哺乳期的推荐量。妊娠期血浆维生素C水平降低。尚不知是由于妊娠生理反应还是妊娠增加了需求。人们都知道母体向胎儿内胎盘输送充足的抗坏血酸，使新生儿抗坏血酸水平大于母亲的抗坏血酸水平50%以上。为满足胎儿需求，推荐孕妇每日增加20mg抗坏血酸，尤其是妊娠期间的4～6个月期间。营养状况良好的妇女，奶中的抗坏血酸比较高，但随母亲从膳食摄取的营养而变化。哺乳期每分泌850mL母奶，日消耗25～40mg维生素C。因此，推荐哺乳期妇女每日增加40mg维生素C，以确保奶中含充足的维生素C。⑥大剂量抗坏血酸。有文献报道，日摄取超过1000mg或更多的抗坏血酸对感冒和流行性感冒症有缓解和减轻症状的疗效。迄今为止，美国医生不建议平时大量摄取维生素C的说法，经研究表明大剂量的维生素C好处太少，缺乏科学实验数据支持，不足以推荐，但尚需进一步研究。⑦存在争议的说法。还有报道大剂量抗坏血酸对某些高胆固醇血症病人有降低血清胆固醇的作用，而对另外一些人又不起这种作用。⑧抗坏血酸补充剂可预防风湿性关节炎病人由于服用阿司匹林而引起的血小板及血浆中抗坏血酸浓度的降低。⑨用大剂量的维生素C来提高运动员的表现一直是人们争议的焦点。从生理功能反观这一用途所言，现有的数据表明大剂量维生素C对运动成绩无效，反而会影响运动员的暴发和持久的能力，妨碍氧输送和氧利用平衡。大量摄取抗坏血酸具有良好疗效的说法缺乏足够的证据，过度摄取有害，未遵医嘱自行服用大量的抗坏血酸是不足取的。美国农业部报道美国人消耗的现有食品提供每人每天120mg维生素C。这个数量中，柑橘类水果和蔬菜占92%。⑩除引起一些人患肠胃综合征外，大剂量抗坏血酸一般无毒。但有报道超度摄取抗坏血酸很有坏处，例如，产生的酸会引起尿酸尿，食物铁的超度吸收，削弱白细胞杀菌性。

## 二、养殖动物缺乏症

养殖动物缺乏由6碳糖合成维生素C时需要必不可少的古洛糖酸内脂氧化酶。在判断维生素C缺乏方面，抗坏血酸作为必需营养因子的少数几种动物中才能判断，只有通过豚鼠来测定坏血病症状的预防和治疗，以及门齿成牙质细胞的生长可作为维生素C作用的判据结果。

（1）水产饲料。在饲料产品门类中维生素C用量最大，它在鱼虾体内最重要的作用与胶原蛋白形成有关。它在水产饲料中添加的重要性在于：①鱼虾缺乏症。鱼虾摄入维生素C不足时易引起维生素C缺乏症，阻碍鱼虾的正常生长发育，甚至引起死亡。多数人工养殖的鱼虾类不能通过D-葡萄糖合成L-抗坏血酸。维生素C参与甾类激素的合成，促进铁的吸收，减少重金属的危害，修复伤口，与维生素E协同作用减少鱼虾组织中的脂类过氧化作用。缺乏维生素C的典型症状是鱼虾身体畸形、体内外或眼出血、烂鳃、皮肤发黑、厌食、生长不良等。维生素C参与铜等的代谢及肾上腺皮质激素等甾类激素的合成，影响鱼虾类的繁殖。②添加的必要性。鱼虾饲料添加维生素C是鱼虾正常营养生理的需要，高温季节尤其如此，必须在水产饲料中添加维生素C。③添加量。鱼虾对维生素C理论上需求量与实际添加量差别很大。因为维生素C具有较强的还原性，很不稳定，在碱性或酸性溶液中易被空气氧化，紫外线、加热和金属离子等理化因素也能使维生素C遭到破坏。水产饲料季节性很强，还应考虑饲料产品货架期与保质期维生素C的损失。在制作水产饲料过程中，维生素C的实际添加量应大于理论推荐需求量的4～5倍。

（2）成年动物。成年养殖动物明显的表现合成维生素C的能力减低，或需要量升高。还有些动物表现为生长阻滞、采食量明显下降、活动力丧失、皮下及关节坏血病弥散性出血、骨折、背毛无光、体重减轻，贫血下痢。实验动物豚鼠，猴也获得上述相同或相似的结果。对于肉仔鸡和种猪，维生素C可提高肉仔鸡日增重和饲料利用率，鸡的胸肌率高，使得0～3周龄肉仔鸡的肌肉嫩度效果明显。维生素C添加到猪精液冷冻稀释中，能提高解冻后精液成活率。

（3）犊牛和仔猪。犊牛和仔猪出生后的最初十天不能合成足够数量的维生素C。此外，由各种不利因素，如冷热、感染，寄生虫侵袭，营养不足或不完全。这能导致家禽生长受阻，蛋鸡蛋产量和蛋壳质量的降低。

表15-12　养殖动物生物素缺乏症

| 缺乏症 | 症状表现 |
| --- | --- |
| 坏血病 | 生长受阻，采食量下降，活动力丧失，皮下即关节弥散性出血，易骨折，被毛无光，体重减轻，贫血，下痢（豚鼠、猴） |

（4）农业部相关添加量规定。2017年12月农业部公告第2625号修订了《饲料添加剂安全使用规范》，L-抗坏血酸（维生素C）、L-抗坏血酸钙、L-抗坏血酸钠、L-抗坏血酸钠-2-磷酸酯、L-抗坏血酸-6-棕榈酸酯五种形式在配合饲料或全混合日粮中的推荐量（以维生素计），对维生素C给出了推荐规定。这些产品包括猪饲料、家禽饲料和鱼类饲料（见附录3农业部公告第2625号）。

2018年4月农业农村部发布21号公告，把D-异抗坏血酸（D-Lsoascorbic Acid）、D-异抗坏血酸钠（Sodium D-Lsoascorbate）作为宠物饲料抗氧化添加剂纳入《饲料添加剂品种目录（2013）》，扩大抗坏血酸类的应用范围。

## 第四节　维生素C的来源

### 一、加工损失

在所有的维生素中抗坏血酸最不稳定，收获、加工、烹饪及贮藏期间容易破坏。由于维生素C的水溶性特性，它易氧化和被酶腐蚀或分解。热环境、暴露在空气中、水溶解、加温、碱性条件和脱水对食物中的抗坏血酸都有不良影响。被切开的蔬菜释放一种酶，这种酶使得沥水作用增强，加速维生素C损失。因此，从田间采收到餐桌食用这段时间食物原有维生素C含量会大量损失。①加工损失。水果和蔬菜类的制作方法影响维生素C的含量。缓慢清洗，切成小块再去皮浸泡过的食物，流失了大量的维生素C。速冻、罐装、干燥、用蒸汽简单的热烫有助于保存维生素C，因为这些方式破坏了促使生食物中维生素C分解的酶。经快速冷藏的食物维生素C损失最少。经干燥保藏的食物维生素C损失最多，尤其暴露在日光下。干燥前先经过硫熏和快速脱水（避日光）工艺可减少维生素C的损失。冷冻罐装水果和蔬菜的制造业应特别注意使用高质量的成品，然后迅速加工。从田间把鲜品运到罐头厂并在真空封闭罐内迅速加热，采用这种预防措施生产出来的水果和蔬菜罐头比家庭制品更有助于保存维生素C含量。而罐装果汁的维生素C含量不尽相同，除非在加工中添加维生素C或采取专门保护措施。②烹饪损失。家庭烹饪时维生素C损失量变化很大，一般根据食物性质，酸或碱反应、持续时间和加热程度、以及烹饪过程中食物暴露在水和空气中的程度而定。提倡用冷冻水果，把冷冻蔬菜直接倒入沸水中立即烹饪是最有效的保持抗坏血酸的方法。大块制品或带皮烹饪，维生素C损失最少，烹饪时尽可能少与空气接触，如使用封闭盖或压力炊具。加工食物前把水先煮沸一分钟，缩短食物煮沸时间，用水量要少，把原汤喝掉就是摄取维生素C。增加维生素C损失的因素包括用铜或铁炊具烹饪，铜、铁离子使维生素C失去活性。如为保持蔬菜绿色加小苏打，在热的地方或暴露在空气中清洗食物和菜叶，延长加熟食品或连续保持加热时间都是不足取的。③贮藏损失。无论是在家还是在市场，贮藏时间越长维生素C损失越多，尤其是食物有损伤或存放在热的地方。约含30mg/100g抗坏血酸的新鲜马铃薯贮藏9个月时维生素C损失75%。表面积大叶菜贮藏期间维生素C的损失比块根或块茎类更甚。冷藏可减少损失，在市场用碎冰保存蔬菜中的维生素C要比冰箱好。冰箱里存放柑橘汁，维生素C很少损失，果汁的酸有助于保护维生素C。氧化酶一般在蔬菜中含量较多，蔬菜储存过程中都有不同程度流失。但在某些果实中含有的生物类黄酮，能保护其稳定性。

## 二、维生素C的来源

（1）主要来源。抗坏血酸存在于一切生活组织中，它是重要的细胞代谢氧化-还原化合物。新鲜水果柑橘、小葡萄、Seabuck-thorn、蔷薇果和蔬菜辣椒、番茄、卷心菜、马铃薯、莴苣等都是维生素C的重要来源。动物器官的肾、肝和脑垂体和含有大量维生素C（见附录4维生素汇总表）。维生素C的来源如表15-13。

表15-13 维生素C的食物来源

| 来源 | 食物 |
| --- | --- |
| 最丰富的天然来源 | 樱桃、蔷薇果是维生素C最丰富的天然来源，其含量是柠檬的20倍。蔷薇果是蔷薇花结的聚合果，原产加拿大，被称为“鲜红的玫瑰果”，但不能直接食用果实，可以做成果汁或提取汁，或做成茶。第二次世界大战期间英国食品部定量配给蔷薇果汁，以助于英国人摄入维生素C。松尖（松科植物马尾松或其同属植物的幼枝尖端）也含丰富的维生素C。加拿大的印度人和俄罗斯北部居民一直从中提取（酿造）维生素C用来预防坏血病 |
| 优质来源 | 生的或冷冻的或罐装的柑橘类水果或橘汁（如橙、葡萄柚、柠檬和酸橙）都是优质的维生素C来源。在美国这些果品已成为真正的维生素C同义词。番石榴、青椒或辣椒、无核黑葡萄干、欧芹、芜菁叶、商陆（野萝卜）和芥菜也是维生素C的优质来源 |

（续表）

| 来源 | 食物 |
|---|---|
| 良好来源 | 青菜类的有花茎甘蓝、布鲁塞尔芽菜、红茎甘蓝、花椰菜、羽衣甘蓝、藜（灰菜）、菠菜、莙荙菜（叶用甜菜）、水芹、番茄。瓜果类的有甜瓜、枇杷、醋栗（灯笼果）、番木瓜、草莓。鲜的或罐装的番茄汁也是维生素C的上等来源，与一般的观点不同，柑橘汁维生素C的含量是番茄酱的3倍 |
| 一般来源 | 苹果、芦笋、香蕉、黑莓、蓝莓、马铃薯、利马豆、桃、梨、甘薯、肝是抗坏血酸的一般来源，总之，大量食用这些食物的任何一种，均可提供可观的维生素C |
| 微量来源 | 谷物及其制品、巴氏灭菌牛奶、蛋类、脂肪类、鱼、坚果类、家禽和糖实际上不含维生素C。假如母亲的膳食含充足的维生素C，那么母乳中的抗坏血酸是牛奶的4~6倍，并可预防婴儿不得坏血病 |
| 合成来源 | 可以认为维生素片就是纯抗坏血酸，人体利用合成维生素C与食物中的维生素C的作用一样 |

（2）来源新鲜。最好的来源是新鲜，生吃或冷冻过的水果和蔬菜，但植物性食物中维生素含量不尽相同，受气候、日光照量、土壤、成熟程度、植物部位和贮藏时间等众多的因素造成的。干籽粒很少含维生素C。一般来说，植物的日照时间长，维生素含量高些，太成熟的植物其维生素C含量要低些。为确保膳食中有充足的维生素C，应养成每天食用柑橘水果或果汁的好习惯。

（3）如何降低损失。水果蔬菜最大的价值是含有维生素C，花钱购买天然的维生素C，其最大的价值体现在食物中。应了解如何使维生素C损失最少。下述家用食物维生素C保存方法。①少买鲜水果和蔬菜，随买随吃，贮藏在冰箱里。②无论生吃或熟食都要在吃前制作完成，尽量少切或剁碎，烹饪前勿把食物暴露在空气中或浸在水里。③烹饪前不要解冻蔬菜，把菜保存在冰箱里直至烹饪。使之保持冷冻或冷藏状态，直接把菜倒进少量沸水里立即烹饪。④水要少，加工时间不宜过长，加锅盖烹饪，蒸或烤，最好少用水煮。⑤勿用铜或铁锅，烹饪时不加小苏打。铜、铁、小苏打会破坏维生素C。维生素C配好蔬菜后尽可能马上食用。⑥鲜果汁要食用前再配。应注意剩下的柑橘、葡萄、番茄等酸性果汁应放在加盖的玻璃容器里，在冰箱里保存数日维生素C极少损失。

# 第十六章

# 类维生素物质

顾名思义，类维生素物质（Vitamin like substances）或类维生素化合物是指一种生理活性与维生素很类似的物质，是食物中含有的一类微量有机营养素。这类物质存在人体内，但含量较少，机体自身可合成一部分，并参与人体正常的生理活动。类维生素具有与维生素极为类似生物活性并具备维生素前体、非人体所必需、人体能够合成或部分合成三方面特点。属于这一类的物质很多，但由于功能尚不太明确，相关研究还在探索中，迄今学界依然存在争议，不认为它是真正的维生素，通常称它们为类维生素物质。根据形成和作用的不同，其中包括生物类黄酮、肉碱、辅酶Q、肌醇、苦杏仁苷、硫辛酸、对氨基苯甲酸（PABA）、潘氨酸、牛磺酸等。其中牛磺酸和肉碱在近年来特别受重视（表16-1）。

表16-1　类维生素的曾用名

| | 序号 | 类维生素名称 | 曾用名 |
|---|---|---|---|
| 类维生素物质 | 1 | 生物类黄酮 | 维生素P芦丁 |
| | 2 | 肉碱 | 维生素$B_T$ |
| | 3 | 辅酶Q | 泛醌 |
| | 4 | 肌醇 | 环己六醇、生物活性 I |
| | 5 | 苦杏仁苷 | 维生素$B_{17}$、氮川甙、扁桃苷氮川酶 |
| | 6 | 硫辛酸 | VP硫辛酸 |

（续表）

|  | 序号 | 类维生素名称 | 曾用名 |
|---|---|---|---|
| 类维生素物质 | 7 | 对氨基苯甲酸 | 4-氨基苯甲酸 |
|  | 8 | 牛磺酸 | β-氨基乙磺酸 |
|  | 9 | 其他 |  |
|  | 9.1 | $B_{13}$ | 乳清酸 |
|  | 9.2 | $B_{15}$ | 潘氨酸 |
|  | 9.3 | 维生素F | 亚麻油酸、花生油酸 |
|  | 9.4 | 维生素L | 邻氨基苯甲酸（主要成分） |

## 一、维生素前体

类维生素本身没有维生素营养功能，与某些维生素在化学结构上相似，在一定条件下可转化为该维生素，因此在食物中含有一定比例的维生素前体，可部分代替该维生素的供给。已发现4种维生素前体物质：胡萝卜素是维生素A的前体，维生素D的前体分布在植物中的是麦角固醇，而色氨酸可以在体内转化为烟酸，人体自己合成的一种脱氢胆固醇也能在光照条件下转变为维生素D。

## 二、非人体所必需

这类物质在人体内可有可无，不会造成健康损害，更不存在缺乏症问题，所以不列入营养物质范围。这一类物质似乎有一定的生理功能，但实际上并非维持人体正常功能所必需，即便食物中不供给也不影响健康，它们不符合维生素营养物质的基本定义。在类维生素门类中生物类黄酮例外，生物类黄酮与维生素C相伴存在，关系密切，能够增强维生素C的生理功能，但它单独存在时并不显示一定的功能。杏仁核中含有一种味苦的天然物质，称为苦杏仁苷，一位美国医生曾用它来预防和治疗癌症，并命名为“维生素$B_{17}$”，但没有得到官方医疗机构公认。苦杏仁苷毒性较大，食用要十分小心。

## 三、人体能够合成

属于这一类的物质很多，如肉碱，曾被称为维生素$B_T$，最初从肉类食物中分离得到，是与脂肪代谢和生物氧化有关的一种辅酶，人体肝脏能够合成全部需要的肉碱。肌醇是一种小分子物质，与葡萄糖关系密切，实验证明是动物和细菌的必需营养因子，人体细胞能够合成肌醇，是一种代谢中间产物，显然它无法进入B族维生素家族。硫辛酸具有许多B族维生素的作用，以辅酶形式参与人体的能量代谢，然而人体能够合成。辅酶Q10（CoQ10）被称为泛醌在能量转换体系中的重要的质子传递作用，具有抗氧化剂和自由基清除作用，作为时尚的保健品在市场流通。辅酶Q10的特点和生理功能存在一些分歧在于生物学家把辅酶或辅酶前体的形式，维持机体正常生理功能的微量有机化合物称为维生素。而辅酶Q10广泛存在于植物动物和微生物细胞内，能在有机体内的组织中合成。能不能称为维生素，学界有分歧，至少现在还不能。

上述类维生素三种类型表明，类维生素虽然不是人体必需的营养物质，化学性质决定着它们在有限的范围内具有有限的作用，坊间认为类维生素具有抗癌防癌等功效依赖扎实的临床研究结果而不是道听途说，但有关类维生素研究有分量的报道不是很多，研究数据累积不够翔实，存在一些争议。对维生素的理解，人们必须遵循不偏食引起维生素缺乏而导致疾病为原则，关注膳食平衡，多吃新鲜瓜果和生蔬菜。

## 第一节　生物类黄酮

### 一、概述

迄今为止，对生物类黄酮物质（维生素P）（Bioflavonoids Vitamin P）的其他冠名还有芦丁（Rutin），又叫芸香素，在人体营养、防治人体疾病或在养殖动物等其他应用领域的作用尚未得到证实，存在不同看法。它是植物次级代谢产物，并非单一的化合物，是多种具有类似结构和活性物质的总称，因多呈黄色而被称为生物类黄酮。主要的维生素P类化合物包括黄酮、芸香素、橙皮素等，属于水溶性维生素。

生物类黄酮是一组存在于水果蔬菜、花和谷物中的天然物质有些是色素，亦称维生素P，“P”意指通透性或渗透性（Permeability）。它们似天然维生素C的伴侣，但不存在于合成的维生素C中。类黄酮这个词源自拉丁字“flarvus”，意为黄色，故称为类黄酮。现已有约800种不同的种类黄酮得到鉴定，其中最有效较为常用的30多种存在于柑橘属中，柑橘属中有三种生物类黄酮的文献记载比较多，即橘皮苷、柚皮苷和芸香苷，俗称芦丁。橘皮苷存在于柑橘属果实中，也存在于花中、小的未成熟果肉和甜橘皮中。柠檬、柑橘、苦橘和枸橼（Citrus medica，又称香橼、香水柠檬和柠檬的外观相似，芸香科柑橘属植物）中。每个熟甜橘约含有1克类似橘皮苷物质，其中约一半有商业价值。我国中医药用橘皮苷被广泛用作为治疗药物，它具有润肺、止咳、化痰、健脾、顺气、止渴功效，肉、皮、络、核、叶皆可入药。干燥橘皮入药称为“陈皮”。在我国广东潮汕和港澳地区广泛的作为重要的烹饪调料品，如陈皮鸭等。柚皮苷是葡萄柚所含的主要类黄酮来源，它与橘皮苷最大的区别在于其过分苦涩味，葡萄柚这种产品也带有苦味。柚皮苷可用于制作饮料和增强高级糖果的风味。芦丁在医学上具有抗脂质过氧化作用、血管舒张作用、拮抗血小板活化因子作用、抗急性胰腺炎（AP）作用。动物不能合成类黄酮，而且类黄酮在高级动物体内的代谢很快。

## 二、历史与发现

20世纪30年代中期，一位美籍匈牙利生化学家艾伯特森特·乔吉伊（Albert Szent-Gyorgyi）从柑橘果皮分离出一种物质，称为柠檬素，并证明为类黄酮的混合物。乔吉伊的维生素C研究工作获得1937年生理学医学诺贝尔奖。他最初用豚鼠实验开展这项新物质研究，1936年报道了他的实验结果。结果表明该新物质若与抗坏血酸同用，可有效地增强体内最小的毛细血管张力，并可治疗坏血病。自此以后，就有了维生素P的概念，属于类黄酮性质的物质，具有调节毛细血管的渗透性和维持其完整性的功能。

研究工作在竞赛中前进，大大推进了研究的进展。全世界都在进行人体与动物的维生素C与维生素P的协同效果实验。文献报道这项研究在临床上取得成功。维生素P与维生素C合用被引用于治疗与毛细血管功能失调有关的疾病，如习惯性性与恐惧性流产、产后出血、鼻出血、皮肤异常、糖尿病视网膜炎、牙龈出血、月经失血过多、痔等其他的一些疾病。但是早期对维生素P理想的功能性疗效并未成为事实。到1938年，乔吉伊自己报告说他以后的实验未能证明他早期的实验结果，其他实验室的相似工作也证实了他的结论。类黄酮虽被证明对抗坏血酸有增效作用，但最初认为类黄酮中有几种，或是全部都和维生素一样是必不可少的食物组分，这种看法是没有根据的。1950年，美国生化学会和美国营养研究所的生化命名联合委员会不建议使用维生素P这个名称。自此以后，除法国和前苏联仍坚持用维生素P的名称外，其他各国都采用了生物类黄酮的名称。20世纪60年代后期，美国食品及药品管理局（FDA）给出了结论，即生物类黄酮不仅不是维生素，而且也不具有任何营养价值。

在乔吉伊最初工作后20年内，很多科学家研究了类黄酮对血管脆性、传染病、感冒、高血压和各种出血性疾病的影响，验证结果都未能重复其具有的治疗效果。把类黄酮归为维生素类有些牵强，需要证明：一是它们是必需的和不可缺少的食物成分；二是产生缺乏症后，服用此物应具有特异性的治疗效果。在这两个先决条件未能得到验证前，生物类黄酮不能进入维生素大家庭。因此，现在存在着两种观点，一些人相信，另一些人怀疑，几乎没人是模棱两可的，彼此都坚持各自的观点。持相信态度的人们对为什么未能证明生物类黄酮的治疗效果或营养价值，他们有一个合理的解释是因为多数水果，尤其是柑橘类水果和蔬菜中皆富含生物类黄酮，而每人所摄食的此类食物的量已足以防止维生素P的缺乏。所以，他们认为不是人们不需要维生素P，而是因为膳食中已含有足量生物类黄酮的缘故。

## 三、理化性质

（1）结构式。

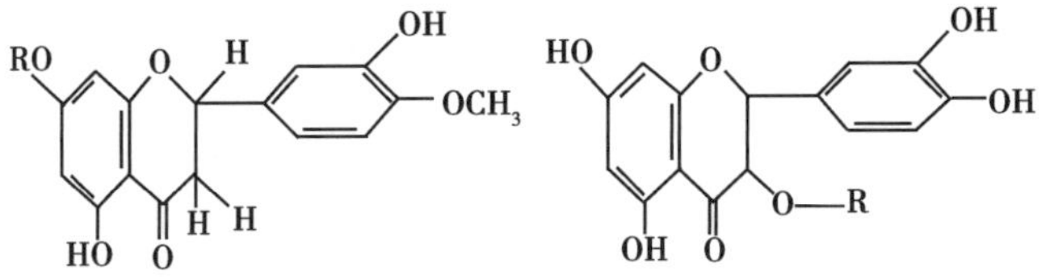

橘皮苷

芸香苷（芦丁）

最常见的两种生物类黄酮的结构，橘皮苷存在于橘类果实中，芸香苷存在于荞麦叶中。

（2）化学。两种生物类黄酮的结构。橘皮苷存在于橘果类实中，芸香苷则存在于荞麦叶中。结构式以$C_6$-$C_3$-$C_6$为骨架。

（3）代谢。吸收、储存与排泄与维生素C非常相似。在小肠前段可很快被吸收进入血液。过量的生物类黄酮主要由尿排出。

（4）性质。为淡黄色或淡绿色针状结晶或结晶性粉末。略带色的水溶性物质。对热、氧、干燥和适中酸度相对稳定，但遇光迅速破坏。生物类黄酮的剂量以毫克表示。芦丁易溶于甲醇，不溶于水，在沸水中溶解，溶于吡啶、甲酰和碱液，微溶于乙醇、丙酮和乙酸乙酯，几乎不溶于氯仿、醚、苯、二硫化碳和石油醚。熔点214～215℃。

（5）毒性（过量）。未见生物类黄酮的毒性报道。

## 四、生理功能

生物类黄酮可调节血脂，降低血液黏稠度，改善血清脂质，延长红细胞寿命并增强造血功能，预防心脑血管疾病；抑制HL-60白血病细胞生长和溶解癌细胞的作用；能够有效清除体内的自由基及毒素，预防或减少疾病的发生。它也是最好的抗氧化剂之一。

生物类黄酮最先得到学界高度关注是它的毛细血管脆性和渗透性功能。为了解这一特殊作用就必须具备有关毛细血管系统生理学的知识。

（1）参与毛细血管脆性的渗透性功能。机体的全部细胞都依赖于毛细血管供给所需的全部营养物质，带走并排出废弃物，所以毛细血管十分重要。整个心血管系统即心、动脉和静脉，皆依赖于毛细血管。这些微细的血管，平均直径约为1/5000cm，是微循环系统的一个部分，为动脉和静脉的最小支脉的联系环节。从动脉到静脉的小血管系统顺序为：小动脉→末端小动脉→间位小动脉→毛细血管→小静脉（图16-1）。

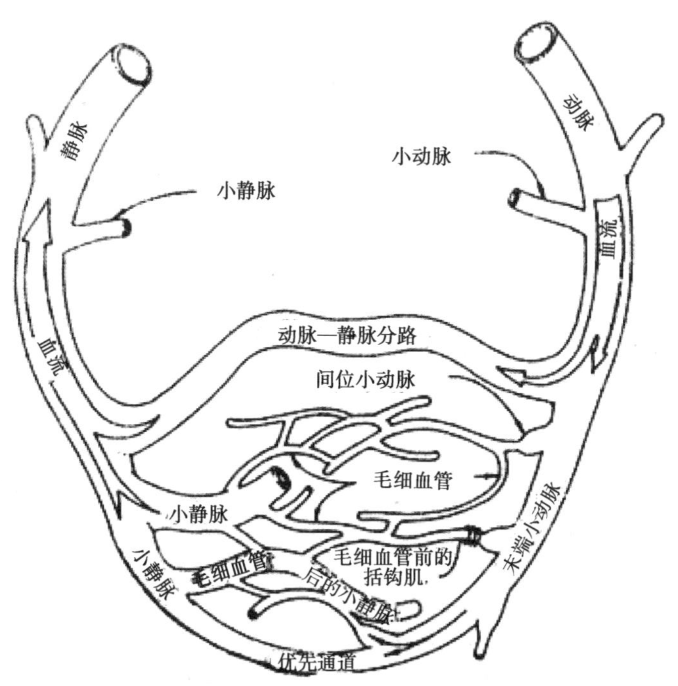


图16-1　末端血管床示意（箭头指处为血流方向）

毛细血管接收来自血流中的氧、营养素、激素和抗体，并带走废弃物。所有其他血管是不可渗透的，包括动脉携带氧化的血液由心脏流到身体各部，静脉则携带已耗尽氧的血液重回到心脏，以便在肺部重新氧化。液体只有在毛细血管的水平上连接最小动脉（小动脉）和最小静脉（小静脉）的网状系统，才能由血液自此密闭系统中渗出，与体细胞周围的液体混合后再渗入血液。进行到这一步，毛细血管的管壁必须具有渗透性，但不能过分渗透。当毛细血管的脆性增高和破裂，或是渗透性过大时，血液则可由血管出来而进入细胞间液中。

皮下出血（皮下出现红斑点）和青肿是毛细血管破损的表现，表明此时的毛细血管是脆弱的。水肿（组织内积液）也可由于毛细血管不健康，由渗透性太大而引起，即血液蛋白质可由毛细血管逸出，而血液蛋白质是保持适宜渗透压以把积存的细胞间液压回到血流中去的必需物质。

对生物类黄酮影响毛细血管脆性和渗透性的机制现尚未弄清。已知毛细血管破损是维生素C缺乏病即坏血病的一个特征。维生素C在维持毛细血管的健康方面十分重要。由于生物类黄酮和维生素C在自然界总是伴生存在，故可推测它们的功能是共同联手加强毛细血管和调节其渗透性。这些作用可防止毛细血管和结缔组织的内出血与破裂，建立起一个抗传染病的保护屏障。

（2）应激状态下的类黄酮表现。由于对类黄酮是必需的食物成分和可用它治疗缺乏症状缺少相关证明，因而对于高级动物的生命来说，类黄酮似不能作为一种维生素。虽然如此，对于低级动物如蝴蝶、蚕幼虫、蟋蟀和某些甲虫的生命，有说服力的证据证明类黄酮物质对于它们是必需的。还有学者指出，对高级动物和人体也可能存在类似的重要影响，如芦丁已被证明有促进幼鼠和细菌生长的作用。有些权威人士认为，类黄酮只有在应激状态下才表现有类似维生素的作用。此外，已证明对于哺乳动物保持精神焕发的良好健康，食物类黄酮有很多特异作用。因此，对类黄酮作为一种必需食物因素的重要性还需进行更多的研究给予阐明。

（3）食物中类黄酮的功能。食物类黄酮除对毛细血管的脆性和渗透性以及对健康的影响外，还具有下列功能：①食物中的有效抗氧化剂。生物类黄酮是非常有效的抗氧化剂，其抗氧化作用仅次于脂溶性生育酚，具有清除自由基抗氧化作用。这种抗氧化作用可保护含有类黄酮的蔬菜和水果不受氧化破坏，延长货架期和保持质量长久，增进适口性。因抑制了动物脂肪的氧化而使佳肴更有益于健康。②具有金属整合的能力。能够与有毒金属结合，并将它们排出体外。可影响酶与膜的活性。③对抗坏血酸的增效作用。似有稳定人体组织内抗坏血酸的作用。④具有抑制细菌和替代或部分替代抗生素的作用。这种作用使普通食物抵抗传染病的能力相当高。抗血栓、保护心脑血管作用抗肿瘤、消炎抑菌作用。黄酮类化合物的抗菌抗病毒作用已经得到医学界的肯定。⑤在两方面表现具有抗癌作用存在不同看法。

一是对恶性细胞的抑制（即停止或抑制细胞的增长），调节免疫力的作用；二是从生化方面保护细胞免受致癌物的损害；①健体功效。解除醇中毒、保肝护肝，具有清热解毒、祛风湿、强筋骨等功效；②缓解更年期综合征。更年期综合征是由于妇女绝经后卵巢分泌雌激素水平下降所致。黄酮类化合物在体内的生物活性是内源性雌激素的103倍，可减轻更年期症状，又不会出现因性激素治疗导致子宫和乳腺发生病变的潜在危险。

## 五、疾病治疗

（1）一些未被证实的病例。尽管对生物类黄酮的看法存在矛盾，并缺乏有力证据证明其价值，但却仍被用于防治下列一些疾病的说法不被看好也未经证实：①毛细血管的脆性和出血，牙龈出血；②眼的视网膜内出血、某种青光眼、脑内出血、肾出血；③妇科病，如月经出血过多；④静脉曲张；⑤痔，溃疡，冻疮；⑥习惯性和恐惧性流产；⑦因接触性运动，如足球而产生的挫伤；⑧X-射线辐照伤；⑨糖尿病和糖尿病的视网膜病；⑩栓塞（血凝块可在腿静脉中生成，堵塞住一支主要血管，甚至可引起死亡）。生物类黄酮似为一种天然的和有益的抗栓塞药物。没有人主张只用生物类黄酮治疗上述的一些疾病，或是主张应用它们替代一些已有的治疗。一般多把类黄酮作为防治与毛细血管脆性和渗透性有关疾病的补充药物。

（2）芦丁的功能。芦丁（rutin）又名芸香苷、紫槲皮苷，属于类黄酮。芦丁分子式$C_{27}H_{30}O_{16}\cdot H_2O$，分子量160.51，黄色结晶或无结晶粉末，味苦，熔点177～178℃，略溶于水，溶于热水和乙醇，遇光容易变质。1842年首次由德国药物学家制成，用他自家庭院的芸香植物提取芸香苷而命名之。芦丁广泛存在于自然界中，几乎所有的芸香科和石楠科植物均含有芦丁，是槲皮素的芸香糖苷，也是来源很广的黄酮类化合物。它主要存在于豆科植物槐（Sophora japonica L.）的花蕾（槐米）、果实（槐角），芸香科植物芸香（Rutagraveolenslens L.）全草，金丝桃科植物红旱莲（Hypericum ascyron L.）全草及蓼科植物荞麦（Fagopyrum esculentum Moench）仔苗中。医学上具有抗脂质过氧化作用、血管舒张作用、拮抗血小板活化因子作用、抗急性胰腺炎（AP）作用。还具有抗菌消炎、抗辐射、调节毛细血管壁的渗透及脆性、防止血管破裂、止血和对紫外线具有极强的吸收以及很好的抗氧化等作用。目前国产芦丁经羟乙基化得到“曲克芦丁”（维脑路通）。

化学家在很多种植物中，包括烟草和荞麦、叶缘（leaf margin）或脱水叶中都发现存在芦丁的活性物质。现在很多药物实验室把芦丁制成不同剂量片剂，用以治疗毛细血管脆性病。它在毛细血管中的生理功能：①变得异常脆弱和易破裂，因而有小量出血；②渗透性变得异常，大量物质通过血液进入组织间隙，或是各种原来不能渗透的物质却透过了毛细血管的管壁。不论上述何种情况，都有导致视网膜出血或是中风的危险，尤以同时患有高血压者更为危险。

有人认为口服芦丁可治疗多数病例的毛细血管病变。这种病的常见并发病为糖尿病，可使视力减退，甚至失明。有报道提出芦丁可使视力减退停止或延缓继续恶化，对年轻病人尤为有效。也可用芦丁治疗某种青光眼、X-辐射损伤、冻伤冻疮和减轻血友病症状的严重度。血友病是一种遗传病，其特点是受伤后血液不能凝固。有报道11种高纯度的天然黄酮类化合物存在清除超氧阴离子（$O^{2-}$）的功效关系。

（3）保健品。20世纪80年代初法国一家保健食品厂商率先推出生物黄酮类保健品。它是从法国地中海沿岸地区一种主要树种“滨海松”树皮中提取黄酮混合物。据称能预防和治疗心血管疾病，其中包括抗哮喘、防止长期抽烟引起的脑动脉硬化与脑血栓形成以及降血压作用等。含有儿茶素、表倍儿茶素、紫杉素、原花青素及其单体、2倍体、3倍体与多倍体混合物而具有多样化药理作用。生物类黄酮物质在饲料方面应用几乎未见报道。

## 六、缺乏症与日推荐量

（1）缺乏症。生物类黄酮缺乏的症状与维生素C缺乏密切相关。应特别注意的是其内出血的或青肿倾向。

（2）生物类黄酮推荐量。由于合成的维生素C中不含生物类黄酮，生物类黄酮只是在天然食物中才与维生素C并存，所以对此类物日供给量给出规定是不科学的。但多数研究工作者的研究结果指出：①若与维生素C同服极为有益；②有时单服维生素C无效，而与生物类黄酮同服则有效。它一种较为典型的维生素C——生物类黄酮补充剂。

到目前为止，还不曾有任何缺乏症出现过。FDA和RDA以及不同国家对生物类黄酮未规定日推荐量，生物类黄酮通常都含在与维生素C并合的营养补充品里（通常的比例是500mg的维生素和100mg的生物类黄酮）。另外，各种不同的生物类黄酮在市面上也售有仅含单一成分的营养补充品。从膳食摄入约1克生物类黄酮，其中有一半是经肠道吸收进入体内。每片含量见表16-2。

表16-2　含量表

| 每片含量 | mg |
|---|---|
| 蔷薇果粉 | 500 |
| 维生素C（抗坏血酸） | 500 |
| 柠檬生物类黄酮 | 500 |
| 芦丁（荞麦） | 50 |
| 人体营养方面的需要量尚未确定 | |

## 七、食物的来源

（1）加工损失。如不在强光下操作，生物类黄酮则不会因为食物加工或厨房中的制作而遭受严重损失。在储藏过程中，若不暴露在强光下，其损失也极小。

（2）食物的来源。苔藓植物、裸子植物、水果等是生物类黄酮的主要来源。葡萄籽中含有80%～85%低聚原花青素（Oligomeric Proantho Cyanidins，OPC），OPC被归入生物类黄酮门类，它是最好的抗氧化剂之一。国外从葡萄籽中提取分离花青素生产高档化妆品、抗衰老保健品的技术与市场都已经非常成熟。作为重要蛋白质的胶原质、弹力素与组织间的连接、血管和肌肉有密切的关系，能预防脑部退化引起的疾病，守护血管维护人体循环系统。蜂胶中含有丰富生物类黄酮，可细分为20～30种。它有强化细胞膜的作用，保持细胞全体功能活性化，使得细菌，病毒难以浸入，防止传染病感染，抑制恶性酵素都很有效。

生物类黄酮最早是在橘皮苷和柚皮苷的表皮中发现的，柑橘类水果中的白色肉浆也富含此物。红橘汁是柑橘黄酮和川皮甙的丰富来源。但是冷冻橘汁中含生物类黄酮量甚少。生物类黄酮可使橘汁变味，在压榨肉果浆时要十分仔细。榨取橘汁和柠檬汁后可再次提取残留的肉果浆即可获得柑橘属生物类黄酮，也可制成浓缩剂。有时柑橘属生物类黄酮还包括采自蔷薇和蔷薇果和荞麦叶中提取的芦丁在内。

值得注意的是大量的生物类黄酮都是由饮料进入人体。茶、咖啡、可可、果酒（尤其是红葡萄酒）和啤酒，甚至醋等调料都是生物类黄酮很好的来源，这些来源至少占总生物类黄酮的25%～30%（见附录4维生素汇总表）。水果蔬菜富含生物类黄酮，见表16-3所列的食物名单。

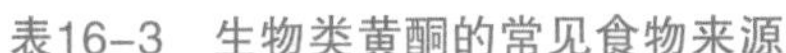
表16-3　生物类黄酮的常见食物来源

| 虽没列有生物类黄酮的标准成分表，但一般认为下列食物中的含量最为丰富 | |
|---|---|
| 葡萄籽 | 杏、李、黑莓 |
| 蜂胶 | 黑茶藨子 |
| 蔷薇果 | 花茎甘蓝 |
| 柑橘和柠檬（皮与肉浆，尤以中心部的白青椒色小果心含量最多） | 甜瓜、葡萄、樱桃、木瓜 |
| 荞麦叶 | 洋葱、番茄、青椒 |
| 红橘（汁） | 茶、咖啡、可可 |
| 葡萄柚 | 红葡萄酒 |

# 第二节　肉　碱

## 一、概述

肉碱（carnitine）中文名也叫肉毒碱，又叫维生素$B_T$（Vitamin BT），是一种类维生素物质，在动物组织中与脂肪代谢有关的一种必需辅酶。肉碱与肉毒素无关，是另一种物质。肉碱最常见的商品形式有L-肉碱（L-Carnitine）、L-肉碱盐酸盐（L-Carnitine Hydrochloride）和L-肉碱酒石酸盐（L-Camitine-L-Tartrate）。它们是一种特殊的氨基酸，脂肪代谢过程中一种关键物质，能促进脂肪酸进入线粒体进行氧化分解。有利于促进脂肪代谢平衡。婴儿奶粉中添加L-肉碱可预防婴儿虚胖。

概念中的L-肉碱对女士减肥有效，除了有助于脂肪代谢外，还有增加能量的作用。近年来受到了更多关注的还有婴幼儿奶粉和饮料中添加肉碱。农业部公告2625号规定L-肉碱、L-肉碱盐酸盐和L-肉碱酒石酸盐三种形式用于饲料工业，主要添加在畜禽、水产、宠物饲料中，对甲壳类动物饲料（淡水/海水虾）添加效果明显。它除了具有类似维生素性质外，在正常情况下，高等动物能在体内合成所需要的量，所以不必在每天的食物中都供给这种物质。目前研究认为：一是某些人体内合成的肉碱的量可能不够充足；二是许多疾病改变了人体组织和体液内肉碱的含量。这样又连环产生了下两个问题：体内合成的肉碱能保证人体健康的需要吗？肉碱在某些疾病中起什么作用?

## 二、历史与发现

1905年，俄国的古里维奇（Gulewitsch）和克里姆伯格（Krimberg）从牛肉汤汁中发现了肉碱，首次在肉类食物中分离出肉碱，但是它的化学结构至1927年前还未确定。

1927年，日本人富田（Tomita）和Sendju确定了肉碱的化学结构。

1947年，经历了42年后，弗莱克尔（Fraenkel）在研究叶酸对昆虫营养的作用时发现黄粉虫生长需要一种存在于酵母中的因子，他称这种因子为维生素$B_T$。“B”意指水溶性维生素，小写脚注“T”代表黄粉虫（Tenebrio molitor）的字头。最初不了解这类物质与维生素相似，也没人承认它是一种类维生素，随后改称为“肉碱”一直沿用至今。

1952年，卡特（Carter）等人确证了维生素$B_T$即为肉碱。

1953年，肉碱列入美国《化学文摘》中维生素$B_T$索引栏目。

1958年，弗里茨（Fritz）发现L-肉碱能促进线粒体对脂肪的代谢速率，明确它在脂肪氧化中的基本作用，是一种必需营养物质。

1973年，恩格尔（Engel）报道首例肉碱缺乏症病例，并用肉碱治疗。20世纪80年代，肉碱作为商品在国外上市，并被收录《美国药典》第22版。

1984年，确认L-肉碱是一种重要的营养物质。

1985年，在芝加哥召开的国际营养学术会议上将L-肉碱指定为“多功能营养品”。美国科学院的食品与营养委员会广泛审查了有关L-肉碱的研究，在1989年做出结论“L-肉碱不是一种必需的营养成分”，不需要“推荐摄入量”。

1993年，美国食品与药物管理局（FDA）专家委员会认为L-肉碱是“公认安全无毒”的。

1994年德国卫生部规定肉碱使用量无须规定上限。

1996年，中国第十六次全国食品添加剂标准化技术委员会，允许在饮料、乳饮料、饼干、固体饮料、乳粉中使用L-肉碱。

1998年，法国规定肉碱可作为多用途营养剂。

目前，世界上已有22个国家和地区在婴儿奶粉中加入L-肉碱。证明L-肉碱是安全的，唯一的不良反应可能出现短暂性腹泻。

## 三、理化性质

（1）结构式。

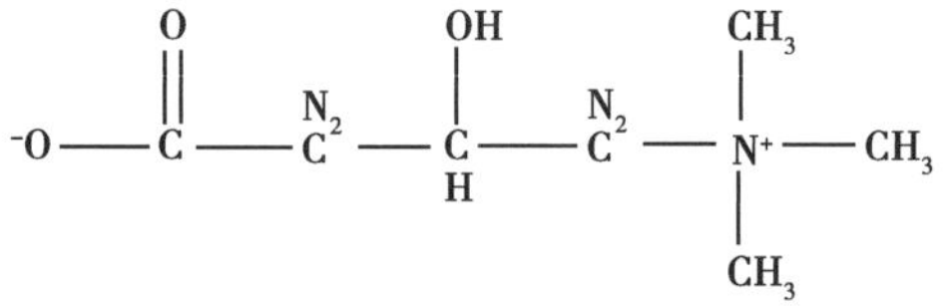

（2）化学。L-肉碱，别称L-肉毒碱、维生素$B_T$，化学名称β-羟基γ-三甲铵丁酸。化学式$C_7H_{15}NO_3$，分子量161.20。按化学异构体的旋光性来区分，肉碱有两种旋光异构体，分别为“左旋（L-），右旋（D-）”，结合起来就叫作L-肉碱（左旋肉碱）、D-肉碱（右旋肉碱）。有混合的即都含有左旋右旋的（D，L-肉碱盐酸盐），也有提纯精制为左旋的。L-肉碱有生理活性，右旋没有。L-肉碱酒石酸盐是L-肉碱的稳定形态，其作用和效果与L-肉碱基本相同。

L-肉碱酒石酸盐是以L-肉碱和酒石酸为原料合成的食品或饲料添加剂。化学名称（R）-双[（3-羧基-2-羟丙基）三甲胺基]-L-酒石酸盐。白色结晶性粉末，它不易吸潮，在潮湿条件下保持稳定。分子式$C_{18}H_{36}N_2O_{12}$，分子量472.49。

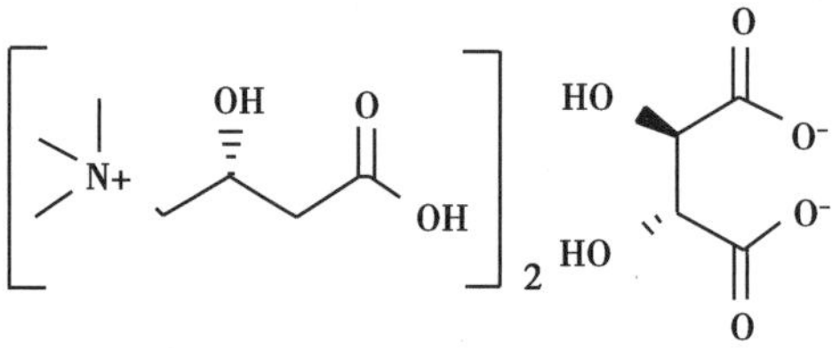

（3）代谢。肉碱与水溶性维生素相似，易溶于水而且能被完全吸收。但是被吸收游离的，或酯化的肉碱透过黏膜确切的吸收过程和吸收部位都还不清楚，肉碱如何从肠道组织转移到血液的过程也不清楚。除了从食物中获得肉碱外，肉碱在肝脏中可以合成。从大白鼠体内发现，肾上腺的肉碱浓度最高，心脏、骨骼、肌肉、脂肪组织和肝脏内的肉碱含量次之，肾和脑的肉碱浓度是血液的40倍。经代谢后从尿液中排出游离的肉碱。肉碱在哺乳动物的脂肪代谢和能量产生中起着重要作用。其主要功能有：①与脂肪酸的运输和氧化有关；②与脂肪的合成有关；③与酮体的利用有关。

（4）性质。白色晶状体或白色透明细粉。L-肉碱极易吸潮，易吸收水分，易溶于水和乙醇。稳定性较好的可在pH值为3～6的溶液中放置1年以上，能耐200℃以上的高温及具有较好的溶水性和吸水性。原料产品分为食品级和饲料级，纯度及价格均不同。

（5）毒性（过量）现未将肉碱列入缺乏症选项，也没有把肉碱作为一种必需的膳食营养物，不存在人类膳食中因缺乏肉碱而引起缺乏症，也没有达到“中毒”这个标准，过量摄入会产生哪些毒性还不清楚。但2013年美国科学家发现红肉中的“肉毒碱”可能是引发心血管疾病的“主犯”。以往多项研究显示，经常食用猪、牛、羊肉等红肉可能对健康不利。2013年英国广播公司援引美国克利夫兰诊所研究人员斯坦利·哈森的话报道，人们通常认为，红肉中的胆固醇和饱和脂肪是引发心血管疾病的元凶，但“在瘦红肉中，胆固醇和饱和脂肪的含量并不高，但其他因素增加心血管疾病患病风险”与缺乏肉碱的代谢作用也许有关。

## 四、产品标准

表16-4　食品添加剂左旋肉碱（GB 17787—1999）

| 项目 | | 指标 |
|---|---|---|
| 左旋肉碱含量（以无水物计）（%） | | 97.0～103.0 |
| 比旋光度$[\alpha]_D^{20}$（以无水物计）（%） | | −29～−32 |
| pH（5%水溶液） | | 5.5～9.5 |
| 水分（%） | ≤ | 4.0 |
| 残留丙酮量 | ≤ | 0.1 |
| 重金属（以Pb计）（mg/kg） | ≤ | 10 |
| 砷盐（以As计）（mg/kg） | ≤ | 2 |
| 钠盐（以Na计）（mg/kg） | ≤ | 1000 |
| 氰化物 | | 不得检出 |
| 氯化物（以$Cl^-$计）（mg/kg） | ≤ | 0.4 |
| 灰分（%） | ≤ | 0.5 |

表16-5　食品安全国家标准食品添加剂L-肉碱酒石酸盐（GB 25550—2010）

| 项目 | | 指标 |
|---|---|---|
| L-肉碱（以干基计），w（%） | | 68.2±1.0 |
| 酒石酸（以干基计），w（%） | | 31.8±1.0 |
| 干燥减量，w（%） | ≤ | 0.5 |

（续表）

| 项目 | | 指标 |
|---|---|---|
| 灼烧残渣，w（%） | ≤ | 0.5 |
| pH（100g/L水溶液） | | 3.0～4.5 |
| 氯化物（以Cl计），w（%） | ≤ | 0.02 |
| 比旋光度am（20℃，D）[（°）]·$dm^2/kg$ | | −11.0～−9.5 |
| 砷（As）（mg/kg） | ≤ | 1 |
| 重金属（以Pb计）（mg/kg） | ≤ | 10 |

表16-6　饲料添加剂L-肉碱（GB 34461—2017）

| 项目 | 指标 |
|---|---|
| L-肉碱含量，w（%）（以$C_{17}H_{15}NO_3$干基计）（%） | ≥97.0～102.0 |
| 比旋光度$[\alpha]_D^{20}$（以干物质计）（°） | −29～−32 |
| pH（5%水溶液） | 6.5～8.5 |
| 干燥失重（%） | ≤4.0 |
| 重金属（以Pb计）（mg/kg） | ≤10 |
| 总砷（As）（mg/kg） | ≤2 |
| 氯化物（%） | ≤0.4 |

## 五、生理功能

L-肉碱是一种特殊的氨基酸，脂肪代谢过程中一种关键物质，能促进脂肪酸进入线粒体进行氧化分解。有利于促进脂肪代谢平衡。它是动物组织中一种必需的辅酶，与脂肪代谢有关。在正常情况下，人和其他高等动物能够在体内合成其所需的全部肉碱，但是人体内肉碱的合成机制尚不清楚。人不需在每天的食物中补充这种物质，很有可能人体内的肉碱是通过赖氨酸和蛋氨酸两种必需氨基酸合成而得的。在植物性食物中，必需氨基酸含量很低。肉碱在哺乳动物的能量产生和脂肪代谢过程中起着重要作用。其功能如下。

（1）脂肪酸的运输与氧化。肉碱能使脂肪酸容易地穿过线粒体黏膜，在脂肪酸的氧化中起重要作用。它是往返机制功能的一部分，长链脂肪酸与它构成酰基肉碱衍生物而穿过线粒体膜。长链脂肪酸本身和其辅酶脂A（Co A）不能渗透线粒体膜，但一旦透过线粒体膜，酰基肉碱即转变为脂肪酸Co A，并经过β-氧化而释放能量。这个过程也被称为“肉碱穿梭系统”（carnitine shuttle system）。β-氧化在线粒体基质中进行，而在胞质中形成的脂酰CoA不能透过线粒体内膜，必须依靠内膜上的肉毒碱为载体才能进入线粒体基质，这个运载系统称肉毒碱穿梭系统。脂酰CoA通过形成脂酰肉碱从细胞质转运到线粒体的一个穿梭循环途径。

（2）脂肪的合成与减肥。①脂肪的合成。尽管该合成作用有争论，但肉碱似与运送乙酰基回到细胞质供脂肪酸的合成有关联。肉碱在脂肪氧化过程中的作用是主要的研究重点，期待对肉碱代谢研究有新发现。②减肥。肉碱的作用原理是在机体内运送长链脂肪穿过细胞膜入线粒体氧化分解以供给机体能量的载体，从而分解代谢脂肪。这就是肉碱能够减肥降脂的原理。

（3）酮体利用。肉碱能促进乙酰乙酸的氧化，因而可能帮助酮体利用时起作用。

（4）肉毒素。需要补充的是肉碱与肉毒素无关，肉毒素又称肉毒杆菌内毒素，它是由致命的肉毒杆菌分泌的出来的细菌内毒素，肉毒杆菌在繁殖过程中分泌毒性蛋白质，具有很强的神经毒性。肉毒素作用于胆碱能运动神经的末梢，以某种方式拮抗钙离子的作用，干扰乙酰胆碱从运动神经末梢的释放，使肌纤维不能收缩致使肌肉松弛，反过来使得肌肉肌肤紧绷以达到除皱美容的目的。国内美容业内有“肉毒素除皱，毒性越大除皱美容效果越好”的传闻值得商榷。不少医生认为，肉毒素在美容方面的用量甚微，通常情况不会对人体造成影响，避免意外情况发生，确保其安全性是第一位的。

## 六、缺乏症和日推荐量

（1）缺乏症。如果认为肉碱是一种必需的膳食营养物，则有可能出现人类膳食中因缺乏肉碱而引起缺乏症。然而，迄今没有任何一家机构给出肉碱推荐量标准，过量摄入会产生哪些毒性还不清楚。肉碱对治疗胃酸缺乏症、消化不良、食欲减退、慢性胃炎、婴幼儿厌食与食欲不佳有一定的缓解作用。作为辅助药物，市售维生素$B_T$片、维生素$B_T$胶囊，一些L-肉胶囊也把肉碱作为主要药物的成分。植物性食物肉碱的含量比动物性食物要低很多，可解释为大多数植物可能缺乏肉碱的前体即赖氨酸和蛋氨酸。因此素食中的肉碱和肉碱的氨基酸前体含量都很低。

（2）日推荐量。没有规定肉碱的日推荐量。然而出现代谢异常，会抑制肉碱的合成和干扰利用，或增加肉碱的分解代谢，可能引起疾病。膳食中经常供给肉碱可减少病症。需要进一步研究肉碱对人体健康和疾病的膳食作用。

（3）农业农村部相关添加量规定。农业农村部规定三种形式肉碱用于饲料工业，主要添加在主要添加在畜禽、水产、宠物饲料中。有研究报道在水产的甲壳类动物饲料，添加效果明显，可增产8%～10%。因成本原因，在猪鸡鱼等大宗饲料中应用并不广泛，业内在这方面认识不足研究不广泛，但日本等畜牧业发达国家在饲料中的肉碱应用比较广泛。农业部公告第2625号对L-肉碱（L-Camitine），L-肉碱盐酸盐（L-Camitine hydrochloride）和L-肉碱酒石酸盐（L-Camitine-L-Tartrate）三种添加剂给出了日粮中的最高限量规定（mg/kg），其中L-肉碱和L-肉碱盐酸盐，猪1000，家禽200，鱼类2500（单独或同时使用，以L-肉碱计）；对于L-肉碱酒石酸盐，犬660，成年猫（繁殖期除外）880（以L-肉碱计）（见附录3农业部公告第2625号）。

## 七、食物的来源

肉碱水溶性很强，使用温湿方法的烹调方法能造成游离肉碱的损失。一般说来，肉碱在动物性食物中含量高，植物性食物中含量低。极少数食物测定过肉碱，可获得检测数据很有限，主要食物来源有：红肉、鸡肉、兔肉、肝、心、牛奶、干酪、小麦芽、甘蓝、花生、花椰菜和小麦（见附录4维生素汇总表）。对表16-7肉碱膳食来源的评价是有益的。

表16-7　肉碱的常见食物来源

| 来源 | 食物 |
|---|---|
| 丰富来源 | 瘦肉、肝、心、酵母（圆酵母和啤酒酵母）、鸡肉、兔肉、牛奶和乳清 |
| 良好来源 | 梨、酪蛋白、麦芽和花生 |
| 微量来源 | 大麦、玉米、蛋、橘汁和菠菜 |
| 含量极少 | 圆白菜、花椰菜、花生和小麦 |

食物和组织内肉碱含量分析检测最常见的方法有两种：①生物法。在黄粉虫幼虫生长或成活的基础上进行生物测定。②酶技术。由于分析程序不一致，要比较研究肉碱的含量更困难。

# 第三节　辅酶Q

## 一、概述

辅酶Q（Comenzyme Q）也叫（泛醌）（Ubiquinone）简称CoQ辅酶Q是多种泛醌的集合名称，泛醌是类脂化合物，在化学上与维生素E相似。辅酶Q是生物体内广泛存在于脂溶性醌类化合物中化合物，不同来源的辅酶Q其侧链异戊烯单位的数目不同，人类和哺乳动物有10个异戊烯单位，保健品都称其为辅酶Q10（CoQ10），商品名也叫辅酶Q10，它通常作为一种知名的保健品，而不是一种真正的维生素。

辅酶Q存在于绝大多数活细胞中，由于它是在细胞内合成的，似乎集中在活细胞的线粒体内，在体内呼吸链中质子移位及电子传递中起重要作用，是细胞呼吸和细胞代谢的激活剂，也是重要的抗氧化剂和非特异性免疫增强剂。

## 二、历史与发现

查阅辅酶Q有两种记载，一个记载是1957—1958年，分别在英国利物浦和美国威斯康星州麦迪逊这两个研究组，英美两个国家两个研究组通过两条不同的途径各自独立发现了辅酶Q。一条途径是通过对脂溶性维生素的研究，而另一条途径是通过对线粒体酶促反应过程的研究。1958—1959年两个研究组共同证明了泛醌类化合物的分子结构。另一个记载是1958年，美国得克萨斯大学的卡鲁福鲁卡斯（C Ruffo Lucas）博士建立了辅酶Q10的化学结构，他被医学家称为“细胞能量之源”和辅酶Q的研究之父”。当时他提出辅酶Q10对心脏机能起着重要的作用。

## 三、理化性质

泛醌类化合物由一个基本的醌环结构带一个30～50个碳原子的侧链组成，不同的性质是由于不同的侧链长度造成的。50个碳原子的侧链仅存在于哺乳动物的组织中。CoQ存在于细胞核和微粒体中，但它浓集在线粒体内。

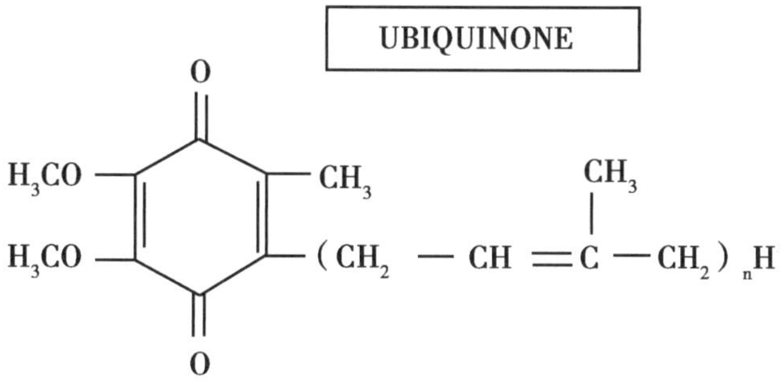

UBIQUINONE

O
$H_3CO$　$CH_3$　$CH_3$
$H_3CO$　$(CH_2 - CH = C - CH_2)_nH$
O

该品为黄色或橙黄色结晶性粉末。无臭无味，遇光易分解。溶解于三氯甲烷、苯、丙酮、乙醚或石油醚，微溶解乙醇，不溶于水。

## 四、生理功能

辅酶Q的生物活性主要来自其醌环的氧化还原特性和其侧链的理化性质。它是细胞自身产生的天然抗氧化剂和细胞代谢启动剂，具有保护和恢复生物膜结构的完整性、稳定膜电位作用，是机体的非特异性免疫增强剂，因此显示出极好抗疲劳作用。辅酶Q在由像ATP这类产能营养物质释放能量的呼吸链中起作用。有分析表明，某些特殊的泛醌在减轻或预防维生素E缺乏症的某些症状中起作用。有文献报道辅酶Q在人体保健具有给心脏提供动力、卓越的抗氧化剂、清除自由基功能、预防血管壁脂质过氧化、预防动脉粥样硬化，无任何毒副作用。一是帮助保护心脏。有助于为心肌提供充足氧气，预防突发性心脏病，尤其在心肌缺氧过程中发挥关键性改善作用。二是保护皮肤。防止皮肤衰老，减少脸部皱纹。三是抗疲劳。保持良好健康的状态，因而机体充满活力，精力旺盛，脑力充沛。

说到保健品，辅酶Q10是一种脂溶性抗氧化剂，它具有激活人体细胞和细胞能量中的营养，可提高人体免疫力、增强抗氧化能力和人的活力。辅酶Q10在心脏、肝脏、肾脏、牛肉、豆油、沙丁鱼和花生中含量较高。

在水产养殖中，辅酶Q能够降解水体中的亚硝酸盐、硫化物等有毒物质，实现充当饵料、净化水质、预防疾病、作为饲料添加剂等功能，但未见任何有说服力的报道。

## 五、缺乏症和日推荐量

辅酶Q缺乏是临床异质性常染色体隐性遗传疾病。它是由直接参与合成的辅酶Q基因编码的蛋白质的突变引起的。辅酶Q是一个移动的亲脂性关键的电子载体，线粒体内膜呼吸链的电子传递中起关键作用。但大多数患者与疾病的分子基础尚未确定，没有明确的基因型/表型的相关性。这种疾病有5个主要的表型为：一是脑肌型（encephalomyopathic）癫痫发作和共济失调；二是多型婴幼儿性脑病，心肌病和肾功能衰竭；三是主要为小脑共济失调和小脑萎缩；四是雷氏综合征与生长发育迟缓；五是一个孤立的肌病的形式。正确的诊断是非常困难，有些患者可能会对治疗反应良好，有的则反应较差。

综上，作为呼吸作用中的一种催化剂，辅酶Q的重要性在于它是一个主要代谢产物，它还可能有其他的重要作用尚不清楚。对人体和其他高等动物来说，一个芳香环简单前体的物质可能具有类似维生素的重要作用。但总的看来，饮食中的泛醌除了为体内合成提供芳香环之外似乎并无多大的意义，谈不上缺乏症和日推荐量。

### 六、食物的来源

辅酶Q的醌类物质广泛地存在于从细菌到高等植物和动物的需氧有机体中。由于它们在体内合成，因此不能将它们视为一种真正的维生素。迄今已能通过人工合成的方法制出整个泛醌系列中的各种化合物（见附录4维生素汇总表）。食物来源见表16-8。

图16-8 辅酶Q的常见食物来源

| 来源 | 食物 |
| --- | --- |
| 优质来源 | 沙丁鱼、秋刀鱼、猪肉及其内脏、牛肉 |
| 良好来源 | 黑鱼、黄鱼、鲭鱼、蛙鱼 |
| 一般来源 | 大麦、大豆、玉米、糙米、花生、西兰花、菠菜 |
| 微量来源 | 青菜、胡萝卜、莴苣、西红柿、芹菜、番薯、茄子、柑橘 |

## 第四节 肌 醇

### 一、概述

肌醇（Inosito）也叫环己六醇（Cyclohexanehexol）、纤维醇、肌糖，肌醇属于脂性水溶物质。1850年以后人们就知道肌醇是一种化学物质，化学结构类似于葡萄糖。肌醇最初被普遍称为“肌糖”，它广泛分布在动物和植物体内，是动物、微生物的生长因子。

20世纪40年代动物实验结果表明，肌醇是一种必需营养因子，为此，很多研究者呼吁将肌醇归为B族维生素。但尚没有证据说明人体不能合成自身所需要的全部肌醇，它的缺乏症表现也比较含糊，将肌醇归为一种维生素的说法存在着争议。如果不把肌醇作为维生素，而是将其划归为某些细菌和动物的一种必需营养素可能更贴切。虽然肌醇存在划分归类上分歧，是否存在商业上的考虑，在某些书，分类目录，膳食成分表以及在海量的某些商品标签中，肌醇已经归入B族维生素之列。

## 二、历史与发现

1940年威斯康星大学的伍利（Woolley）证明肌醇可以预防小白鼠脱发、斑秃或秃发，后来的研究表明喂以缺乏肌醇饲料的大白鼠在眼睛周围出现裸区，形成奇怪的“眼镜状”外观。他的研究结果指出雏鸡、猪、仓鼠及豚鼠饲料中都需要含肌醇。最早从心肌和肝脏中分离得到肌醇。

## 三、理化性质

（1）结构式。肌醇是带有6个羟基的6碳环状化合物，与葡萄糖结构相似。该物质有9种形式，但唯有肌型肌醇具有生物活性，见下结构式。

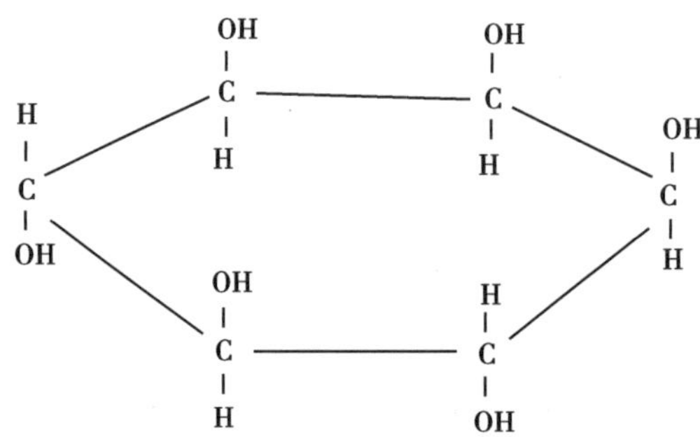


（2）化学。肌醇也叫环己六醇，环己六醇在自然界存在有多个顺、反异构体，天然存在的异构体为顺-1，2，3，5-反-4，6-环己六醇。肌醇在化学上可看作环己烷的多元烃基衍生物。在理论上有9种可能的异构体，自然界中发现的有4种肌醇，分别称为L-肌醇（L-chiro-inositol）、D-手性肌醇（六磷酸肌醇）（D-chiro-inositol）、肌肉肌醇（myo-inositol）和鲨肌醇（scyllo-inositol）。肌醇在椰子、鲨鱼、哺乳类尿中可找到。一般来说肌醇虽分布很广，但对它的代谢途径或生理机能的文献报道十分有限。分子式$C_6H_{12}O_6$，分子量180.16。

（3）吸收。除了来自食物外，肌醇也可在细胞内合成。实际上所有动物和植物的细胞中都含有相当量的肌醇。在动物细胞中，肌醇以磷脂成分的形式存在，后者是一种含有磷酸、脂肪酸及含氨碱的物质。在植物细胞中它以植酸类形式存在，植酸能与钙，铁及锌结合成不溶性化合物，干扰这些元素的吸收。肌醇大部分贮存于脑，心肌和骨骼肌肉。正常情况下，尿中可排出少量肌醇，糖尿病病人尿中该物质排出量比非糖尿病者高出很多。

（4）性质。纯的肌醇为一种稳定的白色结晶，溶于水而有甜味，耐酸、碱及热。熔点253℃，味甜，溶于水和乙酸，无旋光性。

肌醇分析方法以往仅根据测定某些酵母菌生长的微生物法，也有化学法，现在，都已被HPLC等色谱法及酶测定法所取代。肌醇的分析结果通常以质量单位毫克计。

## 四、产品标准

见表16-9。

表16-9　产品标准《饲料添加剂肌醇》（GB/T 23879—2009）

| 项目 | 指标 |
|---|---|
| 肌醇含量（以$C_6H_{12}O_6$计）（%） | ≥97.0 |
| 干燥失重（%） | ≤0.5 |
| 灼烧残渣（%） | ≤0.1 |
| 重金属含量（以Pb计）（%） | ≤0.002 |
| 砷（%） | ≤0.0003 |
| 熔点（℃） | 224～227 |

## 五、生理功能

几乎所有生物都含有游离态或结合态的肌醇。在植物和鸟类有核红血球中的六磷酸肌醇是以六磷酸酯形式存在的。比该化合物磷酸基数少的化合物同样分布在植物和动物中，游离态的肌醇主要存在于肌肉、心脏、肺脏、肝脏中，是磷脂的一种磷脂酰肌醇的组成成分。

（1）基本功能。肌醇参与人体内蛋白质的合成，二氧化碳的固定和氨基酸的转移，并能促进体内脂肪及胆固醇的新陈代谢，降低胆固醇，促进肝和其他组织中的脂肪代谢，维护头发健康，防脱发，防治湿疹。人缺乏肌醇会造成神经系统病变，严重者会患上湿疹，更会患上“三高”疾病。

肌醇广泛分布在动物和植物体内，是动物、微生物的生长因子，最早从心肌和肝脏中分离得到。人们对肌醇功能的了解并不全面，已知有限的生理功能如下。①亲脂肪作用。就像胆碱对脂肪有亲和性一样，肌醇促进机体产生卵磷脂，卵磷脂有助于把肝脏脂肪转运到细胞。肌醇促进脂肪代谢，降低血胆固醇。②磷酸肌醇的前体。磷酸肌醇存在于机体各种组织中，特别是脑髓、心肌和骨骼肌肉中。正常情况下，尿中可排出少量肌醇，糖尿病人尿中该物质排出量比非糖尿病者高出很多。③肌醇与胆碱结合。肌醇能预防脂肪性动脉硬化及保护心脏。肌醇可由玉米浸泡液中提取。主要用于治疗肝硬化、肝炎、脂肪肝、血中胆固醇过高等症。

（2）储存能力。肌肉肌醇是鸟类、哺乳类的必需营养源，缺乏肌肉肌醇引起小鼠脱毛、大鼠眼周围异常等症状。大鼠可大量代谢肌醇，但尿中排量并不多。鲨鱼似乎能把肌醇转变成为一种贮藏能量的物质。

## 六、缺乏症和日推荐量

相关数据或解释极少见，没有缺乏症和日推荐量的文献报道。

肌醇是某些酵母，细菌以及包括几种鱼类在内的数种低等生物的“生长因子”。早期的实验指出，肌醇缺乏可引起幼龄小白鼠生长迟缓和脱毛，该症状非常类似于维生素B缺乏，及大白鼠眼周脱毛。还具有降低胆固醇、镇静作用、供给脑细胞营养、有代谢脂肪和降低胆固醇的作用、有助预防动脉硬化，帮助清除肝脏的脂肪。饮大量咖啡（咖啡因）可以耗竭机体肌醇贮存而引起缺乏症。由于两点原因，人体肌醇需要量尚不清楚：一是还未肯定肌醇在人体营养中的作用；二是人及其他高等动物似乎能够合成所需的肌醇。因此，没有定出日推荐量。

## 七、饲料添加剂肌醇

早期研究中所用的饲料都不同程度地缺少一些其他维生素，猪、鸭、小白鼠、大白鼠、仓鼠、豚鼠的饲料中似乎需要肌醇，但肌醇的症状症的证据还存有疑问。在饲料应用方面，鱼和水生动物及名贵观赏鸟类、毛皮兽、宠物猫狗等珍禽奇兽的饲料中需增补肌醇。日本动物饲料用肌醇每年消费量都在100吨以上。水产饲料是饲料添加剂肌醇的应用大户，在对虾及鱼类饲料中应用，肌醇添加量通常为300～500mg/kg，瑞士罗氏（帝斯曼，DBM）建议群鱼及鲑鱼饲料的添加量为1000mg/kg，鳝鱼及鲤鱼150mg/kg，否则将出现肌醇缺乏症。饲料中加入肌醇，可促进牲畜生长和防止死亡，其添加量通常为0.2%～0.5%。农业部公告第2625号把肌醇归入维生素门类，规定推荐量（mg/kg）为：鲤科鱼250～500、鲑鱼和虹鳟300～400，鳗鱼500，虾类200～300（见附录3农业部公告第2625号）。

## 八、缺乏症和日推荐量

尚不知肌醇具有毒性，人体和养殖动物的推荐量尚不清楚，原因基于两方面：

①还未肯定肌醇在人体营养中的作用；②人和其他高等动物似乎能够合成所需的肌醇。还需要回答肌醇是否仅仅起着B族维生素的部分作用，是否为代谢所必需的物质。但至少目前农业部公告第2625号权威的公布了关于肌醇推荐添加量数值。

在谷物中肌醇常与磷酸结合形成六磷酸酯（植酸）。植酸能与钙、铁、锌结合成不溶性化合物，干扰人体对这些化合物的吸收。但大豆中的肌醇则为游离状态。肌肉肌醇是鸟类、哺乳类的必需营养源，缺乏肌肉肌醇，例如，小鼠可引起脱毛、大鼠可引起眼周围异常等症状。大鼠可大量代谢肌醇，但尿中排量并不多。富含肌醇的食物：动物肝脏、啤酒酵母、白花豆（lima'bean）、牛脑和牛心、美国甜瓜、葡萄柚、葡萄干、麦芽、未精制的糖蜜、花生、甘蓝菜、全麦谷物（见附录4维生素汇总表）。

自然界存在丰富的肌醇，人体细胞能够合成肌醇，尽管尚未得到证明，但似乎肠道细菌也可合成，所有没有官方推荐量的估算，一般每日的摄取量为250～500mg。大多数复合维生素B制剂中含100mg肌醇和胆碱。食物来源见表16-10。

表16-10　肌醇的常见食物来源

| 来源 | 食物 |
|---|---|
| 丰富来源 | 肾、牛脑、肝、啤酒酵母、牛心、麦芽、葡萄干、葡萄柚、柑橘类水果及糖蜜 |
| 良好来源 | 瘦肉、水果、全谷粒、谷糠、坚果、豆类、麦芽、未精制的糖蜜、花生、甘蓝菜、牛奶及蔬菜 |

# 第五节　苦杏仁苷

## 一、概述

苦杏仁苷又叫维生素$B_{17}$（Nitrilosides、Vitamin $B_{17}$、）、氮川苷（Leatvile）。苦杏仁苷来源于苦杏仁，别名杏仁，蔷薇科植物山杏属，夏季采收成熟果实除去果肉及核壳取出种子晒干。

全世界有关研究机构对苦杏仁苷对人体有何功能都持否定态度，包括民间流传它具有抗癌作用。有学者认为，它被列为类维生素物质是它错误的被划分并冠名为维生素$B_{17}$，因为它的任何组成部分都不能作为辅酶。从结构上看，在化学上是两种糖分子，由葡萄糖、苯甲醇（benzaldehyde）和氰化物（cyanide）所组成的糖苷，含有二分子葡萄糖，一分子氢氰酸作为镇咳平喘，一分子苯甲醛作为止疼作用，它不是B族维生素的一种，而以食物的形式和维生素B群同时存在。《神农本草经》记载了苦杏仁种子，这种干燥成熟的苦杏仁种子中含有苦杏仁苷，经酶水解生成氢氰酸（HCN），过量食入或生吃引起HCN中毒，抑制细胞呼吸，使得细胞缺氧窒息。另一种观点是苦杏仁具有抗癌作用也正是他的微毒性。苦杏仁苷正反两面的争议和研究还在继续中。中医药记载苦杏仁味苦、性温、有小毒，具有降气、止咳、平喘、润肠通便之功效。

## 二、历史与发现

我国《神农本草经》最早记载了苦杏仁，20世纪初期苦杏仁苷从杏核中被提取出来。1920年美国首先采用苦杏仁苷来治疗癌症，因为没有找到临床试验及科学文献资料，其疗效不得而知，也许该治疗不符合文献收录条件。2006年权威循证医学数据库考科蓝图书馆（The Cochrane Library，中文为“科克伦图书馆”）的一项系统评价汇总了此前有关Laetrile（苦杏仁苷）疗效的全部临床研究，发表结论为：想要了解Laetrile在癌症治疗上是否有效，最有益的做法就是回顾整理临床试验及科学文献资料。很不幸，没有试验数据文件能够符合收纳条件。

## 三、理化性质

（1）结构式。

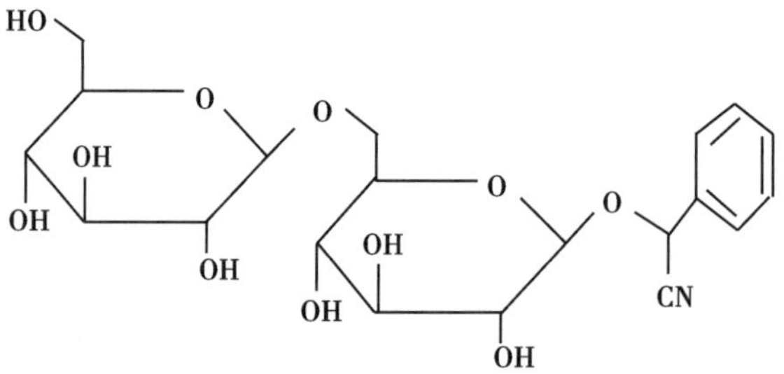

苦杏仁苷

（2）化学。苦杏仁苷是由葡萄糖、苯甲醇、氰化物所组成的糖苷，即苦杏仁苷由龙胆二糖和苦杏仁腈组成的β-型糖苷，一个氮川苷，为一个简单的化学物质，含有两个分子糖（葡萄糖），一个分子苯甲醛（benzaldehyde）和一个分子的氰化物（cyanide）的化合物氰酸（HCN），它不是B族维生素的一种，而以食物的形式和维生素B群同时存在。其三水合物为斜方柱状结晶，熔点200℃。为白色晶体，味苦，溶于水和醇类，易溶于沸水，不溶于醚等。分子式$C_{20}H_{27}NO_{11}$，分子量457.43。见下苦杏仁苷两个分字葡萄糖结构式。

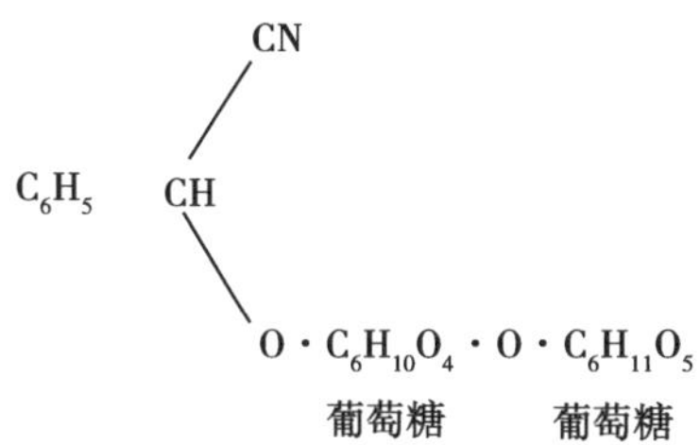


（3）毒性（过量）。苦杏仁苷类的物质本身无毒，但当它们被β-葡萄糖苷酶代谢分解后就会产生有毒的氢氰酸（HCN）。苦杏仁苷的中毒剂量尚未确定，但须十分小心不要吃过量，宁少勿多。为了避免过量，任何一次剂量不能大于1g。临床苦杏仁苷中毒非常严重，潜伏期短则半小时长则12小时，大都在食入果仁后1～2小时内发作。苦杏仁苷在苦杏仁酶或胃酸的作用下水解产生氢氰酸，具有组织呼吸抑制作用。早期表现为精神不振、烦躁不安、头痛、头晕、流口水、恶心呕吐。症状会逐渐加重，出现呼吸抑制、意识丧失、牙关紧闭、抽搐以及体温、血压下降、常常危及生命。

## 四、生理功能

至少在1200种植物中存有将近20种不同的氮川苷，包括杏仁或苦杏仁等，在这些食物中是被“锁定”在一个糖分子中，并在人的消化道中缓慢地被释放。食用苦杏仁苷经过胃到小肠，在那里经酶作用，把苦杏仁苷分解成四部分，然后被吸收到淋巴和门静脉循环在整个体内循环。它的作用过程如下；苦杏仁苷（经苦杏仁酶）→野樱皮苷（樱叶酶）→扁桃睛→苯甲酸和氢氰酸，至此分为两步：第一步苯甲醛（氧化）→苯甲酸；第二步氢氰酸（硫腈生成酶）→硫腈化物，氢氰酸→去$H_2O$→甲酸等。

美国两家机构对于苦杏仁苷的生理功能在是否具有治疗癌症疗效上展开讨论。美国临床肿瘤学会（American Society of Clinical Oncology，ASCO）认为苦杏仁苷治疗癌症有疗效，而美国癌症学会（American cancer society，ACS）则反对，两家机构互相掐架。

（1）反对意见。①苦杏仁苷存在于杏核的天然物质。相信它的人断言它有预防和控制癌的作用。厄内斯特·克雷布斯（Ernest Krebs）博士第一个在美国把苦杏仁苷用于医疗，并认为它是一种必需维生素，称为维生素$B_{17}$。1981年5月1日美国临床肿瘤学会的一篇报告中，梅约（Mayo）门诊部的莫尔特尔（Charles G. Moertel）博士发表用苦杏仁苷治疗156个癌症病人的结果，这些病人或者是用其他治疗无效，或可能无效。1980年7月开始，治疗9个月后，有102个病人死亡，其他54名有严重的“进行性癌症”（progressive cancer），这个结果表明苦杏仁苷无效，其结果相当于给没有作用的安慰剂药片，或未曾治疗没有两样。美国FDA不允许用苦杏仁苷来治疗癌症。②下面一段内容表达了前苏联人对苦杏仁苷持否定意见。该研究是关于用苦杏仁苷治疗那些对用其他疗法或可能无效的癌症病人，而不是作为预防癌症措施或早期治疗措施。苏联医务界认为苦杏仁苷这种化学物质没有用处，尽管从未深入的开展过这种制剂的有效性实验，但是苏联化疗专家同意ACS和世界卫生组织（WHO）的权威性意见，他们曾对苦杏仁苷进行过全面的试验，苦杏仁苷并没有如所吹胡的那么奇妙，并且它有毒，苦杏仁苷实际上可能对病人的健康有害。③维生素$B_{17}$并非B族维生素，名为苦杏仁苷，实际上它的任何组成部分都不能作为辅酶。它在化学上是两种糖分子，即苯甲醛和氰化物的化合物。作为药剂又称为腈青霉素类（Nitrilosides），取自于杏仁，在啤酒酵母中没有这种苦杏仁苷，美国大多数州政府不承认这是治疗癌症的药物，但有25个州法定承认。ACS警告那些在互联网上听信传言的病人，几十年来的临床研究证明，该化合物没有任何支持抗癌的证据。服用此“补品”只会增加氰化物中毒的概率，甚至出现死亡。苦杏仁苷类物质本身无毒，但当它们被β-葡萄糖苷酶代谢分解后，就会产生有毒的HCN。HCN可引起组织呼吸抑制是中毒的元凶，同时服糖可降低其毒性。

（2）支持意见。尽管支持意见声音低于反对声，苦杏仁苷的提倡者仍进行辩解，一种疗法的科学证实和被接受之间往往要有相当长的时间差距，在癌症上反对营养的偏见根深蒂固，他们指出以下观点来支持苦杏仁苷可以预防和治疗癌症。①不过量服用对人体无害；②古代中国人用这种疗法治疗癌症效果很好；③民间名医认为它有好的效果；④全世界包括比利时、德国、意大利、墨西哥和菲律宾约20个国家制造和使用苦杏仁苷合法；⑤价格便宜。

实验表明苦杏仁苷的化学性质并不活泼，对健康组织影响很少，仅侵犯和破坏癌细胞。苦杏仁苷的活性成分是一种天然产生的氰化物，是人类的代谢产物，只能在癌细胞中发挥作用。在健康的肝脏、肾脏、脾脏和白细胞中，存在的β-葡萄糖苷酶作用于苦杏仁苷后产生氰化物和苯甲醛，二者协同毒性增强，以毒攻毒。因此具有控制及预防癌症的作用。

（3）分析与讨论。综上，苦杏仁苷的疗效争论焦点在氢氰酸（HCN）作用方面。HCN被认为具有抗癌作用，包括杏仁和苦杏仁给机体提供低剂量而恒定的HCN。人和其他哺乳动物有一种硫氰酸酶，能使氰化物转变成硫氰酸盐。关于HCN怎样阻挠肿瘤的生长至少有三种理论，但所有关于氨川甙作用的理论却只认识到这种稳定的低水平的HCN是一个功能物质。最简单的理论是假设癌细胞没有硫氰酸酶，而被另一种酶即β-葡萄苷酶所包围，它能在恶性肿瘤处可将苦杏仁苷结合的氰化物释放出来，所以认为苦杏仁苷只侵犯和破坏了癌细胞，靶向清晰。

赞成苦杏仁苷的人强调它的作用是能防止瘤细胞而得到一个立足点。为了支持这个论点，加利福尼亚大学伯克利化学系教授卡森（James Cason）博士（研究制致癌因子—烃的学术权威）叙述了以下流行病学的数据。①摄入量不同效果也不同。1958年的一个出版物中非洲医生艾伯特施韦策（Albert Schweitzer）博士报道，他在加蓬的Lambe-rene医院，几十年来，在食用木薯的部落中，未发现一例癌症病人，这是因为在Lambe-rene地区的人摄入热能的食物80%～90%来自木薯，这种根茎类食物含有约0.5%的氨川苷。②素食与氮川苷的关系。Loma Linda医院和U.S.C.医学院所进行的关于洛杉矶盆地的癌症发病率的研究表明，第七日基督降临会教徒的癌症发生率仅为一般人的1/3。出于宗教的原因，这些教徒是严格的素食者，他们的膳食中含较多的氮川苷。估计这些教徒每人每天吃6～8mg氮川甙，而一般美国人估计平均每人每天吃不到1mg。③控制及预防癌症的作用。有人估计喜马拉雅罕萨王国的土著人（罕萨人），每人每天要摄入大于100mg氮川甙。当地穆斯林的一个支派号召教徒吃杏仁，牧师监督着教徒遵守这一信仰。还有一个年轻女子如果在她的嫁妆（陪嫁的财物）中少于7棵杏树，则被认为不适合结婚。WHO对罕萨土著100年来患病率的研究报告说，没有发现死于癌症的记载。

对于癌症的“预防、治疗”的文字表述必须清晰准确。上述三个报告是属于用苦杏仁苷作为预防癌症而不是治疗。实验表明，苦杏仁苷的化学性质并不活泼，对健康组织影响很少，仅侵犯和破坏癌细胞。苦杏仁苷的活性成分是一种天然产生的氰化物，是代谢产物，只能在癌细胞中发挥作用。在健康的肝脏、肾脏、脾脏和白细胞中，存在的β-葡萄糖苷酶作用与苦杏仁苷后产生氰化物和苯甲醛，两者协同毒性增强，分析认为有控制及预防癌症的作用。

不管对于苦杏仁苷的正反两方面看法的准确性如何，值得注意的是越来越多的医学权威在预防和治疗癌症方面正在接受这种营养概念。虽然一些营养素，例如，苦杏仁苷，维生素A（胡萝卜素），叶酸，维生素C，以及维生素和矿物质的一般补充剂，对治疗癌症也还存有争议，但从长远看更重要的是多种营养素对增强机体的免疫能力方面有明显效果。当一个人的身体和精神在最佳状态时能促进免疫能力，而身体与精神的状态很大程度依赖于膳食。它们共同给予“奋斗精神”和“生活的愿望”，这些词在医学界常听到，先决条件是确保膳食质量、数量、品种和新鲜度。

### 五、缺乏症和日推荐量

未见缺乏症和日推荐量的数据或解释文献报道。苦杏仁中约含苦杏仁苷3%，比甜杏仁高20～30倍，其中表皮尖部含量略高，表皮中部不含苦杏仁甙，生杏仁含0.179%的HCN。苦杏仁中蛋白质包括分解苦杏仁苷的酶，需要在制备过程中使其失去活性，煎煮损耗98%的HCN，炒制损耗3%～7%的HCN。用焯水方法去活。

苦杏仁中含脂肪酸50%，为高级润滑油，可食用，含亚油酸27%、油酸67%、棕榈酸5.2%。一般出油率为44%。提倡者认为长期缺乏苦杏仁苷将降低对恶性肿瘤的抵抗力。他们的意见一天吃5～30个杏仁能有效地预防癌症，但不能一次全部吃完。但这种说法广泛不被认可。苦杏仁苷主要来源大多数水果的整个核仁含有2%～3%的苦杏仁苷，主要存在于苦杏、苦扁桃、桃、油桃（nectarines）、枇杷、李子、苹果、黑樱桃等果仁和叶子中，苦杏仁皮中不含苦杏仁苷（见附录4维生素汇总表）。

## 第六节　硫辛酸

### 一、概述

硫辛酸（lipoic acid）α-硫辛酸（alpha lipoic acid）是一种脂溶性含硫物质，广泛分布于动植物、微生物以及动物的肝脏、肾脏和心脏组织中。它不是真正意义上的维生素，它在体内能够合成，也不是养殖动物所必需的。它的作用与许多B族维生素一类化合物类似，也是酵母与某些微生物的生长因素，在多酶系统中起辅酶作用，催化丙酮酸氧化脱羧成乙酸及α-酮戊二酸氧化脱羧成琥珀酸的反应中起到转酰基作用。

硫辛酸是一种存在于线粒体的辅酶，能消除导致加速老化与致病的自由基。硫辛酸在体内经肠道吸收后进入细胞，兼有脂溶性与水溶性的双重特性，具有强大的抗氧化、抗衰老、清除自由基等功能，并且可以辅助治疗糖尿病、抑制老年痴呆。

## 二、历史记载

人们研究硫胺素在碳水化合物的代谢过程中辅酶作用时，发现这个代谢系统除了硫胺素外还需要另外一个辅酶因子。1951年美国人里德（Reed）等在研究乳酸菌时发现这种辅酶因子是一个脂溶性的酸，称为硫辛酸。也有文献报道说，里德等人从猪肝中分离提取得到硫辛酸。

## 三、理化性质

（1）结构式。



（2）理化性质（表16-11）。

表16-11　理化性质

| | 硫辛酸 |
|---|---|
| 分子式 | $C_8H_{14}O_2S_2$ |
| 分子量 | 206.3 |
| 熔点（℃） | 48～52，沸点160～165 |
| 溶解度 | 在水中溶解度小，约为1g/L（20℃）。溶于10%NaOH溶液，溶于脂肪族溶剂。在甲醇、乙醇、氯仿、乙醚中易溶 |
| 性状 | α-硫辛酸为白色或淡黄色粉末状结晶，几乎无味。常温常压下稳定，避免氧化物接触 |
| 化学名称 | 1，2-二硫戊环-3-戊酸，主要包括DL-硫辛酸（混旋体）、R-硫辛酸（右旋）和-硫辛酸（左旋） |

（3）毒性（过量）。急性毒性；小鼠引入腹膜$LD_{50}$：235mg/kg。

## 四、生理功能

（1）与维生素之间的依赖关系。硫辛酸作为一个辅酶，在将丙酮酸转变成乙酰辅酶A的碳水化合物代谢反应中，与含硫胺素酶，即焦磷酸酶（TPP）共同起重要作用。硫辛酸有两个含高能位的硫键、与TPP结合将丙酮酸酯化合物还原成活泼的乙酸酯，于是将其送至最后的能量循环。它把三羧酸循环中蛋白质和脂肪代谢时的中间产物，与这些营养素的产能反应结合起来。一个金属离子（镁或钙），硫辛酸与硫胺素、泛酸、烟酸和核黄素四种维生素参与这个氧化脱羧过程。这就显示了维生素之间的互相依赖关系。

（2）超级抗氧化剂。α-硫辛酸是一种人体自然产生的酶，并被用于有氧代谢产生能量。这种有机化合物是一种潜在抗氧化剂。由于许多研究都证实硫辛酸具有抗氧化作用。①抗氧化特性。硫辛酸抗氧化的原理是因为分子中的硫原子和氧原子具有还原性，它们可以捕捉自由基，并将其还原成正常的原子和分子，从而消除自由基的攻击性。这是典型的抗氧化剂具有的性质之一。②超强抗氧化剂。由于硫辛酸的分子量非常低，不到一千，可以自由出入血管壁，而且硫辛酸在体内经肠道吸收后进入细胞，兼具脂溶性与水溶性的特性，因此可以在全身通行无阻，到达任何一个细胞部位，所以被叫作万能抗氧化剂。它的抗氧化能力是葡萄籽的5～10倍，而葡萄籽的抗氧化能力又是维生素C的20倍，维生素E的60倍。由于它兼具脂溶性与水溶性的特性，可以被各组织脏器吸收。③抑制氧化压力。硫辛酸通过抵消自由基发挥影响。它帮助维生素C，维生素E和谷胱甘肽等其他抗氧化剂防止细胞氧化损坏。无论是二氢硫辛酸还是α-硫辛酸都具有螯合特性，这意味着它们能绑定和清除血液中的金属。

（3）降糖作用。①由于硫辛酸超强的抗氧化能力，具有脂溶性和水溶性环境下发挥抗氧化作用，被称为“万能活氧剂”。它防止糖分跟蛋白质结合，也就是有了“抗糖化”的作用，帮助患者减少对胰岛素和降糖药物的依赖，平衡血糖，促进葡萄糖的吸收，改善糖尿病患者的血糖控制，使患者减少使用胰岛素或降糖药物。②保护糖尿病患者神经组织。国外研究证明，硫辛酸可改善糖尿病神经病变而引起的临床症状，保护糖尿病病人的神经组织，帮助治疗由于蛋白质沉积在神经细胞中而导致的炎症。日本厚生劳动省把硫辛酸是作为糖尿病的用药，2004年6月日本将其从药品类改到食品类。

（4）参与的生化反应。作为主要是在细胞的能量中心——线粒体，硫辛酸也是人体葡萄糖能量代谢循环中的必要因子，饮食中的含硫胺基酸，都是硫辛酸生合成的元素来源，虽然人体可以自行合成基本生理反应所需要的硫辛酸，但是额外补充的硫辛酸，能明显提高糖尿病患细胞对胰岛素的敏感度，增加细胞能量循环中ATP的生成，对于糖尿病并发的心肌病变的改善具有正面的意义。

### 五、缺乏症和日推荐量

尚未发现人类硫辛酸和日推荐量文献记载。硫辛酸在自然界广泛分布，肝和酵母细胞中含量尤为丰富，在食物中硫辛酸常和维生素$B_1$同时存在。人体在正常条件下可以合成硫辛酸，但这种合成能力很弱，与饮食结构有极大的关系，会随着年龄的增长而逐渐降低。环境污染和食物过量造成了人体产生较多的自由氧，也加剧了硫辛酸的消耗。另外，硫辛酸在人体缺乏维生素C和维生素E时，还要替代它们的作用，使之进一步促使了硫辛酸的缺乏。硫辛酸的性质决定了其容易被破坏和消耗，最终引起硫辛酸的缺乏，导致能量产生量不足，诱发一系列的疾病。

由于机体能够合成一些硫辛酸，没有制定人的膳食和养殖动物的需要量。天然食物本来含有一定量的硫辛酸，如酵母、肝脏、菠菜、花椰菜、土豆、肉类、心脏及肾脏是硫辛酸的丰富来源，但在加工过程中破坏大量的硫辛酸（见附录4维生素汇总表）。

## 第七节　对氨基苯甲酸

### 一、概述

对氨基苯甲酸（Para-Amino Benzoic Acid，PABA）学名2-氨基乙磺酸，是食物中的一种成分，有时被列入B族维生素并与叶酸有关联，这种关联实际很牵强。除了作为某些细菌的一种生长素有活性外，PABA在动物小肠内很少合成具有叶酸活性的物质。对大白鼠和小白鼠来说是个例外，它完全可以代替膳食来源的叶酸，这说明PABA为什么一度被认为是一种维生素的原因。对人类和其他高等动物来说，PABA是叶酸分子中一个主要部分，但它对接受大量叶酸的动物并没有维生素作用，也不是膳食中必须含有的因子。因此，它不被看作一种维生素，但在市场上的许多维生素制剂中仍然有它的名字。美国VITY维生素杂志报道：PABA最先被发现的功能是“抗灰发”维生素，黑色毛的动物缺乏它时，毛色即会变淡会变白。按照该实验结果有人如法炮制，治疗毛色变淡或变白时，病人每餐后摄食200mg对氨基苯甲酸后，有70%的案例其毛色可恢复其天然的颜色。但世界卫生组织国际癌症研究机构（WHO International Cancer Research Institute）不那么认为。

## 二、历史与发现

PABA首先被证明是某些微生物的主要营养素，以后又证明是大白鼠和小白鼠抗灰毛发因子，也是鸡生长促进因子。

## 三、理化性质

（1）结构式。

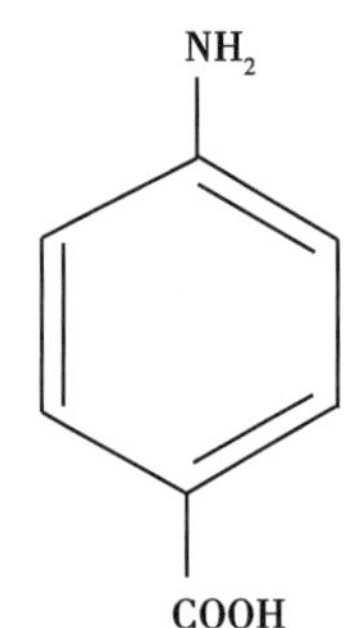


对氨基苯甲酸（PABA）是苯甲酸的苯环上的对位（4-位）被氨基取代后形成的化合物。

（2）化学性质（表16-12）。

表16-12　化学性质

| | 对氨基苯甲酸（4-氨基苯甲酸） |
|---|---|
| 分子式 | $C_7H_7NO_2$ |
| 分子量 | 137.14 |
| 熔点（℃） | 187 ~ 188 |
| 溶解度 | 易溶于热水、乙醚、乙酸乙酯、乙醇和冰醋酸，难溶于水、苯，不溶于石油醚 |
| 性状 | 为无色或白色斜或浅黄色状晶体，在空气中或光照下变为浅黄色 |
| 其他 | 在空气中或光照下变为浅黄色，具有中等毒性，刺激皮肤及黏膜接触皮肤后迅速用水冲洗 |

（3）毒性（过量）。中等毒性。刺激皮肤及黏膜。接触皮肤后立即用大量清水冲洗并征求医生意见。2017年10月27日，世界卫生组织国际癌症研究机构（WHO International Cancer Research Institute）公布的致癌物初步整理参考清单，对氨基苯甲酸在3类致癌物清单中。

## 四、生理功能

PABA与叶酸有关联，是机体细胞生长和分裂所必需的叶酸物质的组成部分之一，在酵母、肝脏、麸皮、麦芽中含量很高。它是由莽草酸（存在于木兰科植物八角中）途径经分支酸合成的。第一步反应是分支酸与氨反应生成4-氨基-4-脱氧分支酸，由氨基脱氧分支酸合成酶催化。然后4-氨基-4-脱氧分支酸消除一个丙酮酸，构化为对氨基苯甲酸。在细菌中第二步反应是被氨基脱氧分支酸裂解酶催化的，在植物中很可能也存在这一相似的酶，不过至今仍未发现。

如果小肠中的条件有利，人体自己能制造PABA。对人类和其他高等动物来说，PABA是作为叶酸分子的主要部分而起作用的。作为一种辅酶，PABA对蛋白质的分解和利用，以及血细胞，特别是血红细胞的形成都起到一定的作用。

（1）抗立克次体剂。在谈及PABA作为人用药品时，在此先插入并阐述“立克次氏体”（Rickettsia）（为革兰氏阴性菌，是一类专性寄生于真核细胞内的G-原核生物，介于细菌与病毒之间接近于细菌的一类原核生物）。1909年，美国病理学家霍华德·泰勒·立克次（Howard Taylor Ricketts）（1871—1910年）首次发现洛基山斑疹伤寒的独特病原体并被它夺取生命，为了纪念他特殊的贡献，故同他的名字命名“立克次氏体”。立克次氏体病是一种传染性疾病，人受到蚊子、虱子等叮咬时，立克次氏体便从抓破的伤口或直接从昆虫口器进入人的血液并在其中繁殖，从而使人感染得病。PABA有被用来治疗某些立克次体病，这是由立克次体引起的人类和其他动物的疾病，特别是斑疹访寒和洛基山热。用PABA治疗立克次体病是基于它的代谢拮抗作用，它充当了这些微生物所需要的对羟基苯甲酸的拮抗物，由于PABA阻碍了立克次体的主要代谢过程，它们就被杀死。

因此PABA可作为抗立克次体剂可抵消磺胺类药物的抗菌作用。它常常被当作药品用而不是作为维生素使用。

（2）磺胺类药的拮抗剂。PABA能扭转磺胺类药的抗菌作用，这是一种抗代谢作用，可以用PABA和磺胺结构相似来解释（见下结构）。根据这个理论，磺胺类药取代了细菌的酶系统中的化学类似物PABA，从而抑制了细菌的生长。过量的PABA存在时就产生相反的作用。

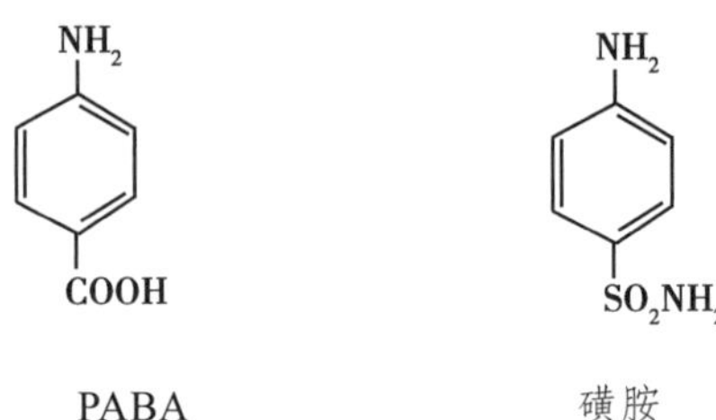


PABA 磺胺

（3）防晒剂。用PABA防晒时，通常在软膏中加入5%的PABA，涂在身体的暴露部分。PABA和磺胺有相似的结构，会产生神经质、头痛、便秘及其他消化系统病症。

### 五、缺乏症和日推荐量

碳胺类药不仅引起PABA的缺乏，而且也引起叶酸的缺乏，出现疲倦、烦躁、抑郁等症状。这方面的研究还很有限，但是有迹象显示，与腺体和神经的障碍、心脏病、肝脏组织抗氧化功能的衰退有关。目前既没有PABA缺乏症报道也没有日推荐量数据，一切尚未定论。一般的剂量为2～6克，但也曾使用过更大的剂量来治疗各式各样的病症的例证。一般认为PABA对人类基本上无毒性，但连续使用大剂量可能有恶心、呕吐等毒性作用。通常认为啤酒酵母、鱼、大豆、花生、牛肝、蛋、麦芽、糙米、全麦、南瓜子、芝麻、卵磷脂和糖蜜是PABA的丰富来源（见附录4维生素汇总表）。

## 第八节　牛磺酸

### 一、概述

牛磺酸（Taurine）又称β-氨基乙磺酸（Beta aminoethane sulfonic acid），取这个名字因为科学家最早在牛的胆汁里发现并分离牛磺酸成分。牛磺酸又名牛胆酸、牛胆素，是一种含硫非蛋白氨基酸，在体内以游离状态存在，不参与体内蛋白的生物合成。虽然不参与蛋白质合成，牛磺酸却与胱氨酸、半胱氨酸的代谢密切相关。牛磺酸是人体必需的一种游离氨基酸，在各个机体组织里都有，可消除或减轻疲劳，有研究表明，人的疲劳感觉与体内牛磺酸消耗量有关。牛磺酸对视网膜有影响，宠物爱好者都知道牛磺酸对保持宠物猫的眼睛炯炯有神有很大关联，它对猫眼视网膜中的感光细胞有促进作用，猫体内不能自身合成牛磺酸，宠物猫摄入牛磺酸不足，将会导致猫的视网膜病变乃至完全失明。猫吃老鼠和猫头鹰之所以要捕食老鼠，主要原因是老鼠体内含有丰富的牛磺酸，吃老鼠可保持其锐利的视觉，是动物的一种自然需求。牛磺酸是宠物猫正常发育的必需营养物质，有益于猫的繁殖、肌功、神经、免疫功能。

## 二、历史记载

牛磺酸的发现至今已有160多年的历史，1827年它作为牛胆汁的一个组成部分从牛胆汁中首次分离出来而得名。

## 三、理化性质

无色或白色斜状晶体性状，无臭，化学性质稳定，溶于乙醚等有机溶剂，是一种含硫的非蛋白氨基酸，在体内以游离状态存在。

表16-13 理化性质

| | 牛磺酸 |
|---|---|
| 分子式 | $C_2H_7NO_3S$ |
| 分子量 | 125.15 |
| 熔点（℃） | 305.11 |
| 溶解度 | 溶于水，不溶于乙醇、乙醚等有机溶剂 |
| 性状 | 白色或类白色结晶或粉末，纯品为无色或白色斜状晶体，无臭 |
| 其他 | 化学性质稳定 |

表16-14 食品安全国家标准食品添加剂牛磺酸（GB 14759—2010）

| 项目 | | 指标 |
|---|---|---|
| 牛磺酸（以$C_2H_7N0_3S$，以干基计）w（%） | | 98.5 ~ 101.5 |
| 电导率（μS/cm）≤ | | 150 |
| pH | | 4.1 ~ 5.6 |
| 易炭化 | | 通过实验 |
| 灼烧残渣，w（%） | ≤ | 0.1 |
| 干燥减量，w（%） | | 0.2 |
| 砷（As）（mg/kg） | ≤ | 2 |
| 澄清度试验 | | 通过实验 |

（续表）

| 项目 | | 指标 |
|---|---|---|
| 氯化物（以$Cl^-$计），w（%） | ≤ | 0.02 |
| 硫酸盐（以$SO_4^{-2}$计），w（%） | ≤ | 0.02 |
| 铵盐（以$NH_4^+$计），w（%） | ≤ | 0.02 |
| 重金属（以Pb计）（mg/kg） | | 10 |

结构式如下。

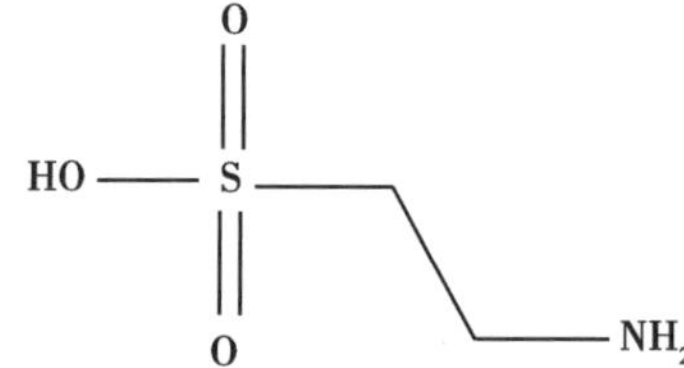


## 四、生理功能

（1）保健品。国外文献报道和宣传牛磺酸大量用作营养保健品和食品添加剂的很多。保健范围大多是牛磺酸促进大脑生长发育、增强机体免疫能力、对心血管系统有较强的保护作用、且有增强心肌细胞功能、是中枢神经系统一种抑制性递质对神经传导有良好作用、促进头发生长细胞增殖、促进胆固醇分解、有助于降低血脂水平等作用。

（2）与氨基酸代谢。牛磺酸具有多种生理功能，是人体健康必不可少的一种营养素，我国牛磺酸主要用于医药行业，作为食品营养物质被人们认识与接受却不多，消费牛磺酸的量还非常少。牛磺酸虽然不参与蛋白质合成，与胱氨酸、半胱氨酸的代谢密切相关。机体可以从膳食中摄取或自身合成牛磺酸，人体合成牛磺酸的半胱氨酸亚硫酸羧酶（CSAD）活性较低，主要依靠摄取食物中的牛磺酸来满足机体需要。

牛磺酸广泛分布于动物组织细胞内，海生动物含量尤为丰富，哺乳类组织细胞内亦含有较高的牛磺酸，特别是神经、肌肉和腺体内含量更高，是机体内含量最丰富的自由氨基酸，体内牛磺酸几乎全部以游离形式存在，动物性食品是膳食牛磺酸的主要来源。体内合成是从含硫氨基酸（半胱氨酸、甲硫氨酸等）经一系列酶促反应转化而来，但自身合成能力较低。牛磺酸的分子量较小（125.1），无抗原性，各种途径给药均易吸收。牛磺酸主要是从肾脏排泄，肾脏依据膳食中牛磺酸含量调节其排出量，以维持体内牛磺酸含量的相对稳定。牛磺酸虽然不参与蛋白质合成，但它却与胱氨酸、半胱氨酸的代谢密切相关。人体合成牛磺酸的半胱氨酸亚磺酸脱氢酶（CSAD）活性较低，主要依靠摄取食物中的牛磺酸来满足机体需要。

（3）牛磺酸保护视网膜。牛磺酸占视网膜中游离氨基酸总量的50%。动物实验证明，缺乏牛磺酸的猫其视网膜电图显示杆细胞与锥细胞广泛变性；牛磺酸还具有促进有机体免疫力的增强和抗疲劳的作用；影响糖代谢。具有一定的降血糖作用，且不依赖于增加胰岛素的释放；抑制白内障的发生发展。补充牛磺酸可抑制白内障的发生发展；改善记忆功能。补充适量牛磺酸可提高学习记忆速度；维持正常生殖功能；抗氧化作用。牛磺酸有维护许多细胞，特别是血细胞抗氧化活性，使组织免受氧化基与自由基的损伤。婴幼儿如果缺乏牛磺酸，会发生视网膜功能紊乱。长期静脉营养输液的病人输液中没有牛磺酸，病人视网膜电流图发生变化，只有补充大剂量的牛磺酸才能纠正这一变化，具有提高神经传导和视觉机能。

（4）促进婴幼儿脑组织发育。牛磺酸在脑部含量丰富，能明显促进神经系统的生长发育和细胞增殖、分化，有剂量依赖性，在脑神经细胞发育过程中起重要作用。早产儿脑中的牛磺酸含量明显低于足月婴儿，这是由于早产儿体内半胱氨酸亚磺酸脱氢酶（CSAD）尚未发育成熟，合成牛磺酸不足以满足机体需要，需由母乳补充。母乳中的牛磺酸含量较高，初乳中含量更高。如果补充不足，将会使幼儿生长发育缓慢、智力发育迟缓。牛磺酸与幼儿、胎儿的中枢神经及视网膜等的发育有密切的关系，长期单纯的牛奶喂养，易造成牛磺酸的缺乏。

（5）影响糖代谢。牛磺酸具有一定的降血糖作用，不依赖增加胰岛素的释放。牛磺酸对细胞糖代谢的调节作用可能是通过受体后机理来实现的，它主要依靠与胰岛素受体蛋白的相互作用，而不是直接与胰岛受体结合。牛磺酸与胰岛素受体结合，促进细胞摄取和利用葡萄糖，加速糖酵解，降低血糖浓度。

（6）抑制白内障的发生与发展。在白内障发生与发展过程中，晶状体中山梨酸含量增加，晶体渗透压增加，而作为调节渗透压的重要物质牛磺酸浓度则明显降低，抗氧化作用减弱，晶体中的蛋白质发生过度氧化，从而引起或加重白内障的发生。补充牛磺酸可抑制白内障的发生发展，牛磺酸具有调节晶体渗透压和抗氧化等重要作用。

（7）其他功能。①消脂作用。肝脏中牛磺酸的作用是与胆汁酸结合形成牛黄胆酸，牛磺胆酸对消化道中脂类的吸收是必需的。牛磺胆酸能增加脂质和胆固醇的溶解性，消除胆汁阻塞，降低某些游离胆汁酸的细胞毒性，抑制胆固醇结石的形成，影响脂类的吸收，增加胆汁流量等。②增强免疫能力。牛磺酸能促进垂体激素分泌，活化胰腺功能，从而改善机体内分泌系统的状态，调节机体代谢，促进有机体免疫力的增强和抗疲劳的作用。③预防心血管病。牛磺酸在循环系统中抑制血小板凝集，降低血脂，保持人体正常血压和防止动脉硬化，保护心肌细胞，可抗心律失常，对降低血液中胆固醇含量有特殊疗效，治疗心力衰竭。④生殖功能。有资料证实，猫粮中牛磺酸含量低于0.101%时，明显表现生殖功能不良，死胎、流产和先天缺陷率增高，幼仔存活率下降。含量大于0.105%以上时，能维持正常的生殖功能。

### 五、牛磺酸的食物的来源

目前没有牛磺酸缺乏症报道。动物体中都含有牛磺酸，其中鱼贝类的含量最为丰富。陆地动物的肝脏中含有较丰富的牛磺酸，特别是牛的胆汁中的含量高。海洋动物如鱿鱼、乌贼、鱼类、贝类等体内含有较多的牛磺酸。从牡蛎、扇贝、鱿鱼和从鱿鱼内脏等下脚料、珍珠贝和紫菜中提取牛磺酸的报道，得到的成品质量也最好。农业农村部2018第21号公告增补饲料添加剂品种范围未将牛磺酸列入《饲料添加剂品种目录（2013）》修订列表中。

## 第九节　潘氨酸

### 一、概述

潘氨酸（Pangamic acid）又称为维生素$B_{15}$（Vitamin $B_{15}$），是一种有机化合物，它常见的形式为潘氨酸钙或二甲基甘氨酸葡糖酸酯。至今还未证明人体非摄取维生素$B_{15}$不可，严格而言，它还不能称它为维生素，有时被看作类维生素样物质。很显然，潘氨酸不符合维生素的经典定义，即“一种小量存在于食物中，维持生命所必需的有机物，缺少这种物质时会发生特定的疾病”的基本要求。持潘氨酸应属于维生素门类论者争辩说；“严格来说，它不是必需的，但它在许多场合下对生物有益”。潘氨酸和维生素E的作用机理具有相似性，都是抗氧化剂，太多的研究与应用对于潘氨酸在营养中的地位和生物功能仍有待于进一步澄清。作为一种治疗剂，它的价值已充分显示出来，它激发甲基转移和促进细胞呼吸等基本代谢过程的作用可能有生理学上的价值。但在目前除非有医生的处方，否则不宜服用。同属B族维生素，潘氨酸主要用于抗脂肪肝，提高组织的氧气代谢率，有时用来治疗冠心病和慢性酒精中毒。

俄罗斯人最先发现潘氨酸，前苏联对其进行了大量广泛的临床应用研究，俄国人对维生素$B_{15}$情有独钟，对其效果抱着很大的希望和期待，认为它是一种具有重要生理作用的必需食物成分，它的保健产品可降低运动员的乳酸积聚，从而减轻肌肉疲劳和提高运动耐力，但美国人似乎并不认可这种作用，认为它的生理功能究竟是什么都说不清。与之相反的是美国食品和药物管理局（FDA）却要把这种维生素逐出了市场，后来FDA又把潘氨酸归入食品添加剂类名录，此举证明潘氨酸无毒。如今美国是全球最大的潘氨酸药品供应商之一。

## 二、历史与发现

1951年科伯斯（Krebs）等报道了杏仁中存在的一种水溶性成分，继而他们从米糠中分离出结晶状潘氨酸，后来又从啤酒酵母、牛血和马肝中也分别提取得到这种水溶性因子。英文命名pangamic acid，“pan”表示“广泛”，“gamic”是“种子”的意思，说明潘氨酸是普遍存在于种子中的一种化学成分。发现者给以潘氨酸B族维生素的第15个位置，维生素$B_{15}$由此而来。有人坚持纠正把潘氨酸叫作维生素$B_{15}$，因为这种物质与维生素的经典定义不相符，所以“维生素$B_{15}$”这个名称不再常用了。

认为潘氨酸是B族维生素之一的理由主要是鉴于它存在于富含维生素B的食物之中，并具有宽广的生理作用。但现在还不清楚人或其他动物是否能在体内合成潘氨酸，而且没有一种疾病可以完全归咎于因缺乏潘氨酸而产生缺乏性。因此，美国和大多数西方科学家都不把潘氨酸看作一种维生素。这方面的研究结果还很有限，但有迹象显示，潘氨酸与腺体和神经的障碍、心脏病、肝脏组织抗氧化功能的衰退有关。对于这种类维生素有各种不同的声音，有人愿意相信潘氨酸是有效的，而且相信摄取食物中的维生素$B_{15}$对人体更有利。因此要本着审慎的态度看待潘氨酸。

## 三、理化性质

（1）结构式。

```
           COOH
            |
      H — C — OH
            |
    HO — C — H
            |
      H — C — OH
            |
      H — C — OH       O
            |          ||              CH3
           CH2 — O — CCH2N<
                                       CH3
```

（2）化学。潘氨酸的化学名为：二甲基甘氨酸葡糖酸内酯。分子式$C_{10}H_{19}O_8N$，相对分子质量281.26，商品化产品是潘氨酸钠盐（Pangamic acid sodium salt）。从化学角度而言，潘氨酸商品是一个有问题的产品，问题在于这个产品没有固定、稳定和标准的化学组分，不同品牌潘氨酸产品其化学成分也各不相同，甚至同一牌号的产品也有不同的化学成分，有些产品是葡糖酸钠（或钙）、甘氨酸和二异丙胺二氯乙酸盐的混合物，这种情况非常罕见。而俄罗斯产品则一概为标准的纯的潘氨酸，就是自然界存在的那种维生素$B_{15}$。

（3）代谢。人们对潘氨酸代谢机理所知甚少。皮下注射后10～15分钟内可以在血、脑、肝、心和肾中找到它。浓度最高持续时间最长的是肾器官，至少能维持4天。过量的潘氨酸经由尿液、粪便和汗水中排出体外。

（4）性质。白色结晶，易溶于水。白色结晶粉末，无味，无臭，显无水物形态时极易吸潮。

（5）毒性（过量）。过量摄入潘氨酸会产生哪些毒性还不清楚。①曾经有高血压和青光眼不宜使用潘氨酸的警告，现在看来它对这些疾病或其他病症并无明显的毒性。②值得注意的是，从1965年开始，前苏联卫生部批准潘氨酸大规模制造和销售，美国也是全球最大的潘氨酸药品供应商之一。达·芬奇实验室（Da Vinci Laboratory）（隶属于食品科学实验室一个下属机构）几次用大白鼠做试验，所给的潘氨酸剂量相当于人用剂量的10万倍以上，没有发现任何不良反应。③潘氨酸毒性可能取决于它的配方，根据现有的证据来看，所谓“俄罗斯配方”毒性较少，但美国FDA不认为潘氨酸可供人类安全使用。在这个产品尚未标准化（含量、质量和化学成分）和毒性问题尚未解决之前，应在医生的指导下使用潘氨酸。④特别提醒，对于严重心脏病发作病人的康复，潘氨酸可帮助病人加速康复。特别指出的是，潘氨酸能增强毒毛旋花子苷（strophanthin，又称毒毛苷，一种强心药）对充血性心力衰竭患者有作用，并减少洋地黄疗法的副作用。

## 四、生理功能

（1）前苏联的研究报道。潘氨酸大部分临床应用研究是前苏联完成的，前苏联学者认为：潘氨酸适用伴有氧化代谢不足心血管疾病。对肝病、皮肤病和中毒症也有良好的效果。前苏联大城市和其他地区诊疗机构报道，潘氨酸已经成功地治疗如下疾病。①心血管病。潘氨酸对下列病症安全有效；动脉硬化，特征是头痛胸痛呼吸短促、紧张和失眠。对于动脉硬化的患者，潘氨酸能加强心肌的活动。心肺功能不足呼吸短促，心绞痛胸痛，因为动脉不能向心肌供应足够的富氧血。充血性心力衰竭，稍微用力时呼吸短促和浮肿（踝关节周围肿胀有凹陷）。这是一种伴有肺或全身循环充血，或两者兼有的合并症和征候群。主要起因于心肌衰弱、高血压、动脉硬化和心瓣膜的风湿病或梅毒病，用潘氨酸治疗充血性心力衰竭可增加患者的尿量，降低血压和消除水肿。②抗疲乏。潘氨酸可以消除或减轻疲劳，增加活力减轻疲乏感。据报道它之所以能作到这一点，是因为它从血流中汲取了更多的氧以供细胞代谢之用。有些运动员（包括职业的和业余的）宣称它能增加他们的耐力。③供氧不足。对于以组织供氧不足为特征的疾病，潘氨酸可有效地提高从血流中输氧给细胞的效率。④高胆固醇。有人发现连续服用潘氨酸10～30天后，血清中胆固醇浓度有明显的下降。⑤恢复肝功能。作为儿童传染性肝炎的支持疗法，口服潘氨酸10～20天可使发烧、肝大、黄疸的程度和转氨酶的浓度有较显著或迅速的下降，并可缩短住院时间5～10天。对于急、慢性肝炎的成人患者，使用潘氨酸也有同样的效果。⑥皮肤病。据说潘氨酸对于各种皮肤病都有效。硬皮病（一种使皮肤和皮下组织纤维化、坚硬和增厚的慢性病）患者用潘氨酸连续治疗45天后，皮肤有所软化并常有新的毛发生长。湿疹、牛皮癣（一种使面部和体表反复发生红色鳞斑而变形的慢性病）、荨麻疹及其他皮肤病用潘氨酸治疗15～30天，每天100～150mg，据报道可以减轻发炎、肿胀和瘙痒的症状。⑦肿瘤。潘氨酸为治疗某些类型的肿瘤带来希望。实验诱发固体肿瘤的大白鼠给以潘氨酸后，对标准化学治疗药的效果并无干扰，但它明显地降低了某些药物的毒性反应的发生率和严重性。又据用大白鼠作初步试验的结果，潘氨酸能减少药物引起的乳腺癌的发生率和潜伏率。这些有限的试验还有待于进一步验证。

综上，潘氨酸同属B族维生素，主要用于抗脂肪肝，提高组织的氧气代谢率。有时用来治疗冠心病和慢性酒精中毒。维生素$B_{15}$和维生素E的作用一样同属抗氧化剂，与维生素A、维生素E同时使用可增加作用。前苏联学者还认为，潘氨酸可延长细胞的寿命、缓解酒瘾、快速消除疲劳、使血液中胆固醇值降低、缓解冠状动脉狭窄和气喘症状、防止肝硬化、防止宿醉、刺激免疫反应、帮助合成蛋白质，抵抗雾霾等公害污染物质侵害身体。维生素$B_{15}$和维生素E的作用一样都是抗氧化剂。

（2）生理功能。①激发甲基转移作用。潘氨酸具有能在体内从一个化合物转移到另一个化合物的甲基上，从而激发肌肉和心脏组织中肌酸的合成。在没有急切的需要时，多余的ATP（三磷酸腺苷，一种能量的过渡形态）与肌酸结合成为磷肌酸（一种比较稳定的能量形态）贮存于肌肉中。当ATP的供应不能满足对能量的需要时，逆反应把ATP从磷肌酸中释放出来。②促进氧的吸收。潘氨酸能促进组织中氧的摄入，从而防止活组织供氧不足，特别当心肌和其他肌肉供氧不足的时候。它并不增加机体的总供氧量，而是加强了氧从血流中输送到细胞的效率。③抑制脂肪肝的形成。给大白鼠和家兔口服或注射潘氨酸，对饥饿、无蛋白膳食、麻醉药、四氯化碳或胆固醇所引起的肝脂肪浸润有保护作用。④增强适应体力活动的能力。潘氨酸能使动物适应高强运动量的练习。经过一段时间的强迫游泳后，事前服用潘氨酸的动物比未服用的动物保持更好的氧化代谢和能量水平，而且这些作用能持续到几天。马术俱乐部有些驯马者给赛马饲喂潘氨酸，据说它能使马跑得更快和不知疲乏，但这个说法没有正式记录。据说运动员服用潘氨酸也有若千年的历史了，这个记载也未曾文献查到。⑤控制血液胆固醇水平。在大多数情况下，服用潘氨酸能降低胆固醇的生物合成和血浓度。

### 五、缺乏症和日推荐量

潘氨酸缺乏时可引起疲劳感，血细胞供氧不足，心脏病，内分泌腺和神经系统的疾病。美国相关专业人士建议一般日摄取量为50～150mg，日常用量为150～300mg，但必须有医生的处方，否则不宜服用。

在潘氨酸的作用还没有得到更肯定的结论以前，对于潘氨酸的摄取，美国著名的化学家理查德A.巴斯夫-皮特（Richard A.Bassw-ater）博士的观点是：“当维生素$B_{15}$的工作过程还在阐明之中时，智慧的建议我们要注意让我们的膳食含有丰富的维生素$B_{15}$”。一般认为，凡是有复合维生素B存在的天然食物中都含有潘氨酸。其中向日葵、南瓜籽、啤酒酵母、肝、稻米、整粒谷物、糙米、全麦、芝麻，杏仁是潘氨酸的最佳天然来源。因此，正常的膳食一般不会导致潘氨酸的缺乏。凡是含有复合维生素B存在的天然食物都伴随含有天然潘氨酸（见附录4维生素汇总表）。

## 第十节　其他类维生素物质

### 一、乳清酸

（1）概述。乳清酸（维生素$B_{13}$）（Orotc acid，OA）（Vitamin $B_{13}$）。迄今为止，人们对乳清酸的了解有限，尚未给出有关例证指引。所谓乳清酸很可能是一种生长促进剂和某些机能紊乱的预防药。然而，现在还不知道在充足的饮食中，它是否起着必不可少的作用。列出乳清酸章节为提供信息和促进研究。

（2）历史与发现。称作乳清酸的这种化合物是从酒糟中获得的。它的成分之一就是乳清酸，已在欧洲合成，并用来治疗多发性硬化症。在20世纪60年代，用于治疗黄胆和一般肝脏机能障碍。近年虽被新药代替，但它具有改善肝功能，促进肝细胞的修复作用和其他新功能。

（3）理化性质。乳清酸的化学结构使它成为一种杂环化合物。这是包含至少一个碳原子和其他氮或氧元素的有机物。聚合在一起就形成一种环结构。化学名称为1，2，3，6-四氢-2，6-二氧4-嘧啶羧酸，又称乳清因子、动物半乳糖因子及维生素$B_{13}$。白色针状结晶性粉末，无臭，味酸。在100mL水中通溶解0.18g，100ml沸水中能溶解13g，极微溶于醇及有机溶剂，不溶于醚。熔点345~346℃（分解）。分子式$C_5H_4N_2O_4$，分子量156.10。

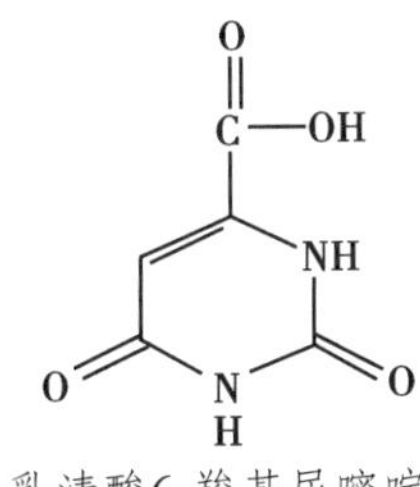


乳清酸6-羧基尿嘧啶

（4）生理功能。乳清酸亦称乳清酸核苷-5-磷酸，以乳清酸为碱基的-磷酸核苷。嘧啶核苷酸生物合成的中间体。①乳清酸是一种由人体肠道菌群自然产生的物质。这种酸也被叫作维生素$B_{13}$或嘧啶酸。它实际上并不是一种维生素，但在20世纪60年代被添加进实验室动物饮食后归为这个类别。添加到食物中可以促进心脏健康，并显示出一些类似维生素的好处。②这种酸的主要功能是与维生素$B_{12}$一起代谢叶酸。丰富的乳清酸有助于替代维生素$B_{12}$，尽管不能完全代替，但能够减少维生素$B_{12}$不足的损害。如可治疗痛风病，改进脑血管循环，增加吞噬细胞活性，提高组织再生能力，有助于伤口治愈。还可用于免疫辅药。可以治疗慢性X线中毒，作为化学品中毒的预防剂和治疗剂。③乳清酸在叶酸和维生素$B_{12}$的代谢中被人体利用。它似乎帮助某些细胞的更新和恢复。有迹象表明乳清酸能有助于治疗多发性硬化症，它似乎或是含有乳清酸，或是在分解时产生乳清酸。④乳清酸可作为预防和治疗肝病、高血脂脂肪肝和心脑血管系统疾病的药物。乳清酸主要用作食品和饲料添加剂在化妆品工业，乳清酸主要用作增白剂中间体。它是由乳清酸与磷酸核糖焦磷酸在酶催化下生成的。在乳清酸核苷酸脱羧酶的作用下得到尿苷酸。⑤这种酸还被用于美容品，药物和动物饲养补充剂。它也在世界各地广泛用于健美比赛，因为它能够增加ATP（三磷酸腺苷，一种能量的过渡形态）分泌量。乳清酸是通过作为一种焦磷酸初期形式，然后被用于嘧啶合成做到这一点的。焦磷酸在体内的数量越多，可以产生的ATP就越多。

（5）毒性（过量）。乳清酸过多会引起叫作乳清酸尿症的疾病。这种疾病既可以遗传，也可以由过量消费引起。作为成年人，它会导致尿素循环中断。对孩子来说，它会导致DNA和RNA合成抑制，造成心理或生理损伤。

（6）缺乏症和日推荐量。缺乏症状尚未证实，日推荐量尚不清楚。①但是相信缺乏它可能导致肝机能失调，细胞退化和早衰，以及在多发性硬化症患者中导致变性症状。②乳清酸来源发现于酒糟、乳清、酸奶或凝乳状牛奶、根茎类蔬菜等这样的天然来源中。③可用乳清酸钙盐作为这种营养物的补充物。可作为营养补品，市场上有含有维生素$B_{13}$的补品。用于化妆品，能减少皮肤的皱纹。加入小儿食品，有利于儿童发育。其衍生物，可使种子在较低温度下也能发芽。④对于饲料畜牧业。已发现饲料中添加乳清酸可加快鸡雏生长，增加蛋鸡的蛋产量，在某种情况下能促进猪鸡和大白鼠的生长，但是这方面报道很少见。

## 二、维生素F

（1）概述。维生素F是由omega-3和omega-6两种脂肪酸构成的。维生素F（vitamin F）是一个废弃的名称，是实验大白鼠动物不可缺少的营养物。维生素F是脂溶性类维生素物质，含不饱和脂肪酸、亚麻油酸和花生油酸，维生素F也叫亚麻油酸、花生油酸。维生素F参与体内重要的生理代谢过程，是前列腺素的前体物质，体内前列腺素缺乏或不足可引起多种疾病。

（2）历史与发现。1917年德国化学家从月见草（夜来香）油中首次分离出油酸、亚油酸之外，还分离出一种尚未发现的脂肪酸，其化学结构与亚油酸相似，亚油酸是十八碳二烯酸，而后者为十八碳三烯酸，被命名为γ-亚麻酸（GLA）。亚麻酸不能在体内合成，同时又是体内不可缺少的不饱和脂肪酸，故又称维生素F。受当时的技术条件限制，没有提纯的维生素F，只是油酸、亚油酸和维生素F的混合物，因此未引起重视，直到20世纪70年代，其作用机制才逐渐被认识，从而引起医药学家的关注。

（3）生理功能。维生素F化学式$C_6H_{14}NO_2IS$，分子量291.2。它最初是用于表示人体必需而又不能自身合成，这主要功能是修复和产生身体组织。①维生素F参与体内重要的生理代谢过程，是前列腺素的前体物质，体内前列腺素缺乏或不足，可引起多种疾病。最初前列腺素是从前列腺组织中发现的一种内分泌激素，故命名为前列腺素。后来发现许多器官如肺、肾、肝、肠等都能合成和分泌前列腺素，而且其生理活性较广泛，可涉及心脑血管、消化和生殖系统，有扩张外周小动脉、降低血管阻力，使血压下降的作用。并认为肾性高血压与体内缺乏内源性扩张血管物质—前列腺素有关。其次是抑制血小板聚集。作用机制与提升环磷腺苷（CAMP）的浓度有密切关系，因为CAP可使血小板内环氧酶的活性下降，从而使血栓素A（TXA2，一种促进血凝的重要物质）生成减少，防止血栓形成。另外对支气管、胃肠道、子宫和中枢神经系统也有明显的作用。②1986年，我国首先将月见草油（Evening Primrose Oil）用于治疗动脉硬化、高血脂症和肥胖症。据测定，维生素F降胆固醇的作用是亚油酸的163倍，是现今已知天然药物中降低胆固醇最为有效的药物。一般食品中不含维生素F，但亚油酸在许多食品中含量丰富，特别是植物油含量较多，亚油酸经脱氢酶作用转化为维生素F，再合成前列腺素。当年龄逐渐增长，身体各器官老化或患高血脂症、糖尿病、冠心病等疾病时，体内脱氢酶缺乏或活性下降，则影响亚油酸转化为维生素F，导致前列腺素合成减少。由于前列腺素不足，因而易患冠心病、糖尿病和高血脂等病症。③维生素F还有减肥作用，其减肥机制与具有成瘾性的苯丙胺和双胍类药物等食欲抑制剂不同，维生素F可促进脂肪线粒体的活性，消耗过多的热量，同时抑制体内糖类转化为脂肪的酵素活性，从而防止脂肪蓄积。动物试验显示，维生素F有抑制大鼠肿瘤生长和延长生存期的作用，以大剂量/日（100～200mg/kg）维生素F经腹腔注入，可抑制大鼠肉瘤的生长，并使大鼠淋巴细胞性白血病的存活时间延长。随着对维生素F的进一步深入研究和临床应用，维生素F将在抗衰老、抗癌和减肥等方面发挥重要的作用。④天然的维生素F主要来源于月见草油和紫草科植物玻璃苣等，资源有限，不能满足医药、食品和化妆品的大量需求，目前利用微生物发酵方法和生物工程技术生产的维生素F已取得成功，美、英等发达国家已建成年产100吨以上的制药厂，我国已开始利用生物工程技术生产维生素F，以满足市场增长的需求。

（4）缺乏症和日推荐量。缺乏维生素F会得湿疹、粉刺，但并无证据说明膳食中这些脂肪酸的缺乏将会使成年人出现任何临床症状，虽然婴儿可能需要这些脂肪酸。另外，不饱和脂肪酸有时被推荐用于治疗动脉粥样硬化。健康机构建议维生素F的成年人每日摄入量应该占总热量的1%～2%。这种维生素还有助于新陈代谢，愈合，促进头发和皮肤生长。

从食物中的不饱和脂肪酸制造而成，只要有充分的亚麻油酸，两种脂肪酸即可被合成，摄取大量碳水化合物的人要增加维生素F的用量。富含维生素F的食物植物性油有麦芽、亚麻种子、向日葵、红花、大豆、花生等榨取的油，以及花生、葵花籽、核桃、鳄梨、胡桃、美洲胡桃等。NRC建议每日摄取量还未确定，但据NRC指出，在所摄取的全部热量中，至少应该含有1%的不饱和脂肪酸，不饱和脂肪酸可帮助饱和脂肪酸的转化，两者适当的摄取比例为2：1。

### 三、维生素L

（1）概述。维生素L（Vitamin L）又叫催维生素，维生素L发现于酵母中的$L_1$和$L_2$存在两个因子的混合物，据认为是泌乳过程所不可缺少。然而，还没有将它确认为维生素是目前还不存在纯的维生素L这样的物质。主要成分为邻氨基苯甲酸，用于乳母乳汁不足的治疗。

（2）生理功能。1934，日本生物化学家中原和郎发现了维生素L，他发现维生素L于肝脏和酵母中，是鼠乳汁分泌的必需因子（L因子，泌乳因子）。1945，中原和郎认为，维生素L对人的效果不肯定，该因子无论其化学结构还是作用机理都是由两种不同的维生素$L_1$邻氨基苯甲酸（anthranilic acid）和$L_2$腺嘌呤硫代甲基戊糖（Adenosine thiosulfan pentose）组成的。但L效果没有确实的证明，因此把它作为独立的维生素看来是有问题的。

（3）缺乏症和日推荐量。在牛肝、鳟鱼、酵母和野菜中含有大量维生素L。它的主要功能是促进乳汁分泌。迄今没有维生素L缺乏症和日推荐量文献报道。

# 附录 1

## 维生素研究获得诺贝尔奖的科学家

| 年份 | 获奖者 | 诺贝尔奖项 | 主要业绩 |
|---|---|---|---|
| 1927 | 德国人H.O.维兰德（H.O.Wieland） | 化学奖 | 研究确定了胆酸及多种同类物质的化学结构 |
| 1928 | 德国哥廷根大学教授阿道夫·奥托·赖因霍尔德·温道斯（Adolf Otto Reinhold Windaus） | 化学奖 | 表彰他在研究固醇与维生素D关系方面重要的研究成果 |
| 1929 | 剑桥大学霍普金斯（F.G.Hopkins）爵士 | 生理学医学奖 | 膳食中添加乳品和干菜的乙醇提取物能使得动物存活，并保持成长。这种乙醇提取物“附加食品要素”，发现维生素$B_1$缺乏病并从事关于抗神经炎药物研究 |
|  | 荷兰医生克里斯蒂安·伊克曼（Christiaan Eijkman） |  | 发现了米糠的药物作用和脚气病菌存在关联，他纠正脚气病的病因不是由细菌传染，而是由于缺乏米糠中一种未知的“保护素”造成的，该保护素就是维生素$B_1$，是抗神经炎维生素 |
| 1931 | 瑞士研究员P.卡勒（P.Karrer） | 化学奖 | 从鱼肝油中分离活性物质并测量了维生素A化学式。当年与核黄素的研究工作一起获奖 |
| 1934 | 哈佛医学院的迈诺特（Minot）、墨菲（Murpbhy）与美国病理学家乔治霍伊特（George Hoyt） | 生理学医学奖 | 报道恶性贫血病患者摄取大量的生肝能使红血细胞恢复到正常水平。因为这个发现，他们三人分享了诺贝尔奖 |

（续表）

| 年份 | 获奖者 | 诺贝尔奖项 | 主要业绩 |
|---|---|---|---|
| 1937 | 美籍匈牙利生化学家艾伯特森特·圣乔其（Albert Szent-Gyorgyi） | 生理学医学奖 | 维生素C和人体内氧化反应的研究 |
| 1937 | 英国醣类化学家沃尔特H.霍沃斯（Walter H. Haworth） | 化学奖 | 从事碳水化合物和维生素C的结构研究，分离维生素C并确立了化学结构，他用不同方法制造出维生素C。 |
| | 和瑞士的P. 卡雷 | | 从事的类胡萝卜、核黄素以及维生素A的研究 |
| 1938 | 奥地利籍的德国化学家理查德·库恩（Richard. Kuhn） | 化学奖 | 从事类胡萝卜素以及维生素类的研究 |
| 1943 | 丹麦化学家亨利克·达姆（Henrik Dam） | 生理学医学奖 | 发现维生素K，并确定了谷氨酸γ-羧化的必需因子、血液凝固、骨代谢等生理功能 |
| | 和美国人E.A.Doisey（E.A.多伊西） | | 发现维生素K的化学性质 |
| 1953 | 美籍德国犹太裔生物化学家弗里茨·阿尔贝特·李普曼（Fritz Albert Lipmann） | 生理学医学奖 | 发现泛酸与辅酶A结合作为中间体在代谢中的重要研究成果，这项成果证明CoA是体内乙酰化反应所必需的。发现高能磷酸结合在代谢中的重要性 |
| 1954 | 莱纳斯·卡尔·鲍林（Linus Carl Pauling） | 化学奖 | 美国著名化学家，量子化学和结构生物学的先驱者之一，他最热衷于把维生素C作为一种药来使用。他曾风靡一时的《普通感冒和流行性感冒与维生素C》专著1970年出版。他的倡导使全世界人服用抗坏血酸片剂 |
| 1964 | 牛津大学的霍奇金（D. Hodgkin） | 化学奖 | 确定了维生素$B_{12}$（氰钴胺素）化学结构 |
| 1965 | 哈佛大学的伍德沃德（R.B.Wood ward） | 化学奖 | 完成了维生素D首次合成并表彰他的研究工作 |
| 1967 | 哈佛大学的乔治格瓦尔德（Geovge Wald）博士 | 化学奖 | 因维生素A的视觉作用 |

# 附录2

## 维生素历史与发现参考年表（按年份排序）

| 年份/年代 | 国籍/发现者/机构 | 维生素 | 成果或发现 |
|---|---|---|---|
| 公元前160—377 | 希腊人希波克拉底（Hippocrates） | 维生素C | 最初描述坏血病综合征，认为某一种食物对某些疾病有预防治疗作用 |
| 1309 | 法国年代编史学者J.S德约维尔（Jean Sire de Joinville） | 维生素C | 他的《圣路易的历史》书记述十字军东征时，一种对“嘴和腿有侵害的疾病”（坏血病） |
| 1535 | 探险者卡特（Cartier） | 维生素C | 他发现印地安人喝一种凤梨或云杉树尖的饮水来预防和治疗坏血病，“饮水”含维生素C |
| 1536 | 法国探险家雅克卡蒂（Jacques Cartier） | 维生素C | 印第安人教他们饮用一种侧柏树叶泡水治愈坏血病，后来发现这种树叶含维生素C |
| 1600—1603 | 英国航海家兰卡斯特（James Lancaster）船长 | 维生素C | 他是最早在远洋船上使用橘子及柠檬或柠檬汁治疗坏血病 |
| 1720 | 奥地利军医克莱默（Kramer） | 维生素C | 他指出，橘子或柠檬汁即可以治愈可怕的坏血病 |
| 1740 | 英国海军上将乔治·安森（George Anson） | 维生素C | 他发现发生坏血病的概率和只吃干粮的时间呈正比例，至此英国海军开始致力研究发展其代用品 |
| 1747 | 英国海军军医詹姆斯·林德（James Lind） | 维生素C | 在船上做了一个简单比对试验，他经典的研究被认为是把食品要素来预防种缺乏症的首次实验。1753年他出版了《坏血病大全》（A Treatise on Scurvy），这是维生素领域第一部专著 |

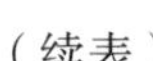

（续表）

| 年份/年代 | 国籍/发现者/机构 | 维生素 | 成果或发现 |
|---|---|---|---|
| 1844—1846 | 葛布利（N.T.Gobley） | 胆碱 | 从蛋黄中分离出一种物质称为卵磷脂（lecithin）作为高脂肪饲料饲喂大鼠和小鱼 |
| 1849 | 英国医学专家阿迪生（T.Addison） | 维生素$B_{12}$ | 报告了一种恶性贫血病，被称为阿迪生贫血病 |
| 1849 | 德国化学家斯特雷克（Strecker） | 胆碱 | 从猪胆汁中分离一种化合物，1862年他给该化合物命名为胆碱 |
| 1862 | 拜耶（Baeyer）和伍尔茨（Wurtz） | 胆碱 | 确定了胆碱的化学结构并首次合成了胆碱，当年他给该化合物命名为胆碱 |
| 1866—1867 | 拜耶（Baeyer）和伍尔茨（Wurtz） | 胆碱 | 分别研究测定胆碱准确的化学结构，首次合成了胆碱，但当时这个化合物并未引起学界的关注 |
| 1867 | 德国化学家胡贝尔（Huber） | 烟酸 | 首次发现并从烟草中提取尼古丁制取尼克酸，早先得名尼克酸 |
| 1873 | 伦特（V.Lent） | 维生素维生素$B_1$ | 第一位判断饮食类型与脚气病 |
| 1879 | 英国化学家布鲁斯（Bruce） | 维生素$B_2$ | 发现牛奶的上层乳清中存在一种黄绿色的荧光色素，疑似维生素$B_2$ |
| 1881 | Dorpat大学的邦奇（Von Bunge）的学生尼古拉斯·卢宁（Nicholas Lunin） | 维生素 | 认为牛奶中含有少量对生命必需的未知物 |
| 1882 | 医学博士日本海军医务总监高木兼宽（Kanehiro Takaki） | 维生素$B_1$ | 发现用大麦代替白米，添加蔬菜、鱼和肉、奶，可减少脚气病的发生，治愈了日本海军的脚气病 |
| 1890 | 英国帕尔姆（Palm）医生 | 维生素D | 提出阳光与佝偻病的关系。他的至理名言："哪里阳光充裕哪里佝偻病就少，哪里阳光少哪里佝偻病就普遍" |
| 1897 | 荷兰医生克里斯蒂安·伊克曼（Christiaan Eijkman） | 维生素$B_1$ | 他在东印度群岛的军队医院当军医首先发现脚气病。他纠正脚气病的病因不是由细菌传染，获1929年诺贝尔生理学医学奖 |
| 1901 | 荷兰内科医生G.格里恩斯（G.Grijns）博士 | 维生素$B_1$ | 继续了克里斯蒂安·艾克曼的工作。他总结报道鸟和人类的脚气病是由于在膳食里缺乏一种必需营养素造成的 |
| 1901 | 怀尔德斯（Wildiers） | 维生素H | 酵母需要一种有机物以供自身营养所需，他命名该物质为"生物活素" |

（续表）

| 年份/年代 | 国籍/发现者/机构 | 维生素 | 成果或发现 |
|---|---|---|---|
| 1905 | 荷兰人佩克尔·哈林（Pekel haring）在荷兰乌得勒支大学（Utre-cht University） | 维生素 | 完成一项动物实验，用含酪蛋白、鸡蛋白、米粉、猪油外加食盐的混合物饲喂老鼠仅存活4周，再此基础上添加牛奶，老鼠生长非常健康，存活期大大增加 |
| 1905 | 俄国的古里维奇（Gulewitsch）和克里姆伯格（Krimberg） | 肉毒碱 | 从牛肉汤渍汁中发现了肉毒碱，首次在肉类食物中分离出肉毒碱，但是它的化学结构至1927年前还未确定 |
| 1906 | 剑桥大学霍普金斯（F.G.Hopkins）爵士 | 维生素 | 通过基础实验，把乳品和干菜的乙醇提取物称为“附加食品要素”，后被确认为维生素物质，霍普金斯获得1929年诺贝尔生理学奖 |
| 1907 | 挪威的阿克塞尔·霍尔斯特（Axel Holst）和特奥多尔·弗洛里奇（Theodor Frolich） | 维生素C | 发表豚鼠坏血病实验的论文，解释了只有豚鼠所得的结果才能推引到人类坏血病疾病上 |
| 1907 | 挪威奥斯陆的霍尔斯特（Holst）和佛罗利克（Fro-lich） | 维生素C | 用谷物饲喂豚鼠做实验，取得了与人类相同的坏血病比对结果 |
| 1907 | 威斯康星大学的E.V.麦科勒姆（E.V.McCollum） | 维生素A | 一个失败的实验发现一个因子，这个因子就是人们熟知的维生素A |
| 1909—1911 | 康涅狄格试验站的奥斯本（Osborne）和门德尔（Mendel） | 维生素A | 他们的实验认为某一食物对某些疾病的治疗有帮助，分别发现维生素A |
| 1910 | 日本化学家铃木梅太郎 | 维生素$B_1$ | 从米糠中提取出了抗脚气病酸（アベリ酸，Aberic acid），后来证明它就是硫胺素 |
| 1912 | 美籍波兰裔生物化学家卡西米尔·冯克（Kazimierz. Funk）博士在伦敦的李斯特（Lister）研究所。冯克英文名为Casimir.Funk | 维生素 | 从米糠中得到了一种胺类的结晶，他认为这就是米糠中治疗脚气病的成分。同年，日本的铃木（Suzuki）也从米糠里提取了尼克酸。发现该化学物质治疗脚气病无效时，就没了兴趣，没预料它对糙皮病有效果 |
| 1912 | 28岁的美籍波兰裔生物化学家卡西米尔·冯克（Kazimierz. Funk）博士 | 维生素 | 命名了维生素，出版了首部《Vitamin》专著 |
| 1913 | 威斯康星大学E.V.麦科勒姆（McCollum）和戴维斯（Davis）与康涅狄格试验站的Osborne和Mendel | 维生素A | 分别发现维生素A，称之为脂溶性A。1915年，他们提出缺乏脂溶性A可导致夜盲症。后来英国医生梅兰比（E.Mellanby）错误地认为新发现的脂溶性维生素A治愈了佝偻病 |

（续表）

| 年份/年代 | 国籍/发现者/机构 | 维生素 | 成果或发现 |
|---|---|---|---|
| 1913 | 威斯康星大学麦科勒姆（E.V.McColum）和戴维斯（Davis） | 维生素A | 在鱼肝油里发现了一种物质，起名叫“维生素A” |
| 1914 | 美国公共卫生局派出以戈德伯格（J.Goldberger）医生为首的医疗队研究该病 | 尼克酸 | 从1914年起直至整个20年代，经过系列研究，戈德伯格证明该病是由于膳食中缺乏某种营养素所致，而不是感染或毒素中毒 |
| 1916 | 威斯康星大学麦科勒姆（E.V.McColum） | 水溶性B | 把治疗脚气病的浓缩物命名为“水溶性B” |
| 1916—1927 | 巴特曼（Bateman）和博厄斯（Boas） | 维生素H | 分别报道，鸡蛋蛋清中有一种有毒物质，生蛋清对大白鼠有不利影响。1927年博厄斯报道用蛋清饲养大白鼠可产生皮炎，某食物可预防这种有毒蛋白 |
| 1918 | 英国梅兰比（E Mellanby）爵士 | 维生素D | 他修正了原先的结论，证实佝偻病是一种营养缺乏症。确认缺乏维生素D是引起佝偻病的原因 |
| 1919 | 美国威士康星大学的斯廷博克（Steenbock）及其同事 | 胡萝卜素 | 存在于甘薯、胡萝卜和玉米中一种能维持正常生长和繁殖的未知物质，后来证明是胡萝卜素 |
| 1919 | 美国俄勒冈州的威廉斯（R.J.Williams） | 泛酸 | 首先发现泛酸的存在，认为它在营养上对酵母细胞增生和活性很重要 |
| 1920 | 英国科学家德拉蒙德（J.C.Drummond） | 维生素 | 建议由简单的ABCD字母顺序替代复杂的表述 |
| 1921 | 约翰·霍普金斯大学的埃尔默·麦科勒姆（Elmer McCollum） | 维生素D | 抗佝偻病并非维生素A所为，他将其命名为维生素D |
| 1922 | 埃尔默·麦科勒姆（Elmer McCollum） | 维生素D | 发现者把维生素D称为“存放钙的维生素” |
| 1922 | 赫伯特伊万斯（Herbert Evans）及凯瑟琳毕晓普（Katherine Bishop） | 维生素E | 研究生殖过程认为酸败的猪油可以引起大白鼠的不孕症。当时称为X因子发现脂溶性维生素E |
| 1922 | 爱德华·梅兰比（Edward Mellanby） | 维生素D | 发现脂溶性维生素D |
| 1923 | 哥伦比亚大学的艾尔弗雷德费边·赫斯（Alfred Fabian Hess）博士 | 维生素D | 大胆的指出脂溶性维生素（$D_3$）“阳光就是维生素” |

（续表）

| 年份/年代 | 国籍/发现者/机构 | 维生素 | 成果或发现 |
|---|---|---|---|
| 1923 | 威斯康星大学哈利斯廷博克（Harry Steenbock）博士 | 维生素D | 证明用紫外线照射食物和其他有机物可以提高维生素D含量 |
| 1924 | 阿肯色大学的休尔（Sure） | 维生素E | 将该X因子命名为维生素E |
| 1924 | 哥伦比亚大学的（Alfred Fabian Hess）赫斯博士和威斯康星大学的斯廷博克（Harry Steenbock）博士 | 维生素D | 通过各自的研究结果表明，维生素D可由紫外线照射产生。这一过程被后人称为“斯廷博克辐射”，并拿到了专利 |
| 1925 | 美国罗彻斯特大学医学和牙科学院院长惠普尔（G.H.Whipple） | 维生素$B_{12}$ | 用放血办法治疗狗患贫血病的试验，证明动物肝脏最有助于血液再生 |
| 1926 | 哈佛医学院的迈诺特（Minot）和墨菲（Murpbhy） | 维生素$B_{12}$ | 报道水溶性维生素$B_{12}$，该恶性贫血病患者摄取大量的生肝能使红血细胞恢复到正常水平。因该发现，他们和美国病理学家乔治霍伊特（George Hoyt）三人分享了1934年诺贝尔奖 |
| 1926 | 戈德伯格（Goldberger）和莉莉（Lillie） | 维生素$B_6$ | 进行了一个诱导大白鼠产生蜀黍红斑实验，导致大白鼠产生一种严重的皮炎症状，发现饲料中缺乏另一种物质时会引起小老鼠诱发糙皮病 |
| 1926 | D. T.史密斯（D. T. Smith）和E. G.亨德里克（E. G. Hendrick） | 维生素$B_2$ | 发现维生素$B_2$ |
| 1926 | 两位荷兰化学家詹森（B.C.P.Jansen）和多纳特（W.Donath），美国人罗杰威廉姆斯（Roger Williams） | 维生素$B_1$ | 在荷兰分离了抗脚气病的维生素，得到了硫胺结晶。威廉姆斯将其命名英文名称Thiamin。美国化学会将其改为Thiamine |
| 1927 | 德国人维兰德（H.O.Wieland） | 胆碱 | 研究确定了胆酸及多种同类物质的化学结构荣获诺贝尔化学奖 |
| 1927 | 博厄斯（Boas） | 维生素H | 蛋清饲养大白鼠可产生皮炎，某种食物可预防有毒蛋白，发现生物素辅酶R |
| 1927 | 日本人富田（Tomita）和Sendju | 肉毒碱 | 确定了肉毒碱的化学结构 |
| 1928 | 德国哥廷根大学教授阿道夫温道斯（Adolf Windaus） | 维生素D | 他在研究固醇与维生素关系方面研究成果荣获1928年诺贝尔化学奖 |

（续表）

| 年份/年代 | 国籍/发现者/机构 | 维生素 | 成果或发现 |
|---|---|---|---|
| 1928 | 剑桥大学霍普金斯实验室的匈牙利科学家森特・乔治（Szent Gyorgy） | 维生素C | 从牛肾上腺、柑橘和甘蓝叶中分离出一种物质，他称这种物质为己糖醛酸，他并没有进一步做抗坏血病影响实验 |
| 1928 | 美籍匈牙利生化学家艾伯特森特・圣乔其（Albert Szent-Gyorgyi） | 维生素C | 在剑桥霍普金斯实验室工作时他从肾上腺中分离出一种物质，称之为己糖醛酸。20世纪30年代是维生素研究的黄金时代 |
| 1929 | 哥本哈根大学的生物化学家亨利克・达姆（Henrik Dam）教授 | 维生素K | 发现脂溶性维生素K（萘醌类）。从动物肝和麻子油中发现并提取脂溶性维生素K。他包揽了维生素K从发现、生理功能到合成的全过程并提取维生素K |
| 1929 | 哈佛大学的卡斯蒂（W.B.Castie） | 维生素$B_{12}$ | 提出“外源因子和内源因子”，只有两个因子结合才具有促进恶性贫血病患者体内形成红血细胞，缺一不可 |
| 1930 | 英格兰的穆尔（Moore） | 胡萝卜素 | 证明前维生素就是β-胡萝卜素，是维生素A的前体 |
| 1930 | 德国哥廷根大学教授阿道夫温道斯（Adolf Windaus） | 维生素D | 确定了维生素D的化学结构，而维生素$D_3$的化学特性直到1936年才被认定 |
| 1931 | 瑞士研究员P. 卡勒（P.Karrer） | 维生素A | 首先建立了维生素A化学结构。当年与核黄素的研究工作一起，他获得了诺贝尔奖 |
| 1932 | 德国哥廷根大学教授阿道夫温道斯（Adolf Windaus）和英国的艾斯丘（Askew） | 维生素D | 从辐射过的麦角甾醇分离出纯维生素$D_2$（麦角钙化醇）结晶品 |
| 1932 | 德国科学家沃伯格（Warburg）和克里斯蒂安（Christian） | 维生素$B_2$ | 他们俩分离出了“黄酶”，后经鉴定其中一部分是黄素单核苷酸即核黄素磷酸盐 |
| 1932 | 匹兹堡大学的查尔斯葛兰・金（Charles Glen King）和沃夫（W.A.Waugh） | 维生素C | 从柠檬汁中分离一种结晶状物，发现在豚鼠体内具有抗坏血酸活性，坏血病的祸根在于缺乏维生素C的事实被确认 |
| 1932 | 贝斯特（Best）及其同事们 | 胆碱 | 在加拿大多伦多大学报告，给大白鼠喂高脂肪饲料时胆碱防止了脂肪肝 |
| 1932 | 两位德国科学家沃伯格（Warburg）和克里斯蒂安（Christian） | 维生素$B_2$ | 分离出“黄酶”，后经鉴定其中一部分是黄素单核苷酸即核黄素磷酸盐 |
| 1933 | 海德堡大学库恩（Kuhn） | 维生素$B_2$ | 从牛奶中分离出纯的核黄素，1935年他又确定了核黄素的结构并成功的人工合成了核黄素 |

（续表）

| 年份/年代 | 国籍/发现者/机构 | 维生素 | 成果或发现 |
|---|---|---|---|
| 1933 | 瑞士科学家里克斯特（Reichstem）等人 | 维生素C | 首次人工合成维生素C成品取得成功 |
| 1933 | 阿尔逊（Allison）和其同事们 | 维生素H | 从豆类根瘤中分离出种固氮细菌，他们命名为辅酶R |
| 1933 | 美国科学家哥尔倍格（Gorebeige） | 维生素$B_2$ | 从1000多kg牛奶中得到18mg物质，因其分子式上有一个核糖醇，命名为核黄素 |
| 1933 | 美国人罗杰威廉姆斯（Roger Williams） | 维生素$B_5$ | 发现水溶性维生素$B_5$ |
| 1933 | 瑞士科学家里克斯特（Reichstem） | 维生素C | 合成维生素C |
| 1933 | 美国俄勒冈州的威廉斯（R.J.Williams） | 泛酸 | 从酵母中分离出这个化合物并称之为泛酸 |
| 1934 | 匈牙利科学家乔吉（Gyorgy） | 维生素$B_6$ | 用酵母提取物治愈了这种病。发现是一种称之为维生素$B_6$的物质 |
| 1934 | 日本生物化学家中原和郎 | 类维生素/维生素L | 他发现维生素L于肝脏和酵母中，是鼠乳汁分泌的必需因子 |
| 1935 | 丹麦化学家亨利克·达姆（Henrik Dam） | 维生素K | 将其命名为“Koagulation”，丹麦语“凝固”的意思，取该丹麦词的第一个字母，简缩写为维生素K |
| 1935 | 瑞士科学家卡勒（Karrer）及其同事 | 维生素$B_2$ | 发现类似“黄素”的化合物上连接有一个戊糖侧链核糖醇与核糖很相似，故将其命名为核黄素。1952年该名称被生物化学命名委员会正式采纳 |
| 1935 | 欧拉·阿尔伯（Von Euler.Albers）和斯林克（Schlenck） | 尼克酸 | 首次证明了尼克酸（以酰胺形式）酶结构的一部分，它是生物化学中十分重要的有机化合物 |
| 1936 | 加利福尼亚大学的埃文斯（Evans）及其同事 | 维生素E | 从麦胚油中分离出结晶维生素E，命名为生育酚（Tocopherol） |
| 1936 | 德国的布罗克曼（Brockmanu） | 维生素D | 从金枪鱼的鱼肝油中分离处纯维生素$D_3$（胆钙化醇）结晶品 |
| 1936 | 德国的科戈（Kogl）和托尼斯（Tonnis） | 维生素H | 从煮鸭蛋黄中分离出一种结晶物质，称之为“生物素”，是酵母生长所需的“生物活素”因子 |
| 1936 | 美国人罗杰威廉姆斯（Roger Williams） | 维生素$B_1$ | 测定维生素$B_1$的化学结构并成功合成，起名为硫胺素 |

（续表）

| 年份/年代 | 国籍/发现者/机构 | 维生素 | 成果或发现 |
|---|---|---|---|
| 1936 | 两位德国科学家，沃伯格（Warburg）和克里斯琴（Christian） | 烟酰胺 | 证明烟酰胺以烟酰胺腺嘌呤二核苷酸形式，是氢传递系统的必需成分（1932年他们俩分离了核黄素） |
| 1937 | 美籍匈牙利生化学家艾伯特森特·圣乔其（Albert Szent-Gyorgyi） | 维生素C | 维生素C和人体内氧化反应的研究获得生理学医学奖 |
| 1937 | 威斯康星大学的埃尔维耶姆（EIvehjem）博士及其同事 | 烟酰胺 | 从肝脏中分离出来的尼克酸或烟酰胺可以治疗“狗黑舌病”，该病况被公认为与人的糙皮病相同 |
| 1937 | 美籍匈牙利生化学家艾伯特森特·圣乔其（Albert Szent-Gyorgyi） | 维生素H | 发现维生素H，将此种物质命名为维生素H |
| 1937 | 康拉德埃尔维杰姆（Conrad Elvehjem） | 维生素$B_3$ | 发现水溶性维生素$B_3$（烟酸） |
| 1937 | 美籍匈牙利生化学家艾伯特森特·圣乔其（Albert Szent-Gyorgyi） | 类黄酮 | 提出了维生素P的概念，认为这是一类具有类黄酮性质的物质，有调节毛细血管的渗透性和维持其完整性的功能 |
| 1937 | 英国醣类化学家沃尔特H.霍沃斯（Walter H. Haworth） | 维生素C | 从事碳水化合物和维生素C的结构研究，分离维生素C并确立了化学结构，他用不同方法制造出维生素C。和瑞士的P. 卡雷从事的类胡萝卜、核黄素以及维生素 A的研究分享诺贝尔奖 |
| 1938 | 美籍匈牙利生化学家艾伯特森特·圣乔其（Albert Szent-Gyorgyi） | 类黄酮 | 他自己报告说以后的实验未能证明他早期的实验结果，维生素P理想的功能性疗效并未成为事实。其他实验室的相似工作也证实了他的结论 |
| 1938 | 瑞士化学家卡勒（Karrer） | 维生素E | 首次人工合成了维生素E |
| 1938 | 奥地利籍的德国化学家理查德·库恩（Richard. Kuhn） | 维生素A | 从事类胡萝卜素以及维生素类的研究获得诺贝尔化学奖 |
| 1938—1939 | 加利福尼亚大学的莱普科维斯基（Lepkovsky） | 维生素$B_6$ | 5个实验室各自都分离合成出了结晶维生素$B_6$。按照西方优先的原则，应归于莱普科维斯基并命名为维生素$B_6$ |
| 1939 | 默克（Merck）公司的斯蒂尔（Stille）等 | 维生素$B_6$ | 确定了这种维生素$B_6$的化学结构 |

（续表）

| 年份/年代 | 国籍/发现者/机构 | 维生素 | 成果或发现 |
|---|---|---|---|
| 1939 | 默克公司的哈雷（Harri）和弗尔科斯（Folkers）与奥地利的德国化学家理查德库恩（Richard Kuhn） | 维生素$B_6$ | 共同合成了维生素$B_6$ |
| 1939 | 丹麦化学家亨利克·达姆（Henrik Dam）卡勒（Karrer） | 维生素K | 分离出纯维生素K，并确定它的生理功能。同年阿尔姆奎斯特（Almquist）和克洛斯（Klose）人工合成了维生素K |
| 1939 | 美国俄勒冈州的威廉斯（R.J.Williams） | 泛酸 | 他再次从肝中分离出泛酸，朱克斯（Jukes）也认为肝中分离出来的抗皮炎因子与在酵母中找到的是同一物质 |
| 1939 | 印度孟买产科医院的露西·维尔斯（Lucy Wills）医生 | 叶酸 | 用酵母提取物改善妊娠妇女的巨红血球性贫血，这一组因子与叶酸化学活性与维生素有关，当时起名为叶精 |
| 1940 | 美国俄勒冈州的威廉斯（R.J.Williams）和其他两个实验室 | 泛酸 | 各自合成了泛酸，但后来的研究结果表明它对改变人类头发色泽无效。1940年泛酸人工合成取得成功 |
| 1940 | 匈牙利科学家乔治（Gyorgy）乔治及其同事 | 维生素H | 实验证明辅酶R、生物素和维生素H为同种物质，是哺乳动物必需的营养素 |
| 1940 | 苏拉（Sura）和乔吉·吉戈德布拉特（Gyorgy.Goldblatt） | 胆碱 | 报道了胆碱是大白鼠生长必不可少的要素，胆碱具有维生素特性。直到1941年德维格纽（Devigneaud）弄清它的生物合成途径。1962年被正式命名为胆碱。在相当长的时期内胆碱的研究并不受重视 |
| 1940 | 威斯康星大学的伍利（Woolley） | 肌醇 | 证明了肌醇可以预防小白鼠脱发、斑秃或秃发，研究表明喂以肌醇缺乏的饲料饲喂大白鼠在眼睛周围出现裸区，形成奇怪的“眼镜状”外观 |
| 1941 | 威斯康星大学的林克（Link）和其同事 | 维生素K | 发现了双香豆素一种维生素K的抗代谢物 |
| 1941 | 德维格纽（Devigneaud） | 胆碱 | 弄清胆碱生物合成途径 |
| 1941 | 得克萨斯州的米切尔（Mitchell），斯内尔（Snell）和威廉斯（Williams） | 叶酸 | 建议把叶精改名为叶酸是因为这种细菌生长因子在菠菜中发现，并广泛分布在绿叶植物中 |
| 1942 | 斯尼尔（Snell） | 维生素$B_6$ | 在自然产物中发现了另两种结构密切相关并具有维生素$B_6$活性的物质，给它们定名为吡哆醛和吡哆胺 |

（续表）

| 年份/年代 | 国籍/发现者/机构 | 维生素 | 成果或发现 |
|---|---|---|---|
| 1942 | 维尼奥德（du Vigneaud）及其同事 | 维生素H | 根据分解产物，提出了生物素结构式 |
| 1943 | 丹麦化学家亨利克.达姆（Henrik Dam） | 维生素K | 因卓越的维生素K成就获诺贝尔生理学和医学奖 |
| 1943 | 默克公司（Merck）哈里斯（Harris）和同事 | 维生素H | 成功合成生物素 |
| 1945 | 威斯康星大学的伍德（Woolley） | 肌醇 | 发现肌醇 |
| 1945 | 尤伯特（Umbreit） | 维生素$B_6$ | 提供了一个关于这种维生素的磷酸酯的辅酶功能的研究报告 |
| 1945 | 威斯康星大学威拉德克雷尔（Willard Krehl）及其同事 | 烟酸 | 最终解释了预防糙皮病方面的另一神秘现象。他们发现，色氨酸为烟酸的前体物质 |
| 1945 | 安吉尔（Angier）及其同事以及汤姆·斯匹斯（Tom Spies）博士 | 叶酸 | 分离合成了叶酸。同年斯匹尔斯博士提出，叶酸对妊娠期的核巨红血球性贫血和热带口炎性腹泻有治疗效果 |
| 1945 | 日本生物化学家中原和郎 | 类维生素/维生素L | 维生素L对人的效果不肯定，效果不被证明，把它作为独立的维生素看来是有问题的 |
| 1946 | 美籍德国犹太裔生物化学家弗里茨·阿尔贝特·李普曼（Fritz Albert Lipmann）和他的同事 | 泛酸 | 由于发现泛酸与辅酶A结合作为中间体在代谢中的重要研究成果获得1953年诺贝尔生理学奖 |
| 1947 | 贝克（Baker） | 维生素H | 发明了新的生物素合成路线 |
| 1947 | 弗莱克尔（Fraenkel） | 肉毒碱 | 发现黄粉虫生长需要一种存在于酵母中的因子，他称为维生素BT。“B”意指水溶性维生素，小写脚注“T”代表黄粉虫（Tenebrio molitor）的字头。名称为“肉毒碱”一直沿用至今 |
| 1948 | 卡尔·福克斯（Karl Folkers）和亚历山大·托德（Alexander Todd） | 维生素$B_7$ | 发现维生素$B_7$ |
| 1948 | 新泽西州墨克（Merck）公司的雷克斯（Rickes）及其同事们研究小组，英国的史密思（Smith）和帕克（Parker）研究小组 | 维生素$B_{12}$ | 两个研究组齐头并进对肝浓缩物开展提取结晶工艺研究。他们各自从肝浓缩物中分离出一种晶体红色素，他们把该晶体叫作维生素$B_{12}$ |

（续表）

| 年份/年代 | 国籍/发现者/机构 | 维生素 | 成果或发现 |
|---|---|---|---|
| 1948 | 纽约哥伦比亚大学的维斯特（R.West） | 维生素$B_{12}$ | 发表了给恶性贫血病人注射维生素$B_{12}$疗效明显的科技文章 |
| 1949 | 哥德堡（Goldberg）和斯顿巴哈（Sternbach） | | 首次完成工业化合成工艺 |
| 1950 | 美籍匈牙利生化学家艾伯特森特·圣乔其（Albert Szent-Gyorgyi） | 类黄酮 | 美国生化学会和美国营养研究所的生化命名联合委员会不建议用维生素P这个名称。除法国和前苏联仍坚持用该名称外，其他各国都采用了生物类黄酮的名称。60年代后期，美国FDA给出了结论，生物类黄酮不仅不是维生素，不具有任何营养价值 |
| 1951 | 美国人里德（Reed）等 | 硫辛酸 | 在研究乳酸菌时发现这种辅酶因子是一个脂溶性的酸，称之为硫辛酸 |
| 1952 | 卡特（Carter）等人 | 肉毒碱 | 确证了维生素$B_T$即为肉碱 |
| 1953 | 哈佛大学的伍德沃德（R.B.Wood ward） | 维生素D | 首次合成维生素D，1965年他获得诺贝尔化学奖 |
| 1953 | 美国《化学文摘》 | 肉碱 | 肉碱列入美国《化学文摘》中维生素BT索引栏目 |
| 1954 | 莱纳斯·卡尔·鲍林（Linus Carl Pauling） | 维生素C | 美国著名化学家，量子化学和结构生物学的先驱者之一，他最热衷于把维生素C作为一种药来使用。他曾风靡一时的《普通感冒和流行性感冒与维生素C》专著1970年出版。由于他的倡导使全世界人开始服用抗坏血酸片剂。他荣获1954年诺贝尔奖 |
| 1955 | 牛津大学的霍奇金（D. Hodgkin）及其同事们 | 维生素$B_{12}$ | 确定了维生素$B_{12}$（氰钴胺素）化学结构。霍奇金荣获1964年诺贝尔奖 |
| 1955 | 哈佛大学的伍德沃德（Woodward）研究组 | 维生素$B_{12}$ | 发酵工艺制取维生素$B_{12}$取得成果 |
| 1957—1958 | 分别在英国利物浦和美国威斯康星州麦迪逊 | 辅酶Q/泛醌 | 通过两条不同的途径各自独立发现的CoQ。一条途径是通过对脂溶性维生素的研究，而另一条途径是通过对线粒体酶促反应过程的研究 |
| 1958 | 美国得克萨斯大学的卡鲁福鲁卡斯（C Ruffo Lucas）博士 | 辅酶Q | 建立了辅酶Q10的化学结构，他被医学家称为“细胞能量之源” 和辅酶Co 的研究之父” |
| 1958—1959 | 英国利物浦和美国威斯康星州麦迪逊的两个研究组 | 辅酶Q/泛醌 | 共同证明了泛醌类化合物的分子结构 |

（续表）

| 年份/年代 | 国籍/发现者/机构 | 维生素 | 成果或发现 |
|---|---|---|---|
| 1958 | 弗里茨（Fritz） | 肉毒碱 | 发现左旋肉毒碱能促进线粒体对脂肪的代谢速率，明确它在脂肪氧化中的基本作用，是一种必需营养物质 |
| 1964 | 牛津大学的霍奇金（D，Hodgkin ） | 维生素$B_{12}$ | 确定了维生素$B_{12}$（氰钴胺素）化学结构获得诺贝尔化学奖 |
| 1965 | 哈佛大学的伍德沃德（R.B.Wood ward） | 维生素D | 维生素D首次合成并表彰他的研究工作获得诺贝尔化学奖 |
| 1967 | 哈佛大学的乔治格瓦尔德（Geovge Wald）博士 | 维生素A | 因维生素A的视觉作用获得医学诺贝尔奖 |
| 1968 | 德卢卡（Deluca）教授 | 维生素D | 提取分离25-OH-$D_3$取得成功，是一种重要的中间代谢产物。1971年，德卢卡教授又提取出了1，25-（OH）$_2D_3$，它是生理活性最强的最终代谢产物。赢得人们对活性维生素D给予更多关注 |
| 1971 | 美国营养学会和国际机构 | 烟酸 | 同意采用烟酸（Niacin）词代替这种维生素的所有形式 |
| 1973 | 恩格尔（Engel） | 肉毒碱 | 首例报道肉毒碱缺乏病例并用肉毒碱治疗。20世纪80年代，肉毒碱才作为商品在国外上市，并被收录《美国药典》第22版 |
| 1974 | 中国科学院微生物研究所 | 维生素C | 突破国外层层封锁，一举拿下维生素C“二步发酵法” |
| 1975 | 日本人宏志（Hiroshi） | 维生素H | 从D-甘露糖出发完成生物素的合成路线。不久，意大利人恩里科（Enrico）又提出了另一种合成路线 |
| 1985 | 芝加哥召开的国际营养学术会议 | 肉毒碱 | 将左旋肉毒碱指定为“多功能营养品” |
| 1993 | 美国食品与药物管理局（FDA）专家委员会 | 肉毒碱 | 认为左旋肉毒碱是“公认安全无毒”的 |
| 1994 | 德国卫生部 | 肉毒碱 | 规定肉毒碱使用量无须规定上限 |
| 1996 | 中国第十六次全国食品添加剂标准化技术委员会 | 肉毒碱 | 允许在饮料、乳饮料、饼干、固体饮料、乳粉中使用左旋肉毒碱 |
| 1998 | 法国政府 | 肉毒碱 | 规定肉毒碱可作为多用途营养剂 |
| 2004 | 日本厚生劳动省 | 硫辛酸 | 2004年6月日本将其从药品改分类到食品，此前把硫辛酸作为糖尿病用药 |

2.维生素及类维生素Vitamins，proyitamins，chemically well defined substances having a similar biological effect to vitamins

| 通用名称 | 英文名称 | 化学式或描述 | 来源 | 含量规格 | | 适用动物 | 在配合饲料或全混合日粮中的推荐添加量（以维生素计） | 在配合饲料或全混合日粮中的最高限量（以维生素计） | 其他要求 |
|---|---|---|---|---|---|---|---|---|---|
| | | | | 以化合物计 | 以维生素计 | | | | |
| 维生素A乙酸酯 | Vitamin A acetate | $C_{22}H_{32}O_2$ | 化学制备 | — | 粉剂<br>≥ $5.0 \times 10^5$IU/g<br>油剂<br>≥ $2.5 \times 10^6$IU/g | 养殖动物 | 猪1300 ~ 4000 IU/kg<br>肉鸡2700 ~ 8000 IU/kg<br>蛋鸡1500 ~ 4000 IU/kg<br>牛2000 ~ 4000 IU/kg<br>羊1500~2400 IU/kg<br>鱼类1000 ~ 4000 IU/kg | 仔猪 16000 IU/kg<br>育肥猪6500 IU/kg<br>怀孕母猪 12000 IU/k<br>泌乳母猪7000 IU/kg<br>犊牛 25000 IU/kg<br>育肥和泌乳牛10000IU/kg<br>干奶牛 20000 IU/kg<br>14日龄以前的蛋鸡和肉鸡 20000 IU/kg<br>14日龄以后的蛋鸡和肉鸡 10000 IU/kg<br>28日龄以前的肉用火鸡 20000 IU/kg<br>28日龄以后的火鸡10000 IU/kg<br>（单独或同时使用） | — |
| 维生素A棕榈酸酯 | Vitamin A palmitate | $C_{36}H_{60}O_2$ | 化学制备 | — | 粉剂<br>≥$2.5 \times 10^5$ IU/g<br>油剂<br>≥ $1.7 \times 10^6$IU/g | 养殖动物 | 同上 | | |
| β-胡萝卜素 | beta-Carotene | $C_{40}H_{56}$ | 提取、发酵生产或化学制备 | ≥96.0% | | 养殖动物 | 奶牛5 ~ 30mg/kg（以β-胡萝卜素计） | — | — |

（续表）

| 通用名称 | 英文名称 | 化学式或描述 | 来源 | 含量规格 | | 适用动物 | 在配合饲料或全混合日粮中的推荐添加量（以维生素计） | 在配合饲料或全混合日粮中的最高限量（以维生素计） | 其他要求 |
|---|---|---|---|---|---|---|---|---|---|
| | | | | 以化合物计 | 以维生素计 | | | | |
| 盐酸硫胺（维生素$B_1$） | Thiamine hydrochloride（Vitamin $B_1$） | $C_{12}H_{17}ClN_4OS$-HCl | 化学制备 | 98.5% ~ 101.0%（以干基计） | 87.8% ~ 90.0%（以干基计） | 养殖动物 | 猪 1 ~ 5mg/kg<br>家禽1 ~ 5mg/kg<br>鱼类5 ~ 20mg/kg | — | — |
| 硝酸硫胺（维生素$B_1$） | Thiamine mononitrate（Vitamin $B_1$） | $C_{12}H_{17}N_5O_4S$ | 化学制备 | 98.0% ~ 101.0%（以干基计） | 90.1% ~ 92.8%（以干基计） | | 同上 | — | — |
| 核黄素（维生素$B_2$） | Riboflavin（Vitamin $B_2$） | $C_{17}H_{20}N_4O_6$ | 化学制备或发酵生产 | | 98.0% ~ 102.0%<br>96.0% ~ 102.0%<br>≥ 80.0%<br>（以干基计） | 养殖动物 | 猪 2 ~ 8mg/kg<br>家禽2 ~ 8mg/kg<br>鱼类10 ~ 25 mg/kg | — | — |
| 盐酸吡哆醇（维生素$B_6$） | Pyridoxine hydrochloride（Vitamin $B_6$） | $C_8H_{11}NO_3$-HCl | 化学制备 | 98.0% ~ 101.0%（以干基计） | 80.7% ~ 83.1%（以干基计） | 养殖动物 | 猪 1 ~ 3mg/kg<br>家禽3 ~ 5 mg/kg<br>鱼类3 ~ 50 mg/kg | — | — |
| 氰钴胺（维生素$B_{12}$） | Cyanocobalamin（Vitamin $B_{12}$） | $C_{63}H_{88}CoN_{14}O_{14}P$ | 发酵生产 | — | ≥96.0%（以干基计） | 养殖动物 | 猪 5 ~ 33μg/kg<br>家禽3 ~ 12μg/kg<br>鱼类10 ~ 20 μg/kg | — | — |

（续表）

| 通用名称 | 英文名称 | 化学式或描述 | 来源 | 含量规格 | | 适用动物 | 在配合饲料或全混合日粮中的推荐添加量（以维生素计） | 在配合饲料或全混合日粮中的最高限量（以维生素计） | 其他要求 |
|---|---|---|---|---|---|---|---|---|---|
| | | | | 以化合物计 | 以维生素计 | | | | |
| L-抗坏血酸（维生素C） | L-Ascorbic acid（Vitamin C） | $C_6H_8O_6$ | 化学制备或发酵生产 | — | 99.0% ～ 101.0% | 养殖动物 | 猪 150 ～ 300 mg/kg<br>家禽 50 ～ 200 mg/kg<br>犊牛 125 ～ 500 mg/kg<br>罗非鱼、鲫鱼<br>—鱼苗 300 mg/kg<br>—鱼种 200 mg/kg<br>青鱼、虹鳟鱼、蛙类<br>100 ～ 150 mg/kg<br>草鱼、鲤鱼<br>300 ～ 500 mg/kg | — | — |
| L-抗坏血酸钙 | Calcium L-ascorbate | $C_{12}H_{14}CaO_{12}\cdot H_2O$ | 化学制备 | ≥ 98.0% | ≥ 80.5% | 养殖动物 | 同上 | — | — |
| L-抗坏血酸钠 | Sodium L-ascorbate | $C_6H_7NaO_6$ | 化学制备或发酵生产 | ≥ 99.0%（以干基计） | ≥88.0%（以干基计） | 养殖动物 | 同上 | — | — |
| L-抗坏血酸钠-2-磷酸酯 | L-Ascorbyl-2-polyphosphate | — | 化学制备 | — | ≥ 35.0% | 养殖动物 | 同上 | — | — |
| L-抗坏血酸-6-棕榈酸酯 | 6-Palinityl-L-ascorbic acid | $C_{22}H_{38}O_7$ | 化学制备 | ≥ 95.0% | ≥40.3% | 养殖动物 | 同上 | — | — |

（续表）

| 通用名称 | 英文名称 | 化学式或描述 | 来源 | 含量规格 | | 适用动物 | 在配合饲料或全混合日粮中的推荐添加量（以维生素计） | 在配合饲料或全混合日粮中的最高限量（以维生素计） | 其他要求 |
|---|---|---|---|---|---|---|---|---|---|
| | | | | 以化合物计 | 以维生素计 | | | | |
| 维生素$D_2$ | Vitamin $D_2$ | $C_{28}H_{44}O$ | 化学制备 | ≥97.0% | ≥$4.0\times10^7$ IU/g | 养殖动物 | 猪 150 ～500IU/kg<br>牛 275～400IU/kg<br>羊 150 ～500IU/kg | 猪<br>—仔猪代乳料10000 IU/kg<br>—其他猪 5000 IU/kg<br>家禽 5000 IU/kg<br>牛<br>—犊牛代乳料10000 IU/kg<br>—其他牛 4000 IU/kg<br>羊、马 4000 IU/kg<br>鱼类 3000 IU/kg<br>其他动物2000 IU/kg | 维生素$D_2$与维生素$D_3$不得同时使用 |
| 维生素$D_3$ | Vitamin $D_3$ | $C_{27}H_{44}O$ | 化学制备或提取 | — | 油剂<br>≥$1.0\times10^6$IU/g<br>粉剂<br>≥$5.0\times10^5$IU/g | 养殖动物 | 猪150～500IU/kg<br>鸡400～2000IU/kg<br>鸭500～800IU/kg<br>鹅500～800IU/kg<br>牛275～450IU/kg<br>羊150～500IU/kg<br>鱼类 500～2000 IU/kg | | |

（续表）

| 通用名称 | 英文名称 | 化学式或描述 | 来源 | 含量规格 | | 适用动物 | 在配合饲料或全混合日粮中的推荐添加量（以维生素计） | 在配合饲料或全混合日粮中的最高限量（以维生素计） | 其他要求 |
|---|---|---|---|---|---|---|---|---|---|
| | | | | 以化合物计 | 以维生素计 | | | | |
| 25-羟基胆钙化醇（25-羟基维生素$D_3$） | 25-Hydroxy cholecalciferol（2 5-Hydroxy Vitamin D3） | $C_{27}H_{44}O_2$-$H_2O$ | 化学制备 | ≥94.0% | — | 猪、家禽 | 猪 3.75～12.5μg/kg<br>鸡10~50μg/kg<br>鸭、鹅12.5～20μg/kg | 猪 50 μg/kg<br>肉鸡、火鸡100μg/kg<br>其他家禽80 μg/kg | 1.不得与维生素$D_2$同时使用；<br>2.可与维生素$D_3$同时使用，但两种物质在配合饲料中的总量不得超过：仔猪代乳料250μg/kg，其他猪125μg/kg，家禽125 μg/k：同时使用时，按40IU维生素$D_3$=lμg维生素$D_3$的比例换算维生素$D_3$的使用量 |

（续表）

| 通用名称 | 英文名称 | 化学式或描述 | 来源 | 含量规格 | | 适用动物 | 在配合饲料或全混合日粮中的推荐添加量（以维生素计） | 在配合饲料或全混合日粮中的最高限量（以维生素计） | 其他要求 |
|---|---|---|---|---|---|---|---|---|---|
| | | | | 以化合物计 | 以维生素计 | | | | |
| 天然维生素E | Natural vitamin E | 从天然食用植物油的副产物中提取的天然生育酚 | 提取 | 1.d-α-生育酚：E70型，总生育酚≥70.0%，其中d-α-生育酚≥95.0%；E50型，总生育酚≥50.0%，其中d-α-生育酚95.0% 2.d-α-醋酸生育酚浓缩物：总生育酚≥70.0% 3.d-a-醋酸生育酚：总生育酚96.0%～102.0%4 d-a-琥珀生育酚酚：总生育酚96.0%～102.0% | — | 养殖动物 | 猪10～100IU/kg<br>鸡10～30IU/kg<br>鸭20～50IU/kg<br>鹌20～50IU/kg<br>牛15～60IU/kg<br>羊10～40IU/kg<br>鱼类 30～120IU/kg | — | — |
| DL-α-生育酚（维生素E） | DL-α-Tocopherol（Vitamin E） | $C_{29}H_{50}O_2$ | 化学制备 | — | 96.0% ～102.0% | 养殖动物 | 同上 | — | — |

（续表）

| 通用名称 | 英文名称 | 化学式或描述 | 来源 | 含量规格 |  | 适用动物 | 在配合饲料或全混合日粮中的推荐添加量（以维生素计） | 在配合饲料或全混合日粮中的最高限量（以维生素计） | 其他要求 |
|---|---|---|---|---|---|---|---|---|---|
|  |  |  |  | 以化合物计 | 以维生素计 |  |  |  |  |
| DL-α-生育酚乙酸酯（维生素E） | DL-α-Tocopherol acetate（Vitamin E） | $C_{31}H_{52}O_3$ | 化学制备 | 油剂 ≥93.0%<br>粉剂 ≥50.0% | 油剂 ≥930 IU/g<br>粉剂 ≥500 IU/g | 养殖动物 | 同上 | — | — |
| 亚硫酸氢钠甲萘醌 | Menadione sodium bisulfite（MSB） | $C_{11}H_8O_2$-$NaHSO_3$·n $H_2O$，n=1～3 | 化学制备 | — | ≥50.0%（以甲萘醌计） | 养殖动物 | 猪 0.5mg/kg<br>鸡 0.4～0.6 mg/kg<br>鸭 0.5 mg/kg<br>水产动物2～16 mg/kg<br>（以甲萘醌计） | — | — |
| 二甲基嘧啶醇亚硫酸甲萘醌 | Menadione dimethyl pyrimidinol bisulfite（MPB） | $C_{17}H_{18}N_2O_6S$ | 化学制备 | ≥96.7% | ≥44.0%（以甲萘醌计） | 养殖动物 | 同上 | 猪 10 mg/kg<br>鸡 5 mg/kg<br>（以甲萘醌计） | — |
| 亚硫酸氢烟酰胺甲萘醌 | Menadione nicotinamide bisulfite（MNB） | $C_{17}H_{16}N_2O_6S$ | 化学制备 | ≥96.0% | ≥43.7%（以甲萘醌计） | 养殖动物 | 同上 | — | — |

（续表）

| 通用名称 | 英文名称 | 化学式或描述 | 来源 | 含量规格 | | 适用动物 | 在配合饲料或全混合日粮中的推荐添加量（以维生素计） | 在配合饲料或全混合日粮中的最高限量（以维生素计） | 其他要求 |
|---|---|---|---|---|---|---|---|---|---|
| | | | | 以化合物计 | 以维生素计 | | | | |
| 烟酸 | Nicotinic acid | $C_6H_5NO_2$ | 化学制备 | — | 99.0% ~100.5%（以干基计） | 养殖动物 | 仔猪20 ~ 40 mg/kg<br>生长肥育猪<br>20 ~ 30mg/kg<br>蛋雏鸡30 ~ 40 mg/kg<br>育成蛋鸡10 ~ 15 mg/kg<br>产蛋鸡20 ~ 30 mg/kg<br>肉仔鸡30 ~ 40 mg/kg<br>奶牛50 ~ 60 mg/kg（精料补充料）<br>鱼虾类20 ~ 200 mg/kg | — | — |
| 烟酰胺 | Niacinamide | $C_6H_6N_2O$ | 化学制备 | — | ≥ 99.0% | | 同上 | — | — |
| D-泛酸钙 | D-Calcium pantothenate | $C_{18}H_{32}CaN_2O_{10}$ | 化学制备 | 98.0% ~101.0%（以干基计） | 90.2% ~92.9%（以干基计） | 养殖动物 | 仔猪10 ~ 15mg/kg<br>生长肥育猪<br>10 ~ 15mg/kg<br>蛋雏鸡10 ~ 15mg/kg<br>育成蛋鸡10 ~ 15mg/kg<br>产蛋鸡20 ~ 25mg/kg<br>肉仔鸡20 ~ 25mg/kg<br>鱼类20 ~ 50mg/kg | | |

（续表）

| 通用名称 | 英文名称 | 化学式或描述 | 来源 | 含量规格 |  | 适用动物 | 在配合饲料或全混合日粮中的推荐添加量（以维生素计） | 在配合饲料或全混合日粮中的最高限量（以维生素计） | 其他要求 |
|---|---|---|---|---|---|---|---|---|---|
|  |  |  |  | 以化合物计 | 以维生素计 |  |  |  |  |
| DL-泛酸钙 | DL-Calcium pantothenate | $C_{18}H_{32}CaN_2O_{10}$ | 化学制备 | ≥99.0% | ≥45.5% | 养殖动物 | 仔猪20～30mg/kg<br>生长肥育猪<br>20～30mg/kg<br>蛋雏鸡20～30mg/kg<br>育成蛋鸡20～30mg/kg<br>产蛋鸡40～50mg/kg<br>肉仔鸡40～50mg/kg<br>鱼类 40～100mg/kg | — | — |
| 叶酸 | Folic acid | $C_{19}H_{19}N_7O_6$ | 化学制备 | — | 95.0% ～102.0%（以干基计） | 养殖动物 | 仔猪 0.6～0，7 mg/kg<br>生长肥育猪<br>20～30 mg/kg<br>雏鸡 0.6～0，7 mg/kg<br>育成蛋鸡<br>0.3～0.6 mg/kg<br>产蛋鸡0.3～0.6 mg/kg<br>肉仔鸡0.6～0.7 mg/kg<br>鱼类 1.0 ～2.0 mg/kg | — | — |
| D-生物素 | D-Biotin | $C_{10}H_{16}N_2O_3S$ | 化学制备 | — | ≥ 97.5% | 养殖动物 | 猪 0.2～0.5 mg/kg<br>蛋鸡 0.15～0.25mg/kg<br>肉鸡 0.2～0.3mg/kg<br>鱼类 0.05～0.15mg/kg | — | — |

（续表）

| 通用名称 | 英文名称 | 化学式或描述 | 来源 | 含量规格 | | 适用动物 | 在配合饲料或全混合日粮中的推荐添加量（以维生素计） | 在配合饲料或全混合日粮中的最高限量（以维生素计） | 其他要求 |
|---|---|---|---|---|---|---|---|---|---|
| | | | | 以化合物计 | 以维生素计 | | | | |
| 氯化胆碱 | Choline chloride | $C_5H_{14}NOCl$ | 化学制备 | 水剂<br>≥70.0%或<br>≥ 75.0%<br>粉剂<br>植物源性载体或植物源性载体为主的混合载体：<br>≥50.0%或<br>≥60.0%或<br>≥ 70.0%<br>二氧化硅为载体：<br>≥50.0%<br>（粉剂以干基计） | 水剂<br>≥52.0%或<br>≥55.0%<br>粉剂<br>植物源性载体或植物源性载体为主的混合载体：<br>≥37.0%或<br>≥44.0%或<br>≥ 52.0%<br>二氧化桂为载体：<br>≥37.0%<br>（粉剂以干基计） | 养殖动物 | 猪200 ~ 1300mg/kg<br>鸡450 ~ 1500mg/kg<br>鱼类 400 ~ 1 200 mg/kg | — | 用于奶牛时，产品应作保护处理 |
| 肌醇 | Inositol | $C_6H_{12}O_6$ | 化学制备 | — | 97.0%<br>（以干基计） | 养殖动物 | 鲤科鱼250 ~ 500mg/kg<br>鲑鱼、虹鳟300 ~ 400 mg/kg<br>鳗鱼 500 mg/kg<br>虾类200 ~ 300 mg/kg | — | — |

（续表）

| 通用名称 | 英文名称 | 化学式或描述 | 来源 | 含量规格 | | 适用动物 | 在配合饲料或全混合日粮中的推荐添加量（以维生素计） | 在配合饲料或全混合日粮中的最高限量（以维生素计） | 其他要求 |
|---|---|---|---|---|---|---|---|---|---|
| | | | | 以化合物计 | 以维生素计 | | | | |
| L-肉碱 | L-Camitine | $C_7H_{15}NO_3$ | 化学制备或发酵生产 | — | 97.0% ~ 103.0%（以干基计） | 养殖动物 | 猪 30 ~ 50 mg/kg（乳猪 300 ~ 500mg/kg）<br>家禽50 ~ 60 mg/kg（1周龄内雏鸡150 mg/kg）<br>鲤鱼5 ~ 10 mg/kg<br>虹鳟 15 ~ 120 mg/kg<br>鲑鱼45 ~ 95 mg/kg<br>其他鱼5 ~ 100 mg/kg<br>（以L-肉碱计） | 猪 1000 mg/kg<br>家禽 200 mg/kg<br>鱼类 2500 mg/kg<br>（单独或同时使用，以L-肉碱计） | — |
| L-肉碱盐酸盐 | L-Camitine hydrochloride | $C_7H_{15}No_3$-HCl | 化学制备或发酵生产 | 97.0% ~ 103.0%（以干基计） | 79.0% ~ 83.8%（以干基计） | | 同上 | | |
| L-肉碱酒石酸盐 | L-Camitine-L-Tartrate | $C_{18}H_{36}N_2O_{12}$ | 化学制备 | — | L-肉碱≥67.2%<br>酒石酸≥30.8%<br>（以干基计） | 宠物 | 按生产需要适量使用 | 犬 660 mg/kg<br>成年猫（繁殖期除外）880 mg/kg<br>（以L-肉碱计） | — |

1.使用维生素A也应遵守维生素A乙酸酯和维生素A棕榈酸酯的限量要求；

2.由于测定方法存在精密度和准确度的问题，部分维生素类饲料添加剂的含量规格是范围值，若测量误差为正，则检测值可能超过100%，故部分维生素类饲料添加剂含量规格出现超过100%的情况

6.着色剂 Coloring agents

| 通用名称 | 英文名称 | 化学式或描述 | 来源 | 含量规格（%） | 适用动物 | 在配合饲料中的推荐添加量（以化合物计，mg/kg） | 在配合饲料中的最高限量（以化合物计，mg/kg） | 其他要求 |
|---|---|---|---|---|---|---|---|---|
| β-胡萝卜素 | beta-carotene | $C_{40}H_{56}$ | 提取、发酵生产或化学制备 | ≥96.0 | 家禽 | 按生产需要适量使用 | — | — |
| 辣椒红 | Paprika red | 有效成分为辣椒红素（Capsanthin，$C_{40}H_{56}O_3$）和辣椒玉红素（Capsombin，$C_{40}H_{56}O_4$） | 提取 | 类胡萝卜素总量≥7.0，其中辣椒红素和辣椒玉红素总量占类胡萝卜素总量≥30 | 家禽 | 按生产需要适量使用 | 80（以辣椒红素计） | |
| β-阿朴-8’-胡萝卜素醛 | beta-apo-8’-carotenal | $C_{30}H_{40}O$ | 化学制备 | ≥96 | 家禽 | 按生产需要适量使用 | 80 | 同时使用时，在配合饲料中的总量不得超过80mg/kg |
| β-阿朴-8’-胡萝卜素酸乙酯 | beta - apo-8’-carotenoic acid ethyl Ester | $C_{32}H_{44}O_2$ | 化学制备 | ≥96 | 家禽 | 按生产需要适量使用 | 80 | |
| β，β-胡萝卜素-4.4-二酮（斑蝥黄） | beta，beta-carotene -4，4- diketone（Canthaxanthin） | $C_{40}H_{52}O_2$ | 化学制备 | ≥96 | 家禽 | 按生产需要适量使用 | 肉禽：25<br>蛋禽：8 | |
| 天然叶黄素（源自万寿菊） | Natural xanthophyll（Marigold extract） | 以万寿菊（Tagetes erecta L.）中脂溶性提取物为原料经皂化制得，主要着色物质包括叶黄素（lutein）和玉米黄质（zeaxanthin） | 提取 | 叶黄素和玉米黄质总量≥18.0 | 家禽、水产养殖动物 | 按生产需要适量使用 | 80（以叶黄素和玉米黄质总量计） | |

附录4 维生素汇总表

维生素A

| 功能 | 缺乏症和毒性（过量） | 食物来源 | 注释 |
|---|---|---|---|
| 1.在微暗的光线中有助于维持正常视力，可预防夜盲症。<br>2.预防干眼病，这是一种在维A极度缺乏的情况下，可能导致眼失明的疾病。<br>3.为机体生长所必需。<br>4.为骨骼正常生长所必需。<br>5.为牙齿正常发育所必需。<br>6.有助于保护皮肤、鼻、咽喉、呼吸器官的内膜、消化系统和泌尿及生殖道上皮组织的健康，并免受传染。<br>7.孕早期前三个月如摄入太多会流产。<br>8.有分析认为维生素A：①具有辅酶的作用，例如在糖蛋白的合成中，以中间体的形式起作用；②具有类固醇激素的功能，在细胞核内起作用，导致组织分化。<br>9.其他功能：①为甲状腺素的成分并预防甲状腺肿大；②蛋白质合成；③为胆固醇合成皮质和糖原的正常合成所必需。<br>（参见维生素A） | 缺乏症<br>1.导致夜盲症，皮肤干燥病和干眼病。<br>2.儿童生长受阻。骨骼生长缓慢，骨骼形状变态和麻痹。<br>牙齿不健全甚至珐琅变态，凹陷和龋齿为特症。<br>3.皮膜粗糙，干燥似鳞状。如滤泡角化过度（似“起鸡皮疙瘩”）。<br>4.窦增生、咽喉溃疡、耳朵、口腔或唾液腺脓肿。腹泻，肾和膀胱结石加重。<br>5.生殖失调，包括妊娠不良，胎儿生长异常，胎盘损伤和胎儿死亡。<br>毒性（过量）<br>维生素A的中毒特征为视力模糊、食欲减退、头痛、急躁、掉头发、皮肤干瘙痒和脱落。长骨隆起、昏昏欲睡、腹泻、恶心、肝和脾肿大。 | 1.丰富来源：肝和胡萝卜素。<br>2.良好来源：深绿叶蔬菜，如甜菜、甘蓝、蒲公英、羽衣甘蓝、芥菜、菠菜、莙达菜、芜菁、黄色蔬菜，如南瓜、甘薯、西葫芦。黄色水果，如杏、桃子。海产品，如蟹、大比目鱼、牡蛎、大麻哈鱼、箭鱼、鲸肉。<br>3.一般来源：黄油（固定盐分）—甜瓜、干酪、奶油、鸡蛋黄、莴苣、强化人造黄油、西红柿、全脂牛奶。<br>4.微量来源：面包、谷物（黄玉米除外）、小鸡肉、不含奶油的干酪、干蚕豆、瘦肉、马铃薯、脱脂牛奶。<br>5.补充来源：合成维生素A，鳕鱼和其他鱼肝油。 | 维生素A的形式有：醇（视黄醇），酯（视黄基棕榈酸），醛（视网膜的视黄醛或视黄醛）和酸（视黄酸）。<br>视黄醇，视黄基棕榈酸和视黄醛很容易由一种形式转变为另一种形式。视黄酸不能转化为其他形式。视黄酸履行一些维生素A的功能，但是它没有视觉周期的功能。 |

维生素D

| 功能 | 缺乏症和毒性（过量） | 食物来源 | 注释 |
|---|---|---|---|
| 1.通过小肠增加对钙的吸收。<br>2.促进生长和骨骼矿化。<br>3.促进牙齿健全。<br>4.通过肠壁增加磷的吸收，并通过肾小管增加磷的再吸收。<br>5.维持血液中柠檬酸盐的正常水平。<br>6.防止氨基酸通过肾脏损失。<br>（参见维生素D） | 缺乏症<br>1.婴儿和儿童的软骨病，特征为关节增大、弓形腿、膝外翻、胸骨外凸（鸡胸）、胸腔两侧的肋骨和软骨接连外，有一排串珠似的凸起（称佝偻病玫瑰园），前额凸出，大肚子，临时牙露出迟，永久性牙齿不健全。<br>2.成年人的软骨病。骨软化、变歪、易折断。痉挛，表现特征为肌肉抽搐和低血钙。<br>毒性（过量）<br>维生素D过量可能引起血钙过多，增加肠吸收，导致血钙水平升高。特征为食欲减弱、过度口渴、恶心、呕吐、烦躁、体弱、便秘腹泻交替出现，婴儿和儿童生长缓慢，成年人体重下降。 | 维生素D在食物中的含量比其他任何维生素都少。<br>1.丰富来源：脂肪多的鱼，如腌熏的鲱鱼、鲱鱼、腌过的鲑鱼、鲐鱼、沙丁鱼、大麻哈鱼、鲳鱼、金枪鱼和它们的鱼卵。<br>2.一般来源：肝、蛋黄、奶油、干酪。<br>3.微量来源：瘦肉、奶（未增补）、水果、坚果、蔬菜和谷物。<br>4.补充来源：鱼肝油（从鳕鱼，大比目鱼或箭鱼中得到），辐射过的麦角固醇7-脱氢胆固醇、如钙化醇。<br>在阳光或太阳灯下晒皮肤可产生维生素D。 | 维生素D包括$D_2$（麦角钙化醇、钙化醇）和$D_3$（胆钙化醇）。<br>维生素D在维生素中是独特的，就三方面而言：①它仅天然存在于少数食物中，主要在鱼油里，少量在蛋和奶里；②由于紫外线的照射，它能在身体和某些食物中形成；③维生素D的活性化合物[1，25-（OH）$_2$-$D_3$]功能类似激素。 |

维生素E

| 功能 | 缺乏症和毒性（过量） | 食物来源 | 注释 |
|---|---|---|---|
| 维生素E（生育酚）作为一种抗氧化剂：①它可延迟植物性脂肪和动物消化道中脂肪的酸败作用；②可保护体细胞不受不饱和脂肪酸的氧化作用形成的有毒物质的损害。<br>1.作为强效力抗氧化剂，维生素E它与氧结合自身容易氧化，因此使肠道及组织中不饱和脂肪酸和维生素A的氧化分解减少至最小程度。<br>2.它是一种使红血球完整不可少的因素。<br>主要在心脏和骨骼肌组织中作为必需的细胞生物氧化剂。<br>3.在DNA，维生素C和辅酶Q的合成中担当一种生物调节剂角色。<br>作为肺组织不受空气污染的保护剂。有时作为硒的还原剂。<br>（参见维生素E） | 缺乏症<br>有无数种维生素E缺乏症已经在养殖动物中表现出来。各种养殖动物的缺乏症相差很大。但是维生素E的缺乏症在人身上很少出现。<br>1.新生婴儿（特别是早产儿）患维生素E缺乏症（起因于红血球寿命缩短）具有浮肿，皮肤损伤，血液异常的特征。<br>2.患者不能吸收脂肪，类似那些遭受口炎性腹泻和胰腺纤维细胞疾病的人，血液和组织中生育酚水平低，增加红血球脆性，缩短红血球的寿命，并增加尿中肌酸的排泄。<br>毒性（过量）<br>维生素E是相对无毒的。有些人每日消耗超过3001U的维生素E就觉得恶心，肠内失调。食入过量的维生素E在粪便中排泄。 | 丰富来源：色拉油和食物油（椰子油除外）、苜蓿籽、人造黄油、坚果，如杏仁、榛子、花生、山核桃、向日葵种仁。<br>良好来源：芦笋、梨、牛肉和脏器肉，黑莓、黄油、蛋类、青菜、燕麦片、马铃薯片、黑麦，海产品，如龙虾、大麻哈鱼、虾、金枪鱼，西红柿。<br>一般来源：苹果、菜豆、胡萝卜、芹菜、奶酪、鸡肉、肝、豌豆。<br>微量来源：大多数水果、糖、白面包。<br>补充来源：人工合成的dl-a-生育酚乙酸脂、小麦芽、小麦胚油。<br>大多数市售维生素E是人工合成的dl-α-生育酚乙酸脂。它是最便宜的来源，但不像天然食物来源，它不提供其他必需营养素。 | 有8种生育酚和三烯醇生育酚存在，其中α-生育酚具有最大的维生素E的活性。 |

维生素K

| 功能 | 缺乏症和毒性（过量） | 食物来源 | 注释 |
| --- | --- | --- | --- |
| 维生素K控制血液凝结，有研究提出在转变前体蛋白质为活性的血液凝结因子时起某些作用。<br>维生素K是四种凝血蛋白在肝内合成必不可少的物质：<br>1.因子Ⅱ，凝血酶原。<br>2.因子Ⅶ，转变加速因子。<br>3.因子Ⅸ，克雷司马因子（抗血友病因子B）。<br>4.因子X，司徒因子。<br>（参见维生素K） | 缺乏症<br>维生素K缺乏症可能产生于：<br>1.新生儿，尤其是早产和母乳喂养的情况下。①延迟血液凝固；②新生儿出血病。<br>2.服用抗凝剂的母亲所生的婴儿。<br>3.阻塞性黄疸（缺乏胆汁）。<br>4.脂肪吸收不良（腹腔病，口炎性腹泻）。<br>5.使用抗凝剂治疗或中毒。<br>毒性（过量）<br>即使供给大量的维生素$K_1$和$K_2$的天然形式也不会中毒。然而人工合成的甲萘醌和它的各种衍生物，在每日给予5mg以上时，大白鼠产生中毒症状，婴儿出现黄疸。 | 维生素K在食物中分布很广，并可以人工合成。<br>来源丰富：绿茶、萝卜、芜菁叶、花茎甘蓝、莴苣、甘蓝、牛肝、菠菜。<br>良好来源：芦笋、水田芥、咸猪肉、咖啡、奶酪、黄油、猪肝、燕麦。<br>一般来源：青豌豆，全粒小麦、牛油、火腿、青蚕豆、蛋类、猪里肌肉、桃、牛肉、鸡肝、葡萄干。<br>微量来源：果汁、香蕉、面包、可乐饮料、牛奶、柑橘、马铃薯、南瓜、西红柿、小麦粉。<br>补充来源：主要是人工合成的甲萘醌。 | 维生素有两种天然形式存在：$K_1$（叶绿醌或叶绿甲基萘醌）和$K_2$（甲基茶醌或聚异戊烯甲基紫醌）。<br>维生素$K_1$只存在于绿叶植物中。<br>维生素$K_2$由许多微生物合成，包括在人和其他动物肠道中的细菌。有几种人工合成的化合物，其中最常见的为甲萘醌，叫维生素$K_3$。<br>注意：维生素K值是“估计的安全和适宜的摄取量”，而不是日推荐量。<br>除了新生婴儿外，这种维生素没有推荐量，因为维生素K可以通过健康人的肠内细菌合成。<br>建议婴幼儿的摄取量每千克体重2μg为基础，因为其肠内不能合成。4μg/100kcal通用公式提供的量对正常婴儿是足够的。每日食入12μg的建议也在喂15mg/L牛奶提供的范围之内。 |

维生素$B_1$

| 功能 | 缺乏症和毒性（过量） | 食物来源 | 注释 |
|---|---|---|---|
| 1.维生素$B_1$（硫胺素）在能量代谢中起辅酶作用。没有硫胺素就没有能量。作为辅酶参与葡萄糖转变为脂肪的过程，称为酮转移过程（酮的携带）。<br>2.作用于神经末梢。这个作用使它对酒精性神经炎，妊娠期神经炎和脚气病都有治疗价值。<br>3.对人体的直接功能有维持正常的食欲，肌肉的弹性和健康的精神状态。<br>（参见维生素$B_1$） | 缺乏<br>1.缺乏症硫胺素轻度缺乏症状有：疲劳、冷淡（缺乏兴趣）、食欲差、恶心、忧郁、急躁、沮丧、生长滞缓、腿麻木和心电图反常。<br>2.硫胺素严重缺乏在胃肠系统，神经系统有所反应。<br>3.长时间硫胺素严重缺乏可使脚气病恶化到顶点，产生多发性神经炎（神经性肺炎），消瘦或浮肿，心脏功能失调。<br>4.硫胺素缺乏的其他症状有尿中硫胺素排泄量减少，心电图改变，红血球转酮酶活性降低和血液中丙酮酸增加。<br>毒性（过量）<br>未发现硫胺素有毒性作用。 | 虽然硫胺素普遍存在于多种动植物产品中，但是含量丰富的不多。<br>丰富来源：瘦猪肉（新鲜或腌制）、向日葵籽、强化玉米片、花生、棉籽粉、红花粉、大豆粉。<br>良好来源：小麦麸、肾脏、强化面粉、黑麦粉、坚果（花生除外）、全麦粉、强化玉米粉、强化稻米、强化白面包、大豆芽。<br>一般来源：蛋黄、豌豆、火鸡、火腿肉、牛肝、午餐肉、蟹、鲭鱼、大麻哈鱼排、鳕鱼和鲱鱼鱼卵、利马豆、油炸豆、小扁豆。<br>微量来源：多数水果、多数蔬菜、精米、白糖、动植物脂肪和油、牛奶、黄油、人造黄油、禽蛋、酒精饮料。<br>补充来源：硫胺素盐酸盐、硫胺素硝酸盐、酵母（啤酒酵母和圆酵母）、米糠、麦芽、糙米。 | 一个躺在床上气喘吁吁，极端水肿和似乎要死的湿脚气病人，在注射硫胺素后2小时里就能恢复健康，这也许是医学史上最富戏剧性的治疗。<br>合成的硫胺素通常是以硫胺素盐酸盐或硫酸素硝酸盐商品形式。抗硫胺素因子存在于某些生鱼、海产品、活酵母、茶或发酵茶叶和酒精中。 |

维生素$B_2$

| 功能 | 缺乏症和毒性（过量） | 食物来源 | 注释 |
| --- | --- | --- | --- |
| 维生素$B_2$（核黄素）在所有人体细胞的氧化还原中的基本作用是通过它把能量释放出来。因而，核黄素在氨基酸，脂肪酸和碳水化合物的代谢中起作用。<br>核黄素具有激活吡哆醇的作用，是色氨酸形成尼克酸所必需的。<br>核黄素被认为：①它是眼睛视黄醛色素的成分；②它与肾上腺的功能有关；③它是肾上腺皮质产生皮质甾类所必需的。<br>（维生素$B_2$）。 | 缺乏症<br>与所有其他维生素不同，缺乏核黄素不会引起人类任何严重疾病。但是核黄素经常引起一些失调和病变，例如脚气病、糙皮病、坏血病，角膜软化症，营养性有核巨红血球贫血。<br>核黄素缺乏症状有：嘴角疼痛（口角炎）：嘴唇疼痛、肿胀、干裂；舌头肿、开裂、疼痛（舌炎）。<br>眼睛角膜发红，充血。<br>皮肤多油，结痂，产生鳞屑（脂溢性皮炎）。<br>毒性（过量）<br>目前所知，核黄素没有毒性。 | 丰富来源：器官肉（肝，肾和心）<br>良好来源：强化玉米片、杏仁、干酪、禽蛋类、瘦肉含牛肉、猪肉和羊肉、生蘑菇、强化小麦粉、芜菁叶、麦麸、大豆粉、腌肉和强化玉米粉。<br>一般来源：鸡红肉、强化白面包、黑麦粉、牛奶、鲭鱼、沙丁鱼、青菜和啤酒。<br>微量来源：生鲜水果、块根块茎、白糖、动物脂肪、黄油、人造黄油、色拉油、起酥油。<br>补充来源：酵母（啤酒酵母和圆酵母）。<br>核黄素是啤酒中唯一的含量较多的维生素。 | 体内核黄素贮存是很有限的，因此每天都要由饮食提供。<br>核黄素的两个性质是造成其损失的主要原因：<br>①可被日光破坏；<br>②在碱溶液中加热可被破坏。<br>因为核黄素在中性或酸性溶液中加热是稳定的，在水中仅能微溶，所以在家中烹调或工业装罐损失极少。 |

维生素$B_6$

| 功能 | 缺乏症和毒性（过量） | 食物来源 | 注释 |
|---|---|---|---|
| 维生素$B_6$：（吡哆醇、吡哆醛、吡哆胺）三种吡啶衍生物具有维生素$B_6$（Vitamin$B_6$）活性<br>维生素$B_6$以辅酶形式存在时，通常是以磷酸吡哆醛，但有时是以磷酸吡哆胺参与大量的生理活动，特别是：<br>1.在蛋白质（氨）的代谢中，包括转氨作用，脱羧作用，脱氨作用，转硫作用，色氨酸转换成烟酸，血红蛋白的形成，氨基酸的吸收。<br>2.在碳水化合物和脂肪的代谢中，包括糖原转变成1-磷酸葡萄糖，亚油酸转变成花生四烯酸。<br>3.临床中的问题，包括中枢神经系统紊乱，孤癖（儿童的一种精神和情绪病），抗铁性贫血，肾结石，结核病（在防御拮抗性药物时用异烟酸治疗），妊娠期的生理需求，口服避孕药。<br>（参见维生素$B_6$、吡哆醇、吡哆醛、吡哆胺）。 | 缺乏症<br>1.成人表现为眼睛、鼻子和嘴周围的皮肤上出现油脂，鳞屑（皮脂溢皮炎），随后向身体的其他部分蔓延，舌红光滑，体重下降，肌肉无力。急躁，精神抑郁。<br>2.婴儿缺乏症表现为神经紧张急燥，肌肉抽搐和惊厥。<br>毒性（过量）<br>维生素$B_6$相对无毒。但是大剂量可引起嗜眠，长期服用会成癖。 | 丰富来源：稻糠、麦麸、向日葵籽。<br>良好来源：鳄梨、香蕉、玉米、鱼、肾、瘦肉、肝、坚果、家禽、糙米、大豆、全谷粒。<br>一般来源：禽蛋类、水果（香蕉和鳄梨除外）、蔬菜。<br>微量来源：干酪、脂肪、牛奶、糖、白面包。<br>补充来源：吡哆醇盐酸化合物是最常用的人工合成形式，酵母（圆酵母和啤酒酵母），细米糠，小麦芽用作天然的补充来源。 | 在大白鼠体内，维生素$B_6$的三种形式都有相同活性，并且，推断认为对人也是一样。食品经加工或烹调可破50% $B_6$，因为维生素$B_6$在许多食品中很有限，可用人工合成的吡哆醇盐酸化合物补充维生素$B_6$，尤其对婴儿和妊娠期及哺乳期妇女是必要的。 |

维生素$B_{12}$

| 功能 | 缺乏症和毒性（过量） | 食物来源 | 注释 |
|---|---|---|---|
| 维生素$B_{12}$（钴胺素）在体内以两种辅酶形式起作用：辅酶$B_{12}$和甲基$B_{12}$。维生素$B_{12}$辅酶在细胞中，尤其在骨髓，神经组织和胃肠道的细胞中起下列生理作用：<br>1.红血球的形成和恶性贫血的控制。<br>2.维护神经组织。<br>3.碳水化合物，脂肪和蛋白质代谢。<br>4.单碳基因的合成和传递。<br>5.甲基的生物合成和在还原中如把二硫化合物转化为硫氢基（-SH）中起作用。<br>在下列治疗中的运用：<br>1.控制恶性贫血。<br>2.治疗口炎性腹泻。<br>（参见维生素$B_{12}$）。 | 缺乏症<br>人体可能会出现缺乏维生素$B_{12}$的现象，这是因为：①饮食缺乏，这种缺乏有时发生在消费非动物性食物的素食者中；②内源因子的缺乏，如由于恶性贫血，外科手术把胃部全部或部分切除，寄生虫传染所致。<br>膳食缺乏维生素$B_{12}$的常见症状表现为：虚弱、减重、背痛、四肢感到刺痛、神态呆滞、精神或其他神经失常。由饮食缺乏维生素$B_{12}$而引起的贫血症非常少见。<br>毒性（过量）<br>已知维生素$B_{12}$没有毒性 | 丰富来源：肝和其他器官肉，如肾、心脏等。<br>良好来源：瘦肉、鱼、蟹类、蛋类和干酪。<br>一般来源：面包（全麦粉和精白粉）、谷物、水果、豆荚和蔬菜。<br>补充来源：钴氨素（至少有三种活性形式），由微生物生长而产生的。某些维生素$B_{12}$是在人体的肠道中合成的，但是几乎不可能被吸收。 | 植物不能制造$B_{12}$，因此，蔬菜、谷类、豆类和水果几乎没有。<br>维生素$B_{12}$如同许多复合维生素B一样，不是单一的物质，而是由几种密切相关的具有相似活性的化合物组成。<br>维生素$B_{12}$是所有维生素分子中最大最复杂的。<br>值得注意的是：①维生素$B_{12}$是唯一需要一种特殊胃肠道分泌物（内在因素），才被吸收的维生素；②小肠中吸收维生素$B_{12}$大约需要3小时（大多数水溶性维生素只需要几秒钟）。<br>维生素$B_{12}$的日推荐量是以人奶该维生素平均浓度为基础。断奶后日推荐量以摄取的能量为基础，应考虑吸收的需要确定。 |

泛酸

| 功能 | 缺乏症和毒性（过量） | 食物来源 | 注释 |
| --- | --- | --- | --- |
| 泛酸（维生素$B_3$）在体内作为两种酶（辅酶A和酰基载体蛋白质）的一部分而起作用。<br>辅酶A在下列重要反应中起作用：<br>1.在碳水化合物、脂肪和蛋白质降解并释放出能量的代谢过程中。<br>2.形成乙酰胆碱（神经冲动传递中的一种重要物质）。<br>3.卟啉（血红素的前体，在合成血红蛋白时很重要）的合成。<br>4.胆固醇和其他固醇的合成。<br>5.由肾上腺和性腺形成类固醇激素。<br>6.正常血糖的维持和抗体的形成。<br>7.磺胺药物的排泄。<br>在脂肪酸的生物合成过程中，细胞需要酰基载体蛋白和辅酶A（辅酶A在没有酰基载体蛋白质情况下，在脂肪酸降解中出现）。<br>（参见泛酸）。 | 缺乏症状<br>泛酸缺乏症已经人体试验：①喂给半合成的含泛酸低的膳食；②在膳食中加入泛酸拮抗物。<br>症状：烦躁和不安、食欲减退、消化不良、腹痛恶心、头痛、精神抑郁、意志消沉、疲劳、虚弱、手脚麻木刺痛、臂和腿的肌肉痉挛、脚有烧灼感觉、失眠、呼吸道感染、脉搏快、步履趔趄。而且，在这种情况下，应激反应增强，对胰岛素的敏感性增强而导致血糖水平下降，红血球沉积速度加快，胃液分泌减少，抗体产生显著减少。<br>毒性（过量）<br>泛酸相对无毒性。可是每天10～20g的剂量会导致偶然的腹泻和水潴留。 | 丰富来源：脏器肉（肝、肾和心）、棉籽粉、麦麸、稻糠。<br>良好来源：鸡、花茎甘蓝、甜椒、全麦粉、鳄梨。<br>微量来源：黄油、玉米片、白面粉、脂肪、油、人造黄油和糖。<br>补充来源：合成的泛酸钙广泛用作补充剂。酵母是天然的补充剂。<br>肠道细菌可合成泛酸，但产生的量和有效性不详。 | 泛酸辅酶A是辅酶A的一部分，是人体代谢中最重要的物质之一。<br>从生产到消费食物中泛酸的含量可损失50%，甚至更多。<br>泛酸是“估计的安全和适宜的需要量”，不是日推荐量 |

烟酸

| 功能 | 缺乏症和毒性（过量） | 食物来源 | 注释 |
| --- | --- | --- | --- |
| 烟酸（尼克酸、烟酰胺）的主要作用是作为两种重要辅酶烟酰胺腺嘌呤二核苷酸（NAD）和烟酰胺腺嘌呤二核苷酸磷酸（NADP）的成分。这些辅酶在许多与细胞呼吸有关的重要酶系统中起作用。它们与碳水化合物，脂肪和蛋白质的能量释放有关。<br>NAD和NADP还参与脂肪酸，蛋白质和脱氧核糖核酸的合成。而且，认为烟酸对生长具有特殊的影响，能降低胆固醇的水平，在某种程度上防止复发性非致命的心肌梗塞。然而，由于可能存在不良的影响，大剂量服用时，应该在医生的指导下进行。<br>（参见烟酸）。 | 缺乏症状<br>烟酸缺乏导致糙皮病，症状是：皮炎，特别是暴露或损伤的皮肤部分，分泌黏液的膜发炎，包括全部胃肠道，这会导致红肿，舌头和口腔疼痛，腹泻，直肠炎；精神上的变化，如急躁、忧虑、抑郁、严重情况下，产生神经错乱、幻觉、慌乱、迷向及僵呆。<br>毒性（过量）<br>只有把大剂量的烟酸（有时给精神病人服用）才有毒性。但是，大量摄取能导致血管扩张，皮肤发红，发痒，肝损伤，血糖升高或胃溃疡。 | 一般来说，在动物组织中发现的烟酸为烟酰胺，而植物组织中的是尼克酸。这两种形式都有活性。<br>丰富来源：肝、肾、瘦肉、禽肉、鱼、兔、强化玉米片、坚果、花生酱。<br>良好来源：奶、干酪和禽蛋，虽然它们烟酸含量低，但是很好的抗糙皮病食物，这是由于它们色氨酸含量高，且所含烟酸是其利用形式。其他还有芝麻籽，向日葵籽。强化谷物面粉和制品也是烟酸的良好来源。<br>微量来源：玉米、小麦、大麦、稻米、黑麦等谷类的含烟酸偏低。并且，80%～90%的烟酸可能以结合形式（烟碱）存在，不能被利用。水果、块根、蔬菜（除蘑菇和豆类外）、黄油和白糖含烟酸量很低。<br>补充来源：两种合成物烟酰胺和尼克酸都是商业类补充剂。通常用烟酰胺作医药使用，用尼克酸作为营养食品使用，同时，酵母是食物营养来源。 | 虽然烟酸于1867年被发现并命名，但是，又经历70年才知道它能够治愈狗的黑舌病和人的糙皮病。<br>烟酸是复合维生素B中最稳定的化合物，烹调时，烟酸在混合膳食中损失的量通常不超过15%～25%。平均每60mg膳食色氨酸可得到1mg烟酸。 |

叶酸

| 功能 | 缺乏症和毒性（过量） | 食物来源 | 注释 |
| --- | --- | --- | --- |
| 叶酸（叶精）在体内至少可以形成五种辅酶形式，其中四氢叶酸是母体形式。叶精辅酶具有下列重要功能：<br>1.核酸DNA和RNA的合成中嘌呤和嘧啶的形成需要它们，这对所有的细胞核都很重要。这表明叶酸在细胞分裂和繁殖中起重要作用。<br>2.形成血红素（血红蛋白中的含铁蛋白）。<br>3.使二碳的氨基酸类甘氨酸和三碳的氨基酸类丝氨酸相互转化。<br>4.使苯丙氨酸形成酪氨酸，组氨酸形成谷氨酸。<br>5.使半胱氨酸形成蛋氨酸。<br>6.使乙醇胺合成胆碱。<br>7.使烟酰胺转化为氮甲基烟酰胺（在尿中排出的烟酸的代谢物之一）。<br>（参见叶酸）。 | 缺乏症状<br>有核巨红血球性贫血（婴儿），也称巨红血球性贫血（孕妇），红血球比正常的大而少，且发育不完全。这种贫血是由于核蛋白形成不足，使骨髓中的有核巨红血球（幼稚形红血球）不能成熟。因红血球数量减少，使得血红蛋白水平降低，同时白血球，血小板和血清叶酸的水平也降低。<br>其他症状。舌头平滑，舌尖红肿疼痛，消化道失调（腹泻）和生长不良。<br>毒性（过量）<br>正常情况下没有毒性 | 丰富来源：肝和肾。<br>良好来源：鳄梨、蚕豆、甜菜、芹菜、鹰嘴豆、禽蛋、鱼、芦笋、花青甘蓝、抱子甘蓝、圆白菜、花椰菜、苣荬菜、莴苣、欧芹、菠菜、芜菁叶、坚果、柑橘、橘汁、大豆和全麦制品。<br>一般来源：香蕉、糙米、胡萝卜、干酪、鳕鱼、大比目鱼、稻米和甘薯。<br>微量来源：鸡肉、奶粉、牛奶、多数水果、瘦肉（牛肉，猪肉，羊肉）、高度精制的谷物制品包括精粉，多数块根类蔬菜（包括马铃薯）。<br>不含叶酸：动物脂肪、植物油和糖、牛奶、鸡蛋。<br>补充来源：酵母、麦芽和商品合成叶酸（蝶酰谷氨酸或PGA）。<br>肠道细菌合成的叶酸对人很重要，但产生和吸收的量一直没能被检测到。 | 没有一个单一维生素化合物叫叶精，确切地说，叶精是指叶酸和与所有脊椎动物包括人都密切相关的类物质。<br>在许多代谢过程中，抗坏血酸，维生素$B_{12}$和维生素$B_6$，对叶精辅酶的活性很必要，各种微生素相依赖。<br>叶精缺乏症在美国和全世界被认为是一个保健问题。婴儿、青少年和孕妇特别容易受到叶精缺乏的危害。<br>由于热带口炎性腹泻，某些遗传障碍、癌症、寄生虫传染、酒精中毒和口服避孕药，都需要增加叶精的摄取量。<br>新鲜蔬菜在室温下贮藏2~3天会损失其叶精量50%~70%。食物50%~95%的叶酸在烹调时被破坏。 |

胆碱

| 功能 | 缺乏症和毒性（过量） | 食物来源 | 注释 |
| --- | --- | --- | --- |
| 胆碱有几种重要的功能，它是预防脂肪肝，传导神经脉冲和脂肪代谢所必需的。<br>1.通过脂肪的转移和代谢，可预防脂肪肝。没有胆碱，脂肪在肝内沉积，阻碍肝的功能，并且使整个身体陷入不健康的状态。<br>2.神经传递需要胆碱。胆碱与乙酸结合形成乙酰胆碱，越过神经细胞之间的间隙需要这种物质，这样就能传导脉冲。<br>3.通过转甲基现象，它作为不稳定甲基的来源，这种物质能促进代谢。<br>（参见胆碱）。 | 缺乏症状<br>除了鸡和火鸡外，生长不良和脂肪肝是多种动物的缺乏症。<br>毒性（过量）<br>没有发现有毒性作用。 | 丰富来源：蛋黄、蛋类、肝（牛、猪、羊）。<br>良好来源：大豆、脱水马铃薯、甘蓝，麦麸、海军豆、苜蓿叶粉、干酪奶、脱脂奶粉、精米、米糠、全谷物（大麦、玉米、燕麦、稻米、高粱、小麦）、玉米粥、芜菁、面粉、废糖蜜。<br>微量来源：水果、果汁、牛奶、蔬菜。<br>补充来源：酵母（啤酒酵母，圆酵母）、麦胚、大豆卵磷脂、蛋黄卵磷脂、合成胆碱衍生物。<br>同时，人体借助于叶酸和维生素$B_{12}$，可由蛋氨酸形成胆碱。因此，有两种途径能够提供所需的胆碱：①通过膳食；②通过转甲基作用由人体合成。 | 很久以前人们就熟悉胆碱，它于1849年分离出，1862年命名。但是，在这段时间里，该化合物没有引起营养研究者的关注。在分类中，把胆碱作为一种维生素是有争论的，因为它不符合维生素的所有标准，尤其是B族维生素的标准。 |

生物素

| 功能 | 缺乏症和毒性（过量） | 食物来源 | 注释 |
| --- | --- | --- | --- |
| 碳水化合物，脂肪和蛋白质的代谢中需要生物素。它起着辅酶的作用，主要参与脱羧-羧化以及脱氨过程。<br>生物素作为辅酶，把$CO_2$从一种化合物运到另一种化合物上（脱羧作用移$CO_2$，羧化作用添加$CO_2$）。<br>碳水化合物、脂肪、蛋白质的代谢中有许多脱羧和羧化反应。其中有：<br>1.丙酮酸盐和草酰乙酸盐互相变。草酰乙酸盐的形成很重要，因为它是三羧酸循环（TCA）的起点，在此循环中，营养素的潜能（ATP）被释放，为有机体利用。<br>2.琥珀酸盐和丙酸盐互相变。<br>3.苹果酸盐转化为丙酮酸盐。<br>4.乙酰辅酶A转变为丙二酰辅酶A，这是长链脂肪酸形成脂肪合成的第一步。<br>5.蛋白质合成中嘌呤的形成。<br>6.鸟氨酸转变为瓜氨酸，这是尿素形成中一个重要反应。<br>生物素可作为辅酶在脱氨反应中起作用。它是某些氨基酸产生能量所必需的，为使氨基酸变为能量，它们必须脱去氨基。<br>（参见生物素）。 | 缺乏症状<br>人体的缺乏症状包括：干燥的鳞状皮炎，食欲减退，恶心，呕吐，肌肉痛，舌炎，皮肤苍白，精神抑郁，血红蛋白和红色球减少，胆固醇增高，生物素的排泄降低。<br>目前已有证据表明，6个月以下的婴儿患皮脂溢皮炎，是由于营养上缺乏生物素所致。<br>毒性（过量）<br>尚未知有毒性作用。 | 丰富来源：干酪（加工过的）、肾、肝和大豆粉。<br>良好来源：花椰菜、巧克力、蛋类、蘑菇、坚果仁、花生酱、沙丁鱼、大麻哈鱼和麦麸。<br>一般来源：天然干酪、鸡、牡蛎、猪肉、菠菜、甜玉米和全麦粉。<br>微量来源：精制谷物制品，多数水果和块根产品。<br>补充来源：合成生物素，酵母（啤酒酵母和圆酵母）。脱水苜蓿叶粉。<br>大量的生物素在肠道内由微生物合成，其中大多数被吸收。<br>事实证明，尿和粪便排泄中的生物素比吸收的多3~6倍。 | 生物素与叶酸，泛酸和维生素$B_{12}$的代谢紧密相关。<br>值得注意的是生蛋清的抗生物素含量超过全蛋中的生物素量。<br>由于抗生素在蛋被烹调时即被破坏，所以一般膳食中很少有生物素干扰物。<br>生物素是“估计的安全和适宜的需要量”，不是日推荐量。 |

维生素C（抗坏血酸）

| 功能 | 缺乏症和毒性（过量） | 食物来源 | 注释 |
|---|---|---|---|
| 骨胶原（结合体细胞的物质）的形成和维持需要它。因此，维生素C能使伤口和烧伤更快更完全愈合。<br>氨基酸中酪氨酸和色氨酸的代谢。铁的吸收和转移。<br>脂肪和类脂的代谢，控制胆固醇。<br>牙齿和骨骼的健全。<br>增强毛细管壁和血管的健康。<br>参与叶酸的代谢。<br>（参见维生素C）。 | 缺乏症状<br>早期潜伏的坏血病：体重下降、倦怠、疲劳、肌肉和关节瞬息性疼痛，急躁、呼吸急促、齿龈疼痛出血、皮下渗血、易骨折、伤口难愈合。<br>坏血症：齿龈肿胀、出血、溃烂；牙齿松动。骨骼畸形易弯。毛细血管脆弱、导致全身内出血。大片青肿。关节增大，如膝关节、髋关节，这是出血渗入关节腔而引起的。贫血，肌肉纤维衰退，包括心脏。老伤口变红并开裂。严重内出血和心脏衰竭经常有猝死的危险。<br>毒性（过量）<br>据报道摄取量每日超过8g（超过推荐量100倍）会有害，症状包括：恶心、腹部痉挛、腹泻、铁的过量吸收、红血球毁坏、骨骼矿物质代谢增强、妨碍抗凝剂的治疗、肾和膀胱结石形成维生素$B_{12}$失去活性、血浆胆固醇升高，此外，可能对大剂量维生素C形成依赖。 | 维生素C的天然来源是植物性水果，特别是柑橘类和叶菜类。<br>最丰富天然来源：樱桃和蔷薇果。<br>优质来源：生的、冷冻的或罐装的柑橘类水果或桔汁（如橙、葡萄、柠檬和酸橙）。番石榴、青椒或红辣椒、无核黑葡萄干、欧芹、芜菁叶、商陆、芥菜。<br>良好来源：青菜、花茎甘蓝、抱子甘蓝、藜（灰菜）、红茎甘蓝、花椰菜、羽衣甘蓝、菠菜、莙达菜、水田芥。还有甜瓜、番木瓜、草莓、番茄和番茄汁（鲜的和罐装的）。<br>一般来源：苹果、芦笋、香蕉、黑莓、乌饭树紫黑浆果、马铃薯、利马豆、肝、桃子、梨、甘薯。<br>微量来源：谷类和谷类加工品、牛奶、鸡蛋、脂肪、鱼、肉、坚果、家禽、糖。<br>补充来源：维生素C（抗坏血酸）保健品。 | 有几种化合物确实具有维生素C的活性。因此维生素C是作为它们的集合名字。当特别参照它们时应该采用抗坏血酸和脱氢抗坏血酸的名称。<br>所有动物都需要维生素C，某些鱼和爬行动物仅靠采食供给是不足的。<br>所有维生素中，抗坏血酸是最不稳定的。在贮藏，加工和烹调时，容易被破坏。它是水溶性维生素，易被酶氧化和分解。 |

生物类黄酮（维生素P）

| 功能 | 缺乏症和毒性（过量） | 食物来源 | 注释 |
| --- | --- | --- | --- |
| 生物类黄酮的功能如下：<br>1.可能与维生素C一起影响毛细血管的脆性和渗透性。增加毛细管的张力，并调节它们的渗透性。这种活性有助于防止毛细管和结缔组织的内出血和破裂，建立起一个抗传染病的保护屏障。<br>2.在食物中它具有抗氧化剂的活性，其作用仅次于脂性维生素生育酚。<br>3.具有金属螯合的能力，影响酶和膜的活性。<br>4.具有使抗坏血酸增效的作用，使抗坏血酸在人体组织中稳定。<br>5.有抑制细菌或抗菌素的作用，这种作用使普通食物显著抵抗传染病的能力相当高。<br>6.在两个方面具有抗癌作用：一是对恶性细胞的抑制；二是从生化方面保护细胞免受致癌物的损害。<br>（参见生物类黄酮）。 | 缺乏症状<br>生物类黄酮缺乏的症状与维生素C缺乏紧密相关。<br>应特别注意的是其内出血或青肿的趋向。<br>毒性（过量）<br>生物类黄酮无毒性。 | 丰富来源：橘桔类水果皮（特别是橙和柠檬的皮）和白色果肉、橘汁、蔷薇果、乔麦叶。<br>一般来源：洋葱、叶类蔬菜、水果、咖啡、茶、可可、红葡萄酒、啤酒。<br>微量来源：冷冻橘汁，大多数块根蔬菜。 | 类黄酮是一组存在于蔬菜、水果、花和谷物中的天然色素。它们好像是天然维生素C的伴侣，但不存在于合成的维生素C中。<br>生物类黄酮不具备维生素的两个必要条件：它们不是必需的食物成分，尚不了解服用它们治疗缺乏症的方法。目前，生物类黄酮在人类营养中的任何有益作用或预防和治疗人体疾病，还没有证据。 |

肉毒碱（维生素$B_T$）

| 功能 | 缺乏症和毒性（过量） | 食物来源 | 注释 |
| --- | --- | --- | --- |
| 肉毒碱在哺乳动物的脂肪代谢和能量产生中起着重要作用。其功能如下：<br>1.脂肪酸的运输和氧化。肉毒碱能能使脂肪酸容易地穿过线粒体黏膜，在脂肪酸的氧化中起重要作用。<br>肉毒碱是往返机制中的一部分，长链脂肪酸与它构成酰基肉毒碱衍生物，而穿过线粒体膜，长链脂肪酸本身和其辅酶A酯渗不过这层膜。一旦穿过线粒体膜，酰基肉毒碱又转变为脂肪酸辅酶A，并经过β-氧化而释放能量。<br>2.脂肪的合成。尽管这一作用是有争议的，但肉毒碱似乎与运送乙酰基回到细胞质供脂肪酸的合成有关。<br>3.酮体利用。肉毒碱促进乙酰乙酸的氧化，因而可能在酮体利用中起作用。<br>（参见肉毒碱）。 | 缺乏症状<br>如果认为肉毒碱是一种必需的膳食营养物，则有可能出现人类膳食中因缺乏肉毒碱而引起缺乏症。到目前为止，肉毒碱没有达到这个标准。<br>毒性（过量）<br>未见相关报道。 | 一般来说，肉毒碱在动物性食物中含量高，在植物性食物中含量低。极少数食物测定过肉毒碱含量，但在可得的数据的基础上，对下列食物肉毒碱的估价是有益的：<br>丰富来源：瘦肉、肝、心、酵母（圆酵母和啤酒酵母）、鸡肉、兔肉、牛奶和乳清。<br>良好来源：鳄梨、酪蛋白和小麦芽。<br>含量极少：甘蓝、花椰菜、花生和小麦。<br>微量来源：大麦、玉米、鸡蛋、橘汁和菠菜。 | 肉毒碱是动物组织中种必需的辅库，并与脂肪代谢有关，是一种类维生素物质，近年来受到更多的注意。除了它类似维生素外，在正常情况下，高等动物能在体内合成所需要的量。因此，不需在每天的食物部供应这种物质。<br>植物性食物中肉毒碱含量比动物性食物要低，可以解释为大多数植物可能缺乏肉毒碱的前体，即赖氨酸和蛋氨酸。因此，素食中的肉毒碱和肉毒碱的氨基酸前体含量很低。正常情况下，不规定膳食中肉毒碱的需要量。<br>然而出现代谢异常会抑制肉毒碱的合成，干忧利用或增加肉毒碱的分解代谢，疾病可能降临，膳食中经常供应肉毒碱，可以少疾病的发生。<br>需要进步研究肉毒碱对人体健康和疾病的膳食作用。 |

苦杏仁苷（维生素$B_{17}$，氮川甙）

| 功能 | 缺乏症和毒性（过量） | 食物来源 | 注释 |
| --- | --- | --- | --- |
| 相信它的人提出，苦杏仁苷或氮川甙是一种高选择性的唯一能抗癌细胞的物质。他们解释这一现象如下：<br>由正常体细胞吸收时，硫氰酸酶使氰化物解毒，然后随尿排泄。但是癌细胞完全无硫氰酸酶，而被另一种酶，即β-葡萄糖苷酶包围，这种酶能在恶性肿瘤处将苦杏仁苷结合的氰化物释放出来。因此，认为苦杏仁苷只破坏癌细胞。<br>不信苦杏仁苷的人认为在治疗上是无效的。<br>支持使用苦杏仁苷的人认为主要是预防癌症，而不是治疗癌症。<br>（参见苦杏仁苷）。 | 缺乏症状<br>提倡者认为苦杏仁苷长期缺乏会导致对恶性肿瘤的抵抗力降低。<br>毒性（过量）<br>未见相关报道。但是一次用量不能超过1.0g，因为氰化氢中毒是危险的。 | 大多数水果的整个核里含有2%～3%的苦杏仁苷，包括杏、苹果、樱桃、桃、李和油桃。 | 苦杏仁苷对人体的功能尚不清楚。介绍这个有争议的化合物，只是为了提供一些信息。再者，它被列为类维生素物质，因为有时它被错误地认为是维生素$B_{17}$。列出有关的正反资料，供读者自己判断。<br>不管对苦杏仁苷正反两方面看法准确性如何，值得注意的是越来越多的医学权威在预防和治疗方面正在接受这种营养方法。虽然一些营养素如苦杏仁苷，维生素A（胡萝卜素），叶酸，维生素C，以及矿物质和维生素的一般补充剂，对治疗癌症有争议，从长远的观点看，更重要的是多种营养素对增强机体的免疫能力是有明显效果的。 |

硫辛酸

| 功能 | 缺乏症和毒性（过量） | 食物来源 | 注释 |
| --- | --- | --- | --- |
| 硫辛酸不是真正的维生素，因为它能在体内合成，并且在动物的饮食中不是必需的，但是，它与许多复合维生素B以同样的方式起作用。<br>（参见硫辛酸）。 | 缺乏症状<br>无专门的缺乏症。<br>毒性（过量）<br>未见相关报道。 | 尚不清楚下列食物通常认为是丰富来源；啤酒酵母、鱼、牛肝、禽蛋类、小麦芽、卵磷脂、糖蜜。 | 硫辛酸不是真正的维生素，因为它能在体内合成，并且在动物的饮食中不是必需的，但是，它与许多复合维生素B以同样的方式起作用。<br>身体可以合成所需的硫辛酸，人类和动物的需要量还没有制定。 |

乳清酸（维生素$B_{13}$）

| 功能 | 缺乏症和毒性（过量） | 食物来源 | 注释 |
| --- | --- | --- | --- |
| 已发现在某些情况下，维生素$B_{13}$能促进大白鼠、鸡和猪的生长。<br>乳清酸在叶酸和维生素$B_{12}$的代谢中被人体利用。此外，它似乎还能帮助某些细胞的更新和恢复。<br>有迹象表明维生素$B_{13}$能有助于治疗多发性硬化症。<br>（参见乳清酸）。 | 缺乏症状<br>具体的缺乏症尚未记实，但确信缺乏维生素$B_{13}$可能导致肝机能失调，细胞退化和早衰，以及在多发性硬化症患者导致变性症状。<br>毒性（过量）<br>未见相关报道。 | 维生素$B_{13}$发现于像酒糟、乳清、酸奶或凝乳状牛奶，根菜等这样的天然来源中。而且，可用乳清酸钙，天然作为这种营养物的补充物。 | 所谓维生素$B_{13}$很可能是一种生长促进剂和某些机能紊乱的预防药。<br>然而，现还不知道在充足的饮食中，它是否起着必不可少的作用。<br>日需要量尚不清楚。 |

对氨基苯甲酸（PABA）

| 功能 | 缺乏症和毒性（过量） | 食物来源 | 注释 |
| --- | --- | --- | --- |
| 对人和其他高等动物来说，PABA是作为叶酸分子中必不可少的其中一部分而起作用。<br>用作人类药品PABA有时用作人体的药物，不作为维生素，例如，作为抗立克次氏体剂，抵消磺胺类药物的抑菌作用，并作为防日晒病的保护剂。<br>1.抗立克次氏体，PABA有时用于治疗某种立克次氏体病，这种病在人和其他动物体内是由微小的寄生虫产生的立克次氏体而引起的。<br>2.磺胺类药的拮抗剂，PABA能改变磺胺类药的抑菌作用，而起相反的作用。<br>3.防晒剂，PABA可用来防止晒斑。<br>（参见对氨基苯甲酸）。 | 缺乏症状<br>磺胺类药物不仅能引起PABA的缺乏，而且还能引起叶酸的缺乏。症状是疲倦、烦躁、抑郁、神经质、头痛、便秘和其他消化系统病症。<br>毒性（过量）<br>PABA对人的毒性尚不清楚。但是，连续服用高剂量可能引起恶心和呕吐。 | 下列食物通常认为是丰富来源：啤酒酵母、鱼、牛肝、禽蛋类、小麦芽、卵磷脂、糖蜜。 | 除了作为某些细菌的一种生长素有活性外，PABA在小肠内很少合成叶酸的动物中具叶酸活性。例如，在大白鼠和小白鼠体内，它完全能代替饮食来源中的叶酸。所以，就凭这一点，对氨基苯甲酸曾一度被看作是一种维生素。<br>对人和其他高等动物在得到足够的叶酸时，PABA没有维生素的活性，在饮食中不需要。因此，不能长期把它看作是一种维生素。 |

潘氨酸（维生素$B_{15}$）

| 功能 | 缺乏症和毒性（过量） | 食物来源 | 注释 |
| --- | --- | --- | --- |
| 潘氨酸的功能很多，其中有：<br>1.激发甲基转移。<br>2.促进氧的吸收。<br>3.抑制脂肪肝形成。<br>4.适应体力活动的增强。<br>5.控制血液胆固醇水平。<br>（参见潘氨酸）。 | 缺乏症状<br>缺氧（血细胞中氧的供应不足），心脏病，内分泌腺和神经系统的疾病。<br>毒性（过量）<br>相对没有毒性。 | 丰富来源：所有的谷物和谷物制品（其中玉米和稻米中特别丰富），息杏仁和啤酒酵母。<br>良好来源：任何有复合维生素B。<br>存在的天然食物都含有潘氨酸。 | 潘氨酸的营养和生物学作用还有待澄清。它的激发甲基转移和促进细胞呼吸等基本代谢过程的作用，可能有生理学上的价值。当然，潘氨酸作为治疗用药，它的价值已充分显示出来了，有必要对它作进一步的研究。但在现在，除非有医生的处方，否则是不宜服用的。<br>潘氨酸是一种类维生素物质，而不是维生素。美国FDA把潘氨酸归于食品添加剂类。前苏联已进行了广泛研究，并且认为它是具有重要生理作用的必需食物成分。前苏联人用潘氨酸治疗与氧化代谢有关的心血管机能失调，肝功能失调，多种皮肤病和一些中毒症。 |

辅酶Q（泛醌）

| 功能 | 缺乏症和毒性（过量） | 食物来源 | 注释 |
|---|---|---|---|
| 辅酶Q在产能营养物如ATP释放能量的吸呼链中起作用。有例证明特殊的泛醌对于减轻或预防维生素E的某些缺乏症状有作用。<br>（参见辅酶Q） | 缺乏症状<br>没有特殊的缺乏症。<br>毒性（过量）<br>未见相关报道。 | 醌类物质广泛存在于从细菌到高植物和动物需氧有机体中。因为它们在体内合成，所以不认是一种真维生素。<br>泛醌系列中的各种物质都能人工合成。尚未证明人类不能合成体内所需。 | 酶Q或泛醌是多种泛醌（类脂化合物）的一个集合名词。这种化合物在化学上类似于维生素E。辅酶Q能在体内合成。<br>辅酶Q作为呼吸作用中的一种催化剂，其重要性是一个主要的代谢物。它可能还有其他重要作用。对于人和其他高等动物，一种带芳香环的简单前体物质，可能具有类似维生素的重要作用。但总的来说，饮食中的泛醌除了为体内合成提供芳香环之外，似乎并无多大意义。膳食中是否需要并不重要。 |

肌醇

| 功能 | 缺乏症和毒性（过量） | 食物来源 | 注释 |
|---|---|---|---|
| 肌醇的功能不完全清楚，但认为有下列作用：<br>1.有亲脂作用，与脂肪关系密切，类似胆碱。因此，肌醇在脂肪代谢中起作用，有助于减少血液中的胆固醇。<br>2.与胆碱结合，肌醇能预防脂肪性动脉硬化，并保护心脏。<br>3.肌醇是磷酸肌醇的前体，存在人身体的不同组织中，尤其在脑髓中。<br>（参见肌醇） | 缺乏症状<br>肌醇是某些酵母细菌，及包括几种鱼类在内的数种低等生物的“生长因子”。早期的实验指出，肌醇缺乏可引起大白鼠生长缓慢、脱毛。<br>毒性（过量）<br>尚不清楚。 | 肌醇在自然中广泛存在。<br>丰富来源：肾、脑、肝、酵母、心，麦芽、柑橘类水果、红葡萄酒、糖蜜。<br>良好来源：瘦肉、水果、全谷粒、谷糠、坚果、豆类、牛奶及蔬菜。<br>在动物细胞中，肌醇以磷脂形式存在，在植物细胞中，发现它是以植酸的形式存在，植酸能与钙、铁和锌结合成不溶性化合物，而干扰这些元素的吸收。 | 尚未证明人类不能合成体内所需要的全部肌醇。因此，把它归类成一种维生素是有争论的。对某些细菌和动物来说，也许应该把它归类为一种必不可少的营养素而不是维生素更为恰当。<br>在人类营养方面，对肌醇的需要尚未确定。因此，没有日推荐量。大多数权威认为人们应该消耗肌醇的量约等于胆碱的量。治疗的剂量，应该在医生的嘱咐下使用，剂量每天500～1000mg。 |

# 附录5

## 部分维生素饲料添加剂显微镜下晶体照片（未加染色剂）

1. 维生素A乙酸酯微粒/100倍

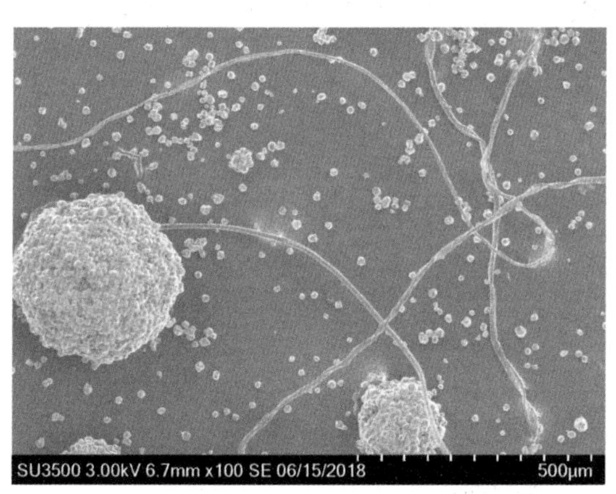


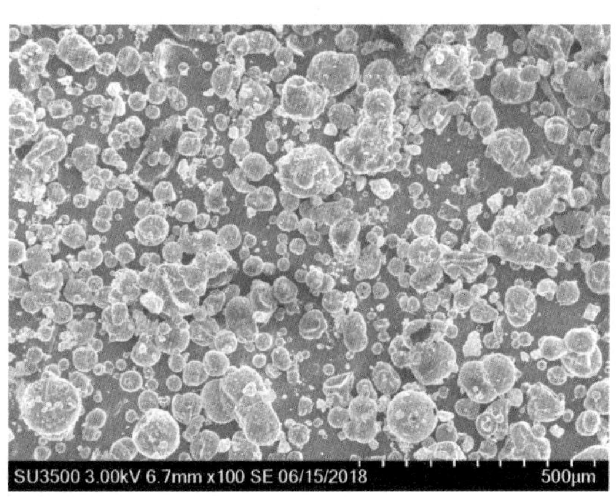

2. 维生素A乙酸酯微粒/1000倍

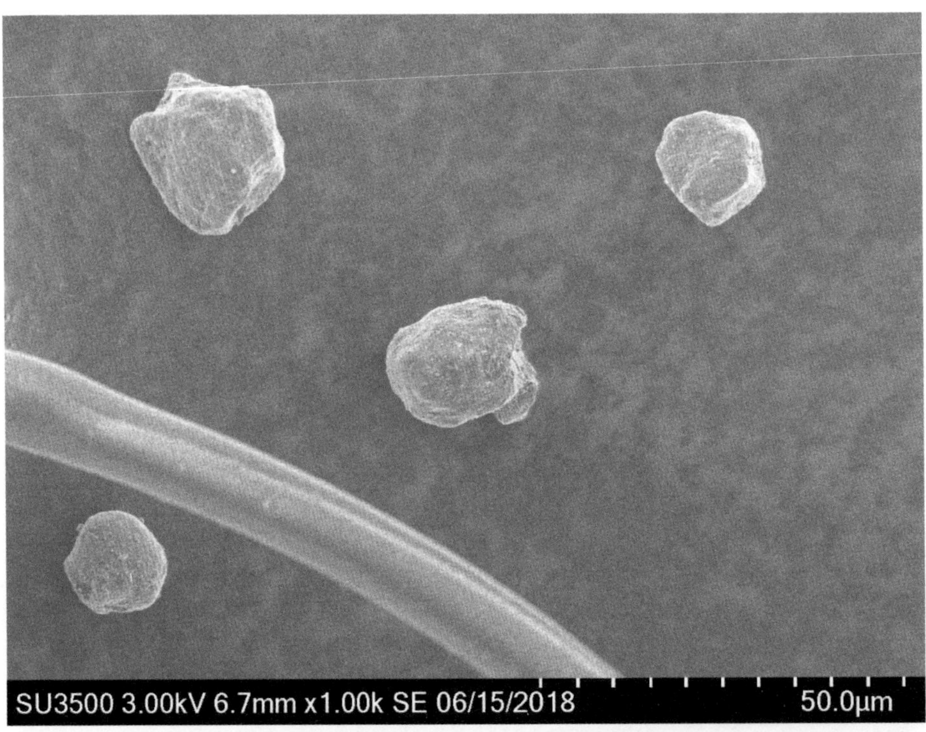


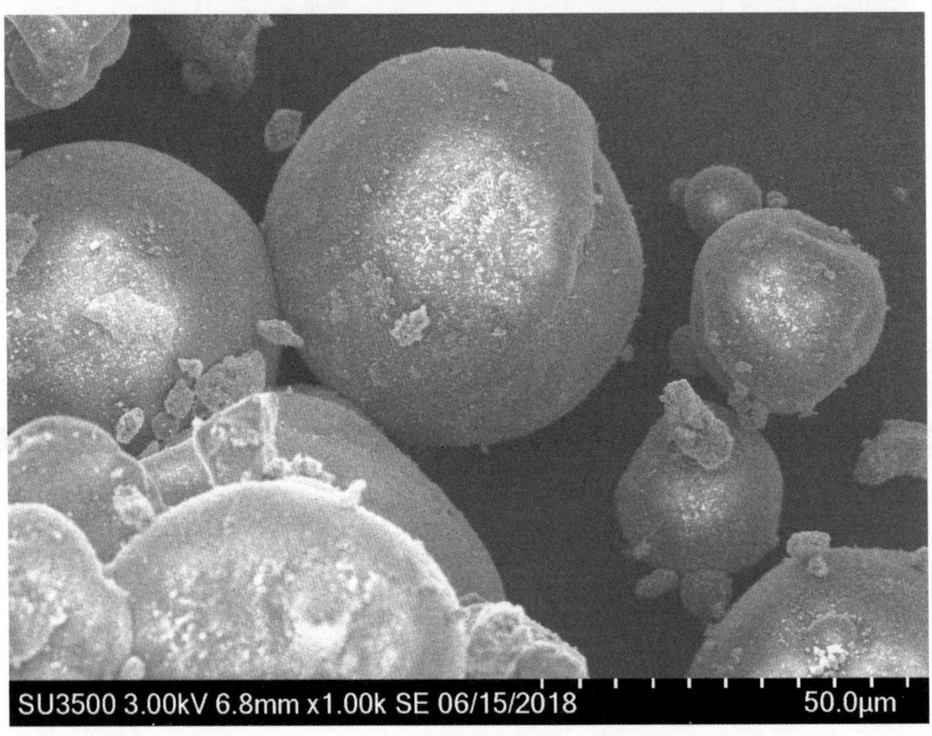

3. 维生素$D_3$微粒（水分散型）/100倍

4. 维生素$D_3$微粒（水分散型）/1000倍

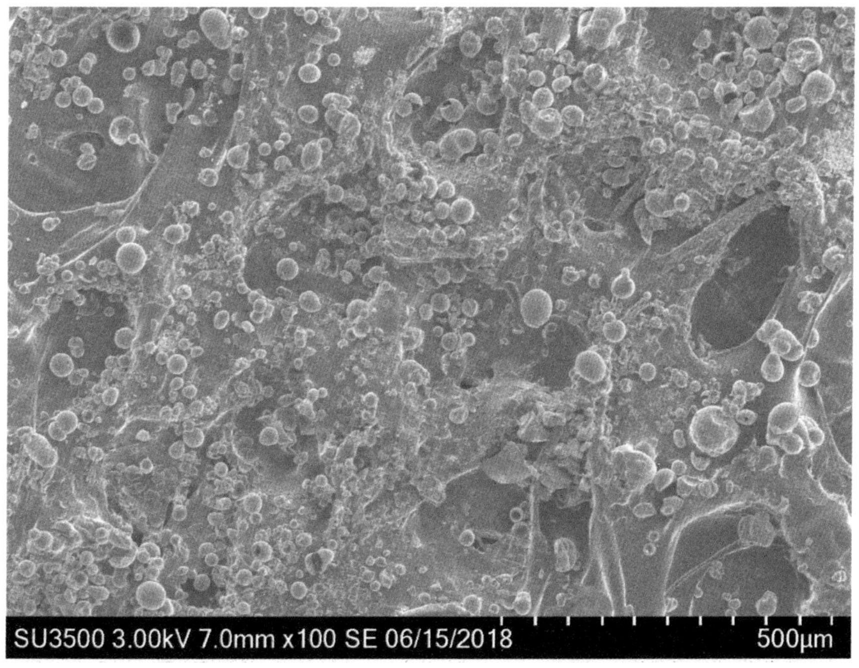

5. 维生素$D_3$微粒/100倍

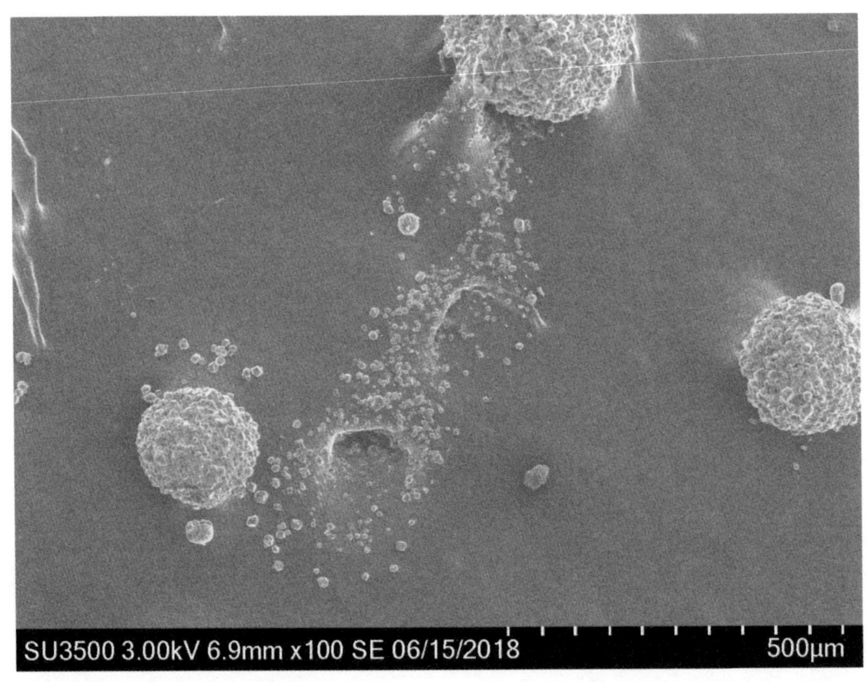


6. 维生素$D_3$微粒/1000倍

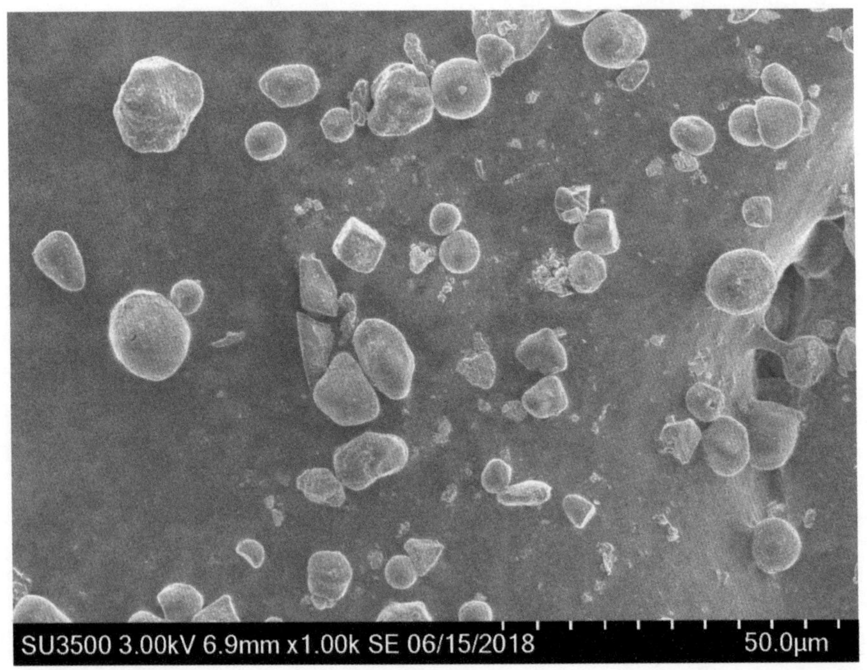

7. 维生素E/100倍

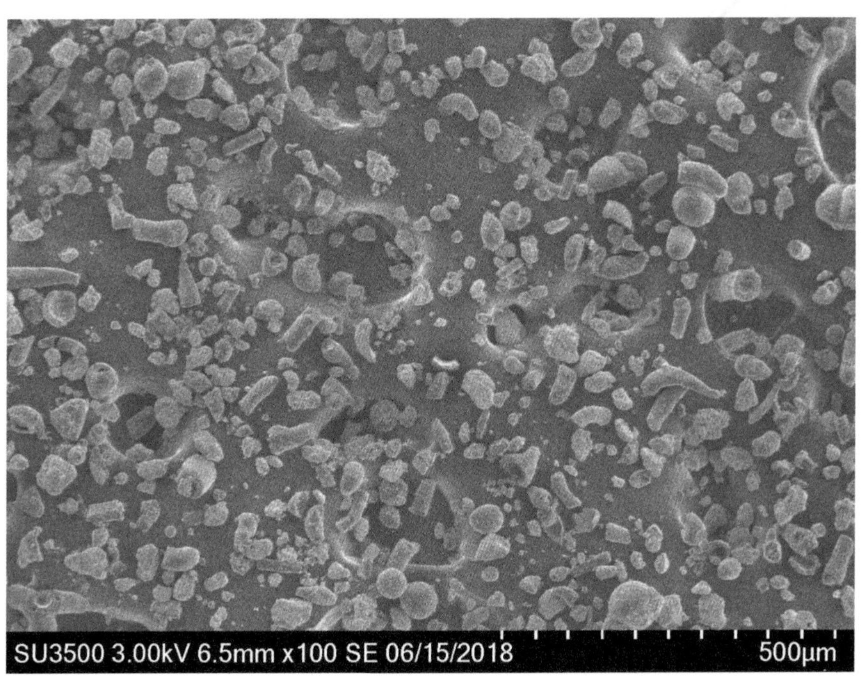


8. 维生素E/1000倍

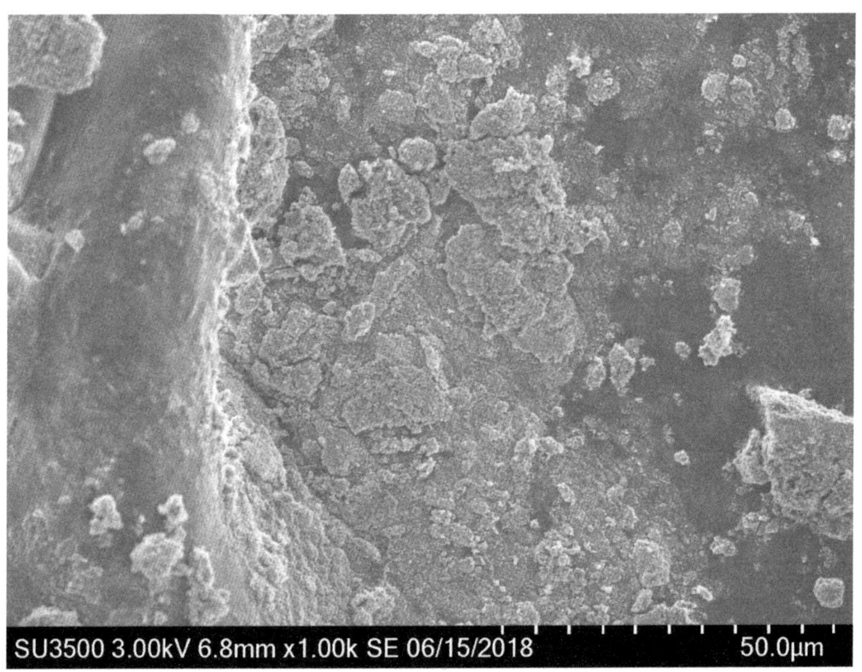

9. 维生素$K_3$/100倍

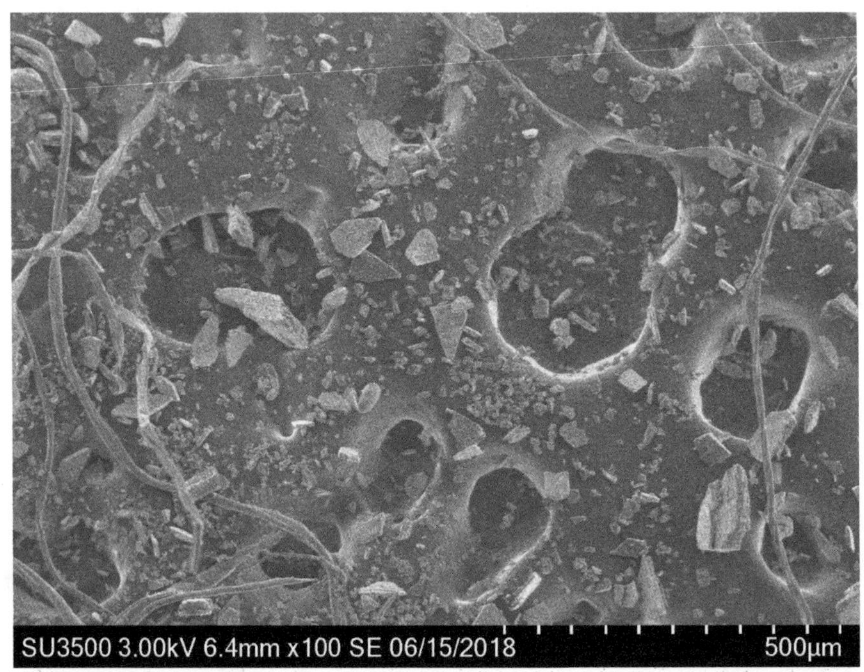


10. 维生素$K_3$/ 1000倍

11. 维生素$B_1$/100倍

12. 维生素$B_1$/1000倍

13. 维生素$B_2$/100倍

14. 维生素$B_2$/1500倍

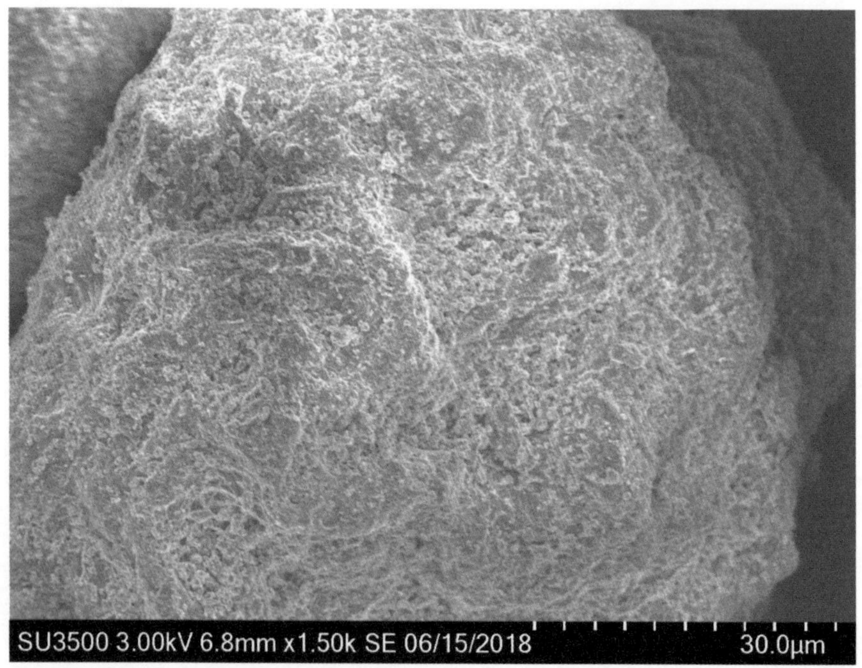

15. 维生素$B_6$/100倍

16. 维生素$B_6$/1000倍

17. 维生素$B_{12}$/100倍

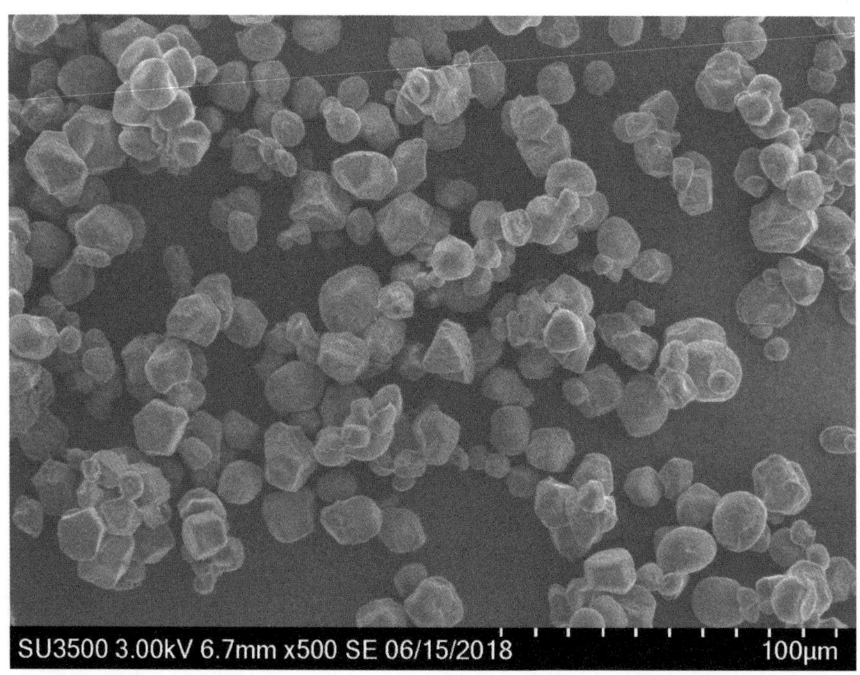


18. 维生素$B_{12}$/1000倍

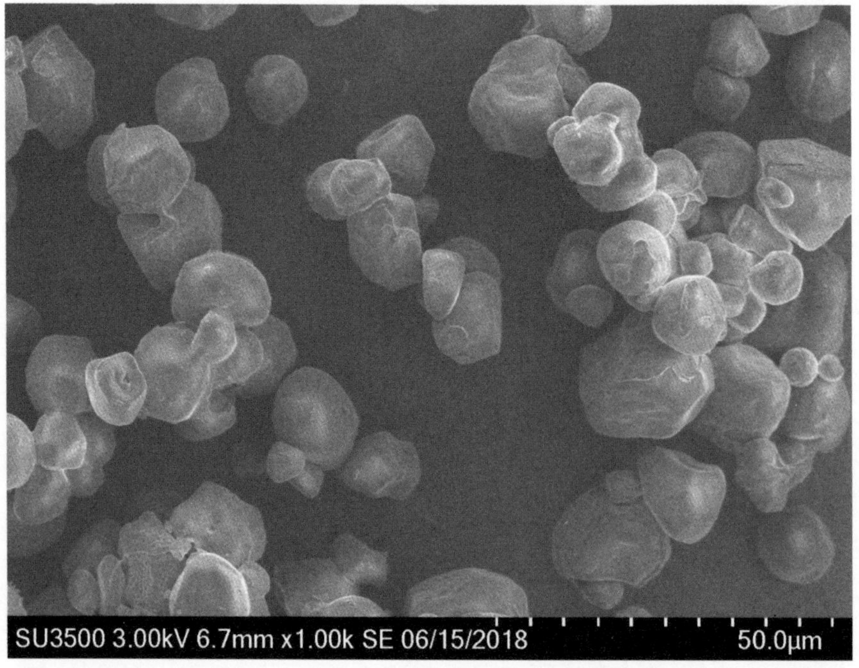

19. 烟酰胺/100倍

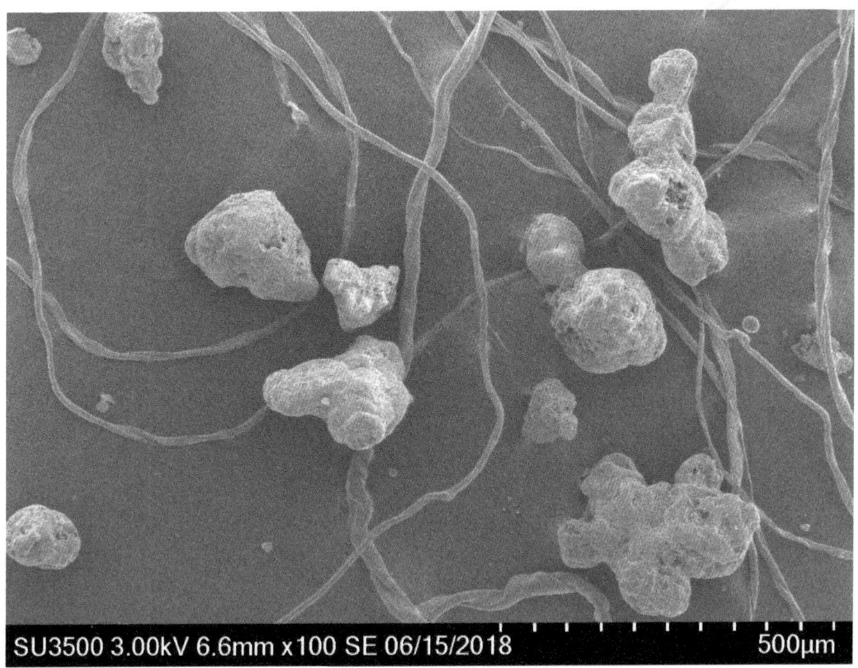


20. 烟酰胺/1000倍

21.叶酸/100倍

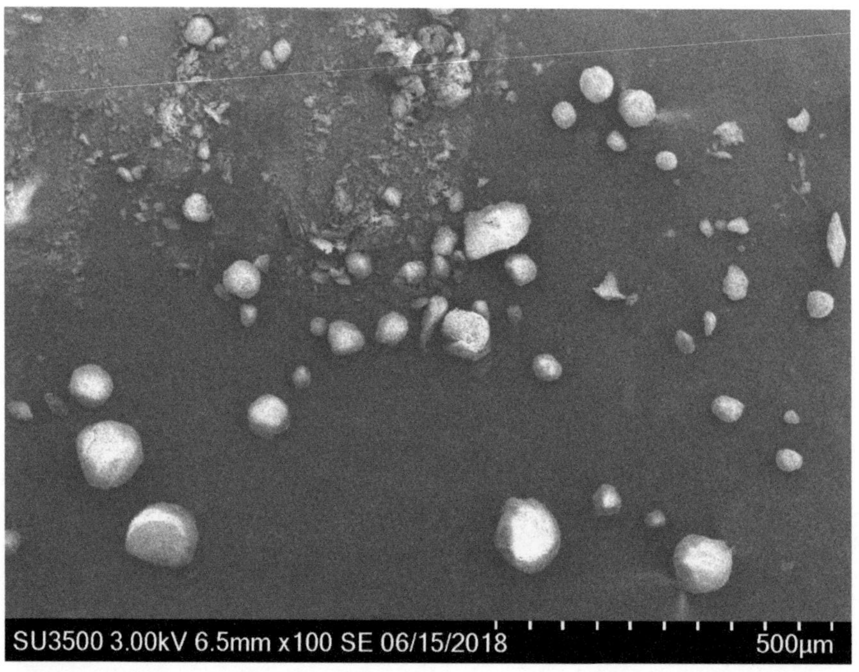


22.叶酸/4000倍

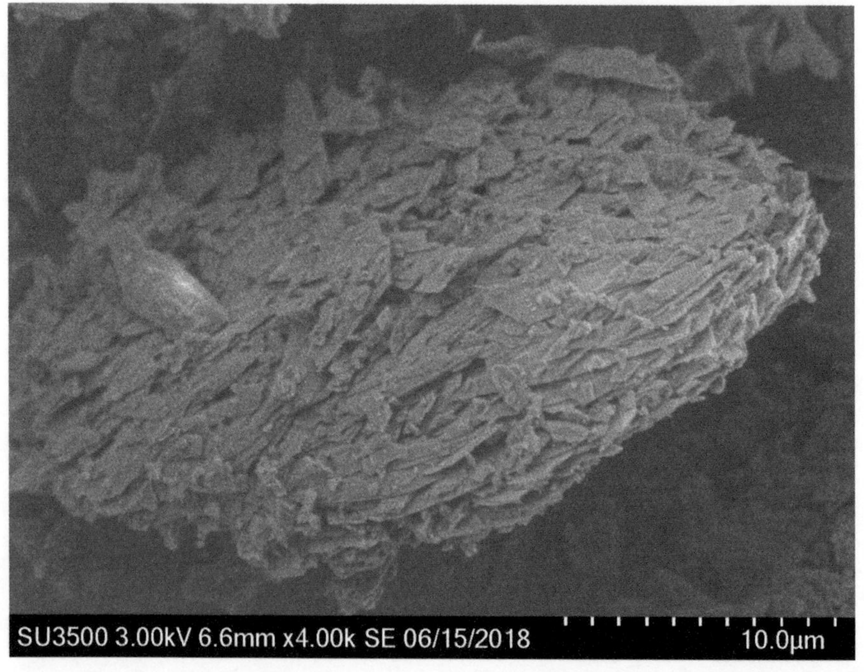

23.D-泛酸钙/100倍

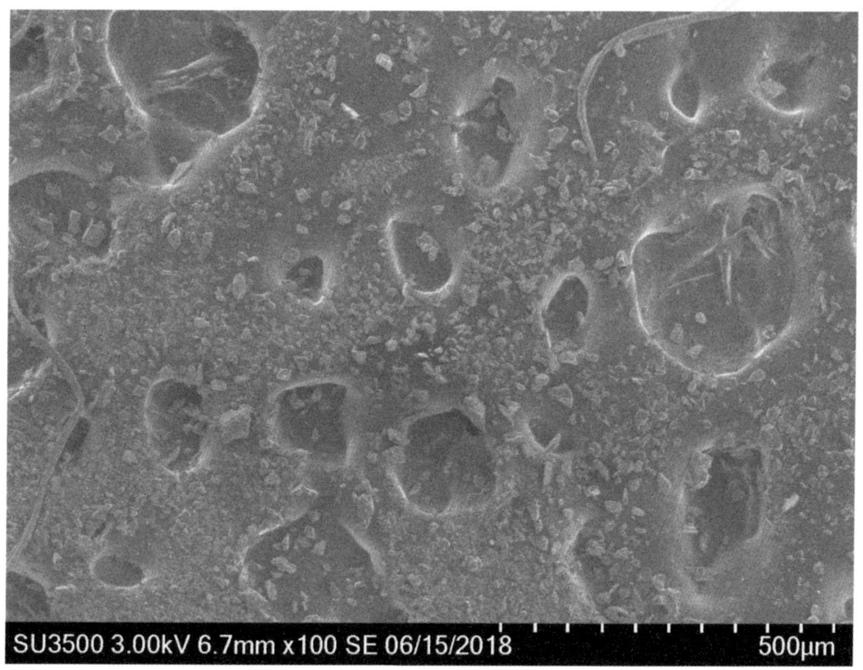


24.D-泛酸钙/2000倍

25.生物素/100倍

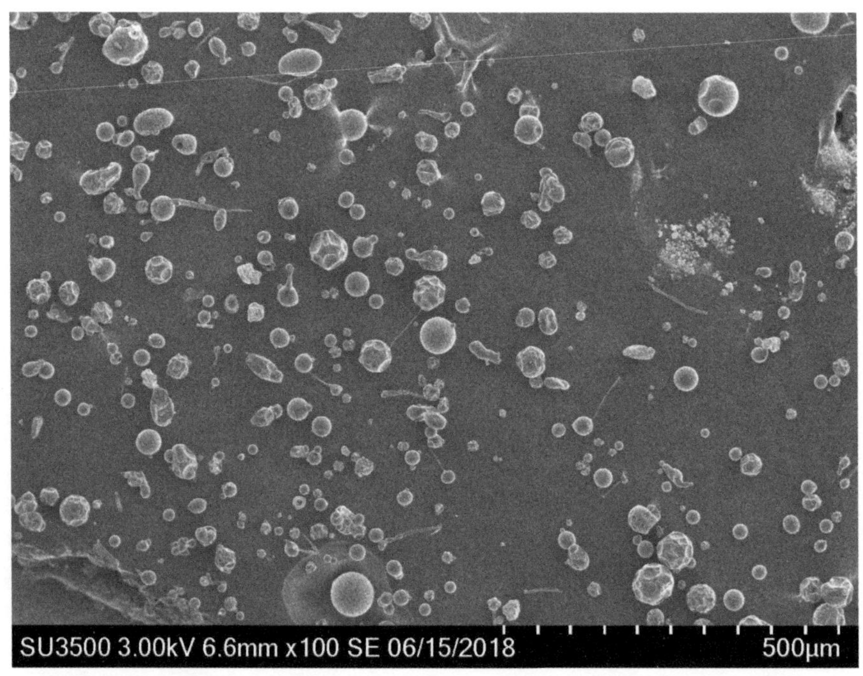


26.生物素/1500倍

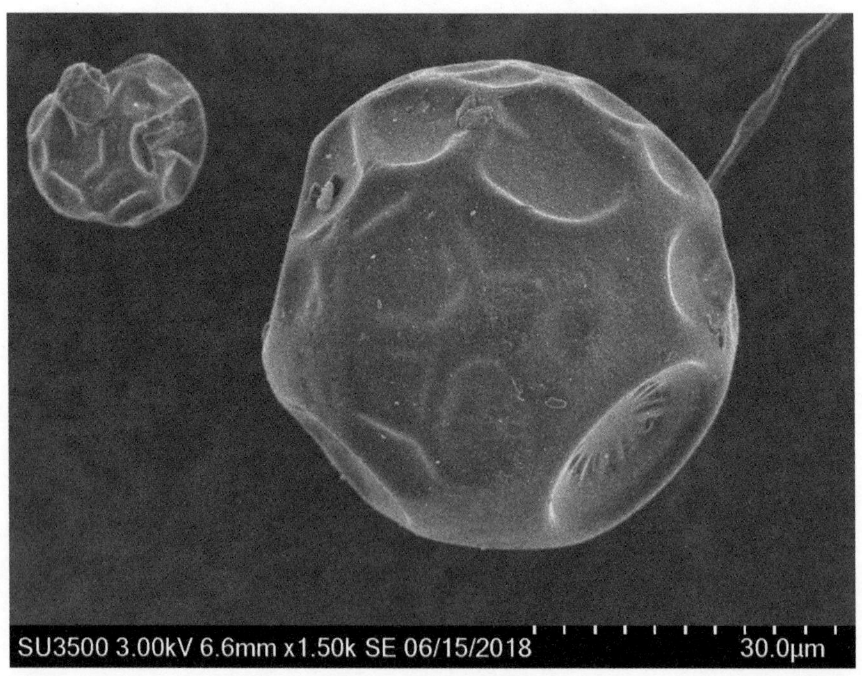

27.维生素C/100倍

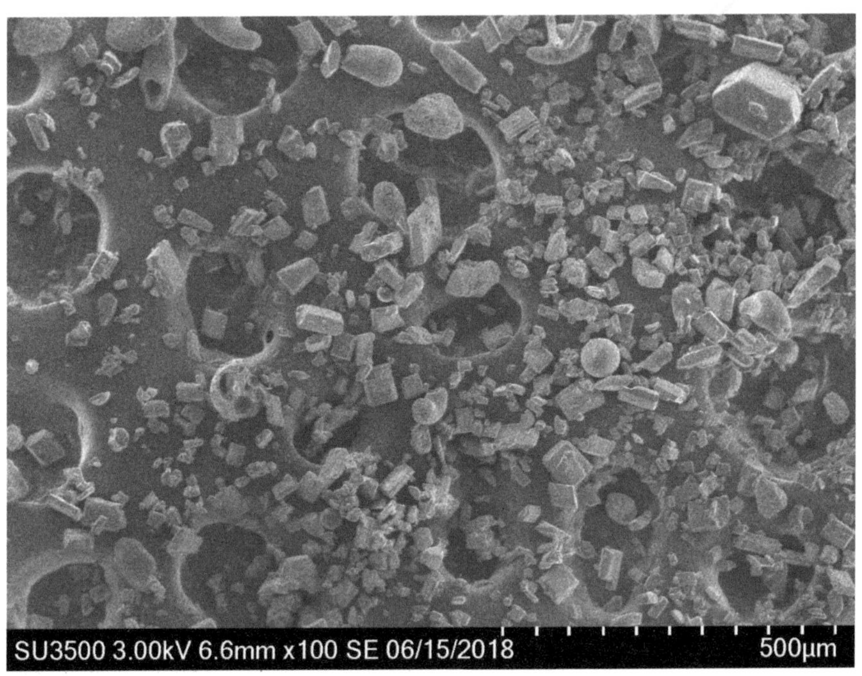


28. 维生素C/1000倍

29. L-抗坏血酸-2-磷酸酯/100倍

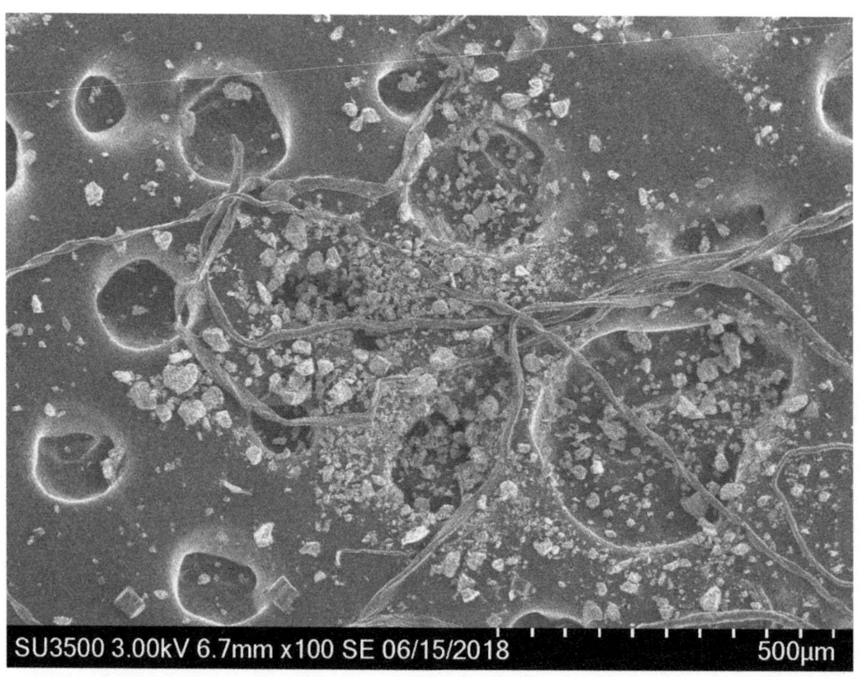


30. L-抗坏血酸-2-磷酸酯/1000倍

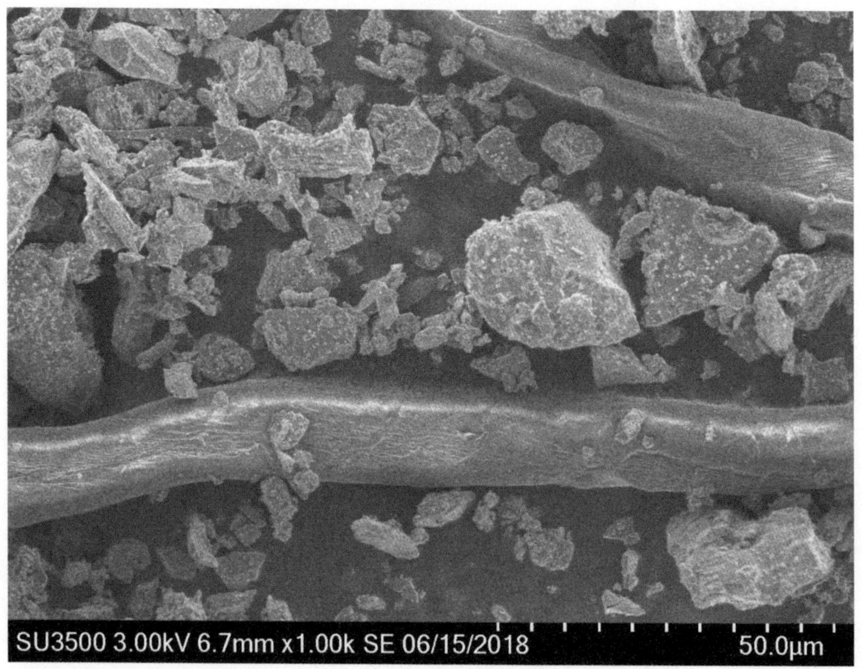

31.胆碱/100倍

32.胆碱/1000倍

33.氯化胆碱/100倍

34.氯化胆碱/1500倍

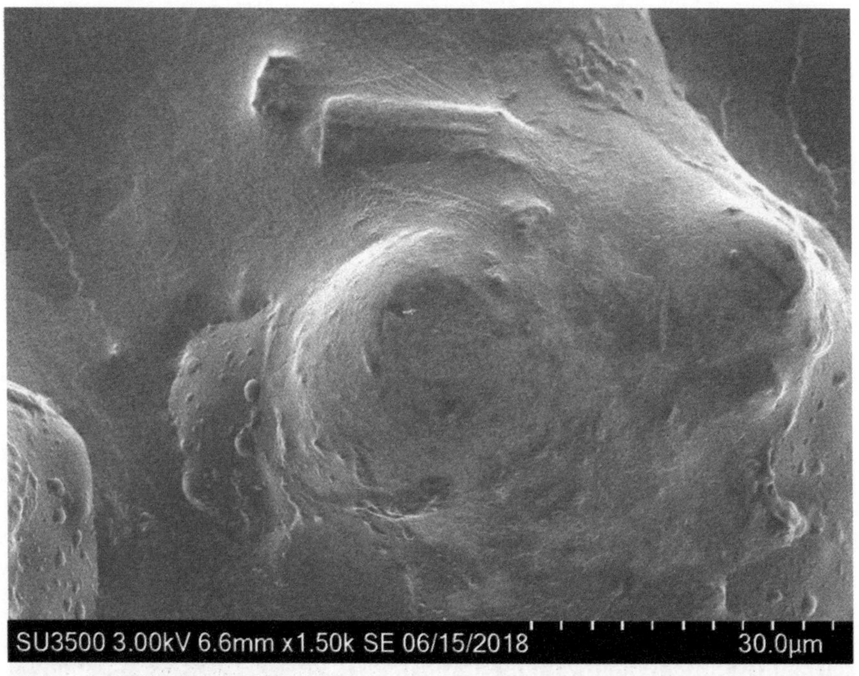

35.10%β-胡萝卜素/500倍

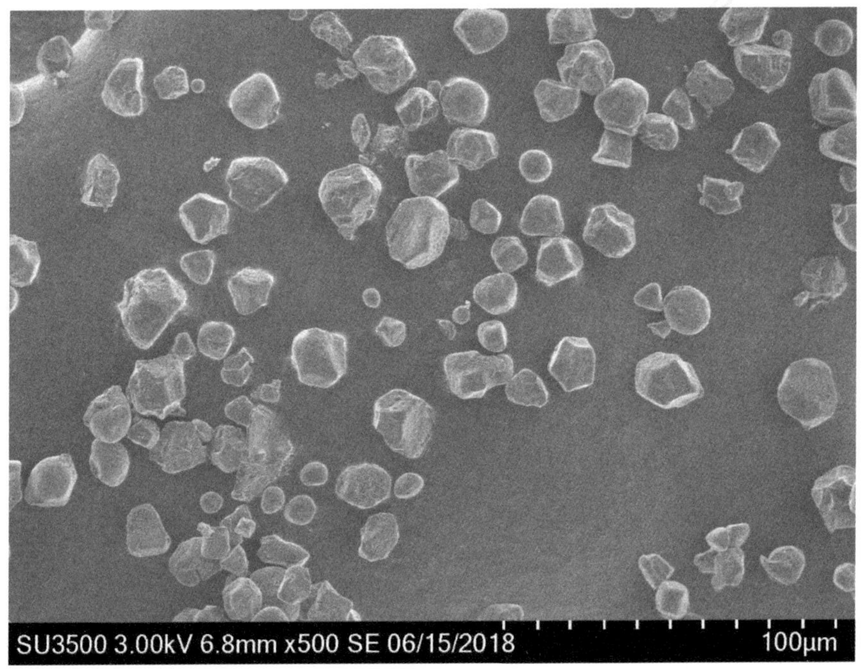


36. 10%β-胡萝卜素/2000倍

37.L-肉碱/10000倍

**专于营养，执于品质**

# 乐享健康生活

AND ENJOY A HEALTHY LIFE

建设中的博农利安阳基地

饲料监管。承担农业农村部和陕西省饲料工业办公室下达的饲料质量安全监督抽样和检测任务

深度融合。"陕西秦云农检"承办全国饲料质量安全检测实验室管理研讨会，陕西省科技厅技术转移中心主任王锋利，陕西省畜牧总站站长田西学、农业农村部饲料质检中心（西安）主任李胜、渭南区农业部门领导莅临调研指导

# 光大畜牧

## 绿色、环保、健康、功能型饲料的倡导者

ISO食品安全　　ISO质量管理体系

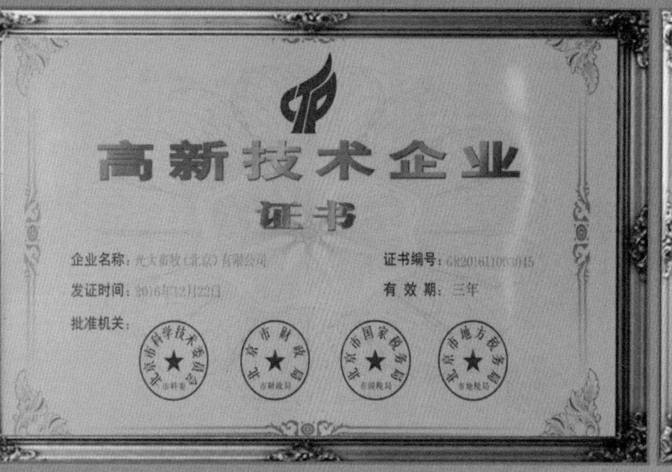


光大畜牧（北京）有限公司

饲料质量安全管理规范示范企业

（有限期：2016年9月-2019年9月）

中华人民共和国农业部

二〇一六年九月

高新证书　　饲料质量安全管理规范